2006 年版

中国科技期刊引证报告（核心版）

中国科技论文统计源期刊

中国科学技术信息研究所

科学技术文献出版社
Scientific and Technical Documents Publishing House
北 京

2006年版中国科技期刊引证报告（核心版）

学术顾问：武夷山　张玉华　庞景安

主　　编：潘云涛　马　峥

编写人员：（以汉语拼音序）

郭　红　苏　成　王小琴　徐　波

杨志清　俞良行　俞征鹿　张　梅

2006年版中国科技期刊引证报告

通信地址：北京市海淀区复兴路15号 100038

中国科学技术信息研究所 情报方法研究中心

网　　址：http://cstpcd.istic.ac.cn

电　　话：010-58882552/58882553/58882697

传　　真：010-68514024

电子信箱：cstpcd@istic.ac.cn

前　言

中国科学技术信息研究所(ISTIC)受国家科学技术部的委托，从1987年开始对中国科技人员在国内外发表论文数量和被引用情况进行统计分析，并利用统计数据建立了中国科技论文与引文数据库(CSTPCD)，受到社会各界的普遍重视和广泛好评。近20年来，中国科学技术信息研究所通过艰苦繁杂的劳动，积累了大量的宝贵数据，为国家科技部等各级管理部门、高等院校、科研机构、期刊编辑部和科研工作者提供了各类论文统计基础数据和期刊评估指标。

中国科技论文统计源期刊即中国科技核心期刊，是经过严格的定量和定性分析选取的各个学科的重要科技期刊。本书收录中国科技论文统计源期刊共1652种。

为使我国的广大科技工作者、期刊编辑部和科研管理部门能够科学快速地评价期刊，客观准确地选择和利用期刊，为科技期刊和科研人员客观地了解自身的学术影响力，提供公正、合理、科学、客观的评价依据，同时，也为决策管理部门科学地评价我国科学活动的宏观水平、微观绩效，以及建立科学交流传播机制积累基础数据，中国科学技术信息研究所在与国际评价机制接轨的同时，注意结合中国科技期刊发展的实际情况，选择了总被引频次、影响因子等十几种期刊评价指标，利用中国科技论文与引文数据库十几年积累的丰富数据，编写出版了《中国科技期刊引证报告》(CJCR)。

《中国科技期刊引证报告》已连续出版10年，是一种专门用于期刊引用分析研究的重要检索评价工具。利用CJCR所提供的统计数据，可以清楚地了解期刊引用和被引用的情况，以及引用效率、引用网络、期刊自引等的统计分析。同时，利用CJCR中的期刊评价指标，还可以方便地定量评价期刊的相互影响和相互作用，正确评估某种期刊在科学交流体系中的作用和地位，确定高被引作者群等。自CJCR问世以来，在开展科研管理和科学评价期刊方面一直发挥着巨大的作用。

《中国科技期刊引证报告》的出版，是我国科技界和知识界的一件大事。10年来已经为国家期刊奖的评定、中国科协择优支持期刊评定以及国家自然科学基金委员会、中国科学院和地方省市的期刊管理部门提供了大量的各类评估数据，大大提高了我国科技期刊科学管理的水平，促进我国科技期刊评价管理工作进一步向科学化、定量化和规范化方向发展。同时，《中国科技期刊引证报告》的发行，也有力地填补了我国关于期刊评价数据不全的空白，因此是一项非常重要的知识基础工程建设。

在我国，出版此报告的时间还不长，我们将在其应用中，适时进行指标的增补和修订。我们衷心希望《中国科技期刊引证报告》能成为广大读者开展工作时检索查询的友好助手和得力工具，为大家奉献一份独一无二的科技期刊分析与评价报告。

在整个编写过程中，我们力求严格规范，细致准确，精益求精。但由于一些实际情况，例如期刊的更名合并、期刊引用文献著录不规范等，给我们的编辑工作带来很大困难。因此错误和疏漏在所难免，诚望广大读者不吝赐教，批评指正。

中国科学技术信息研究所
2006年10月

主要计量指标统计（1652种期刊）

	平均值	统计数字
总被引频次	534.2次/刊	≧1 000次以上的期刊共有210种
影响因子	0.407	≧1的期刊共有93种
即年指标	0.052	94种期刊为0.000
基金论文比	0.45	1种期刊无基金论文
国际论文比	0.02	≧0.2的期刊共有19种(英文版14种) 556种期刊无国际论文
他引率	0.79	
平均作者数	3.47人/篇	
参考文献量	1951	
平均引文数	9.91	

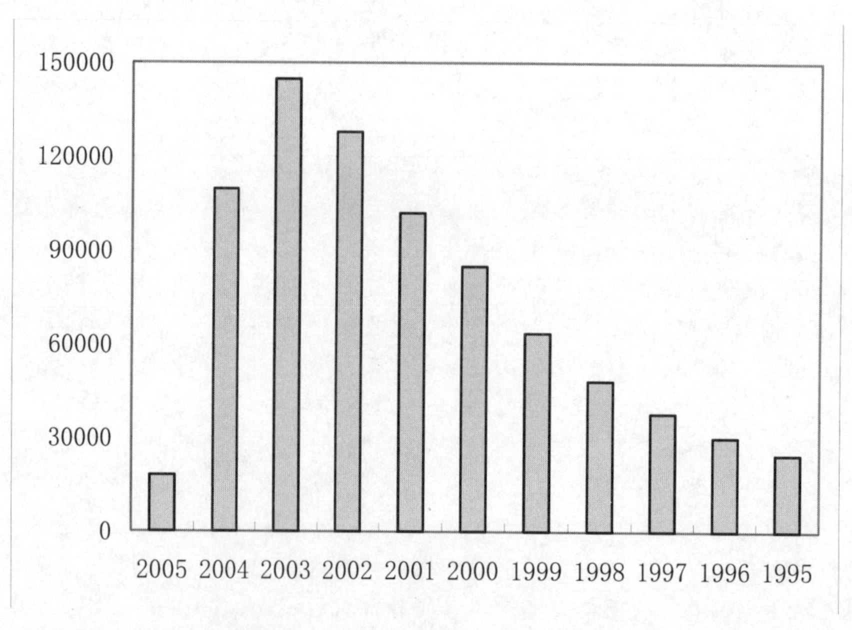

《2005年度中国科技论文引文数据库》（CSTPCD 2005）中被引用的统计源期刊论文的发表时间分布图

目　　录

1　编制说明

《中国科技期刊引证报告》以**中国科技论文与引文数据库**(CSTPCD)为基础，选择数学、信息与系统科学、物理学、力学、化学、天文学、地学、生物学、医药卫生、农业科学、工业技术、电子与通信、计算技术、交通运输、航空航天、环境科学等学科的 1652 种中国出版的中英文科技期刊作为来源期刊（见表 8）。根据来源期刊的引文数据，进行规范化处理，然后统计分析，编制而成。现将编制过程中的具体处理方法说明如下：

1　总体设计说明

《中国科技期刊引证报告》包括：期刊被引用计量指标和来源期刊计量指标、各个学科内期刊总被引频次和影响因子的分布与排序和中国科技论文统计源期刊刊名目录。三部分独立成系统，又互相联系，构成一个期刊综合评价指标体系，从各个角度对期刊进行统计描述和分析评价。根据这些数据可以对期刊的学术水平、学科地位、编辑状况、交流范围以及读者满意程度有一个客观、概括的了解。为了便于读者多用途、多层次地查询和评价期刊，《报告》采用了多种形式的排序格式，包括全部期刊名称字顺排序、学科内期刊名称排序、全部期刊评价指标排序和来源期刊总排序等，以帮助读者综合全面地评价分析期刊，迅速有效地检索出所需要的期刊统计信息。

期刊的合并、歧化和新增是科技发展的必然趋势，我们对各期刊被引用数据进行统计时，尽量按已掌握的情况做了归并。在本报告中，我们列出了刊名更改情况表，敬请各编辑部注意。

2　期刊评价指标的选择

为了全面、准确、公正、客观地评价和利用期刊，《中国科技期刊引证报告》在与国际评价体系保持一致的基础上，结合中国期刊的实际情况，选择了 19 项计量指标，基本涵盖和描述了期刊的各个方面。这些指标包括：

（1）期刊引用计量指标：总被引频次、影响因子、扩散因子、学科扩散指标、学科影响指标、引用期刊数、即年指标、他引率和被引半衰期。

（2）来源期刊计量指标：来源文献量、参考文献量、平均引文数、平均作者数、地区分布数、机构分布数、海外论文比、基金论文比、文献选出率和引用半衰期。

其中，期刊引用计量指标主要显示该期刊被读者使用和重视的程度，以及在科学交流中的地位和作用，是评价期刊质量优劣的重要依据和客观标准。

来源期刊计量指标通过对来源文献方面的统计分析，全面描述了该期刊的学术水平、编辑状况和科学交流程度，也是评价期刊的重要依据。

3　期刊的学科分类

《中国科技期刊引证报告》根据国家技术监督局发布的学科分类国家标准和《中国图书资料分类法》（第四版）的学科分类原则，将1652种来源期刊按照数学、信息科学与系统科学、物理学、力学、化学、天文学、地学、生物学、农业科学、医药卫生、工业技术、电子与通信、计算技术、交通运输、航空航天、环境科学等学科进行了分类。考虑到来源期刊中包含大量的综合性大学和理工科大学学报以及综合性科学研究期刊，例如，《中国科学》、《科学通报》、《自然科学进展》等，所以增设综合类和理工大学学报、工业综合类，以保证这些期刊学科性质和文献信息的完整性。为适应目前管理科学的蓬勃发展，设立管理学类。

由于地学、农业科学和医药卫生各类中包含的期刊数量较多。为了方便读者的检索查询和期刊编辑部评价期刊，特将这3类期刊依照学科进一步细分，以使期刊分类更具合理性和评价的客观性。具体细分如下：

- 地学——地球科学，地质科学，地理科学，大气科学，海洋科学；
- 农业科学——农学，农业大学学报，林学，畜牧兽医科学，水产学；
- 医药卫生——预防医学与卫生学，基础医学和医学综合，医科大学学报，临床医学，保健医学，妇产科学、儿科学，护理学，神经病学、精神病学，口腔医学，内科学，外科学，眼科学、耳鼻咽喉科学，肿瘤学，药学，中医学与中药学，军事医学与特种医学。

由于很多期刊的研究内容是跨学科的，同时，新的学科不断涌现，给期刊的分类造成很大困难，有时很难准确反映期刊的学科内容。本报告所做的分类是仅按一种分类编排的，不妥之处敬请读者批评指正，以便我们不断修正完善。

4　各类统计表格的编排

《中国科技期刊引证报告》分为三大部分，在每一部分中期刊统计表格的编排不尽相同。

4.1　期刊被引用计量指标和来源指标是本报告的主体部分，分为两个主表：

- 期刊引用数据字顺索引表——这是一个主表，包含1652种期刊的各项引用数据。

指标包括：总被引频次、影响因子、引用期刊数、扩散因子、学科扩散指标、学科影响指标、即年指标、他引率和被引半衰期。全表按照期刊名称字顺排列。

- 来源数据字顺索引表——这是一个主表，包含 1652 种期刊来源文献的各项指标数据。指标包括：来源文献量、参考文献量、平均引文数、平均作者数、地区分布数、机构分布数、国际论文比、基金论文比、文献选出率和引用半衰期。全表按照期刊名称字顺排列。为保证数据的客观性和公正性，来源期刊数据仅取期刊正式刊期中的数据，而增刊、专辑、专刊和特刊等数据未予采用。

4.2　各学科内来源期刊计量指标排位是本报告的另一个重要组成部分，由 3 个主表和 55 个分表构成，其编排格式和指标如下：

- 各学科统计源期刊数和平均总被引频次以及平均影响因子的分布——这一主表用于了解由于学科差异所导致的各个学科指标差异的整体情况。
- 期刊影响因子和总被引频次学科排序表——这是按各学科期刊名称排序的 55 个分表，分别列出了各期刊的总被引频次和影响因子在学科内的排位，便于读者评价和查询期刊。
- 影响因子和总被引频次的总排序——这两个专项评价排序主表，是将 1652 种期刊按影响因子和总被引频次进行总排序，从中可以大致了解期刊这两个指标在全国范围内所处的地位。

4.3　2005 年 1652 种中国科技论文统计源期刊目录包括期刊的名称、学科分类和主编等信息，还列出了期刊名称变化的情况。

5　特殊情况的规范化处理

5.1　目前，期刊改名的现象很多，尤其是随着大学的合并和升格，学报更名的现象更为普遍。例如，东北工学院学报改为东北大学学报等。这里我们一律按新刊名计算引文数据，并进行期刊排序。

5.2　在计算引用半衰期和被引半衰期时，对于一些半衰期超过 10 年的期刊，我们将其表示为“>10”。

2 使用说明

《中国科技期刊引证报告》是一种新颖独特的专用于中国科技期刊分析与评价的科学计量工具。

作为科学计量工具，本报告可用于定量分析和科学评价期刊的学术特征和学科地位，较为客观地反映期刊发展的趋势和规律，为科研管理和决策提供依据。因此，本报告在期刊分析评价和科学计量学研究与应用等方面具有其他检索评价工具无法取代的独特功能。正确使用和充分开发本报告，可以使其成为科研工作者、期刊编辑部、图书情报人员、科研管理人员和科学计量学家的得力助手和有效工具。

现将本报告的主要功能和使用方法作以下一些简要介绍。

1 主要功能

《中国科技期刊引证报告》应用引文分析方法及各种量化指标，可以清楚地表明：

- 在某一学科领域内，哪些期刊学术影响力最大；
- 某一种期刊被引用了多少次；
- 某一种期刊出版后多久被引用；
- 某一种期刊引用其他期刊多少次；
- 某一种期刊在学科中的学术指标所在位置。

根据使用者的工作性质，本报告可以给使用者不同的有益提示。例如：

- 科研人员：帮助您确定相关领域的核心期刊并发表您的论文，提高您论文的知名度，让更多的同行专家了解评价您的论文；
- 期刊编辑：帮助您与同类刊物相比较并评估自刊的地位，从而确定自刊的编辑和出版策略；
- 科研管理人员：帮助您科学地评价期刊，为您开展期刊评比和择优资助提供决策依据；
- 图书情报人员：帮助您更有效地管理馆藏期刊文献，确定核心期刊，合理运用有限的期刊订购预算；
- 科学计量学家：帮助您开展期刊评价研究和文献老化研究，以及学科的科学评估。

2 查阅方法

2.1 期刊引用数据的查阅

如果读者需要了解期刊被引用的情况，可查阅期刊被引用数据字顺索引表，找到待检索的期刊，从中查阅到该期刊的各项引用指标数据，包括总被引频次、影响因子、即年指标、他引率、引用刊数、扩散因子和被引半衰期。

如果在字顺分类表中难以检索到需查阅的期刊，可通过来源期刊刊名目录确定该期刊的学科分类，然后再依上述步骤查阅。

2.2 来源期刊数据的查阅

如果读者需要了解来源期刊的有关指标数据，可查阅来源期刊数据字顺索引表，查阅到该期刊来源文献的多项指标数据，包括来源文献量、参考文献量、平均引文数、平均作者数、地区分布数、机构分布数、海外论文比、基金论文比和引用半衰期。

如果在字顺分类表中难以检索到需查阅的期刊，可通过来源期刊刊名目录，确定该期刊的学科分类，然后再依上述步骤查阅。

2.3 期刊在学科内学术指标位置的查阅

如果读者希望了解期刊在其学科领域中的位置，可查询期刊字顺分类索引，找到该刊的分类，再进一步查阅期刊影响因子分类排序表或总被引频次分类排序表，确定该期刊按这两项指标排序的学科位置。还可以对照各学科平均总被引频次和平均影响因子的分布图，了解由于学科不同所造成的指标差异的整体情况。

同时，通过期刊总排序表，还可以确定该期刊的影响因子和总被引频次在全国期刊中的排位。

3 评价方法

利用《中国科技期刊引证报告》评价期刊有两种方式，即单一指标评价和综合指标评价。具体方法如下：

3.1 单一指标评价

单一指标评价主要是指按照影响因子和总被引频次这两个国际通行评价指标，对期刊进行评价。这时可通过期刊的影响因子排序表和总被引频次排序表确定该期刊在同类期刊中所处的位置，从而对该期刊的学术影响力和学科地位进行评价和评估。还可以通过影响因子总排序表和总被引频次总排序表在不同学科领域中进行横向比较，确定该期刊的位置。

单一指标评价也可以通过来源期刊数据字顺表对期刊的编辑状况、交流范围、论文质量和老化速率等进行分析、比较、统计和评估。

3.2 综合指标评价

由于期刊评价工作是一项非常复杂的工作，涉及领域广，学科差异大，因此单一指标往往难以全面、准确地评价期刊的学术水平和学科地位，这时一般需要通过综合指标评价，以使期刊评价更加客观、全面和准确。

要进行期刊的综合指标评价，首先需要建立期刊综合评价指标体系，利用数学方法确定各指标的权重值，然后求出期刊的综合指标排序值，最终得到期刊综合指标的排序。

这种期刊评价方法已被广泛地推广和使用，例如，中国科学技术信息研究所每年论文统计结果发布中提出的“百种中国杰出学术期刊”，就是利用几个主要学术指标通过隶属度转换、加权评分，最终得出每一个期刊的综合指标排序值，完成对期刊的评价。

近几年来，中国科学技术信息研究所在全国期刊评比和国家自然科学基金委、中国科协择优资助期刊工作中，多次运用该指标体系进行期刊的综合评价，收到很好的效果，期刊编辑部和管理决策部门对此都感到很满意。

3 名词解释

为方便读者查阅和使用，现将《中国科技期刊引证报告》中所使用的期刊评价指标的理论意义和具体算法简要解释如下：

总被引频次：指该期刊自创刊以来所登载的全部论文在统计当年被引用的总次数。这是一个非常客观实际的评价指标，可以显示该期刊被使用和受重视的程度，以及在科学交流中的作用和地位。

影响因子：这是一个国际上通行的期刊评价指标，是 E. 加菲尔德于 1972 年提出的。由于它是一个相对统计量，所以可公平地评价和处理各类期刊。通常，期刊影响因子越大，它的学术影响力和作用也越大。具体算法为：

$$\text{影响因子}=\frac{\text{该刊前两年发表论文在统计当年被引用的总次数}}{\text{该刊前两年发表论文总数}}$$

即年指标：这是一个表征期刊即时反应速率的指标，主要描述期刊当年发表的论文在当年被引用的情况。具体算法为：

$$\text{即年指标}=\frac{\text{该期刊当年发表论文的被引用次数}}{\text{该期刊当年发表论文总数}}$$

他引率：指该期刊全部被引次数中，被其他刊引用次数所占的比例。具体算法为：

$$\text{他引率}=\frac{\text{被其他刊引用的次数}}{\text{期刊被引用的总次数}}$$

引用刊数：引用被评价期刊的期刊数，反映被评价期刊被使用的范围。

扩散因子：这是一个用于评估期刊影响力的学术指标，显示总被引频次扩散的范围。具体意义为该期刊当年每被引 100 次所涉及的期刊数。

$$\text{扩散因子}=\frac{\text{总被引频次涉及的期刊数}\times 100}{\text{总被引频次}}$$

学科扩散指标：指在统计源期刊范围内，引用该刊的期刊数量与其所在学科全部期刊数量之比。

$$\text{学科扩散指标}=\frac{\text{引用刊数}}{\text{所在学科期刊数}}$$

学科影响指标：指期刊所在学科内，引用该刊的期刊数占全部期刊数量的比例。

$$学科影响指标=\frac{所在学科内引用被评价期刊的数量}{所在学科期刊数}$$

被引半衰期：指该期刊在统计当年被引用的全部次数中，较新一半是在多长一段时间内发表的。被引半衰期是测度期刊老化速度的一种指标，通常不是针对个别文献或某一组文献，而是对某一学科或专业领域的文献的总和而言。

来源文献量：指来源期刊在统计当年发表的全部论文数，它们是统计期刊引用数据的来源。

文献选出率：按统计源的选取原则选出的文献数与期刊的发表文献数之比。

参考文献量：指来源期刊论文所引用的全部参考文献数，是衡量该期刊科学交流程度和吸收外部信息能力的一个指标。

平均引文数：指来源期刊每一篇论文平均引用的参考文献数。

平均作者数：指来源期刊每一篇论文平均拥有的作者数，是衡量该期刊科学生产能力的一个指标。

地区分布数：指来源期刊登载论文所涉及的地区数，按全国 31 个省、市和自治区计（不含港、澳、台地区）。这是衡量期刊论文覆盖面和全国影响力大小的一个指标。

机构分布数：指来源期刊论文的作者所涉及的机构数。这是衡量期刊科学生产能力的另一个指标。

海外论文比：指来源期刊中，海外作者发表论文占全部论文的比例。这是衡量期刊国际交流程度的一个指标。

基金论文比：指来源期刊中，各类基金资助的论文占全部论文的比例。这是衡量期刊论文学术质量的重要指标。

引用半衰期：指该期刊引用的全部参考文献中，较新一半是在多长一段时间内发表的。通过这个指标可以反映出作者利用文献的新颖度。

4　2005年中国科技期刊指标

表4-1　2005年中国科技期刊被引用指标刊名字顺索引

表 4-1　2005 年中国科技期刊被引用指标刊名字顺索引（续）

代码	期刊名称	总被引频次	影响因子	即年指标	他引率	引用刊数	扩散因子	学科影响指标	学科扩散指标	被引半衰期
C096	ACTA MATHEMATICA SCIENTIA	162	0.315	0.051	0.83	51	36.12	0.69	1.76	6.2
B030	ACTA MATHEMATICA SINICA ENGLISH SERIES	192	0.271	0.074	0.78	60	31.25	0.79	2.07	4.9
C105	ACTA MECHANICA SINICA	165	0.353	0.104	0.83	53	32.12	1.00	4.08	4.5
M100	ACTA METALLURGICA SINICA	137	0.142	0.009	0.88	61	44.53	0.31	2.35	5.3
G001	ACTA PHARMACOLOGICA SINICA	1350	0.733	0.140	0.86	319	23.63	0.85	9.67	5.0
B026	APPROX THEORY AND ITS APPLICATIONS	30	0.000	0.000	0.87	18	60.00	0.34	0.62	>10
I072	CELL RESEARCH	213	0.764	0.193	0.85	112	52.58	0.43	1.93	3.0
I139	CHEMICAL RESEARCH IN CHINESE UNIVERSITIES	166	0.268	0.022	0.61	72	43.37	0.66	2.06	3.0
E158	CHINA OCEAN ENGINEERING	173	0.480	0.066	0.51	45	26.01	0.44	2.81	3.8
I202	CHINA PARTICUOLOGY	37	0.389	0.013	0.35	10	27.03	0.03	0.15	1.8
B023	CHINESE ANNALS OF MATHEMATICS SERIES B	198	0.208	0.019	0.83	43	21.72	0.62	1.48	7.1
D031	CHINESE CHEMICAL LETTERS	449	0.192	0.019	0.79	127	28.29	0.86	3.63	3.8
C072	CHINESE JOURNAL OF ASTRONOMY AND ASTROPHYSICS	95	0.139	0.041	0.64	31	32.63	0.75	7.75	5.6
T100	CHINESE JOURNAL OF CHEMICAL ENGINEERING	193	0.306	0.000	0.70	72	37.31	0.27	1.09	3.1
E012	CHINESE JOURNAL OF OCEANOLOGY AND LIMNOLOGY	115	0.170	0.029	0.85	49	42.61	0.63	3.06	8.0
D017	CHINESE JOURNAL OF POLYMER SCIENCE	146	0.268	0.077	0.68	46	31.51	0.31	1.31	4.3
I201	CHINESE MEDICAL JOURNAL	1501	0.592	0.123	0.88	365	24.32	0.69	4.56	3.7
G126	CHINESE MEDICAL SCIENCES JOURNAL	124	0.205	0.052	0.98	86	69.35	0.29	1.08	5.0
C106	CHINESE PHYSICS	1385	0.928	0.212	0.57	110	7.94	0.61	3.55	3.1
C059	CHINESE PHYSICS LETTERS	2437	1.004	0.175	0.43	168	6.89	0.74	5.42	2.5
B022	CHINESE QUARTERLY JOURNAL OF MATHEMATICS	17	0.063	0.015	0.88	11	64.71	0.21	0.38	2.8
C095	COMMUNICATIONS IN THEORETICAL PHYSICS	799	0.641	0.106	0.30	55	6.88	0.42	1.77	2.6
E626	CT 理论与应用研究	77	0.162	0.151	0.74	51	66.23	0.10	0.61	4.5

表 4-1 2005 年中国科技期刊被引用指标刊名字顺索引（续）

代码	期刊名称	总被引频次	影响因子	即年指标	他引率	引用刊数	扩散因子	学科影响指标	学科扩散指标	被引半衰期
S051	JOURNAL OF COMPUTER SCIENCE AND TECHNOLOGY	196	0.343	0.029	0.89	63	32.14	0.76	2.52	3.4
Z027	JOURNAL OF ENVIRONMENTAL SCIENCES	239	0.341	0.054	0.79	101	42.26	0.48	3.26	2.7
I063	JOURNAL OF GEOGRAPHICAL SCIENCES	75	0.306	0.093	0.80	38	50.67	0.58	3.17	2.8
W015	JOURNAL OF HYDRODYNAMICS SERIES B	234	0.415	0.009	0.45	58	24.79	0.45	2.90	2.9
F029	JOURNAL OF INTEGRATIVE PLANT BIOLOGY	3134	0.746	0.000	0.96	356	11.36	0.74	6.14	7.6
M015	JOURNAL OF MATERIALS SCIENCE & TECHNOLOGY	307	0.182	0.040	0.84	102	33.22	0.66	2.68	4.5
B024	JOURNAL OF PARTIAL DIFFERENTIAL EQUATIONS	43	0.129	0.032	0.86	23	53.49	0.31	0.79	9.5
M035	JOURNAL OF RARE EARTHS	340	0.463	0.072	0.64	83	24.41	0.34	2.18	2.9
I090	JOURNAL OF WUHAN UNIVERSITY OF TECHNOLOGY MATERIALS SCIENCE EDITION	127	0.279	0.056	0.44	42	33.07	0.16	1.11	3.0
B010	NORTHEASTERN MATHEMATICAL JOURNAL	77	0.058	0.017	0.95	41	53.25	0.48	1.41	>10
H046	PEDOSPHERE	646	2.835	0.540	0.63	58	8.98	0.19	0.75	2.6
M104	TRANSACTIONS OF NONFERROUS METALS SOCIETY OF CHINA	599	0.464	0.046	0.79	117	19.53	0.50	4.50	3.5
G275	WORLD JOURNAL OF GASTROENTEROLOGY	2665	1.062	0.147	0.82	319	11.97	0.64	11.39	2.5
G549	癌变·畸变·突变	240	0.296	0.009	0.86	117	48.75	0.53	7.80	4.9
G011	癌症	1534	0.707	0.097	0.91	343	22.36	1.00	22.87	4.2
A003	安徽大学学报	152	0.204	0.015	0.73	92	60.53	0.14	1.06	5.0
M031	安徽工业大学学报	90	0.134	0.009	0.89	64	71.11	0.10	0.77	4.3
K027	安徽理工大学学报	78	0.255	0.000	0.95	60	76.92	0.07	0.72	3.1
H002	安徽农业大学学报	380	0.292	0.024	0.97	149	39.21	0.69	5.73	6.4
H059	安徽农业科学	584	0.144	0.010	0.84	176	30.14	0.75	2.29	4.3
A009	安徽师范大学学报	267	0.457	0.047	0.56	102	38.20	0.15	1.17	4.0
G012	安徽医科大学学报	330	0.228	0.042	0.80	167	50.61	0.40	3.98	5.5
G013	安徽中医学院学报	244	0.128	0.018	0.92	98	40.16	0.79	2.88	5.1

表 4-1 2005 年中国科技期刊被引用指标刊名字顺索引（续）

代码	期刊名称	总被引频次	影响因子	即年指标	他引率	引用刊数	扩散因子	学科影响指标	学科扩散指标	被引半衰期
Z549	安全与环境学报	429	0.723	0.263	0.36	109	25.41	0.61	3.52	2.6
F044	氨基酸和生物资源	282	0.250	0.000	0.93	140	49.65	0.22	2.41	6.5
G550	白血病・淋巴瘤	151	0.131	0.007	0.88	84	55.63	0.73	5.60	4.3
R024	半导体光电	211	0.238	0.013	0.83	89	42.18	0.43	1.53	4.5
R063	半导体技术	232	0.219	0.014	0.73	100	43.10	0.36	1.72	3.7
R062	半导体学报	1066	0.667	0.115	0.45	137	12.85	0.47	2.36	3.6
G741	蚌埠医学院学报	251	0.134	0.047	0.74	124	49.40	0.26	2.95	4.1
N017	爆破	297	0.413	0.050	0.34	30	10.10	0.33	3.33	3.8
N012	爆破器材	87	0.126	0.029	0.77	30	34.48	0.67	3.33	6.4
N006	爆炸与冲击	406	0.556	0.051	0.82	113	27.83	0.78	12.56	5.3
G002	北京大学学报医学版	957	0.744	0.084	0.96	355	37.10	0.74	8.45	5.4
A005	北京大学学报自然科学版	589	0.444	0.086	0.97	326	55.35	0.36	3.75	5.3
U019	北京服装学院学报	58	0.095	0.022	0.90	38	65.52	0.22	1.41	5.5
J030	北京工业大学学报	213	0.245	0.000	0.92	155	72.77	0.27	1.87	5.1
Y001	北京航空航天大学学报	483	0.205	0.024	0.93	224	46.38	0.63	9.33	5.0
T020	北京化工大学学报	301	0.243	0.049	0.91	154	51.16	0.55	2.33	4.0
X014	北京交通大学学报	273	0.217	0.012	0.92	151	55.31	0.28	1.82	4.7
M030	北京科技大学学报	491	0.454	0.055	0.85	194	39.51	0.27	2.34	4.2
G500	北京口腔医学	121	0.214	0.019	0.67	46	38.02	0.87	3.07	4.4
N001	北京理工大学学报	470	0.276	0.015	0.91	221	47.02	0.33	2.66	4.4
H025	北京林业大学学报	1061	0.660	0.062	0.90	191	18.00	0.94	11.94	5.7
H263	北京农学院学报	199	0.265	0.026	0.86	93	46.73	0.46	3.58	5.9
G004	北京生物医学工程	192	0.286	0.024	0.88	87	45.31	0.16	1.09	4.4
A010	北京师范大学学报自然科学版	373	0.226	0.040	0.85	190	50.94	0.25	2.18	5.3
G016	北京医学	282	0.223	0.013	0.96	161	57.09	0.38	2.01	5.0
R018	北京邮电大学学报	333	0.822	0.126	0.30	66	19.82	0.29	1.14	2.6
G017	北京中医药大学学报	692	0.397	0.050	0.87	153	22.11	0.94	4.50	6.0
A570	编辑学报	745	0.846	0.123	0.45	48	6.44	0.27	4.36	2.9
N101	变压器	152	0.128	0.023	0.69	38	25.00	0.08	0.60	4.6
G410	标记免疫分析与临床	131	0.147	0.010	0.92	62	47.33	0.13	1.38	4.5
T098	表面技术	471	0.437	0.017	0.78	110	23.35	0.23	1.67	4.0
E135	冰川冻土	1314	1.906	0.162	0.62	153	11.64	0.48	4.94	3.7
N008	兵工学报	294	0.219	0.000	0.94	151	51.36	0.89	16.78	4.7
N085	兵器材料科学与工程	332	0.311	0.043	0.93	116	34.94	0.68	3.05	5.4
G018	病毒学报	401	0.589	0.055	0.94	137	34.16	0.33	2.36	5.3

表 4-1 2005 年中国科技期刊被引用指标刊名字顺索引（续）

代码	期刊名称	总被引频次	影响因子	即年指标	他引率	引用刊数	扩散因子	学科影响指标	学科扩散指标	被引半衰期
C060	波谱学杂志	199	0.450	0.130	0.54	64	32.16	0.10	2.06	4.4
V040	玻璃钢/复合材料	193	0.281	0.010	0.90	74	38.34	0.39	1.95	4.9
T051	玻璃与搪瓷	130	0.200	0.027	0.77	50	38.46	0.14	0.76	5.0
M005	材料保护	1069	0.400	0.015	0.83	175	16.37	0.68	4.61	4.8
M103	材料导报	973	0.425	0.029	0.80	259	26.62	0.82	6.82	4.4
Y007	材料工程	558	0.324	0.022	0.93	164	29.39	0.74	4.32	5.1
M010	材料开发与应用	161	0.220	0.027	0.96	91	56.52	0.61	2.39	4.8
M008	材料科学与工程学报	767	0.584	0.034	0.93	242	31.55	0.84	6.37	3.8
M006	材料科学与工艺	430	0.308	0.028	0.93	158	36.74	0.79	4.16	5.1
N026	材料热处理学报	317	0.295	0.059	0.85	93	29.34	0.55	2.45	4.0
M009	材料研究学报	686	0.606	0.075	0.93	209	30.47	0.82	5.50	5.5
H009	蚕业科学	286	0.423	0.097	0.59	74	25.87	0.23	0.96	5.0
H525	草地学报	591	0.928	0.099	0.74	99	16.75	0.64	7.07	4.9
H234	草业科学	1171	0.722	0.066	0.52	113	9.65	0.57	8.07	4.0
H527	草业学报	887	1.627	0.081	0.64	121	13.64	0.57	8.64	3.4
H538	草原与草坪	314	0.822	0.139	0.44	47	14.97	0.43	3.36	3.3
E543	测绘工程	126	0.216	0.011	0.88	58	46.03	0.78	6.44	4.6
E600	测绘科学	291	0.672	0.062	0.46	72	24.74	1.00	8.00	2.8
E510	测绘通报	457	0.284	0.013	0.83	138	30.20	1.00	15.33	3.7
E152	测绘学报	543	0.649	0.043	0.93	144	26.52	1.00	16.00	5.2
L017	测井技术	366	0.234	0.036	0.66	60	16.39	0.43	1.71	5.5
Y022	测控技术	367	0.184	0.014	0.90	168	45.78	0.46	7.00	3.9
R711	测试技术学报	117	0.149	0.020	0.84	72	61.54	0.11	0.87	3.9
H001	茶叶科学	265	0.567	0.115	0.79	88	33.21	0.31	1.14	5.6
X036	长安大学学报自然科学版	638	0.801	0.130	0.72	159	24.92	0.30	1.92	3.3
N056	长春理工大学学报	131	0.135	0.025	0.67	64	48.85	0.08	0.77	3.8
W010	长江科学院院报	242	0.244	0.025	0.91	87	35.95	0.80	4.35	4.8
Z029	长江流域资源与环境	540	0.716	0.039	0.84	173	32.04	0.65	5.58	4.2
X002	长沙交通学院学报	87	0.121	0.014	0.98	63	72.41	0.32	1.85	4.9
G264	肠外与肠内营养	370	0.652	0.064	0.78	96	25.95	0.41	2.46	4.3
N024	车用发动机	96	0.184	0.009	0.85	46	47.92	0.11	1.24	4.1
E113	沉积学报	1447	0.927	0.126	0.85	140	9.68	0.94	4.52	5.9
E547	沉积与特提斯地质	169	0.313	0.047	0.86	52	30.77	0.58	1.68	4.7
E102	成都理工大学学报	470	0.369	0.000	0.95	126	26.81	0.08	1.52	5.4
E011	成都信息工程学院学报	49	0.052	0.000	1.00	37	75.51	0.40	3.70	5.3

表 4-1 2005 年中国科技期刊被引用指标刊名字顺索引（续）

代码	期刊名称	总被引频次	影响因子	即年指标	他引率	引用刊数	扩散因子	学科影响指标	学科扩散指标	被引半衰期
G019	成都中医药大学学报	195	0.157	0.021	0.93	87	44.62	0.82	2.56	5.3
V050	城市规划	747	0.539	0.070	0.72	99	13.25	0.50	2.61	3.9
V028	城市规划汇刊	369	0.498	0.136	0.83	82	22.22	0.37	2.16	4.1
X043	城市轨道交通研究	169	0.391	0.038	0.32	27	15.98	0.26	0.79	2.5
Z024	城市环境与城市生态	539	0.395	0.011	0.97	200	37.11	0.84	6.45	4.7
N060	传感技术学报	200	0.254	0.021	0.83	103	51.50	0.16	1.63	3.7
X010	船舶工程	98	0.108	0.000	0.90	44	44.90	0.24	1.29	4.7
G322	创伤外科杂志	257	0.293	0.036	0.82	109	42.41	0.54	2.79	3.2
R048	磁性材料及器件	201	0.275	0.013	0.85	79	39.30	0.47	2.08	4.9
D013	催化学报	1466	0.990	0.082	0.81	197	13.44	0.83	5.63	4.7
E144	大地测量与地球动力学	465	0.818	0.327	0.49	59	12.69	0.56	6.56	3.4
E146	大地构造与成矿学	420	1.065	0.188	0.66	66	15.71	0.33	1.83	5.4
R051	大电机技术	119	0.133	0.000	0.81	54	45.38	0.38	1.46	5.0
H038	大豆科学	532	0.573	0.000	0.83	102	19.17	0.52	1.32	7.5
X024	大连海事大学学报	123	0.146	0.008	0.79	59	47.97	0.24	1.74	3.9
J024	大连理工大学学报	740	0.386	0.038	0.94	347	46.89	0.47	4.18	5.6
H005	大连水产学院学报	212	0.187	0.014	0.88	64	30.19	1.00	9.14	6.8
X001	大连铁道学院学报	115	0.102	0.011	0.92	89	77.39	0.24	2.62	5.3
G020	大连医科大学学报	121	0.147	0.006	0.98	96	79.34	0.19	2.29	4.4
E109	大气科学	1354	0.874	0.178	0.89	117	8.64	1.00	11.70	7.3
L512	大庆石油地质与开发	637	0.515	0.027	0.40	67	10.52	0.57	1.91	4.2
L004	大庆石油学院学报	329	0.234	0.139	0.58	107	32.52	0.63	3.06	4.3
N004	弹道学报	101	0.131	0.000	0.90	38	37.62	0.78	4.22	5.3
T500	弹性体	174	0.287	0.000	0.87	66	37.93	0.39	1.00	4.2
H040	淡水渔业	296	0.205	0.016	0.82	74	25.00	1.00	10.57	6.7
N019	低温工程	140	0.297	0.072	0.73	56	40.00	0.10	0.89	4.8
V020	低温建筑技术	102	0.062	0.005	0.60	48	47.06	0.34	1.26	3.5
C055	低温物理学报	176	0.717	0.182	0.27	29	16.48	0.16	0.94	2.8
C031	低温与超导	96	0.259	0.014	0.79	40	41.67	0.16	1.29	4.1
R053	低压电器	115	0.152	0.017	0.53	35	30.43	0.24	0.95	3.7
E133	地层学杂志	487	0.752	0.737	0.68	70	14.37	0.84	2.26	5.4
E130	地理科学	1241	1.024	0.033	0.73	217	17.49	1.00	18.08	4.7
E584	地理科学进展	658	1.228	0.120	0.82	162	24.62	0.83	13.50	3.8
E305	地理学报	2628	2.136	0.239	0.94	269	10.24	1.00	22.42	5.4
E310	地理研究	1173	1.542	0.191	0.77	219	18.67	0.83	18.25	4.5

表 4-1 2005 年中国科技期刊被引用指标刊名字顺索引（续）

代码	期刊名称	总被引频次	影响因子	即年指标	他引率	引用刊数	扩散因子	学科影响指标	学科扩散指标	被引半衰期
E527	地理与地理信息科学	491	0.674	0.044	0.85	157	31.98	0.75	13.08	3.3
E024	地球化学	1399	1.807	0.311	0.87	133	9.51	0.50	3.69	5.7
E142	地球科学	1390	0.991	0.225	0.89	193	13.88	0.67	5.36	6.0
E115	地球科学进展	1585	1.245	0.162	0.86	284	17.92	0.69	7.89	4.6
E004	地球科学与环境学报	249	0.584	0.086	0.60	94	37.75	0.44	2.61	3.9
E153	地球物理学报	1972	1.253	0.332	0.78	163	8.27	0.83	4.53	6.4
E308	地球物理学进展	720	0.904	0.220	0.43	102	14.17	0.64	2.83	3.4
E656	地球信息科学	174	0.420	0.010	0.84	75	43.10	0.14	2.08	3.0
E300	地球学报	868	0.808	0.097	0.79	135	15.55	0.64	3.75	4.5
E549	地球与环境	26	0.121	0.000	0.73	9	34.62	0.03	0.25	1.9
V031	地下空间	230	0.260	0.022	0.67	72	31.30	0.39	1.89	4.4
E357	地学前缘	1741	1.347	0.168	0.89	201	11.55	0.78	5.58	5.1
E306	地震	312	0.471	0.116	0.88	46	14.74	0.58	1.28	6.0
E119	地震地磁观测与研究	138	0.146	0.036	0.65	31	22.46	0.53	0.86	6.0
E150	地震地质	610	0.782	0.143	0.82	83	13.61	0.75	2.31	6.0
E118	地震工程与工程振动	839	0.476	0.064	0.79	153	18.24	0.42	4.25	5.3
E143	地震学报	783	0.727	0.037	0.90	100	12.77	0.67	2.78	6.8
E112	地震研究	167	0.252	0.013	0.80	35	20.96	0.47	0.97	7.9
E362	地质科技情报	492	0.402	0.023	0.90	142	28.86	0.81	4.58	5.8
E139	地质科学	1124	2.008	0.241	0.82	120	10.68	0.90	3.87	6.2
E026	地质力学学报	187	0.202	0.061	0.84	79	42.25	0.71	2.55	5.8
E009	地质论评	1548	1.479	0.367	0.86	116	7.49	1.00	3.74	6.0
E127	地质通报	1036	1.202	0.242	0.79	91	8.78	0.81	2.94	3.1
E010	地质学报	1600	2.438	0.512	0.84	119	7.44	0.94	3.84	5.5
E151	地质与勘探	633	0.531	0.081	0.73	119	18.80	0.77	3.84	4.8
E525	地质与资源	115	0.179	0.014	0.88	37	32.17	0.42	1.19	6.1
E132	地质找矿论丛	144	0.270	0.036	0.85	49	34.03	0.58	1.58	5.4
G005	第二军医大学学报	1190	0.328	0.058	0.87	384	32.27	0.69	9.14	4.5
G021	第三军医大学学报	1477	0.381	0.043	0.84	383	25.93	0.76	9.12	3.7
E301	第四纪研究	1233	1.368	0.287	0.83	170	13.79	0.69	4.72	5.6
G022	第四军医大学学报	2132	0.488	0.042	0.76	449	21.06	0.81	10.69	3.8
G023	第一军医大学学报	1047	0.511	0.069	0.78	323	30.85	0.67	7.69	3.2
R007	电波科学学报	402	0.401	0.034	0.39	70	17.41	0.28	1.21	3.9
R003	电池	587	0.724	0.083	0.42	84	14.31	0.16	2.27	3.4
Z015	电镀与环保	332	0.479	0.063	0.86	71	21.39	0.29	2.29	4.9

表 4-1 2005 年中国科技期刊被引用指标刊名字顺索引（续）

代码	期刊名称	总被引频次	影响因子	即年指标	他引率	引用刊数	扩散因子	学科影响指标	学科扩散指标	被引半衰期
T508	电镀与精饰	293	0.307	0.107	0.86	68	23.21	0.14	1.03	6.2
T598	电镀与涂饰	343	0.440	0.065	0.68	63	18.37	0.11	0.95	4.4
R010	电工电能新技术	279	0.770	0.081	0.62	72	25.81	0.49	1.95	3.4
R043	电工技术学报	653	0.546	0.021	0.86	114	17.46	0.59	3.08	4.0
R740	电光与控制	94	0.149	0.007	0.66	35	37.23	0.14	0.60	4.8
N067	电焊机	209	0.188	0.008	0.56	48	22.97	0.17	0.76	4.1
D036	电化学	274	0.324	0.047	0.91	109	39.78	0.54	3.11	5.1
R088	电机与控制学报	175	0.303	0.007	0.86	74	42.29	0.46	2.00	3.8
N027	电加工与模具	202	0.165	0.026	0.77	56	27.72	0.37	0.89	4.8
R011	电力电子技术	424	0.300	0.000	0.80	107	25.24	0.65	2.89	4.7
R071	电力系统及其自动化学报	397	0.511	0.031	0.61	72	18.14	0.51	1.95	4.0
S019	电力系统自动化	3345	1.119	0.200	0.66	173	5.17	0.70	4.68	3.7
R090	电力自动化设备	496	0.354	0.028	0.73	83	16.73	0.49	2.24	3.2
R516	电路与系统学报	228	0.208	0.015	0.87	108	47.37	0.40	1.86	3.6
R044	电气传动	201	0.153	0.014	0.89	85	42.29	0.46	2.30	5.0
R029	电气应用	147	0.093	0.005	0.83	56	38.10	0.51	1.51	3.4
R058	电气自动化	100	0.073	0.000	0.87	49	49.00	0.32	1.32	4.6
R712	电声技术	92	0.080	0.030	0.49	33	35.87	0.21	0.57	2.9
R537	电视技术	207	0.174	0.062	0.38	50	24.15	0.24	0.86	2.4
R039	电网技术	2734	1.826	0.335	0.53	101	3.69	0.57	2.73	3.1
R019	电源技术	457	0.326	0.019	0.77	119	26.04	0.19	3.22	4.5
R055	电子测量技术	27	0.015	0.003	0.81	22	81.48	0.09	0.38	3.7
R021	电子测量与仪器学报	132	0.220	0.008	0.90	82	62.12	0.26	1.41	4.4
R067	电子技术应用	489	0.235	0.022	0.95	198	40.49	0.62	3.41	4.0
R036	电子科技大学学报	271	0.178	0.026	0.93	148	54.61	0.43	2.55	5.2
R001	电子显微学报	355	0.341	0.034	0.90	204	57.46	0.09	3.52	4.3
R006	电子学报	2282	0.548	0.046	0.91	369	16.17	0.91	6.36	4.5
R022	电子与信息学报	515	0.315	0.026	0.90	171	33.20	0.57	2.95	3.7
R020	电子元件与材料	436	0.463	0.041	0.77	115	26.38	0.21	1.98	3.3
J023	东北大学学报	882	0.492	0.078	0.77	301	34.13	0.46	3.63	3.7
H262	东北林业大学学报	629	0.264	0.018	0.84	157	24.96	0.94	9.81	5.6
H006	东北农业大学学报	283	0.188	0.016	0.94	118	41.70	0.65	4.54	6.2
A030	东北师大学报	484	0.761	0.040	0.59	174	35.95	0.33	2.00	4.6
E149	东海海洋	144	0.182	0.029	0.97	76	52.78	0.63	4.75	6.4
U014	东华大学学报	248	0.143	0.026	0.84	111	44.76	0.20	1.34	4.7

表 4-1 2005 年中国科技期刊被引用指标刊名字顺索引（续）

代码	期刊名称	总被引频次	影响因子	即年指标	他引率	引用刊数	扩散因子	学科影响指标	学科扩散指标	被引半衰期
E002	东华理工学院学报	152	0.259	0.035	0.66	73	48.03	0.04	0.88	4.5
J028	东南大学学报	585	0.372	0.028	0.97	320	54.70	0.43	3.86	4.3
G057	东南大学学报医学版	192	0.256	0.048	0.86	122	63.54	0.29	2.90	3.8
P003	动力工程	336	0.314	0.021	0.76	87	25.89	0.35	2.35	4.5
F014	动物分类学报	401	0.421	0.089	0.58	66	16.46	0.28	1.14	5.0
F017	动物学报	1084	0.867	0.077	0.75	208	19.19	0.57	3.59	6.6
F022	动物学研究	644	0.486	0.065	0.88	165	25.62	0.52	2.84	6.3
F043	动物学杂志	697	0.401	0.090	0.80	153	21.95	0.48	2.64	6.8
X034	都市快轨交通	101	0.444	0.143	0.08	3	2.97	0.06	0.09	1.4
G542	毒理学杂志	295	0.268	0.020	0.92	135	45.76	0.14	1.69	5.4
N070	锻压技术	288	0.267	0.035	0.80	69	23.96	0.38	1.10	4.6
N082	锻压装备与制造技术	202	0.154	0.035	0.63	58	28.71	0.37	0.92	4.4
C071	发光学报	574	0.882	0.064	0.61	109	18.99	0.42	3.52	3.5
U013	纺织高校基础科学学报	64	0.145	0.030	0.72	41	64.06	0.26	1.52	4.4
U015	纺织科学研究	57	0.286	0.000	0.93	24	42.11	0.33	0.89	3.4
U053	纺织学报	371	0.233	0.052	0.67	73	19.68	0.37	2.70	3.7
G893	放射免疫学杂志	312	0.208	0.028	0.55	107	34.29	0.10	5.35	3.7
G608	放射学实践	389	0.255	0.048	0.81	111	28.53	0.60	5.55	3.4
Y006	飞行力学	133	0.208	0.051	0.74	46	34.59	0.63	1.92	4.2
Y030	飞行器测控学报	47	0.160	0.009	0.47	21	44.68	0.21	0.88	2.9
K002	非金属矿	411	0.402	0.056	0.82	111	27.01	0.55	5.05	4.8
D022	分析测试学报	898	0.672	0.033	0.85	253	28.17	0.66	7.23	4.4
D005	分析化学	3085	0.662	0.055	0.85	381	12.35	0.86	10.89	5.5
D026	分析科学学报	501	0.344	0.023	0.84	142	28.34	0.54	4.06	4.5
D004	分析试验室	889	0.416	0.037	0.79	165	18.56	0.66	4.71	5.0
D062	分析仪器	130	0.230	0.000	0.95	85	65.38	0.45	7.73	5.2
D015	分子催化	443	0.527	0.020	0.88	114	25.73	0.66	3.26	5.8
D035	分子科学学报	152	0.573	0.014	0.43	52	34.21	0.34	1.49	3.7
V052	粉煤灰综合利用	109	0.102	0.021	0.86	59	54.13	0.24	1.55	4.4
M105	粉末冶金工业	147	0.396	0.000	0.90	54	36.73	0.27	2.08	4.7
M039	粉末冶金技术	320	0.395	0.012	0.89	95	29.69	0.35	3.65	5.8
N032	风机技术	87	0.113	0.000	0.71	42	48.28	0.16	0.67	4.6
H051	福建林学院学报	438	0.522	0.085	0.78	100	22.83	0.94	6.25	5.2
H268	福建农林大学学报	639	0.510	0.073	0.85	170	26.60	0.92	6.54	5.5
H265	福建农业学报	172	0.328	0.029	0.88	87	50.58	0.48	1.13	5.0

代码	期刊名称	总被引频次	影响因子	即年指标	他引率	引用刊数	扩散因子	学科影响指标	学科扩散指标	被引半衰期
A078	福建师范大学学报	225	0.192	0.019	0.88	139	61.78	0.20	1.60	5.8
G024	福建医科大学学报	244	0.160	0.055	0.84	141	57.79	0.43	3.36	4.9
A029	福州大学学报	314	0.204	0.022	0.94	208	66.24	0.13	2.39	5.0
Q006	辐射防护	198	0.330	0.078	0.64	60	30.30	0.89	6.67	6.4
Q005	辐射研究与辐射工艺学报	186	0.245	0.050	0.79	82	44.09	0.44	9.11	6.4
M003	腐蚀科学与防护技术	326	0.260	0.023	0.84	95	29.14	0.53	2.50	5.3
M505	腐蚀与防护	266	0.150	0.006	0.86	98	36.84	0.50	2.58	4.7
A001	复旦学报	366	0.243	0.004	0.96	248	67.76	0.29	2.85	4.7
G068	复旦学报医学科学版	513	0.293	0.025	0.94	246	47.95	0.64	5.86	5.5
Y019	复合材料学报	996	0.785	0.092	0.70	195	19.58	0.71	5.13	4.7
G957	腹部外科	353	0.317	0.013	0.95	103	29.18	0.46	2.64	4.5
H045	干旱地区农业研究	870	0.595	0.071	0.81	126	14.48	0.65	1.64	5.3
E020	干旱区地理	979	2.682	0.242	0.39	120	12.26	0.83	10.00	2.7
E105	干旱区研究	667	1.079	0.071	0.66	128	19.19	0.28	3.56	4.5
A034	甘肃科学学报	151	0.219	0.007	0.70	86	56.95	0.07	0.99	3.9
H047	甘肃农业大学学报	456	0.566	0.114	0.56	116	25.44	0.42	4.46	4.0
G879	肝胆外科杂志	443	0.287	0.021	0.90	132	29.80	0.54	3.38	4.3
G690	肝胆胰外科杂志	300	0.274	0.015	0.86	97	32.33	0.44	2.49	4.3
G803	肝脏	369	0.428	0.078	0.87	121	32.79	0.36	4.32	4.3
D014	感光科学与光化学	227	0.470	0.092	0.74	93	40.97	0.54	2.66	4.8
M050	钢铁	626	0.279	0.019	0.80	124	19.81	0.62	4.77	5.6
M013	钢铁钒钛	91	0.187	0.037	0.84	40	43.96	0.35	1.54	5.2
M027	钢铁研究	102	0.055	0.023	0.92	53	51.96	0.58	2.04	5.7
M019	钢铁研究学报	456	0.425	0.029	0.64	102	22.37	0.62	3.92	5.6
X028	港工技术	34	0.065	0.011	0.88	25	73.53	0.09	0.74	4.0
D020	高等学校化学学报	4063	0.787	0.059	0.81	429	10.56	0.97	12.26	5.2
B002	高等学校计算数学学报	150	0.289	0.045	0.90	69	46.00	0.45	2.38	5.8
R038	高电压技术	769	0.394	0.104	0.46	88	11.44	0.46	2.38	3.6
T001	高分子材料科学与工程	1536	0.492	0.036	0.86	265	17.25	0.74	6.97	5.5
T002	高分子通报	475	0.301	0.029	0.93	156	32.84	0.57	4.46	6.4
D021	高分子学报	1423	0.772	0.080	0.85	234	16.44	0.86	6.69	5.4
A080	高技术通讯	703	0.371	0.030	0.94	353	50.21	0.29	4.06	4.1
C058	高能物理与核物理	359	0.266	0.061	0.46	47	13.09	0.39	1.52	3.9
E358	高校地质学报	608	1.267	0.103	0.90	103	16.94	0.84	3.32	5.0
T016	高校化学工程学报	580	0.633	0.081	0.65	151	26.03	0.52	2.29	4.2

表 4-1　2005 年中国科技期刊被引用指标刊名字顺索引（续）

代码	期刊名称	总被引频次	影响因子	即年指标	他引率	引用刊数	扩散因子	学科影响指标	学科扩散指标	被引半衰期
B003	高校应用数学学报	171	0.129	0.034	0.95	94	54.97	0.55	3.24	6.0
G235	高血压杂志	689	0.701	0.031	0.89	210	30.48	0.40	2.63	4.7
R037	高压电器	213	0.249	0.054	0.75	47	22.07	0.43	1.27	3.3
C056	高压物理学报	205	0.400	0.044	0.76	71	34.63	0.39	2.29	6.0
E005	高原气象	1448	1.861	0.255	0.44	87	6.01	1.00	8.70	4.5
V021	给水排水	956	0.312	0.028	0.82	186	19.46	0.39	4.89	4.7
N105	工程爆破	161	0.241	0.032	0.74	34	21.12	0.03	0.54	4.8
E360	工程地质学报	567	1.134	0.058	0.60	108	19.05	0.35	3.48	4.5
N049	工程机械	143	0.073	0.023	0.71	42	29.37	0.25	0.67	4.3
V030	工程勘察	296	0.261	0.008	0.93	116	39.19	0.47	3.05	5.4
V033	工程抗震与加固改造	193	0.322	0.116	0.65	44	22.80	0.37	1.16	6.2
C002	工程力学	786	0.439	0.084	0.88	211	26.84	0.92	16.23	4.5
C073	工程热物理学报	704	0.357	0.044	0.85	178	25.28	0.10	5.74	4.3
N590	工程设计学报	65	0.238	0.011	0.72	37	56.92	0.21	0.59	2.7
B031	工程数学学报	212	0.136	0.010	0.90	109	51.42	0.55	3.76	4.6
T003	工程塑料应用	487	0.493	0.029	0.68	97	19.92	0.42	1.47	3.1
N061	工程图学学报	209	0.212	0.000	0.77	87	41.63	0.29	1.38	4.2
N064	工具技术	287	0.147	0.011	0.78	89	31.01	0.44	1.41	4.2
K018	工矿自动化	91	0.161	0.005	0.60	40	43.96	0.32	1.82	3.2
T563	工业催化	235	0.353	0.030	0.76	69	29.36	0.29	1.05	3.3
J057	工业工程	71	0.112	0.000	0.72	35	49.30	0.08	0.42	3.9
N110	工业工程与管理	167	0.213	0.012	0.88	70	41.92	0.55	6.36	3.6
P008	工业锅炉	58	0.087	0.009	0.64	20	34.48	0.08	0.54	4.5
P009	工业加热	102	0.139	0.007	0.74	43	42.16	0.11	1.16	4.2
V010	工业建筑	796	0.223	0.100	0.80	151	18.97	0.66	3.97	4.9
P005	工业炉	78	0.179	0.011	0.92	38	48.72	0.16	1.03	3.7
Z013	工业水处理	786	0.348	0.014	0.83	221	28.12	0.68	7.13	4.8
F030	工业微生物	231	0.333	0.043	0.94	108	46.75	0.22	1.86	5.7
G025	工业卫生与职业病	333	0.280	0.013	0.88	102	30.63	0.61	3.09	5.6
N037	工业仪表与自动化装置	146	0.180	0.051	0.90	72	49.32	0.36	6.55	4.3
Z032	工业用水与废水	179	0.171	0.018	0.94	80	44.69	0.55	2.58	3.7
X026	公路交通科技	464	0.242	0.016	0.83	148	31.90	0.56	4.35	3.6
N039	功能材料	1384	0.590	0.035	0.88	294	21.24	0.92	7.74	5.0
M502	功能材料与器件学报	165	0.256	0.027	0.92	82	49.70	0.39	2.16	3.7
D503	功能高分子学报	589	0.422	0.044	0.88	194	32.94	0.63	5.54	5.6

表 4-1 2005 年中国科技期刊被引用指标刊名字顺索引（续）

代码	期刊名称	总被引频次	影响因子	即年指标	他引率	引用刊数	扩散因子	学科影响指标	学科扩散指标	被引半衰期
E601	古地理学报	435	1.670	0.269	0.42	56	12.87	0.08	4.67	3.6
E304	古脊椎动物学报	330	0.467	0.100	0.59	31	9.39	0.22	0.86	>10
E022	古生物学报	632	0.282	0.073	0.82	59	9.34	0.28	1.64	>10
R047	固体电子学研究与进展	90	0.155	0.026	0.78	43	47.78	0.34	0.74	3.5
Y013	固体火箭技术	169	0.142	0.051	0.74	60	35.50	0.25	2.50	5.0
C103	固体力学学报	319	0.252	0.012	0.86	126	39.50	0.85	9.69	6.1
W007	管理工程学报	232	0.275	0.024	0.93	90	38.79	0.73	8.18	4.1
W008	管理科学学报	402	0.716	0.081	0.74	102	25.37	0.91	9.27	4.0
H226	灌溉排水学报	390	0.402	0.033	0.87	65	16.67	0.30	0.84	4.8
R026	光电工程	386	0.346	0.037	0.74	117	30.31	0.48	2.02	4.0
R061	光电子·激光	1157	0.869	0.048	0.47	157	13.57	0.48	2.71	2.8
R082	光电子技术	71	0.139	0.000	0.86	42	59.15	0.16	0.72	4.0
C091	光谱学与光谱分析	1736	0.658	0.100	0.52	289	16.65	0.32	9.32	4.3
R031	光通信技术	119	0.138	0.020	0.76	51	42.86	0.36	0.88	2.9
R017	光纤与电缆及其应用技术	44	0.073	0.014	0.86	26	59.09	0.19	0.45	4.2
N015	光学技术	525	0.319	0.057	0.86	158	30.10	0.33	2.51	4.1
N033	光学精密工程	552	0.624	0.089	0.59	139	25.18	0.55	12.64	4.1
C050	光学学报	2233	1.099	0.121	0.70	205	9.18	0.68	6.61	4.2
N031	光学仪器	144	0.245	0.039	0.83	69	47.92	0.73	6.27	4.0
C037	光子学报	1732	1.062	0.104	0.41	173	9.99	0.55	5.58	3.0
J029	广东工业大学学报	100	0.121	0.000	0.94	76	76.00	0.06	0.92	4.8
H228	广东农业科学	333	0.185	0.057	0.76	106	31.83	0.65	4.08	6.2
G027	广东药学院学报	221	0.126	0.025	0.87	113	51.13	0.58	3.42	4.5
G026	广东医学	697	0.140	0.011	0.92	270	38.74	0.49	3.38	4.0
A042	广西大学学报	143	0.295	0.013	0.83	100	69.93	0.15	1.15	4.2
A535	广西科学	140	0.186	0.032	0.90	92	65.71	0.09	1.06	5.3
H245	广西农业生物科学	222	0.250	0.068	0.86	101	45.50	0.44	1.31	6.8
A062	广西师范大学学报	298	0.659	0.073	0.60	130	43.62	0.28	1.49	3.6
G028	广西医科大学学报	414	0.094	0.009	0.89	202	48.79	0.50	4.81	4.4
F028	广西植物	470	0.328	0.008	0.89	151	32.13	0.31	2.60	6.2
G029	广州医学院学报	128	0.070	0.000	0.99	95	74.22	0.10	2.26	5.0
G030	广州中医药大学学报	336	0.236	0.053	0.90	108	32.14	0.94	3.18	5.2
T004	硅酸盐通报	426	0.268	0.017	0.92	150	35.21	0.42	2.27	6.0
T005	硅酸盐学报	1467	0.725	0.112	0.78	267	18.20	0.36	4.05	4.6
M048	贵金属	230	0.433	0.138	0.62	61	26.52	0.26	1.61	6.3

表 4-1　2005 年中国科技期刊被引用指标刊名字顺索引（续）

代码	期刊名称	总被引频次	影响因子	即年指标	他引率	引用刊数	扩散因子	学科影响指标	学科扩散指标	被引半衰期
G031	贵阳医学院学报	185	0.085	0.004	0.86	99	53.51	0.21	2.36	5.1
G032	贵阳中医学院学报	100	0.044	0.007	0.93	53	53.00	0.71	1.56	5.6
A077	贵州大学学报	69	0.151	0.033	0.87	55	79.71	0.06	0.63	3.3
J044	贵州工业大学学报	150	0.111	0.000	0.94	108	72.00	0.22	1.30	4.9
H275	贵州农业科学	259	0.136	0.034	0.79	89	34.36	0.44	1.16	5.6
R002	桂林电子工业学院学报	56	0.052	0.000	0.96	48	85.71	0.14	0.83	4.4
M033	桂林工学院学报	257	0.262	0.030	0.74	106	41.25	0.16	1.28	6.0
A040	国防科技大学学报	339	0.219	0.049	0.85	159	46.90	0.20	1.92	5.1
Q911	国际眼科杂志	336	0.489	0.132	0.08	21	6.25	0.44	1.31	1.6
E591	国土资源遥感	310	0.610	0.000	0.83	122	39.35	0.89	13.56	5.0
H028	果树学报	753	0.723	0.048	0.82	116	15.41	0.56	1.51	5.1
T008	过程工程学报	381	0.495	0.079	0.90	187	49.08	0.55	2.83	3.9
X025	哈尔滨工程大学学报	252	0.223	0.000	0.87	135	53.57	0.25	1.63	4.0
J003	哈尔滨工业大学学报	706	0.317	0.028	0.88	319	45.18	0.55	3.84	3.5
J013	哈尔滨理工大学学报	197	0.086	0.004	0.92	126	63.96	0.24	1.52	5.0
U021	哈尔滨商业大学学报	140	0.191	0.041	0.64	74	52.86	0.11	0.89	2.4
G033	哈尔滨医科大学学报	267	0.152	0.030	0.95	174	65.17	0.40	4.14	4.6
T054	海湖盐与化工	141	0.246	0.031	0.70	47	33.33	0.18	0.71	4.5
J055	海军工程大学学报	274	0.385	0.053	0.42	79	28.83	0.11	0.95	3.2
Y029	海军航空工程学院学报	128	0.226	0.105	0.21	18	14.06	0.29	0.75	2.2
A012	海南大学学报	142	0.188	0.036	0.68	79	55.63	0.11	0.91	5.1
E155	海洋地质与第四纪地质	614	0.500	0.037	0.85	113	18.40	0.81	3.65	6.3
E131	海洋工程	261	0.400	0.051	0.75	67	25.67	0.63	4.19	4.6
E312	海洋湖沼通报	229	0.203	0.000	0.95	95	41.48	0.69	5.94	7.3
Z010	海洋环境科学	472	0.474	0.049	0.88	126	26.69	0.61	4.06	5.9
E145	海洋科学	761	0.263	0.022	0.90	196	25.76	0.81	12.25	5.5
E006	海洋科学进展	199	0.227	0.039	0.88	88	44.22	0.75	5.50	5.7
H998	海洋水产研究	316	0.416	0.063	0.89	77	24.37	1.00	11.00	5.9
E311	海洋通报	336	0.247	0.034	0.92	122	36.31	0.88	7.63	6.1
E003	海洋学报	1124	0.800	0.101	0.78	172	15.30	0.94	10.75	7.4
E008	海洋与湖沼	1424	1.404	0.125	0.88	194	13.62	1.00	12.13	6.9
E108	海洋预报	122	0.165	0.091	0.64	41	33.61	0.44	2.56	6.5
L024	焊管	125	0.167	0.000	0.68	44	35.20	0.14	1.26	5.0
N076	焊接	202	0.161	0.013	0.87	63	31.19	0.35	1.00	4.5
N624	焊接技术	187	0.122	0.021	0.76	51	27.27	0.27	0.81	4.6

表4-1 2005年中国科技期刊被引用指标刊名字顺索引（续）

代码	期刊名称	总被引频次	影响因子	即年指标	他引率	引用刊数	扩散因子	学科影响指标	学科扩散指标	被引半衰期
N021	焊接学报	576	0.442	0.068	0.78	111	19.27	0.41	1.76	4.2
Y027	航空材料学报	192	0.528	0.013	0.93	87	45.31	0.53	2.29	3.9
Y017	航空动力学报	354	0.354	0.070	0.74	95	26.84	0.50	3.96	4.4
Y031	航空计算技术	96	0.117	0.007	0.93	58	60.42	0.33	2.42	3.7
Y012	航空精密制造技术	130	0.185	0.009	0.95	87	66.92	0.21	3.63	5.1
Y002	航空学报	666	0.400	0.045	0.90	228	34.23	0.83	9.50	5.9
Y014	航空制造技术	239	0.197	0.013	0.94	91	38.08	0.33	3.79	3.8
Y015	航天控制	95	0.101	0.009	0.86	47	49.47	0.29	1.96	5.4
G034	航天医学与医学工程	443	0.431	0.065	0.68	114	25.73	0.19	2.71	5.3
T057	合成材料老化与应用	109	0.300	0.082	0.88	53	48.62	0.21	1.39	4.2
D602	合成化学	324	0.269	0.054	0.80	127	39.20	0.60	3.63	4.3
T505	合成树脂及塑料	213	0.283	0.017	0.82	59	27.70	0.38	0.89	4.5
T067	合成纤维	149	0.296	0.033	0.67	46	30.87	0.23	0.70	4.3
T065	合成纤维工业	242	0.242	0.023	0.79	69	28.51	0.33	1.05	5.1
T018	合成橡胶工业	462	0.486	0.079	0.83	94	20.35	0.50	1.42	5.9
J053	合肥工业大学学报	397	0.187	0.018	0.84	227	57.18	0.31	2.73	4.2
A031	河北大学学报	189	0.187	0.020	0.81	120	63.49	0.16	1.38	5.0
J017	河北工业大学学报	204	0.140	0.014	0.96	144	70.59	0.14	1.73	4.8
J019	河北工业科技	106	0.167	0.069	0.64	55	51.89	0.10	0.66	3.6
K032	河北建筑科技学院学报	90	0.175	0.038	0.50	35	38.89	0.18	0.92	3.0
J058	河北科技大学学报	148	0.200	0.043	0.82	80	54.05	0.07	0.96	4.1
H289	河北林果研究	135	0.111	0.009	0.90	62	45.93	0.26	0.81	5.2
H244	河北农业大学学报	642	0.386	0.054	0.94	194	30.22	0.81	7.46	5.8
A076	河北师范大学学报	155	0.132	0.012	0.86	110	70.97	0.24	1.26	4.6
G035	河北医科大学学报	197	0.138	0.007	0.98	142	72.08	0.31	3.38	5.3
G301	河北中医药学报	49	0.078	0.037	0.88	34	69.39	0.01	0.43	4.5
W012	河海大学学报	623	0.391	0.064	0.85	196	31.46	0.90	9.80	5.2
A067	河南大学学报	141	0.179	0.000	0.87	91	64.54	0.16	1.05	4.6
J014	河南科技大学学报	339	0.588	0.087	0.40	95	28.02	0.11	1.14	2.9
A011	河南科学	217	0.155	0.044	0.76	122	56.22	0.18	1.40	3.8
H011	河南农业大学学报	599	0.400	0.063	0.90	157	26.21	0.81	6.04	6.2
H356	河南农业科学	317	0.160	0.010	0.85	102	32.18	0.57	1.32	4.7
A058	河南师范大学学报	150	0.131	0.014	0.66	89	59.33	0.21	1.02	4.8
Q007	核电子学与探测技术	211	0.216	0.025	0.60	66	31.28	0.67	7.33	3.5
Q004	核动力工程	191	0.162	0.057	0.61	52	27.23	0.44	5.78	4.9

表 4-1　2005 年中国科技期刊被引用指标刊名字顺索引（续）

代码	期刊名称	总被引频次	影响因子	即年指标	他引率	引用刊数	扩散因子	学科影响指标	学科扩散指标	被引半衰期
Q002	核化学与放射化学	90	0.196	0.038	0.70	34	37.78	0.78	3.78	4.7
Q001	核技术	373	0.186	0.041	0.85	162	43.43	0.89	18.00	5.2
C092	核聚变与等离子体物理	89	0.276	0.102	0.47	26	29.21	0.19	0.84	3.8
Q009	核科学与工程	156	0.218	0.525	0.60	39	25.00	0.89	4.33	4.5
H042	核农学报	446	0.457	0.052	0.73	127	28.48	0.55	1.65	5.6
A084	黑龙江大学自然科学学报	162	0.194	0.105	0.59	83	51.23	0.17	0.95	3.5
R535	红外技术	372	0.464	0.070	0.58	100	26.88	0.38	1.72	4.1
C035	红外与毫米波学报	421	0.726	0.108	0.70	131	31.12	0.42	4.23	3.7
R084	红外与激光工程	487	0.563	0.053	0.69	125	25.67	0.41	2.16	3.9
A039	湖北大学学报	153	0.158	0.000	0.97	115	75.16	0.15	1.32	5.5
H203	湖北农业科学	333	0.243	0.019	0.91	126	37.84	0.64	1.64	4.7
E111	湖泊科学	737	1.157	0.222	0.90	158	21.44	0.44	9.88	5.3
A028	湖南大学学报	365	0.312	0.018	0.83	212	58.08	0.20	2.44	4.3
K016	湖南科技大学学报	81	0.126	0.000	0.94	61	75.31	0.32	2.77	4.2
H060	湖南农业大学学报	667	0.539	0.062	0.78	186	27.89	0.85	7.15	4.9
A055	湖南师范大学自然科学学报	152	0.146	0.021	0.94	95	62.50	0.17	1.09	6.6
G041	湖南中医学院学报	256	0.241	0.038	0.89	82	32.03	0.82	2.41	4.9
G336	护理管理杂志	611	0.760	0.171	0.55	38	6.22	1.00	4.22	2.0
G503	护理学杂志	1660	0.478	0.050	0.67	108	6.51	1.00	12.00	3.3
G654	护理研究	1754	0.458	0.022	0.51	95	5.42	1.00	10.56	2.4
G734	护士进修杂志	1419	0.344	0.038	0.91	95	6.69	1.00	10.56	3.9
E141	华北地震科学	79	0.154	0.039	0.86	25	31.65	0.44	0.69	5.4
R046	华北电力大学学报	300	0.341	0.043	0.62	98	32.67	0.51	2.65	3.6
N002	华北工学院学报	180	0.168	0.042	0.73	101	56.11	0.17	1.22	4.2
H032	华北农学报	851	0.452	0.012	0.94	166	19.51	0.81	2.16	7.0
X015	华东船舶工业学院学报	90	0.082	0.024	0.89	68	75.56	0.09	2.00	4.1
X003	华东交通大学学报	69	0.081	0.004	0.80	50	72.46	0.12	1.47	3.6
T021	华东理工大学学报	462	0.231	0.039	0.91	235	50.87	0.33	2.83	5.3
A054	华东师范大学学报	190	0.180	0.000	0.93	130	68.42	0.15	1.49	6.0
E103	华南地震	103	0.168	0.109	0.83	42	40.78	0.47	1.17	7.2
G340	华南国防医学杂志	70	0.097	0.012	0.70	38	54.29	0.15	0.48	3.0
J004	华南理工大学学报	656	0.382	0.060	0.84	313	47.71	0.41	3.77	4.1
H013	华南农业大学学报	647	0.375	0.054	0.95	192	29.68	0.88	7.38	6.9
A052	华南师范大学学报	168	0.213	0.010	0.89	110	65.48	0.11	1.26	4.8
G525	华南预防医学	230	0.236	0.029	0.80	53	23.04	0.52	1.61	3.0

表 4-1 2005 年中国科技期刊被引用指标刊名字顺索引（续）

代码	期刊名称	总被引频次	影响因子	即年指标	他引率	引用刊数	扩散因子	学科影响指标	学科扩散指标	被引半衰期
A021	华侨大学学报	185	0.268	0.061	0.79	120	64.86	0.09	1.38	4.6
G043	华西口腔医学杂志	556	0.286	0.055	0.88	135	24.28	1.00	9.00	5.9
G044	华西药学杂志	511	0.273	0.019	0.86	163	31.90	0.70	4.94	4.8
G294	华西医学	331	0.130	0.010	0.92	168	50.76	0.33	2.10	4.3
V506	华中建筑	129	0.067	0.050	0.41	28	21.71	0.42	0.74	3.9
J033	华中科技大学学报	997	0.246	0.046	0.91	390	39.12	0.55	4.70	4.9
V035	华中科技大学学报城市科学版	103	0.170	0.000	0.83	55	53.40	0.21	1.45	3.6
G077	华中科技大学学报医学版	550	0.312	0.051	0.96	263	47.82	0.52	6.26	4.9
H003	华中农业大学学报	797	0.350	0.080	0.91	229	28.73	0.88	8.81	6.3
A004	华中师范大学学报	290	0.177	0.015	0.83	149	51.38	0.24	1.71	6.0
T055	化肥工业	114	0.078	0.000	0.88	59	51.75	0.15	0.89	5.7
Z009	化工环保	355	0.385	0.031	0.92	141	39.72	0.71	4.55	5.6
T006	化工机械	139	0.222	0.029	0.85	69	49.64	0.15	1.05	5.8
T101	化工进展	826	0.458	0.026	0.87	269	32.57	0.74	4.08	3.7
T532	化工科技	123	0.189	0.000	0.92	79	64.23	0.38	1.20	4.2
T007	化工学报	1188	0.655	0.071	0.70	264	22.22	0.59	4.00	3.6
T066	化工自动化及仪表	216	0.223	0.021	0.69	82	37.96	0.06	1.24	4.4
T009	化学反应工程与工艺	221	0.401	0.029	0.88	103	46.61	0.44	1.56	4.9
T025	化学工程	340	0.270	0.042	0.93	126	37.06	0.47	1.91	5.8
T076	化学工业与工程	221	0.313	0.026	0.98	127	57.47	0.56	1.92	4.6
D506	化学进展	524	0.777	0.080	0.90	217	41.41	0.94	6.20	4.5
D011	化学试剂	466	0.314	0.011	0.82	138	29.61	0.74	3.94	5.9
D018	化学通报	1099	0.534	0.064	0.98	374	34.03	0.83	10.69	5.9
C070	化学物理学报	580	0.788	0.092	0.57	153	26.38	0.39	4.94	3.8
D030	化学学报	2086	0.893	0.072	0.79	314	15.05	0.94	8.97	3.8
D501	化学研究	152	0.351	0.040	0.88	87	57.24	0.60	2.49	3.4
D037	化学研究与应用	647	0.325	0.024	0.86	263	40.65	0.86	7.51	4.0
T553	化学与生物工程	163	0.174	0.016	0.96	118	72.39	0.31	3.37	5.0
T931	化学与粘合	281	0.258	0.009	0.90	92	32.74	0.34	2.63	5.4
Z017	环境保护科学	233	0.160	0.007	0.94	132	56.65	0.71	4.26	4.8
Z005	环境工程	446	0.280	0.034	0.95	168	37.67	0.68	5.42	4.8
D024	环境化学	982	0.546	0.044	0.92	283	28.82	0.63	8.09	6.4
Z004	环境科学	2270	1.342	0.104	0.95	436	19.21	0.90	14.06	5.4
Z003	环境科学学报	1932	1.138	0.260	0.86	387	20.03	0.94	12.48	5.0
Z002	环境科学研究	887	0.776	0.101	0.95	274	30.89	0.87	8.84	5.2

表 4-1　2005 年中国科技期刊被引用指标刊名字顺索引（续）

代码	期刊名称	总被引频次	影响因子	即年指标	他引率	引用刊数	扩散因子	学科影响指标	学科扩散指标	被引半衰期
Z025	环境科学与技术	459	0.354	0.060	0.90	202	44.01	0.77	6.52	3.8
Z019	环境污染与防治	571	0.389	0.023	0.98	243	42.56	0.81	7.84	5.8
Z021	环境污染治理技术与设备	1141	0.536	0.022	0.95	340	29.80	0.87	10.97	4.5
Z031	环境与健康杂志	562	0.490	0.039	0.85	176	31.32	0.67	5.33	4.5
G882	环境与职业医学	251	0.296	0.011	0.79	92	36.65	0.64	2.79	3.7
M631	黄金	291	0.179	0.017	0.75	67	23.02	0.35	2.58	6.0
M600	黄金科学技术	55	0.079	0.032	0.91	24	43.64	0.19	0.92	5.3
N042	火工品	80	0.173	0.027	0.65	25	31.25	0.56	2.78	5.7
N005	火力与指挥控制	166	0.134	0.005	0.76	55	33.13	0.22	6.11	4.0
N007	火炸药学报	225	0.319	0.051	0.47	48	21.33	0.67	5.33	4.6
X011	机车电传动	115	0.201	0.000	0.59	40	34.78	0.29	1.18	3.7
N069	机床与液压	486	0.119	0.007	0.77	117	24.07	0.52	1.86	3.3
R099	机电一体化	126	0.119	0.035	0.92	70	55.56	0.19	1.89	3.9
S004	机器人	539	0.624	0.071	0.93	130	24.12	0.26	2.24	4.1
N040	机械传动	177	0.145	0.012	0.82	55	31.07	0.38	0.87	5.6
M004	机械工程材料	469	0.314	0.020	0.84	140	29.85	0.58	3.68	4.6
N051	机械工程学报	1570	0.536	0.050	0.88	305	19.43	0.81	4.84	3.9
N050	机械科学与技术	864	0.289	0.022	0.88	230	26.62	0.73	3.65	4.5
N057	机械强度	453	0.352	0.086	0.82	157	34.66	0.44	2.49	4.3
N047	机械设计	478	0.274	0.031	0.86	141	29.50	0.48	2.24	4.2
N054	机械设计与研究	260	0.334	0.024	0.86	99	38.08	0.46	1.57	3.6
N028	机械设计与制造	270	0.140	0.003	0.84	113	41.85	0.44	1.79	3.6
N053	机械与电子	168	0.137	0.006	0.85	84	50.00	0.38	1.33	3.6
N682	机械制造	156	0.112	0.003	0.94	77	49.36	0.46	1.22	3.3
G003	基础医学与临床	485	0.387	0.016	0.82	227	46.80	0.45	2.84	5.2
R025	激光技术	350	0.303	0.048	0.73	96	27.43	0.28	1.66	3.8
F045	激光生物学报	231	0.261	0.021	0.83	110	47.62	0.22	1.90	4.9
R514	激光与光电子学进展	129	0.176	0.023	0.86	57	44.19	0.28	0.98	3.3
R521	激光与红外	261	0.300	0.011	0.82	80	30.65	0.31	1.38	4.0
R028	激光杂志	319	0.154	0.021	0.81	113	35.42	0.22	1.95	4.1
E116	吉林大学学报地球科学版	562	0.644	0.138	0.76	143	25.44	0.58	3.97	4.5
J042	吉林大学学报工学版	278	0.359	0.075	0.78	149	53.60	0.22	1.80	4.0
A035	吉林大学学报理学版	476	0.701	0.166	0.62	203	42.65	0.28	2.33	3.3
R586	吉林大学学报信息科学版	129	0.323	0.093	0.60	54	41.86	0.10	0.93	2.4
G014	吉林大学学报医学版	788	0.455	0.036	0.67	261	33.12	0.60	6.21	3.9

表 4-1 2005 年中国科技期刊被引用指标刊名字顺索引（续）

代码	期刊名称	总被引频次	影响因子	即年指标	他引率	引用刊数	扩散因子	学科影响指标	学科扩散指标	被引半衰期
H243	吉林农业大学学报	458	0.294	0.030	0.87	167	36.46	0.88	6.42	5.2
H227	吉林农业科学	247	0.166	0.063	0.68	73	29.55	0.48	0.95	6.5
E007	极地研究	127	0.443	0.031	0.55	32	25.20	0.17	2.67	5.0
G302	疾病控制杂志	249	0.222	0.017	0.89	110	44.18	0.67	3.33	3.8
N038	计量技术	156	0.072	0.016	0.85	77	49.36	0.64	7.00	4.8
N014	计量学报	238	0.260	0.055	0.87	101	42.44	0.73	9.18	5.2
S050	计算机测量与控制	561	0.419	0.026	0.48	146	26.02	0.29	6.08	2.8
S049	计算机仿真	526	0.249	0.014	0.74	175	33.27	0.56	7.00	2.8
S035	计算机辅助工程	57	0.065	0.015	0.98	48	84.21	0.32	1.92	4.1
S013	计算机辅助设计与图形学学报	1276	0.735	0.049	0.74	244	19.12	0.92	9.76	3.6
S012	计算机工程	1854	0.239	0.018	0.90	374	20.17	0.88	14.96	3.1
S034	计算机工程与科学	279	0.185	0.018	0.94	132	47.31	0.64	5.28	3.5
S022	计算机工程与设计	520	0.308	0.017	0.53	154	29.62	0.72	6.16	2.4
S025	计算机工程与应用	2705	0.267	0.016	0.81	417	15.42	0.92	16.68	2.9
S030	计算机集成制造系统-CIMS	921	0.814	0.031	0.82	172	18.68	0.60	6.88	3.2
S006	计算机科学	771	0.263	0.029	0.86	194	25.16	0.92	7.76	3.1
S018	计算机学报	1720	0.963	0.068	0.96	281	16.34	0.96	11.24	4.1
S021	计算机研究与发展	1535	0.767	0.044	0.95	254	16.55	0.96	10.16	4.0
S029	计算机应用	1032	0.361	0.027	0.93	293	28.39	0.84	11.72	3.2
S016	计算机应用研究	1266	0.342	0.017	0.79	299	23.62	0.80	11.96	3.1
S014	计算机与应用化学	795	0.678	0.162	0.30	127	15.97	0.28	5.08	3.5
C003	计算力学学报	500	0.366	0.026	0.90	173	34.60	0.92	13.31	5.1
B014	计算数学	277	0.341	0.050	0.94	107	38.63	0.59	3.69	8.3
C094	计算物理	256	0.303	0.012	0.88	135	52.73	0.52	4.35	5.6
N102	继电器	479	0.262	0.017	0.68	58	12.11	0.06	0.92	3.6
G292	寄生虫与医学昆虫学报	82	0.225	0.042	0.88	41	50.00	0.09	0.51	4.8
A045	暨南大学学报	289	0.214	0.036	0.93	195	67.47	0.14	2.24	4.3
H240	家畜生态学报	109	0.094	0.041	0.74	48	44.04	0.64	3.43	4.3
G638	检验医学	497	0.390	0.008	0.92	172	34.61	0.53	3.82	4.9
V051	建筑材料学报	263	0.355	0.053	0.85	109	41.44	0.34	2.87	4.3
V022	建筑机械	143	0.110	0.014	0.77	50	34.97	0.16	1.32	3.9
V046	建筑机械化	65	0.074	0.037	0.42	17	26.15	0.05	0.45	1.9
V045	建筑技术	231	0.116	0.006	0.72	77	33.33	0.66	2.03	4.0
V014	建筑结构	710	0.339	0.090	0.84	115	16.20	0.55	3.03	4.8
V044	建筑结构学报	855	0.750	0.241	0.90	123	14.39	0.55	3.24	5.4

表4-1 2005年中国科技期刊被引用指标刊名字顺索引（续）

代码	期刊名称	总被引频次	影响因子	即年指标	他引率	引用刊数	扩散因子	学科影响指标	学科扩散指标	被引半衰期
V005	建筑科学	174	0.143	0.007	0.97	68	39.08	0.61	1.79	6.0
V013	建筑科学与工程学报	42	0.093	0.043	0.81	28	66.67	0.21	0.74	3.5
V047	建筑学报	269	0.172	0.019	0.92	61	22.68	0.61	1.61	4.9
J035	江苏大学学报	431	0.692	0.104	0.57	155	35.96	0.09	1.78	3.2
L036	江苏工业学院学报	130	0.248	0.056	0.72	79	60.77	0.17	2.26	3.8
H700	江苏农业科学	522	0.342	0.047	0.79	126	24.14	0.68	1.64	4.3
H199	江苏农业学报	323	0.437	0.065	0.89	111	34.37	0.60	1.44	5.6
G046	江苏医药	508	0.260	0.008	0.84	215	42.32	0.50	2.69	4.3
A101	江西科学	137	0.183	0.012	0.94	107	78.10	0.16	1.23	5.0
H283	江西农业大学学报	558	0.374	0.069	0.81	164	29.39	0.85	6.31	4.3
H701	江西农业学报	147	0.292	0.028	0.90	73	49.66	0.45	0.95	6.1
A112	江西师范大学学报	114	0.201	0.020	0.77	68	59.65	0.15	0.78	3.6
G047	江西医学院学报	172	0.094	0.006	0.95	124	72.09	0.24	2.95	3.6
X020	交通与计算机	101	0.085	0.004	0.82	64	63.37	0.26	1.88	3.6
X672	交通运输工程学报	408	1.000	0.140	0.71	74	18.14	0.56	2.18	2.7
X685	交通运输系统工程与信息	107	0.373	0.050	0.47	33	30.84	0.32	0.97	2.6
L587	节能技术	84	0.124	0.047	0.81	48	57.14	0.09	1.37	3.8
W567	节水灌溉	227	0.351	0.064	0.83	38	16.74	0.35	1.90	3.7
V049	结构工程师	71	0.177	0.018	0.90	32	45.07	0.32	0.84	3.8
D019	结构化学	367	0.498	0.083	0.41	55	14.99	0.54	1.57	2.5
G316	解放军护理杂志	1291	0.506	0.044	0.49	86	6.66	1.00	9.56	2.7
A121	解放军理工大学学报	166	0.251	0.037	0.61	78	46.99	0.12	0.94	3.3
G295	解放军药学学报	270	0.204	0.006	0.94	142	52.59	0.73	4.30	4.0
G048	解放军医学杂志	1023	0.474	0.093	0.91	317	30.99	0.61	3.96	3.4
G315	解放军医院管理杂志	661	0.515	0.078	0.44	59	8.93	0.21	0.74	2.7
G961	解放军预防医学杂志	287	0.190	0.023	0.87	135	47.04	0.58	4.09	5.1
G507	解剖科学进展	190	0.259	0.008	0.91	102	53.68	0.23	1.28	4.1
G049	解剖学报	586	0.455	0.064	0.92	217	37.03	0.40	2.71	5.4
G358	解剖学研究	148	0.282	0.043	0.88	81	54.73	0.13	1.01	3.3
G050	解剖学杂志	425	0.190	0.028	0.84	169	39.76	0.33	2.11	5.7
G886	介入放射学杂志	501	0.591	0.029	0.62	129	25.75	0.55	6.45	3.4
N048	金刚石与磨料磨具工程	188	0.266	0.053	0.45	41	21.81	0.22	0.65	3.6
M051	金属功能材料	196	0.371	0.034	0.85	65	33.16	0.47	1.71	5.2
K022	金属矿山	551	0.398	0.030	0.40	89	16.15	0.73	4.05	3.7
N083	金属热处理	668	0.297	0.040	0.73	141	21.11	0.51	2.24	5.0

表 4-1 2005 年中国科技期刊被引用指标刊名字顺索引（续）

代码	期刊名称	总被引频次	影响因子	即年指标	他引率	引用刊数	扩散因子	学科影响指标	学科扩散指标	被引半衰期
M012	金属学报	1646	0.652	0.083	0.90	209	12.70	0.69	8.04	5.1
E599	经济地理	590	0.374	0.023	0.83	136	23.05	0.75	11.33	4.9
H266	经济林研究	751	1.163	0.128	0.29	75	9.99	1.00	4.69	3.7
T102	精细化工	897	0.475	0.055	0.91	257	28.65	0.67	3.89	4.3
T542	精细石油化工	359	0.261	0.027	0.89	130	36.21	0.41	1.97	5.5
G677	颈腰痛杂志	346	0.260	0.025	0.68	84	24.28	0.21	2.15	4.7
Z553	净水技术	109	0.142	0.007	0.81	48	44.04	0.10	2.40	4.8
T512	聚氨酯工业	170	0.344	0.014	0.84	50	29.41	0.41	0.76	5.3
R016	绝缘材料	169	0.358	0.030	0.72	56	33.14	0.34	1.47	3.5
G052	军事医学科学院院刊	277	0.211	0.062	0.89	139	50.18	0.25	1.74	4.9
J056	军械工程学院学报	56	0.061	0.030	0.82	38	67.86	0.12	0.46	3.7
G187	军医进修学院学报	272	0.243	0.026	0.73	132	48.53	0.26	3.14	4.4
F018	菌物学报	526	0.342	0.040	0.86	159	30.23	0.40	2.74	5.7
M018	勘察科学技术	101	0.067	0.010	0.89	53	52.48	0.32	2.41	5.4
A645	科技导报	321	0.251	0.030	0.89	177	55.14	0.17	2.03	4.3
A083	科技通报	252	0.322	0.019	0.95	191	75.79	0.16	2.20	4.2
A537	科学技术与工程	180	0.200	0.016	0.82	123	68.33	0.10	1.41	3.0
A075	科学通报	5828	1.181	0.127	0.94	883	15.15	0.87	10.15	5.9
W514	科学学研究	130	0.240	0.000	0.57	37	28.46	0.82	3.36	3.1
W531	科研管理	212	0.189	0.007	0.62	55	25.94	0.82	5.00	4.4
E140	空间科学学报	160	0.294	0.032	0.69	54	33.75	0.11	1.50	5.7
J059	空军工程大学学报	188	0.285	0.058	0.45	55	29.26	0.07	0.66	3.0
Y016	空气动力学学报	192	0.255	0.020	0.74	70	36.46	0.46	2.92	5.4
S503	控制工程	338	0.560	0.063	0.59	122	36.09	0.19	2.10	2.7
R060	控制理论与应用	747	0.291	0.036	0.89	225	30.12	0.89	25.00	5.3
S001	控制与决策	941	0.532	0.056	0.87	247	26.25	0.89	27.44	4.3
G246	口腔颌面外科杂志	326	0.306	0.021	0.88	101	30.98	1.00	6.73	4.9
G894	口腔颌面修复学杂志	275	0.456	0.041	0.66	48	17.45	0.80	3.20	3.3
G325	口腔医学	392	0.438	0.035	0.55	87	22.19	1.00	5.80	3.9
G266	口腔医学研究	425	0.341	0.030	0.79	96	22.59	1.00	6.40	4.4
G280	口腔正畸学	206	0.464	0.021	0.87	56	27.18	0.87	3.73	5.2
K525	矿产保护与利用	149	0.247	0.024	0.69	58	38.93	0.50	2.64	4.6
K025	矿产与地质	239	0.247	0.097	0.73	72	30.13	0.50	3.27	4.9
K004	矿产综合利用	159	0.188	0.045	0.92	66	41.51	0.45	3.00	5.1
E106	矿床地质	917	1.734	0.111	0.76	68	7.42	0.81	2.19	5.1

表 4-1 2005 年中国科技期刊被引用指标刊名字顺索引（续）

代码	期刊名称	总被引频次	影响因子	即年指标	他引率	引用刊数	扩散因子	学科影响指标	学科扩散指标	被引半衰期
K014	矿山机械	252	0.081	0.007	0.55	73	28.97	0.27	3.32	4.6
E350	矿物学报	587	0.674	0.130	0.93	131	22.32	0.55	5.95	5.4
E354	矿物岩石	346	0.448	0.043	0.92	89	25.72	0.74	2.87	5.3
E504	矿物岩石地球化学通报	381	0.662	0.148	0.88	102	26.77	0.42	2.83	4.5
M101	矿冶	145	0.241	0.045	0.85	79	54.48	0.38	3.04	3.7
M045	矿冶工程	277	0.255	0.026	0.82	100	36.10	0.54	3.85	4.0
K010	矿业研究与开发	95	0.131	0.006	0.83	42	44.21	0.50	1.91	4.1
F005	昆虫分类学报	118	0.110	0.016	0.81	34	28.81	0.12	0.59	7.6
H049	昆虫天敌	176	0.419	0.034	0.88	47	26.70	0.19	0.61	9.1
F015	昆虫学报	993	0.767	0.094	0.84	159	16.01	0.41	2.74	7.0
F035	昆虫知识	925	0.700	0.239	0.68	145	15.68	0.36	2.50	5.3
J020	昆明理工大学学报	288	0.171	0.017	0.87	181	62.85	0.28	2.18	4.2
G053	昆明医学院学报	139	0.100	0.012	0.89	92	66.19	0.21	2.19	4.8
H267	莱阳农学院学报	229	0.184	0.023	0.97	106	46.29	0.81	4.08	6.7
A016	兰州大学学报	486	0.316	0.027	0.91	244	50.21	0.26	2.80	6.0
X016	兰州交通大学学报	197	0.254	0.019	0.72	100	50.76	0.32	2.94	3.3
J008	兰州理工大学学报	354	0.377	0.029	0.56	122	34.46	0.18	1.47	3.4
T010	离子交换与吸附	411	0.383	0.037	0.88	150	36.50	0.45	2.27	6.4
M001	理化检验化学分册	790	0.379	0.037	0.79	164	20.76	0.27	6.31	5.0
M002	理化检验物理分册	219	0.209	0.042	0.53	81	36.99	0.31	3.12	3.9
C101	力学季刊	146	0.189	0.034	0.92	81	55.48	0.85	6.23	4.6
C102	力学进展	567	0.845	0.143	0.95	243	42.86	1.00	18.69	5.7
C001	力学学报	692	0.560	0.044	0.94	212	30.64	1.00	16.31	6.8
C104	力学与实践	384	0.244	0.062	0.81	173	45.05	0.85	13.31	6.1
G580	立体定向和功能性神经外科杂志	162	0.259	0.042	0.72	53	32.72	0.48	2.12	4.1
L014	炼油技术与工程	320	0.201	0.039	0.83	65	20.31	0.40	1.86	4.8
U002	粮食储藏	140	0.229	0.024	0.56	39	27.86	0.26	1.44	4.8
U055	粮食与饲料工业	399	0.162	0.012	0.82	105	26.32	0.37	3.89	5.0
U008	粮油加工与食品机械	132	0.151	0.011	0.80	50	37.88	0.37	1.85	3.3
C032	量子电子学报	363	0.399	0.038	0.68	99	27.27	0.42	3.19	3.9
C110	量子光学学报	45	0.192	0.029	0.80	20	44.44	0.26	0.65	4.8
K008	辽宁工程技术大学学报	420	0.268	0.084	0.56	140	33.33	0.19	1.69	3.4
H261	辽宁农业科学	327	0.189	0.044	0.86	97	29.66	0.60	1.26	7.1
A072	辽宁师范大学学报	115	0.122	0.026	0.84	83	72.17	0.11	0.95	4.3
L035	辽宁石油化工大学学报	205	0.448	0.112	0.67	76	37.07	0.26	2.17	3.3

表 4-1　2005 年中国科技期刊被引用指标刊名字顺索引（续）

代码	期刊名称	总被引频次	影响因子	即年指标	他引率	引用刊数	扩散因子	学科影响指标	学科扩散指标	被引半衰期
U037	林产工业	170	0.320	0.036	0.85	37	21.76	0.11	0.56	4.7
T017	林产化学与工业	394	0.613	0.043	0.72	137	34.77	0.33	2.08	4.6
H280	林业科学	1508	0.673	0.071	0.89	197	13.06	1.00	12.31	5.9
H281	林业科学研究	831	0.650	0.089	0.80	129	15.52	0.94	8.06	6.2
G880	临床超声医学杂志	170	0.282	0.016	0.57	52	30.59	0.50	2.60	3.4
G607	临床儿科杂志	767	0.439	0.020	0.84	160	20.86	0.68	8.42	3.8
G276	临床耳鼻咽喉科杂志	974	0.466	0.053	0.73	159	16.32	0.44	9.94	4.2
G271	临床放射学杂志	1104	0.527	0.032	0.86	178	16.12	0.75	8.90	4.6
G501	临床肝胆病杂志	419	0.256	0.031	0.88	139	33.17	0.42	3.09	4.3
G291	临床骨科杂志	477	0.489	0.032	0.36	65	13.63	0.18	1.44	3.6
G345	临床急诊杂志	30	0.038	0.019	0.83	25	83.33	0.09	0.56	2.5
G204	临床检验杂志	655	0.414	0.096	0.81	196	29.92	0.53	4.36	4.2
G310	临床精神医学杂志	638	0.454	0.020	0.60	85	13.32	0.32	3.40	4.2
G287	临床口腔医学杂志	395	0.217	0.022	0.84	122	30.89	1.00	8.13	3.8
G222	临床麻醉学杂志	996	0.475	0.062	0.76	157	15.76	0.24	3.49	3.9
G317	临床泌尿外科杂志	1048	0.457	0.026	0.90	165	15.74	0.33	3.67	4.2
G257	临床内科杂志	383	0.289	0.030	0.95	176	45.95	0.50	6.29	3.6
G230	临床皮肤科杂志	1082	0.479	0.028	0.65	157	14.51	0.42	3.49	3.8
G309	临床神经病学杂志	644	0.605	0.044	0.72	164	25.47	0.76	6.56	4.0
G361	临床神经电生理学杂志	184	0.212	0.012	0.84	67	36.41	0.40	2.68	4.8
G423	临床肾脏病杂志	43	0.097	0.011	0.67	22	51.16	0.07	0.49	3.1
G797	临床输血与检验	86	0.104	0.018	0.64	30	34.88	0.22	0.67	3.2
G256	临床外科杂志	489	0.250	0.028	0.92	149	30.47	0.69	3.82	4.0
G855	临床消化病杂志	173	0.163	0.024	0.92	92	53.18	0.36	3.29	4.2
G585	临床心电学杂志	111	0.190	0.009	0.85	51	45.95	0.11	1.13	4.5
G261	临床心血管病杂志	589	0.289	0.022	0.83	166	28.18	0.46	5.93	4.0
G293	临床血液学杂志	256	0.340	0.033	0.89	97	37.89	0.21	3.46	4.2
G274	临床与实验病理学杂志	658	0.489	0.034	0.78	193	29.33	0.49	2.41	4.4
N023	流体机械	333	0.160	0.011	0.76	104	31.23	0.37	1.65	4.8
Y018	流体力学实验与测量	64	0.133	0.013	0.75	33	51.56	0.25	1.38	3.8
T058	硫酸工业	61	0.080	0.023	0.56	27	44.26	0.15	0.41	4.9
H748	麦类作物学报	587	0.697	0.090	0.73	92	15.67	0.51	1.19	4.0
U542	毛纺科技	133	0.142	0.010	0.50	23	17.29	0.30	0.85	3.7
T060	煤化工	87	0.105	0.018	0.82	33	37.93	0.14	0.50	5.2
V024	煤气与热力	735	0.573	0.079	0.14	45	6.12	0.16	1.18	4.1

表 4-1　2005 年中国科技期刊被引用指标刊名字顺索引（续）

代码	期刊名称	总被引频次	影响因子	即年指标	他引率	引用刊数	扩散因子	学科影响指标	学科扩散指标	被引半衰期
K005	煤炭科学技术	235	0.120	0.014	0.74	70	29.79	0.55	3.18	4.7
K017	煤炭学报	653	0.370	0.044	0.90	156	23.89	0.68	7.09	5.9
D027	煤炭转化	386	0.679	0.060	0.60	103	26.68	0.34	2.94	4.7
K009	煤田地质与勘探	337	0.300	0.021	0.72	81	24.04	0.36	3.68	5.1
U036	棉纺织技术	673	0.683	0.157	0.19	35	5.20	0.33	1.30	3.1
H037	棉花学报	554	0.622	0.118	0.84	95	17.15	0.51	1.23	6.0
G056	免疫学杂志	544	0.683	0.063	0.69	183	33.64	0.38	2.29	3.8
B017	模糊系统与数学	329	0.199	0.000	0.74	126	38.30	0.31	4.34	5.5
N087	模具工业	228	0.109	0.029	0.84	74	32.46	0.43	1.17	4.6
N107	模具技术	144	0.191	0.009	0.86	61	42.36	0.35	0.97	4.1
S015	模式识别与人工智能	325	0.337	0.008	0.94	152	46.77	0.72	6.08	5.4
T077	膜科学与技术	482	0.385	0.034	0.84	133	27.59	0.38	2.02	5.5
N084	摩擦学学报	991	1.020	0.107	0.71	159	16.04	0.41	2.52	4.7
U533	木材工业	224	0.403	0.131	0.71	41	18.30	0.75	2.56	5.9
G662	内科急危重症杂志	134	0.172	0.010	0.99	83	61.94	0.14	2.96	4.4
E104	内陆地震	75	0.143	0.045	0.69	28	37.33	0.42	0.78	6.3
A026	内蒙古大学学报	328	0.140	0.000	0.86	128	39.02	0.18	1.47	6.5
J039	内蒙古工业大学学报	38	0.054	0.000	0.95	36	94.74	0.11	0.43	5.4
H271	内蒙古农业大学学报	259	0.128	0.022	0.92	108	41.70	0.58	4.15	6.2
A111	内蒙古师大学报	111	0.181	0.000	0.61	56	50.45	0.09	0.64	4.5
X027	内燃机车	67	0.041	0.005	0.76	31	46.27	0.29	0.91	4.4
P004	内燃机学报	421	0.644	0.087	0.88	114	27.08	0.19	3.08	4.1
M042	耐火材料	285	0.183	0.044	0.59	59	20.70	0.24	1.55	5.7
A013	南昌大学学报	172	0.175	0.006	0.88	120	69.77	0.16	1.38	4.8
Y011	南昌航空工业学院学报	69	0.108	0.011	0.96	52	75.36	0.04	2.17	4.4
G987	南方护理学报	610	0.465	0.098	0.50	52	8.52	1.00	5.78	2.4
M049	南方冶金学院学报	58	0.149	0.000	0.88	46	79.31	0.15	1.77	4.0
A025	南京大学学报	711	0.495	0.182	0.86	302	42.48	0.29	3.47	6.8
B016	南京大学学报数学半年刊	28	0.012	0.023	0.89	17	60.71	0.10	0.59	6.0
T011	南京工业大学学报	371	0.270	0.007	0.92	221	59.57	0.34	2.66	5.1
Y026	南京航空航天大学学报	405	0.361	0.030	0.88	187	46.17	0.54	7.79	4.9
N011	南京理工大学学报	260	0.170	0.021	0.92	161	61.92	0.24	1.94	5.0
H033	南京林业大学学报	629	0.498	0.034	0.86	169	26.87	0.94	10.56	5.1
H021	南京农业大学学报	949	0.563	0.101	0.93	237	24.97	0.96	9.12	6.7
E120	南京气象学院学报	424	0.377	0.017	0.74	96	22.64	0.90	9.60	5.4

表 4-1 2005 年中国科技期刊被引用指标刊名字顺索引（续）

代码	期刊名称	总被引频次	影响因子	即年指标	他引率	引用刊数	扩散因子	学科影响指标	学科扩散指标	被引半衰期
A061	南京师大学报	204	0.174	0.009	0.93	154	75.49	0.18	1.77	5.5
G058	南京医科大学学报	452	0.362	0.024	0.74	201	44.47	0.52	4.79	4.1
R008	南京邮电学院学报	80	0.094	0.000	0.91	52	65.00	0.29	0.90	4.6
G059	南京中医药大学学报	323	0.203	0.013	0.95	111	34.37	0.85	3.26	5.2
A008	南开大学学报	198	0.171	0.017	0.92	137	69.19	0.13	1.57	5.3
G288	脑与神经疾病杂志	310	0.286	0.010	0.93	113	36.45	0.60	4.52	4.2
W002	泥沙研究	362	0.466	0.041	0.80	91	25.14	0.75	4.55	6.3
A110	宁夏大学学报	126	0.094	0.010	0.89	100	79.37	0.11	1.15	4.8
Z023	农村生态环境	521	0.772	0.096	0.93	158	30.33	0.68	5.10	5.2
T034	农药	795	0.500	0.015	0.74	165	20.75	0.14	2.50	5.4
H404	农药学学报	238	0.458	0.052	0.86	86	36.13	0.06	1.30	4.0
H279	农业工程学报	1638	0.694	0.033	0.70	286	17.46	0.66	3.71	3.9
Z008	农业环境科学学报	1273	0.726	0.019	0.86	238	18.70	0.81	7.68	4.7
H278	农业机械学报	618	0.305	0.025	0.74	183	29.61	0.18	2.38	4.2
H286	农业生物技术学报	647	0.436	0.040	0.92	165	25.50	0.64	2.14	4.9
H237	农业系统科学与综合研究	255	0.459	0.093	0.87	116	45.49	0.47	1.51	3.9
H222	农业现代化研究	342	0.412	0.062	0.92	107	31.29	0.48	1.39	4.6
V032	暖通空调	575	0.396	0.077	0.50	89	15.48	0.47	2.34	3.6
U602	皮革科学与工程	117	0.256	0.024	0.49	16	13.68	0.11	0.59	3.9
N041	起重运输机械	96	0.058	0.006	0.73	45	46.88	0.27	0.71	4.6
E361	气候与环境研究	421	0.807	0.474	0.73	83	19.71	1.00	8.30	4.3
E352	气象	837	0.481	0.072	0.60	105	12.54	1.00	10.50	5.7
E359	气象科学	270	0.405	0.034	0.56	55	20.37	1.00	5.50	4.9
E001	气象学报	1493	1.216	0.305	0.84	126	8.44	1.00	12.60	7.4
X018	汽车工程	423	0.357	0.027	0.87	110	26.00	0.38	3.24	4.2
X013	汽车技术	274	0.204	0.032	0.91	111	40.51	0.29	3.26	6.1
P001	汽轮机技术	140	0.136	0.012	0.68	45	32.14	0.32	1.22	4.7
Y009	强度与环境	67	0.229	0.051	0.87	48	71.64	0.25	2.00	4.0
C007	强激光与粒子束	892	0.559	0.124	0.40	85	9.53	0.39	2.74	3.1
X021	桥梁建设	172	0.138	0.007	0.89	60	34.88	0.41	1.76	4.5
A658	青岛大学学报	163	0.211	0.013	0.96	128	78.53	0.14	1.47	4.5
U018	青岛大学学报工程技术版	37	0.091	0.012	0.76	26	70.27	0.05	0.31	3.3
G061	青岛大学医学院学报	168	0.147	0.000	0.98	120	71.43	0.29	2.86	4.1
E313	青岛海洋大学学报	590	0.248	0.009	0.83	173	29.32	0.75	10.81	5.8
V041	青岛建筑工程学院学报	182	0.526	0.011	0.34	49	26.92	0.16	1.29	2.5

表 4-1　2005 年中国科技期刊被引用指标刊名字顺索引（续）

代码	期刊名称	总被引频次	影响因子	即年指标	他引率	引用刊数	扩散因子	学科影响指标	学科扩散指标	被引半衰期
T012	青岛科技大学学报	139	0.130	0.014	0.93	98	70.50	0.13	1.18	4.5
J001	清华大学学报	1589	0.328	0.011	0.96	528	33.23	0.71	6.36	5.3
W020	情报学报	239	0.249	0.009	0.59	80	33.47	0.55	7.27	4.5
A044	曲阜师范大学学报	168	0.255	0.007	0.57	72	42.86	0.20	0.83	4.4
D002	燃料化学学报	863	0.982	0.299	0.60	126	14.60	0.37	3.60	4.1
T061	燃料与化工	55	0.050	0.000	0.87	25	45.45	0.12	0.38	4.4
P011	燃烧科学与技术	241	0.342	0.045	0.83	89	36.93	0.30	2.41	4.0
E563	热带地理	174	0.229	0.038	0.88	86	49.43	0.67	7.17	5.8
E642	热带海洋学报	398	0.439	0.101	0.83	101	25.38	0.75	6.31	5.8
E110	热带气象学报	519	1.014	0.130	0.59	58	11.18	0.90	5.80	4.9
G609	热带医学杂志	107	0.178	0.009	0.76	45	42.06	0.33	1.36	2.5
H223	热带作物学报	228	0.265	0.011	0.82	89	39.04	0.47	1.16	6.3
T105	热固性树脂	259	0.426	0.012	0.87	75	28.96	0.35	1.14	4.9
N071	热加工工艺	427	0.234	0.038	0.74	96	22.48	0.41	1.52	4.4
P006	热能动力工程	267	0.237	0.013	0.83	95	35.58	0.35	2.57	4.1
T013	人工晶体学报	329	0.292	0.033	0.61	89	27.05	0.12	1.35	4.0
N106	人类工效学	83	0.096	0.011	0.67	39	46.99	0.27	3.55	4.4
F041	人类学学报	349	0.577	0.056	0.57	45	12.89	0.07	0.78	>10
T070	日用化学工业	416	0.289	0.061	0.82	154	37.02	0.39	2.33	5.0
S011	软件学报	2257	1.792	0.094	0.93	284	12.58	0.96	11.36	3.6
N029	润滑与密封	354	0.207	0.024	0.58	85	24.01	0.37	1.35	4.2
R086	三峡大学学报	93	0.094	0.006	0.70	55	59.14	0.45	2.75	3.5
D012	色谱	1099	0.613	0.052	0.88	257	23.38	0.54	7.34	5.3
H070	山地农业生物学报	180	0.284	0.016	0.89	92	51.11	0.34	1.19	5.0
E101	山地学报	596	0.642	0.018	0.86	151	25.34	0.83	12.58	4.3
A020	山东大学学报	220	0.231	0.066	0.86	139	63.18	0.18	1.60	3.7
J022	山东大学学报工学版	166	0.194	0.030	0.83	105	63.25	0.13	1.27	3.5
G062	山东大学学报医学版	383	0.255	0.024	0.91	216	56.40	0.43	5.14	4.3
V012	山东建筑工程学院学报	55	0.079	0.000	0.85	38	69.09	0.26	1.00	4.5
H031	山东农业大学学报	474	0.170	0.007	0.99	159	33.54	0.81	6.12	6.5
A057	山东师范大学学报	160	0.201	0.103	0.62	83	51.88	0.09	0.95	3.2
G511	山东医药	587	0.109	0.005	0.95	236	40.20	0.34	2.95	3.5
G063	山东中医药大学学报	325	0.160	0.022	0.91	88	27.08	0.94	2.59	5.7
A014	山西大学学报	190	0.159	0.025	0.85	122	64.21	0.21	1.40	5.2
G064	山西医科大学学报	252	0.133	0.006	0.96	162	64.29	0.38	3.86	4.2

表 4-1　2005 年中国科技期刊被引用指标刊名字顺索引（续）

代码	期刊名称	总被引频次	影响因子	即年指标	他引率	引用刊数	扩散因子	学科影响指标	学科扩散指标	被引半衰期
G923	山西医药杂志	185	0.045	0.004	0.97	128	69.19	0.30	3.88	4.9
J040	陕西工学院学报	46	0.083	0.026	0.70	30	65.22	0.05	0.36	3.2
U025	陕西科技大学学报	166	0.162	0.005	0.89	82	49.40	0.10	0.99	3.5
H217	陕西农业科学	257	0.106	0.011	0.95	93	36.19	0.49	1.21	6.6
A066	陕西师范大学学报	390	0.500	0.039	0.74	184	47.18	0.36	2.11	4.4
A056	上海大学学报	251	0.245	0.028	0.97	182	72.51	0.16	2.09	4.8
G066	上海第二医科大学学报	450	0.235	0.041	0.91	241	53.56	0.64	5.74	4.8
X038	上海海事大学学报	76	0.093	0.012	0.89	54	71.05	0.26	1.59	4.5
Z011	上海环境科学	880	0.538	0.000	0.98	287	32.61	0.90	9.26	5.7
X006	上海交通大学学报	1194	0.316	0.052	0.88	474	39.70	0.65	5.71	4.5
H022	上海交通大学学报农业科学版	109	0.018	0.000	0.95	61	55.96	0.42	2.35	8.4
M021	上海金属	80	0.102	0.012	0.98	55	68.75	0.38	2.12	5.4
G343	上海精神医学	456	0.445	0.034	0.86	89	19.52	0.48	3.56	6.8
G283	上海口腔医学	301	0.284	0.048	0.85	94	31.23	1.00	6.27	4.0
J031	上海理工大学学报	153	0.160	0.015	0.90	101	66.01	0.16	1.22	4.0
H282	上海农业学报	428	0.270	0.024	0.92	133	31.07	0.65	1.73	6.2
A043	上海师范大学学报	126	0.130	0.011	0.87	88	69.84	0.14	1.01	5.5
H292	上海水产大学学报	291	0.368	0.057	0.86	80	27.49	1.00	11.43	5.0
G069	上海医学	597	0.180	0.016	0.96	258	43.22	0.45	3.23	5.2
G946	上海中医药大学学报	145	0.225	0.011	0.94	65	44.83	0.82	1.91	4.5
G389	上海中医药杂志	505	0.142	0.018	0.90	118	23.37	0.91	3.47	6.0
N016	深冷技术	43	0.070	0.000	0.28	10	23.26	0.03	0.16	4.9
A515	深圳大学学报理工版	74	0.170	0.068	0.70	47	63.51	0.02	0.57	3.9
G070	神经解剖学杂志	272	0.262	0.029	0.87	94	34.56	0.40	3.76	5.5
G278	神经科学通报	163	0.292	0.042	0.96	88	53.99	0.40	3.52	4.2
J052	沈阳工业大学学报	257	0.168	0.033	0.75	135	52.53	0.20	1.63	4.3
J027	沈阳工业学院学报	55	0.046	0.000	0.89	45	81.82	0.07	0.54	5.8
V011	沈阳建筑大学学报	312	0.711	0.146	0.34	81	25.96	0.29	2.13	2.7
H024	沈阳农业大学学报	557	0.264	0.000	0.89	153	27.47	0.69	5.88	5.8
G071	沈阳药科大学学报	568	0.408	0.016	0.98	170	29.93	0.85	5.15	5.5
G202	肾脏病与透析肾移植杂志	747	0.690	0.108	0.84	180	24.10	0.15	4.62	4.6
F203	生理科学进展	443	0.378	0.011	0.99	240	54.18	0.50	3.00	6.5
F001	生理学报	697	0.851	0.117	0.83	205	29.41	0.45	2.56	4.3
F042	生命的化学	259	0.181	0.011	0.95	179	69.11	0.45	3.09	4.2
F215	生命科学	220	0.142	0.045	0.99	164	74.55	0.45	2.83	5.4

表 4-1 2005 年中国科技期刊被引用指标刊名字顺索引（续）

代码	期刊名称	总被引频次	影响因子	即年指标	他引率	引用刊数	扩散因子	学科影响指标	学科扩散指标	被引半衰期
F046	生命科学研究	171	0.343	0.000	0.97	115	67.25	0.43	1.98	4.1
H784	生态环境	697	0.889	0.143	0.73	165	23.67	0.65	5.32	3.3
Z014	生态学报	5233	1.688	0.089	0.77	357	6.82	0.52	6.16	4.7
Z028	生态学杂志	1486	0.944	0.079	0.85	239	16.08	0.47	4.12	6.4
F250	生物磁学	287	0.910	0.390	0.05	14	4.88	0.03	0.24	1.6
F049	生物多样性	822	1.129	0.185	0.91	179	21.78	0.59	3.09	5.3
F003	生物工程学报	902	0.626	0.053	0.93	300	33.26	0.74	5.17	4.9
F016	生物化学与生物物理进展	1014	0.528	0.084	0.93	393	38.76	0.66	6.78	5.5
F034	生物化学与生物物理学报	694	0.671	0.083	0.94	290	41.79	0.64	5.00	4.4
F224	生物技术通讯	204	0.237	0.014	0.87	129	63.24	0.28	2.22	3.5
B009	生物数学学报	279	0.290	0.012	0.86	113	40.50	0.45	3.90	6.0
F012	生物物理学报	410	0.358	0.000	0.93	216	52.68	0.47	3.72	6.1
F213	生物学杂志	233	0.171	0.014	0.94	143	61.37	0.40	2.47	5.5
G006	生物医学工程学杂志	616	0.322	0.036	0.87	258	41.88	0.41	3.23	4.4
G332	生物医学工程研究	22	0.137	0.013	0.36	9	40.91	0.01	0.11	2.2
G603	生物医学工程与临床	81	0.233	0.026	0.94	55	67.90	0.11	0.69	3.0
G624	生殖医学杂志	203	0.215	0.037	0.86	93	45.81	0.37	4.89	5.4
G072	生殖与避孕	317	0.340	0.081	0.76	107	33.75	0.47	5.63	6.2
C033	声学技术	132	0.162	0.029	0.86	74	56.06	0.19	2.39	5.4
C054	声学学报	633	0.598	0.141	0.60	136	21.48	0.19	4.39	5.2
V043	施工技术	172	0.081	0.014	0.78	70	40.70	0.47	1.84	4.2
T933	石化技术与应用	155	0.250	0.035	0.74	65	41.94	0.30	0.98	3.6
X042	石家庄铁道学院学报	98	0.096	0.016	0.93	66	67.35	0.38	1.94	5.1
L016	石油地球物理勘探	724	0.690	0.024	0.76	78	10.77	0.40	2.23	5.8
L015	石油化工	1143	0.634	0.121	0.80	187	16.36	0.40	5.34	5.2
L034	石油化工高等学校学报	243	0.375	0.086	0.75	80	32.92	0.34	2.29	4.0
L023	石油化工设备	136	0.161	0.007	0.84	59	43.38	0.31	1.69	4.2
L021	石油化工设备技术	98	0.055	0.017	0.83	43	43.88	0.37	1.23	5.9
L019	石油机械	500	0.247	0.022	0.65	100	20.00	0.63	2.86	4.6
L031	石油勘探与开发	2297	1.367	0.440	0.58	99	4.31	0.54	2.83	4.6
L032	石油矿场机械	152	0.114	0.014	0.71	50	32.89	0.40	1.43	4.1
L030	石油炼制与化工	541	0.324	0.060	0.85	103	19.04	0.40	2.94	4.9
E126	石油实验地质	944	1.167	0.121	0.54	75	7.94	0.77	2.42	4.8
L005	石油物探	620	0.803	0.128	0.46	61	9.84	0.40	1.74	3.8
L028	石油学报	1699	1.262	0.133	0.78	198	11.65	0.94	5.66	5.3

表 4-1　2005 年中国科技期刊被引用指标刊名字顺索引（续）

代码	期刊名称	总被引频次	影响因子	即年指标	他引率	引用刊数	扩散因子	学科影响指标	学科扩散指标	被引半衰期
L012	石油学报石油加工	321	0.418	0.063	0.81	81	25.23	0.34	2.31	5.2
L006	石油与天然气地质	1291	1.326	0.291	0.61	78	6.04	0.46	2.23	5.4
L008	石油钻采工艺	396	0.340	0.026	0.78	53	13.38	0.49	1.51	6.1
L025	石油钻探技术	475	0.520	0.082	0.39	43	9.05	0.51	1.23	3.9
F257	实验动物科学与管理	111	0.148	0.024	0.86	65	58.56	0.10	1.12	5.7
G387	实验动物与比较医学	145	0.140	0.049	0.84	78	53.79	0.09	1.34	6.3
A113	实验技术与管理	1073	1.344	0.052	0.23	46	4.29	0.11	0.53	2.9
C009	实验力学	339	0.444	0.069	0.73	143	42.18	0.69	11.00	5.0
F021	实验生物学报	216	0.350	0.039	0.94	120	55.56	0.43	2.07	6.5
A115	实验室研究与探索	1110	1.151	0.037	0.25	77	6.94	0.17	0.89	2.8
G875	实用儿科临床杂志	1827	0.874	0.198	0.39	166	9.09	0.68	8.74	2.5
G534	实用放射学杂志	1025	0.500	0.037	0.67	170	16.59	0.65	8.50	4.0
G586	实用妇产科杂志	1091	0.579	0.060	0.97	144	13.20	0.58	7.58	5.3
G224	实用口腔医学杂志	651	0.404	0.066	0.79	134	20.58	1.00	8.93	4.5
G700	实用老年医学	207	0.171	0.015	0.94	103	49.76	0.62	7.92	4.9
Q919	实用临床医药杂志	399	0.254	0.180	0.50	94	23.56	0.16	2.09	2.5
G324	实用医学杂志	672	0.121	0.012	0.94	252	37.50	0.76	5.60	4.2
G768	实用预防医学	422	0.158	0.013	0.83	152	36.02	0.76	4.61	3.2
G367	实用诊断与治疗杂志	690	0.997	0.134	0.36	45	6.52	0.09	0.56	1.7
U005	食品工业科技	796	0.285	0.019	0.81	158	19.85	0.59	5.85	3.9
U006	食品科学	1968	0.440	0.032	0.76	310	15.75	0.56	11.48	4.2
U035	食品与发酵工业	943	0.341	0.030	0.83	236	25.03	0.52	8.74	4.5
E363	世界地震工程	268	0.272	0.041	0.90	74	27.61	0.22	2.06	4.8
E548	世界地质	218	0.258	0.014	0.90	110	50.46	0.74	3.55	5.5
G190	世界华人消化杂志	2079	0.485	0.070	0.66	275	13.23	0.46	9.82	4.1
A201	世界科技研究与发展	237	0.243	0.019	0.96	150	63.29	0.11	1.72	4.3
G906	世界科学技术-中医药现代化	166	0.195	0.041	0.77	57	34.34	0.41	1.68	3.5
A023	首都师范大学学报	99	0.211	0.021	0.89	73	73.74	0.13	0.84	4.0
G073	首都医科大学学报	215	0.157	0.022	0.96	144	66.98	0.43	3.43	5.2
F033	兽类学报	614	0.555	0.101	0.77	70	11.40	0.22	1.21	9.8
R005	数据采集与处理	251	0.266	0.010	0.97	142	56.57	0.43	2.45	5.2
W009	数理统计与管理	220	0.237	0.039	0.86	120	54.55	0.45	10.91	5.0
B015	数学的实践与认识	282	0.156	0.010	0.76	139	49.29	0.38	4.79	3.8
B523	数学教育学报	278	0.686	0.132	0.14	10	3.60	0.07	0.34	2.6
B007	数学进展	252	0.160	0.098	0.93	109	43.25	0.83	3.76	6.8

表 4-1　2005 年中国科技期刊被引用指标刊名字顺索引（续）

代码	期刊名称	总被引频次	影响因子	即年指标	他引率	引用刊数	扩散因子	学科影响指标	学科扩散指标	被引半衰期
B004	数学年刊 A	299	0.315	0.051	0.92	108	36.12	0.83	3.72	6.2
C036	数学物理学报	253	0.230	0.025	0.79	95	37.55	0.79	3.28	5.1
B006	数学学报	701	0.258	0.027	0.89	133	18.97	0.86	4.59	7.4
B005	数学研究与评论	177	0.133	0.000	0.88	90	50.85	0.76	3.10	7.2
B012	数学杂志	182	0.114	0.015	0.92	86	47.25	0.59	2.97	6.5
S032	数值计算与计算机应用	104	0.238	0.000	0.89	58	55.77	0.24	2.32	6.0
H008	水产学报	991	0.652	0.040	0.90	134	13.52	1.00	19.14	6.8
Z016	水处理技术	558	0.351	0.032	0.87	169	30.29	0.68	5.45	6.2
P007	水电能源科学	283	0.460	0.088	0.63	79	27.92	0.27	2.14	3.6
V034	水电自动化与大坝监测	127	0.141	0.021	0.64	44	34.65	0.60	2.20	3.7
W004	水动力学研究与进展 A	553	0.614	0.058	0.57	130	23.51	0.75	6.50	5.0
W013	水科学进展	848	0.841	0.125	0.87	192	22.64	0.95	9.60	4.0
R050	水力发电	274	0.163	0.032	0.71	77	28.10	0.85	3.85	3.7
R049	水力发电学报	225	0.348	0.040	0.80	64	28.44	0.85	3.20	3.9
R587	水利经济	156	0.326	0.084	0.30	29	18.59	0.35	1.45	2.4
W011	水利水电技术	340	0.138	0.008	0.90	120	35.29	0.80	6.00	4.5
W502	水利水电科技进展	162	0.126	0.023	0.84	76	46.91	0.70	3.80	5.0
W006	水利水运工程学报	162	0.248	0.018	0.94	66	40.74	0.55	3.30	5.9
W003	水利学报	1696	0.600	0.076	0.89	257	15.15	0.95	12.85	6.0
V009	水泥	223	0.076	0.038	0.60	56	25.11	0.21	1.47	4.4
V008	水泥技术	52	0.053	0.000	0.90	31	59.62	0.11	0.82	5.1
F010	水生生物学报	1108	0.747	0.108	0.79	176	15.88	0.53	3.03	6.3
H015	水土保持通报	730	0.395	0.006	0.90	152	20.82	0.31	1.97	6.0
H287	水土保持学报	1955	1.169	0.143	0.70	190	9.72	0.43	2.47	3.9
H056	水土保持研究	692	0.346	0.029	0.86	150	21.68	0.48	1.95	4.9
E154	水文地质工程地质	504	0.356	0.022	0.88	146	28.97	0.48	4.71	5.5
R566	水资源保护	177	0.293	0.030	0.81	78	44.07	0.50	3.90	3.4
U056	丝绸	163	0.112	0.018	0.67	38	23.31	0.37	1.41	4.0
A006	四川大学学报	473	0.229	0.045	0.89	264	55.81	0.30	3.03	3.9
J051	四川大学学报工程科学版	320	0.273	0.090	0.90	193	60.31	0.20	2.33	4.0
G045	四川大学学报医学版	547	0.268	0.064	0.89	268	48.99	0.57	6.38	4.3
F027	四川动物	237	0.221	0.030	0.53	58	24.47	0.29	1.00	5.8
Z007	四川环境	243	0.209	0.054	0.73	120	49.38	0.68	3.87	4.2
V007	四川建筑科学研究	151	0.129	0.007	0.89	77	50.99	0.53	2.03	4.0
A033	四川师范大学学报	452	0.532	0.103	0.30	93	20.58	0.18	1.07	3.3

表 4-1　2005 年中国科技期刊被引用指标刊名字顺索引（续）

代码	期刊名称	总被引频次	影响因子	即年指标	他引率	引用刊数	扩散因子	学科影响指标	学科扩散指标	被引半衰期
R015	四川水力发电	45	0.026	0.000	0.93	33	73.33	0.30	1.65	6.5
G575	四川医学	376	0.082	0.007	0.91	179	47.61	0.35	2.24	3.6
H864	饲料研究	254	0.126	0.027	0.89	82	32.28	0.22	1.06	5.3
A037	苏州大学学报	85	0.153	0.012	0.91	71	83.53	0.10	0.82	4.0
G074	苏州大学学报医学版	327	0.103	0.011	0.95	193	59.02	0.45	4.60	4.7
T106	塑料	311	0.427	0.046	0.88	86	27.65	0.41	1.30	4.0
T014	塑料工业	521	0.501	0.026	0.87	111	21.31	0.47	1.68	3.7
T536	塑料科技	247	0.310	0.053	0.87	71	28.74	0.32	1.08	5.1
T580	塑性工程学报	282	0.277	0.029	0.76	70	24.82	0.06	1.06	4.8
E123	台湾海峡	450	0.449	0.037	0.89	116	25.78	0.81	7.25	6.7
L009	太阳能学报	467	0.325	0.024	0.81	162	34.69	0.23	4.63	4.8
J011	太原理工大学学报	233	0.108	0.009	0.93	155	66.52	0.16	1.87	4.9
M544	钛工业进展	102	0.271	0.136	0.72	38	37.25	0.32	1.00	3.7
T527	炭素	196	0.330	0.000	0.88	76	38.78	0.17	1.15	5.7
T015	炭素技术	148	0.162	0.016	0.80	73	49.32	0.14	1.11	5.3
N043	探测与控制学报	97	0.155	0.000	0.72	40	41.24	0.16	0.69	5.6
E128	探矿工程岩土钻掘工程	153	0.095	0.008	0.67	55	35.95	0.32	2.50	4.6
V531	陶瓷学报	109	0.225	0.034	0.87	65	59.63	0.11	2.41	5.1
H041	特产研究	138	0.167	0.000	0.91	70	50.72	0.19	0.91	6.5
V027	特种结构	88	0.069	0.016	0.81	42	47.73	0.04	1.62	5.7
T999	特种橡胶制品	170	0.213	0.031	0.79	42	24.71	0.21	0.64	5.0
N065	特种铸造及有色合金	876	0.667	0.120	0.52	87	9.93	0.30	1.38	4.8
A041	天津大学学报	438	0.217	0.018	0.96	269	61.42	0.35	3.24	5.2
U017	天津工业大学学报	127	0.107	0.020	0.86	67	52.76	0.11	0.81	4.5
U031	天津科技大学学报	81	0.203	0.000	0.90	57	70.37	0.19	2.11	4.0
J054	天津理工大学学报	101	0.113	0.000	0.91	83	82.18	0.16	1.00	4.5
A504	天津师范大学学报	87	0.084	0.012	0.90	73	83.91	0.10	0.84	4.7
G076	天津医药	359	0.132	0.010	0.88	194	54.04	0.36	2.43	4.7
G626	天津中医药	209	0.212	0.004	0.90	73	34.93	0.82	2.15	3.8
T611	天然产物研究与开发	659	0.400	0.043	0.90	193	29.29	0.31	3.33	5.5
L518	天然气地球科学	713	1.537	0.426	0.41	55	7.71	0.31	1.53	2.6
L029	天然气工业	1426	0.664	0.090	0.56	128	8.98	0.77	3.66	4.0
T074	天然气化工	291	0.335	0.010	0.80	87	29.90	0.35	1.32	6.2
E023	天文学报	96	0.230	0.180	0.66	36	37.50	1.00	9.00	5.0
E114	天文学进展	81	0.246	0.030	0.89	34	41.98	0.50	8.50	4.9

表 4-1　2005 年中国科技期刊被引用指标刊名字顺索引（续）

代码	期刊名称	总被引频次	影响因子	即年指标	他引率	引用刊数	扩散因子	学科影响指标	学科扩散指标	被引半衰期
X019	铁道车辆	151	0.072	0.000	0.61	48	31.79	0.38	1.41	5.1
X521	铁道工程学报	125	0.123	0.021	0.90	67	53.60	0.35	1.97	4.5
X007	铁道科学与工程学报	121	0.248	0.035	0.74	72	59.50	0.29	2.12	4.3
X005	铁道学报	491	0.431	0.048	0.87	139	28.31	0.59	4.09	4.9
G238	听力学及言语疾病杂志	209	0.272	0.048	0.69	54	25.84	0.31	3.38	3.8
R065	通信学报	718	0.395	0.032	0.91	175	24.37	0.64	3.02	4.0
J032	同济大学学报	789	0.268	0.040	0.93	330	41.83	0.48	3.98	4.7
Q003	同位素	83	0.157	0.017	0.86	49	59.04	0.78	5.44	4.7
T103	涂料工业	496	0.330	0.024	0.73	106	21.37	0.50	1.61	5.0
V029	土木工程学报	991	0.476	0.074	0.94	184	18.57	0.55	4.84	4.9
H043	土壤	1108	1.488	0.054	0.82	158	14.26	0.65	2.05	4.9
H233	土壤肥料	530	0.202	0.058	0.94	110	20.75	0.61	1.43	7.5
H057	土壤通报	1078	0.621	0.017	0.88	177	16.42	0.68	2.30	6.7
H012	土壤学报	2183	1.825	0.190	0.90	220	10.08	0.65	2.86	5.9
Y025	推进技术	408	0.409	0.070	0.69	67	16.42	0.63	2.79	4.4
G601	外科理论与实践	418	0.492	0.070	0.85	131	31.34	0.54	3.36	3.2
R070	微波学报	144	0.203	0.010	0.81	66	45.83	0.33	1.14	5.1
S005	微处理机	61	0.094	0.000	0.89	47	77.05	0.22	0.81	3.5
R057	微电机	157	0.140	0.006	0.76	59	37.58	0.41	1.59	4.2
R064	微电子学	131	0.134	0.011	0.81	69	52.67	0.31	1.19	3.9
R004	微电子学与计算机	232	0.151	0.006	0.82	113	48.71	0.36	1.95	2.8
S017	微计算机应用	53	0.088	0.014	0.98	46	86.79	0.40	1.84	2.6
R098	微纳电子技术	166	0.389	0.052	0.89	85	51.20	0.28	1.47	2.9
F004	微生物学报	919	0.591	0.071	0.91	276	30.03	0.64	4.76	5.4
F011	微生物学通报	814	0.431	0.043	0.89	281	34.52	0.48	4.84	5.2
R085	微特电机	172	0.179	0.017	0.76	52	30.23	0.32	1.41	4.4
E052	微体古生物学报	313	0.426	0.068	0.62	54	17.25	0.31	1.50	8.4
N018	微细加工技术	112	0.287	0.032	0.83	54	48.21	0.21	0.86	3.8
S033	微型电脑应用	196	0.120	0.012	0.91	106	54.08	0.60	4.24	3.6
S010	微型机与应用	132	0.074	0.008	0.97	77	58.33	0.48	3.08	4.0
G210	微循环学杂志	248	0.286	0.034	0.75	122	49.19	0.23	1.53	4.5
G079	卫生研究	751	0.465	0.094	0.88	225	29.96	0.76	6.82	4.6
G800	胃肠病学	271	0.324	0.064	0.94	120	44.28	0.43	4.29	3.9
G326	胃肠病学和肝病学杂志	292	0.282	0.057	0.87	123	42.12	0.57	4.39	3.8
G702	温州医学院学报	176	0.126	0.009	0.78	105	59.66	0.31	2.50	4.5

表 4-1　2005 年中国科技期刊被引用指标刊名字顺索引（续）

代码	期刊名称	总被引频次	影响因子	即年指标	他引率	引用刊数	扩散因子	学科影响指标	学科扩散指标	被引半衰期
D003	无机材料学报	1563	0.624	0.127	0.93	270	17.27	0.84	7.11	5.0
D023	无机化学学报	1150	0.703	0.048	0.84	231	20.09	0.80	6.60	3.6
T072	无机盐工业	370	0.339	0.029	0.65	113	30.54	0.47	1.71	5.2
N044	无损检测	368	0.308	0.035	0.66	112	30.43	0.29	1.78	4.1
U029	无锡轻工大学学报	386	0.320	0.007	0.97	169	43.78	0.13	2.04	4.6
R718	无线通信技术	21	0.066	0.017	1.00	18	85.71	0.10	0.31	4.1
W014	武汉大学学报工学版	434	0.283	0.030	0.80	164	37.79	0.24	1.98	5.2
A024	武汉大学学报理学版	625	0.376	0.036	0.90	311	49.76	0.29	3.57	5.1
E107	武汉大学学报信息科学版	690	0.535	0.034	0.79	173	25.07	0.20	2.08	4.3
G038	武汉大学学报医学版	238	0.222	0.021	0.92	156	65.55	0.33	3.71	4.3
T547	武汉化工学院学报	142	0.232	0.006	0.94	101	71.13	0.21	1.53	4.0
M032	武汉科技大学学报	173	0.167	0.031	0.86	113	65.32	0.17	1.36	4.2
J006	武汉理工大学学报	753	0.413	0.048	0.75	322	42.76	0.47	3.88	3.4
X017	武汉理工大学学报交通科学与工程版	465	0.497	0.121	0.33	105	22.58	0.38	3.09	2.5
J018	武汉理工大学学报信息与管理工程版	139	0.066	0.015	0.87	90	64.75	0.07	1.55	3.8
F008	武汉植物学研究	623	0.500	0.008	0.91	179	28.73	0.53	3.09	6.2
C090	物理	427	0.283	0.065	0.92	203	47.54	0.55	6.55	5.6
D001	物理化学学报	1380	0.848	0.181	0.87	268	19.42	0.97	7.66	4.1
C006	物理学报	5090	1.351	0.236	0.57	359	7.05	0.84	11.58	3.5
C053	物理学进展	213	0.786	0.227	0.96	125	58.69	0.65	4.03	8.1
E136	物探化探计算技术	165	0.177	0.000	0.83	65	39.39	0.16	2.60	5.0
E138	物探与化探	403	0.425	0.028	0.73	92	22.83	0.47	2.56	4.6
R009	西安电子科技大学学报	547	0.440	0.045	0.64	162	29.62	0.57	2.79	3.9
U030	西安工程科技学院学报	83	0.117	0.014	0.98	50	60.24	0.12	0.60	5.0
J036	西安工业学院学报	142	0.138	0.013	0.80	76	53.52	0.14	0.92	5.5
V018	西安建筑科技大学学报	172	0.195	0.044	0.84	96	55.81	0.47	2.53	5.2
X030	西安交通大学学报	996	0.413	0.048	0.93	383	38.45	0.53	4.61	4.7
G081	西安交通大学学报医学版	424	0.247	0.043	0.88	199	46.93	0.52	4.74	4.7
J002	西安理工大学学报	178	0.207	0.069	0.79	101	56.74	0.11	1.22	4.6
L010	西安石油大学学报	233	0.241	0.015	0.92	111	47.64	0.71	3.17	4.3
A032	西北大学学报	494	0.398	0.039	0.72	230	46.56	0.21	2.64	4.4
E307	西北地震学报	243	0.310	0.024	0.71	43	17.70	0.53	1.19	6.1
E125	西北地质	202	0.448	0.030	0.68	58	28.71	0.65	1.87	3.8

表 4-1 2005 年中国科技期刊被引用指标刊名字顺索引（续）

代码	期刊名称	总被引频次	影响因子	即年指标	他引率	引用刊数	扩散因子	学科影响指标	学科扩散指标	被引半衰期
Y023	西北工业大学学报	362	0.252	0.005	0.94	183	50.55	0.31	2.20	4.8
G245	西北国防医学杂志	194	0.151	0.024	0.77	102	52.58	0.28	1.28	3.4
H224	西北林学院学报	532	0.374	0.021	0.84	149	28.01	0.94	9.31	5.1
H018	西北农林科技大学学报	1124	0.410	0.034	0.91	248	22.06	0.96	9.54	4.9
H288	西北农业学报	427	0.238	0.029	0.90	128	29.98	0.66	1.66	6.0
A022	西北师范大学学报	206	0.229	0.013	0.87	122	59.22	0.20	1.40	5.1
F020	西北植物学报	1648	0.706	0.058	0.84	230	13.96	0.52	3.97	3.9
H385	西部林业科学	188	0.570	0.189	0.51	50	26.60	0.88	3.13	2.9
J045	西华大学学报自然科学版	82	0.102	0.006	0.79	57	69.51	0.08	0.69	3.6
G312	西南国防医药	109	0.069	0.005	0.82	60	55.05	0.18	0.75	2.8
X032	西南交通大学学报	442	0.287	0.033	0.83	201	45.48	0.31	2.42	5.9
H270	西南林学院学报	123	0.065	0.000	0.92	64	52.03	0.81	4.00	7.2
A060	西南民族大学学报	178	0.237	0.021	0.52	79	44.38	0.10	0.91	2.9
H004	西南农业大学学报	665	0.361	0.022	0.84	185	27.82	0.88	7.12	5.5
H061	西南农业学报	488	0.343	0.015	0.91	142	29.10	0.69	1.84	5.2
A064	西南师范大学学报	418	0.284	0.051	0.67	160	38.28	0.30	1.84	4.5
L002	西南石油学院学报	270	0.120	0.027	0.89	88	32.59	0.63	2.51	5.6
M041	稀土	494	0.269	0.015	0.84	169	34.21	0.55	4.45	6.1
M029	稀有金属	571	0.472	0.034	0.80	163	28.55	0.68	4.29	3.7
M052	稀有金属材料与工程	1518	1.083	0.067	0.42	177	11.66	0.82	4.66	3.4
S003	系统仿真学报	1352	0.442	0.018	0.78	276	20.41	0.67	30.67	3.3
B028	系统工程	494	0.504	0.047	0.90	196	39.68	0.78	21.78	4.3
B027	系统工程理论方法应用	177	0.514	0.017	0.93	84	47.46	0.67	9.33	3.8
B025	系统工程理论与实践	1504	0.662	0.027	0.91	381	25.33	1.22	42.33	4.9
B018	系统工程学报	437	0.548	0.026	0.89	158	36.16	0.67	17.56	4.6
R059	系统工程与电子技术	981	0.343	0.034	0.79	251	25.59	0.57	4.33	3.7
B021	系统科学与数学	258	0.266	0.000	0.91	116	44.96	0.67	12.89	6.8
F025	细胞生物学杂志	223	0.258	0.007	0.91	147	65.92	0.19	2.53	4.7
G188	细胞与分子免疫学杂志	644	0.617	0.112	0.66	193	29.97	0.46	2.41	3.0
A063	厦门大学学报	606	0.278	0.042	0.90	273	45.05	0.37	3.14	5.3
E027	现代地质	680	1.006	0.371	0.71	100	14.71	0.90	3.23	5.3
R089	现代电力	106	0.158	0.017	0.85	48	45.28	0.35	1.30	3.6
G300	现代妇产科进展	331	0.425	0.011	0.91	109	32.93	0.53	5.74	3.6
G847	现代护理	674	0.273	0.016	0.65	68	10.09	1.00	7.56	2.7
T063	现代化工	838	0.521	0.033	0.91	288	34.37	0.80	4.36	4.5

表 4-1 2005 年中国科技期刊被引用指标刊名字顺索引（续）

代码	期刊名称	总被引频次	影响因子	即年指标	他引率	引用刊数	扩散因子	学科影响指标	学科扩散指标	被引半衰期
G653	现代检验医学杂志	144	0.112	0.006	0.78	62	43.06	0.29	1.38	4.0
N100	现代科学仪器	211	0.257	0.020	0.89	127	60.19	0.82	11.55	4.1
G321	现代口腔医学杂志	404	0.221	0.020	0.84	109	26.98	1.00	7.27	4.7
R087	现代雷达	421	0.369	0.062	0.41	74	17.58	0.40	1.28	3.5
G341	现代泌尿外科杂志	61	0.159	0.021	0.77	34	55.74	0.11	0.76	2.3
G067	现代免疫学	469	0.276	0.040	0.92	209	44.56	0.39	2.61	6.3
X673	现代隧道技术	118	0.261	0.011	0.80	39	33.05	0.26	1.15	3.5
G223	现代医学	135	0.119	0.006	0.96	102	75.56	0.19	1.28	4.0
N115	现代仪器	106	0.241	0.008	0.78	48	45.28	0.27	4.36	3.0
G963	现代预防医学	411	0.142	0.009	0.83	153	37.23	0.73	4.64	3.6
N111	现代制造工程	315	0.128	0.017	0.83	109	34.60	0.59	1.73	3.4
G826	现代肿瘤医学	236	0.330	0.020	0.39	74	31.36	0.73	4.93	2.4
M011	现代铸铁	130	0.142	0.046	0.72	25	19.23	0.14	0.40	5.1
T073	香料香精化妆品	118	0.231	0.030	0.88	57	48.31	0.21	0.86	4.1
A018	湘潭大学自然科学学报	152	0.131	0.009	0.94	98	64.47	0.10	1.13	5.2
T064	橡胶工业	356	0.180	0.022	0.72	69	19.38	0.33	1.05	6.0
T953	消防科学与技术	147	0.164	0.083	0.31	31	21.09	0.16	1.00	2.7
G978	消化外科	157	0.368	0.062	0.76	62	39.49	0.44	1.59	2.5
G765	小儿急救医学	295	0.282	0.016	0.88	84	28.47	0.63	4.42	3.4
P010	小型内燃机与摩托车	80	0.124	0.000	0.89	47	58.75	0.11	1.27	5.8
S027	小型微型计算机系统	827	0.297	0.033	0.96	228	27.57	0.84	9.12	3.4
G083	心肺血管病杂志	154	0.192	0.011	0.95	91	59.09	0.14	3.25	4.9
E046	心理学报	419	0.493	0.018	0.77	98	23.39	0.56	3.92	5.0
G419	心血管病学进展	297	0.238	0.026	0.97	141	47.47	0.36	5.04	5.3
G578	心血管康复医学杂志	671	0.554	0.130	0.21	75	11.18	0.62	5.77	2.8
G260	心脏杂志	394	0.355	0.036	0.57	128	32.49	0.36	4.57	3.5
N080	新技术新工艺	203	0.106	0.010	0.94	96	47.29	0.48	1.52	4.4
V026	新建筑	94	0.091	0.006	0.91	33	35.11	0.39	0.87	4.4
A087	新疆大学学报	108	0.149	0.009	0.94	81	75.00	0.10	0.93	4.9
E159	新疆地质	356	0.277	0.021	0.88	62	17.42	0.74	2.00	6.1
H908	新疆农业大学学报	164	0.225	0.037	0.87	76	46.34	0.31	2.92	4.9
H276	新疆农业科学	267	0.304	0.211	0.56	75	28.09	0.44	0.97	4.0
L007	新疆石油地质	674	0.451	0.102	0.71	67	9.94	0.46	1.91	4.7
G082	新生儿科杂志	327	0.297	0.011	0.94	88	26.91	0.74	4.63	5.8
G328	新乡医学院学报	340	0.296	0.051	0.53	87	25.59	0.26	2.07	3.4

表 4-1　2005 年中国科技期刊被引用指标刊名字顺索引（续）

代码	期刊名称	总被引频次	影响因子	即年指标	他引率	引用刊数	扩散因子	学科影响指标	学科扩散指标	被引半衰期
M102	新型炭材料	642	1.587	0.661	0.34	91	14.17	0.55	2.39	4.1
R034	信号处理	319	0.262	0.033	0.88	146	45.77	0.48	2.52	4.3
R731	信息记录材料	31	0.092	0.020	0.61	18	58.06	0.11	0.47	3.8
S002	信息与控制	546	0.473	0.033	0.95	212	38.83	0.78	23.56	4.5
G565	徐州医学院学报	202	0.086	0.004	0.96	137	67.82	0.45	3.26	4.8
H023	畜牧兽医学报	677	0.719	0.123	0.70	123	18.17	0.79	8.79	5.0
H218	畜牧与兽医	299	0.218	0.023	0.61	81	27.09	0.79	5.79	3.6
G346	血栓与止血学	84	0.215	0.029	0.55	38	45.24	0.07	0.84	3.6
G627	循证医学	52	0.256	0.059	0.71	30	57.69	0.13	0.67	2.4
R069	压电与声光	349	0.216	0.009	0.83	128	36.68	0.24	2.21	4.9
N052	压力容器	201	0.187	0.018	0.76	64	31.84	0.29	1.02	4.7
N068	压缩机技术	84	0.054	0.000	0.83	32	38.10	0.17	0.51	5.8
G189	牙体牙髓牙周病学杂志	463	0.350	0.046	0.75	93	20.09	0.87	6.20	3.9
A501	烟台大学学报自然科学与工程版	85	0.121	0.036	0.81	50	58.82	0.06	0.57	5.5
E053	岩矿测试	361	0.480	0.088	0.81	105	29.09	0.52	3.39	4.9
E157	岩石矿物学杂志	684	1.260	0.152	0.73	108	15.79	0.81	3.48	4.8
C005	岩石力学与工程学报	2521	0.693	0.117	0.58	217	8.61	0.92	16.69	3.7
E309	岩石学报	1831	2.556	0.458	0.69	94	5.13	0.84	3.03	4.5
V037	岩土工程学报	2189	0.918	0.096	0.89	224	10.23	0.53	5.89	6.1
C004	岩土力学	1108	0.584	0.096	0.72	171	15.43	0.62	13.15	3.6
E500	盐湖研究	119	0.216	0.000	0.73	48	40.34	0.13	3.00	6.6
G962	眼科	212	0.227	0.068	0.85	62	29.25	0.63	3.88	3.9
G554	眼科新进展	532	0.495	0.031	0.52	81	15.23	0.69	5.06	3.9
G773	眼科研究	376	0.216	0.025	0.93	107	28.46	0.69	6.69	4.7
G873	眼视光学杂志	173	0.210	0.031	0.83	55	31.79	0.63	3.44	4.3
G990	眼外伤职业眼病杂志	857	0.295	0.034	0.47	108	12.60	0.81	6.75	4.2
J025	燕山大学学报	117	0.114	0.008	0.99	85	72.65	0.18	1.02	5.1
A514	扬州大学学报	150	0.366	0.013	0.76	90	60.00	0.07	1.03	3.8
H016	扬州大学学报农业与生命科学版	453	0.538	0.105	0.84	138	30.46	0.73	5.31	6.0
S031	遥测遥控	69	0.101	0.025	0.72	39	56.52	0.19	0.67	4.6
Z543	遥感技术与应用	313	0.436	0.017	0.87	120	38.34	0.89	13.33	4.2
S024	遥感信息	216	0.520	0.038	0.88	87	40.28	0.78	9.67	4.4
Z006	遥感学报	789	0.919	0.215	0.94	203	25.73	0.89	22.56	5.5
G403	药物不良反应杂志	287	0.729	0.088	0.89	67	23.34	0.52	2.03	3.0
G087	药物分析杂志	1081	0.409	0.019	0.85	175	16.19	0.73	5.30	6.3

表 4-1　2005 年中国科技期刊被引用指标刊名字顺索引（续）

代码	期刊名称	总被引频次	影响因子	即年指标	他引率	引用刊数	扩散因子	学科影响指标	学科扩散指标	被引半衰期
G877	药物流行病学杂志	294	0.584	0.026	0.84	75	25.51	0.48	2.27	3.7
G514	药物生物技术	254	0.317	0.010	0.89	137	53.94	0.55	4.15	4.6
G977	药学服务与研究	115	0.237	0.023	0.67	37	32.17	0.24	1.12	2.8
G440	药学实践杂志	238	0.134	0.015	0.96	99	41.60	0.67	3.00	5.3
G008	药学学报	2351	0.670	0.107	0.94	374	15.91	0.97	11.33	7.3
M023	冶金分析	428	0.434	0.021	0.68	72	16.82	0.23	2.77	5.3
M047	冶金能源	72	0.102	0.009	0.86	36	50.00	0.19	1.38	4.6
M026	冶金自动化	160	0.281	0.010	0.83	76	47.50	0.23	2.92	4.0
C503	液晶与显示	309	1.080	0.215	0.25	47	15.21	0.16	1.52	2.4
N035	液压与气动	258	0.154	0.022	0.64	62	24.03	0.33	0.98	3.4
G871	医疗设备信息	364	0.303	0.022	0.29	49	13.46	0.21	0.61	1.9
G605	医疗卫生装备	224	0.170	0.025	0.56	55	24.55	0.23	0.69	2.5
G306	医师进修杂志	380	0.118	0.006	0.95	177	46.58	0.29	2.21	4.4
G333	医学分子生物学杂志	35	0.059	0.033	0.94	30	85.71	0.06	0.38	3.1
G545	医学临床研究	269	0.112	0.008	0.90	138	51.30	0.22	3.07	3.4
G281	医学研究生学报	569	0.539	0.140	0.44	164	28.82	0.29	2.05	2.3
G265	医学影像学杂志	317	0.308	0.006	0.70	92	29.02	0.65	4.60	2.8
G308	医学与哲学	563	0.350	0.082	0.52	93	16.52	0.20	1.16	3.2
G844	医药导报	448	0.205	0.022	0.76	134	29.91	0.70	4.06	2.9
G088	医用生物力学	131	0.308	0.040	0.92	62	47.33	0.11	0.78	4.5
N074	仪表技术与传感器	225	0.144	0.017	0.85	120	53.33	0.82	10.91	3.9
N066	仪器仪表学报	807	0.568	0.031	0.80	264	32.71	0.82	24.00	4.2
G610	胰腺病学	137	0.589	0.027	0.84	59	43.07	0.29	2.11	2.7
R080	移动通信	57	0.036	0.012	0.63	31	54.39	0.22	0.53	3.5
F024	遗传	836	0.535	0.045	0.86	253	30.26	0.67	4.36	5.1
F013	遗传学报	1642	1.050	0.151	0.92	288	17.54	0.90	4.97	4.5
U054	印染	597	0.430	0.039	0.46	61	10.22	0.44	2.26	3.8
T104	印染助剂	240	0.415	0.030	0.63	46	19.17	0.24	0.70	4.3
B008	应用概率统计	145	0.182	0.059	0.94	74	51.03	0.48	2.55	6.6
C109	应用光学	133	0.206	0.037	0.86	58	43.61	0.16	1.87	4.8
T949	应用化工	128	0.267	0.018	0.87	68	53.13	0.35	1.03	2.8
D016	应用化学	1408	0.575	0.024	0.87	332	23.58	1.00	9.49	4.7
A580	应用基础与工程科学学报	143	0.364	0.017	0.93	101	70.63	0.08	1.16	4.4
R033	应用激光	261	0.260	0.046	0.82	98	37.55	0.21	1.69	4.5
A015	应用科学学报	194	0.183	0.021	0.97	143	73.71	0.13	1.64	5.4

表4-1 2005年中国科技期刊被引用指标刊名字顺索引（续）

代码	期刊名称	总被引频次	影响因子	即年指标	他引率	引用刊数	扩散因子	学科影响指标	学科扩散指标	被引半衰期
C008	应用力学学报	311	0.228	0.028	0.95	148	47.59	0.85	11.38	5.5
E122	应用气象学报	847	0.740	0.071	0.81	112	13.22	0.90	11.20	5.9
Z018	应用生态学报	5270	1.680	0.108	0.65	347	6.58	0.59	5.98	3.9
C052	应用声学	204	0.270	0.014	0.88	98	48.04	0.19	3.16	5.8
B011	应用数学	148	0.132	0.020	0.95	97	65.54	0.52	3.34	5.6
B020	应用数学和力学	486	0.214	0.044	0.81	175	36.01	0.45	6.03	5.6
B001	应用数学学报	335	0.292	0.025	0.96	150	44.78	0.86	5.17	6.9
F100	应用与环境生物学报	927	0.647	0.101	0.89	274	29.56	0.71	4.72	4.7
G089	营养学报	773	0.632	0.054	0.91	248	32.08	0.64	7.52	5.4
M014	硬质合金	243	0.372	0.000	0.80	59	24.28	0.35	2.27	5.7
L027	油气储运	227	0.098	0.029	0.68	66	29.07	0.51	1.89	5.4
L020	油气田地面工程	154	0.025	0.004	0.99	80	51.95	0.57	2.29	5.2
L033	油田化学	389	0.264	0.049	0.83	94	24.16	0.54	2.69	6.2
E051	铀矿地质	254	0.612	0.071	0.79	50	19.69	0.55	1.61	5.2
K020	铀矿冶	45	0.110	0.047	0.51	20	44.44	0.18	0.91	5.8
T916	有机硅材料	239	0.774	0.030	0.65	63	26.36	0.35	0.95	3.9
D025	有机化学	1065	0.836	0.052	0.67	173	16.24	0.74	4.94	3.3
M036	有色金属	349	0.253	0.054	0.90	145	41.55	0.46	5.58	5.0
K013	有色金属矿山部分	48	0.075	0.020	0.75	21	43.75	0.23	0.95	3.5
M020	有色金属冶炼部分	99	0.092	0.032	0.81	33	33.33	0.35	1.27	7.2
N907	鱼雷技术	43	0.117	0.019	0.53	13	30.23	0.11	1.44	4.3
Y020	宇航材料工艺	406	0.321	0.012	0.92	126	31.03	0.79	3.32	6.0
Y008	宇航计测技术	63	0.094	0.011	0.87	39	61.90	0.21	1.63	6.2
Y024	宇航学报	438	0.481	0.042	0.76	138	31.51	0.75	5.75	4.3
H909	玉米科学	896	1.007	0.044	0.60	90	10.04	0.53	1.17	4.5
G518	预防医学情报杂志	235	0.131	0.035	0.72	79	33.62	0.70	2.39	3.6
H039	园艺学报	1987	0.814	0.117	0.89	177	8.91	0.78	2.30	6.4
C108	原子核物理评论	112	0.313	0.055	0.65	28	25.00	0.23	0.90	3.0
Q008	原子能科学技术	195	0.124	0.024	0.78	74	37.95	1.00	8.22	5.2
C057	原子与分子物理学报	227	0.289	0.026	0.62	57	25.11	0.45	1.84	4.3
A038	云南大学学报	388	0.332	0.085	0.77	190	48.97	0.20	2.18	5.4
H269	云南农业大学学报	343	0.291	0.010	0.88	114	33.24	0.73	4.38	5.2
A053	云南师范大学学报	96	0.113	0.009	0.91	76	79.17	0.10	0.87	4.4
F007	云南植物研究	897	0.590	0.124	0.87	185	20.62	0.43	3.19	8.6
G090	云南中医学院学报	95	0.124	0.019	0.91	54	56.84	0.59	1.59	5.1

表 4-1 2005 年中国科技期刊被引用指标刊名字顺索引（续）

代码	期刊名称	总被引频次	影响因子	即年指标	他引率	引用刊数	扩散因子	学科影响指标	学科扩散指标	被引半衰期
B013	运筹学学报	82	0.056	0.038	0.96	53	64.63	0.28	1.83	6.6
B522	运筹与管理	257	0.355	0.010	0.74	112	43.58	0.17	3.86	3.7
H293	杂交水稻	637	0.479	0.075	0.74	71	11.15	0.43	0.92	4.8
E148	灾害学	454	0.907	0.097	0.41	91	20.04	0.36	2.53	4.7
C100	噪声与振动控制	143	0.209	0.009	0.74	56	39.16	0.14	0.89	5.3
M043	轧钢	122	0.110	0.007	0.78	45	36.89	0.35	1.73	4.5
T569	粘接	265	0.283	0.023	0.82	65	24.53	0.36	0.98	4.7
H272	湛江海洋大学学报	173	0.174	0.000	0.90	69	39.88	1.00	9.86	5.0
R081	照明工程学报	45	0.165	0.000	0.67	24	53.33	0.08	0.65	3.5
A017	浙江大学学报工学版	514	0.436	0.058	0.67	217	42.22	0.36	2.61	3.2
A002	浙江大学学报理学版	487	0.523	0.063	0.89	299	61.40	0.24	3.44	3.9
H035	浙江大学学报农业与生命科学版	776	0.329	0.038	0.94	239	30.80	0.92	9.19	6.6
G091	浙江大学学报医学版	359	0.595	0.220	0.69	171	47.63	0.40	4.07	3.0
J016	浙江工业大学学报	166	0.189	0.011	0.95	120	72.29	0.16	1.45	4.1
U028	浙江理工大学学报	63	0.065	0.000	0.87	35	55.56	0.07	0.42	4.7
H019	浙江林学院学报	475	0.682	0.099	0.65	99	20.84	0.94	6.19	4.6
H277	浙江林业科技	216	0.181	0.024	0.79	72	33.33	0.81	4.50	5.0
H216	浙江农业科学	414	0.566	0.126	0.48	91	21.98	0.56	1.18	3.6
H201	浙江农业学报	290	0.307	0.021	0.92	121	41.72	0.57	1.57	6.1
A051	浙江师范大学学报	98	0.170	0.000	0.88	75	76.53	0.14	0.86	3.8
G092	浙江中医学院学报	279	0.104	0.000	0.89	103	36.92	0.85	3.03	5.1
G093	针刺研究	332	0.336	0.000	0.89	67	20.18	0.68	1.97	6.5
N086	真空	133	0.203	0.020	0.79	54	40.60	0.19	0.86	4.3
R032	真空电子技术	103	0.148	0.010	0.79	44	42.72	0.19	0.76	3.7
N025	真空科学与技术学报	240	0.311	0.017	0.76	91	37.92	0.11	1.44	4.4
G259	诊断病理学杂志	411	0.395	0.067	0.87	150	36.50	0.40	1.88	4.1
G615	诊断学理论与实践	70	0.166	0.031	0.96	54	77.14	0.13	0.68	2.4
Y010	振动测试与诊断	205	0.350	0.045	0.79	88	42.93	0.21	3.67	5.0
Y004	振动工程学报	525	0.517	0.030	0.92	186	35.43	0.92	14.31	5.2
N030	振动与冲击	468	0.604	0.044	0.60	141	30.13	0.30	2.24	3.8
A019	郑州大学学报	129	0.280	0.047	0.67	80	62.02	0.09	0.92	3.4
J012	郑州大学学报工学版	178	0.256	0.053	0.66	100	56.18	0.13	1.20	3.7
G036	郑州大学学报医学版	491	0.183	0.084	0.74	174	35.44	0.43	4.14	3.0
U004	郑州工程学院学报	293	0.277	0.049	0.90	109	37.20	0.11	1.31	5.3
U003	郑州轻工业学院学报	103	0.062	0.000	0.95	76	73.79	0.19	2.81	5.3

表4-1　2005年中国科技期刊被引用指标刊名字顺索引（续）

代码	期刊名称	总被引频次	影响因子	即年指标	他引率	引用刊数	扩散因子	学科影响指标	学科扩散指标	被引半衰期
G884	职业与健康	337	0.048	0.003	0.85	121	35.91	0.67	3.67	2.7
H577	植物保护	646	0.422	0.033	0.90	138	21.36	0.71	1.79	6.4
H014	植物保护学报	624	0.473	0.032	0.94	132	21.15	0.62	1.71	8.1
H052	植物病理学报	1106	0.848	0.133	0.94	143	12.93	0.64	1.86	7.1
F039	植物分类学报	620	0.333	0.212	0.86	124	20.00	0.40	2.14	>10
H584	植物检疫	350	0.195	0.033	0.74	88	25.14	0.43	1.14	5.4
F038	植物生理学通讯	2172	0.374	0.030	0.95	262	12.06	0.60	4.52	>10
F019	植物生理与分子生物学学报	1412	0.817	0.134	0.96	224	15.86	0.57	3.86	8.6
F009	植物生态学报	2383	1.523	0.074	0.93	213	8.94	0.41	3.67	5.9
F023	植物学通报	872	0.508	0.030	0.98	225	25.80	0.62	3.88	6.3
F050	植物研究	497	0.471	0.100	0.85	135	27.16	0.43	2.33	5.1
H890	植物营养与肥料学报	1041	0.896	0.048	0.83	133	12.78	0.64	1.73	5.4
Z551	植物资源与环境学报	394	0.397	0.016	0.95	154	39.09	0.23	4.97	5.9
U011	制冷学报	165	0.206	0.154	0.87	57	34.55	0.22	2.11	5.6
N046	制造技术与机床	315	0.112	0.017	0.93	96	30.48	0.52	1.52	4.7
S023	制造业自动化	253	0.163	0.015	0.94	112	44.27	0.10	1.93	4.0
C034	质谱学报	158	0.545	0.105	0.77	72	45.57	0.10	2.32	3.5
G007	中草药	3696	0.519	0.044	0.88	456	12.34	0.94	13.41	5.7
G094	中风与神经疾病杂志	691	0.355	0.014	0.93	185	26.77	0.76	7.40	5.6
G538	中国癌症杂志	395	0.285	0.011	0.96	162	41.01	0.93	10.80	4.3
G985	中国艾滋病性病	569	0.680	0.078	0.78	98	17.22	0.39	2.97	3.6
G129	中国安全科学学报	589	0.598	0.108	0.34	108	18.34	0.16	3.48	2.5
F048	中国比较医学杂志	155	0.156	0.018	0.90	77	49.68	0.17	1.33	4.1
N103	中国表面工程	230	0.531	0.088	0.82	74	32.17	0.30	1.17	4.2
G095	中国病毒学	346	0.404	0.026	0.87	132	38.15	0.34	2.28	4.5
G096	中国病理生理杂志	1621	0.541	0.055	0.79	347	21.41	0.65	4.34	4.0
H213	中国草地	853	0.690	0.051	0.83	120	14.07	0.57	8.57	6.6
H241	中国草食动物	206	0.144	0.011	0.76	48	23.30	0.86	3.43	4.3
G097	中国超声医学杂志	1121	0.462	0.052	0.87	207	18.47	0.60	10.35	5.1
G901	中国当代儿科杂志	385	0.370	0.104	0.65	106	27.53	0.68	5.58	3.5
H939	中国稻米	190	0.210	0.056	0.86	56	29.47	0.35	0.73	3.8
G099	中国地方病防治杂志	351	0.210	0.049	0.63	66	18.80	0.52	2.00	5.2
G098	中国地方病学杂志	1172	1.237	0.264	0.40	118	10.07	0.61	3.58	3.0
E351	中国地震	321	0.485	0.050	0.88	62	19.31	0.53	1.72	7.7
E654	中国地质	495	1.367	0.276	0.84	85	17.17	0.90	2.74	3.4

表 4-1　2005 年中国科技期刊被引用指标刊名字顺索引（续）

代码	期刊名称	总被引频次	影响因子	即年指标	他引率	引用刊数	扩散因子	学科影响指标	学科扩散指标	被引半衰期
R040	中国电机工程学报	5731	2.437	0.226	0.41	209	3.65	0.86	5.65	3.2
R511	中国电力	598	0.300	0.051	0.85	123	20.57	0.65	3.32	5.1
G234	中国动脉硬化杂志	670	0.662	0.116	0.60	169	25.22	0.43	6.04	3.5
G825	中国儿童保健杂志	649	0.453	0.010	0.69	111	17.10	0.63	5.84	3.9
G270	中国耳鼻咽喉颅底外科杂志	281	0.365	0.023	0.68	93	33.10	0.44	5.81	3.7
G543	中国耳鼻咽喉头颈外科	396	0.339	0.065	0.80	94	23.74	0.44	5.88	4.4
G100	中国法医学杂志	214	0.211	0.021	0.60	76	35.51	0.05	3.80	4.8
G290	中国防痨杂志	473	0.414	0.019	0.72	102	21.56	0.45	3.09	4.5
V023	中国非金属矿工业导刊	169	0.364	0.000	0.85	76	44.97	0.50	3.45	3.1
G320	中国肺癌杂志	313	0.444	0.013	0.83	100	31.95	0.73	6.67	3.3
V568	中国粉体技术	227	0.429	0.055	0.91	105	46.26	0.08	2.76	3.8
M007	中国腐蚀与防护学报	368	0.370	0.038	0.86	100	27.17	0.58	2.63	5.9
G680	中国妇幼保健	692	0.187	0.007	0.61	115	16.62	0.89	6.05	3.4
X035	中国港湾建设	110	0.122	0.000	0.64	43	39.09	0.18	1.26	5.2
V036	中国给水排水	1369	0.475	0.055	0.89	213	15.56	0.37	5.61	4.1
G244	中国工业医学杂志	317	0.217	0.022	0.84	86	27.13	0.61	2.61	5.0
G102	中国公共卫生	1662	0.296	0.015	0.90	361	21.72	0.97	10.94	4.2
X031	中国公路学报	780	1.093	0.137	0.85	151	19.36	0.50	4.44	4.3
G103	中国骨伤	487	0.227	0.013	0.71	102	20.94	0.47	3.00	3.9
G249	中国骨与关节损伤杂志	1210	0.522	0.028	0.63	117	9.67	0.38	3.00	3.8
G663	中国骨质疏松杂志	607	0.411	0.026	0.75	147	24.22	0.20	3.27	4.9
W021	中国管理科学	495	0.818	0.100	0.54	112	22.63	0.82	10.18	3.1
N104	中国惯性技术学报	214	0.309	0.042	0.70	65	30.37	0.08	1.03	3.9
H215	中国果树	287	0.079	0.007	0.97	81	28.22	0.47	1.05	8.3
L013	中国海上油气	392	0.310	0.021	0.86	85	21.68	0.63	2.43	5.7
L026	中国海洋平台	74	0.119	0.000	0.78	36	48.65	0.20	1.03	4.9
G104	中国海洋药物	467	0.398	0.035	0.84	156	33.40	0.61	4.73	5.7
X039	中国航海	68	0.212	0.012	0.65	30	44.12	0.26	0.88	3.1
G973	中国呼吸与危重监护杂志	307	0.831	0.031	0.28	60	19.54	0.24	1.33	2.3
Z030	中国环境监测	340	0.274	0.033	0.92	150	44.12	0.58	4.84	5.3
Z001	中国环境科学	1714	0.978	0.071	0.95	399	23.28	0.94	12.87	6.2
N059	中国机械工程	1971	0.390	0.048	0.91	345	17.50	0.81	5.48	4.4
G902	中国基层医药	497	0.201	0.018	0.65	93	18.71	0.24	2.82	1.8
R066	中国激光 A	1642	0.958	0.137	0.66	177	10.78	0.45	3.05	3.7
R013	中国激光医学杂志	259	0.389	0.029	0.68	75	28.96	0.05	3.75	4.7

表4-1 2005年中国科技期刊被引用指标刊名字顺索引（续）

代码	期刊名称	总被引频次	影响因子	即年指标	他引率	引用刊数	扩散因子	学科影响指标	学科扩散指标	被引半衰期
G241	中国急救医学	943	0.352	0.055	0.87	230	24.39	0.44	2.88	3.9
G192	中国脊柱脊髓杂志	895	0.702	0.040	0.84	125	13.97	0.36	3.21	4.0
G314	中国计划免疫	455	0.587	0.098	0.63	42	9.23	0.11	0.53	4.0
N946	中国计量学院学报	38	0.080	0.026	0.76	28	73.68	0.04	0.34	3.6
G339	中国寄生虫病防治杂志	421	0.297	0.021	0.70	75	17.81	0.48	2.27	5.7
G105	中国寄生虫学与寄生虫病杂志	573	0.478	0.040	0.82	89	15.53	0.18	1.11	6.1
G784	中国健康心理学杂志	436	0.245	0.020	0.89	81	18.58	0.13	1.01	4.5
T075	中国胶粘剂	411	0.363	0.012	0.70	66	16.06	0.39	1.00	6.0
G233	中国矫形外科杂志	1663	0.539	0.042	0.57	169	10.16	0.44	4.33	3.7
G239	中国介入心脏病学杂志	237	0.588	0.033	0.88	94	39.66	0.29	2.09	2.8
G323	中国康复	420	0.706	0.021	0.48	72	17.14	0.69	5.54	2.9
G400	中国康复理论与实践	539	0.443	0.030	0.55	109	20.22	0.69	8.38	2.7
G106	中国康复医学杂志	881	0.596	0.102	0.59	126	14.30	0.77	9.69	3.4
G337	中国抗感染化疗杂志	343	0.694	0.075	0.89	109	31.78	0.36	2.42	3.1
G107	中国抗生素杂志	592	0.440	0.009	0.78	197	33.28	0.79	5.97	4.7
A583	中国科技期刊研究	812	0.746	0.249	0.31	69	8.50	0.36	6.27	2.6
A105	中国科学A	608	0.354	0.053	0.94	233	38.32	0.86	8.03	8.5
A106	中国科学B	1142	0.500	0.013	0.98	389	34.06	0.80	11.11	>10
A107	中国科学C	433	0.644	0.042	0.93	222	51.27	0.64	3.83	5.2
A108	中国科学D	2574	2.690	0.406	0.92	220	8.55	0.94	7.10	4.5
A109	中国科学E	573	0.486	0.164	0.94	232	40.49	0.26	2.67	4.8
A081	中国科学基金	158	0.295	0.036	0.92	106	67.09	0.11	1.22	4.2
A007	中国科学技术大学学报	318	0.351	0.022	0.87	200	62.89	0.22	2.30	4.5
E355	中国科学院上海天文台年刊	24	0.111	0.000	1.00	15	62.50	0.50	3.75	6.0
A102	中国科学院研究生院学报	100	0.140	0.018	0.94	78	78.00	0.03	0.90	4.8
Y003	中国空间科学技术	174	0.353	0.015	0.88	79	45.40	0.38	3.29	5.1
G441	中国口腔颌面外科杂志	64	0.393	0.038	0.78	29	45.31	0.73	1.93	2.2
K030	中国矿业	285	0.249	0.030	0.82	108	37.89	0.73	4.91	4.0
K015	中国矿业大学学报	550	0.500	0.082	0.77	177	32.18	0.50	8.05	4.3
G247	中国老年学杂志	624	0.248	0.013	0.78	211	33.81	0.92	16.23	3.5
U001	中国粮油学报	448	0.291	0.026	0.88	105	23.44	0.41	3.89	5.1
H214	中国林副特产	129	0.041	0.010	0.92	67	51.94	0.63	4.19	4.5
G447	中国临床保健杂志	53	0.077	0.010	0.83	35	66.04	0.31	2.69	2.3
G108	中国临床解剖学杂志	738	0.486	0.036	0.76	146	19.78	0.24	3.24	4.5
G299	中国临床康复	3929	0.531	0.052	0.46	365	9.29	1.00	28.08	2.3

表 4-1 2005 年中国科技期刊被引用指标刊名字顺索引（续）

代码	期刊名称	总被引频次	影响因子	即年指标	他引率	引用刊数	扩散因子	学科影响指标	学科扩散指标	被引半衰期
G536	中国临床神经科学	231	0.242	0.019	0.92	111	48.05	0.60	4.44	4.1
G794	中国临床神经外科杂志	361	0.434	0.048	0.65	82	22.71	0.52	3.28	2.9
G221	中国临床心理学杂志	822	0.738	0.090	0.75	117	14.23	0.60	4.68	4.7
G870	中国临床药理学与治疗学	310	0.273	0.019	0.82	125	40.32	0.73	3.79	3.0
G109	中国临床药理学杂志	399	0.295	0.000	0.96	144	36.09	0.88	4.36	5.0
G544	中国临床药学杂志	327	0.338	0.016	0.96	110	33.64	0.27	2.44	4.3
G974	中国临床医学	356	0.174	0.002	0.83	167	46.91	0.29	3.71	3.3
G304	中国临床医学影像杂志	256	0.201	0.004	0.94	116	45.31	0.24	2.58	4.3
G824	中国临床营养杂志	218	0.486	0.020	0.82	89	40.83	0.24	1.98	3.8
G110	中国麻风皮肤病杂志	272	0.262	0.024	0.60	71	26.10	0.27	1.58	3.2
H212	中国麻业	178	0.324	0.013	0.47	33	18.54	0.18	0.43	6.4
G613	中国慢性病预防与控制	421	0.291	0.050	0.86	123	29.22	0.61	3.73	5.5
G428	中国美容医学	457	0.339	0.030	0.49	81	17.72	0.33	2.08	2.9
K036	中国锰业	114	0.289	0.067	0.60	26	22.81	0.14	1.18	4.8
H211	中国棉花	386	0.148	0.100	0.92	73	18.91	0.49	0.95	5.6
G111	中国免疫学杂志	718	0.356	0.058	0.91	253	35.24	0.58	3.16	4.9
Y028	中国民航学院学报	54	0.140	0.000	0.83	31	57.41	0.08	1.29	4.1
G277	中国内镜杂志	1919	0.820	0.036	0.48	178	9.28	0.50	8.90	3.1
G303	中国男科学杂志	263	0.340	0.038	0.80	89	33.84	0.20	1.11	3.7
H273	中国南方果树	236	0.084	0.011	0.89	72	30.51	0.39	0.94	6.7
W005	中国农村水利水电	436	0.229	0.030	0.64	91	20.87	0.80	4.55	2.9
H958	中国农学通报	646	0.274	0.025	0.74	151	23.37	0.77	1.96	3.2
H027	中国农业大学学报	864	0.446	0.038	0.98	252	29.17	0.85	9.69	6.8
H567	中国农业科技导报	217	0.373	0.139	0.89	105	48.39	0.57	1.36	3.3
H030	中国农业科学	2835	0.975	0.116	0.89	259	9.14	0.94	3.36	5.7
H210	中国农业气象	350	0.535	0.043	0.87	101	28.86	0.44	1.31	6.7
H221	中国农业资源与区划	115	0.228	0.023	0.83	50	43.48	0.29	0.65	3.8
G311	中国皮肤性病学杂志	643	0.382	0.024	0.82	139	21.62	0.42	3.09	4.4
U020	中国皮革	313	0.368	0.068	0.48	42	13.42	0.26	1.56	3.8
G226	中国普通外科杂志	912	0.563	0.067	0.56	143	15.68	0.59	3.67	3.2
G269	中国普外基础与临床杂志	403	0.367	0.030	0.93	140	34.74	0.51	3.59	3.9
G776	中国全科医学	1219	0.420	0.055	0.48	142	11.65	0.27	3.16	2.7
Z546	中国人口资源与环境	373	0.302	0.046	0.85	129	34.58	0.52	4.16	4.4
G112	中国人兽共患病杂志	754	0.345	0.023	0.79	143	18.97	0.33	1.79	4.7
U052	中国乳品工业	346	0.314	0.025	0.58	55	15.90	0.26	2.04	4.9

表 4-1 2005 年中国科技期刊被引用指标刊名字顺索引（续）

代码	期刊名称	总被引频次	影响因子	即年指标	他引率	引用刊数	扩散因子	学科影响指标	学科扩散指标	被引半衰期
E124	中国沙漠	1997	1.870	0.195	0.53	160	8.01	0.36	4.44	4.8
G113	中国烧伤创疡杂志	274	0.234	0.024	0.17	32	11.68	0.05	0.82	7.2
G114	中国神经精神疾病杂志	1286	0.431	0.048	0.76	227	17.65	0.92	9.08	5.5
G242	中国神经免疫学和神经病学杂志	196	0.333	0.037	0.88	91	46.43	0.52	3.64	4.5
G268	中国生化药物杂志	504	0.357	0.036	0.82	201	39.88	0.64	6.09	5.5
H555	中国生态农业学报	488	0.557	0.074	0.74	132	27.05	0.61	1.71	2.8
H044	中国生物防治	609	0.734	0.091	0.91	118	19.38	0.55	1.53	7.3
F255	中国生物工程杂志	673	0.482	0.072	0.94	295	43.83	0.69	5.09	4.4
F002	中国生物化学与分子生物学报	709	0.614	0.077	0.84	289	40.76	0.57	4.98	5.0
G115	中国生物医学工程学报	362	0.269	0.012	0.92	173	47.79	0.33	2.16	5.8
G258	中国生物制品学杂志	208	0.237	0.022	0.89	95	45.67	0.16	1.19	4.3
L001	中国石油大学学报	802	0.342	0.044	0.88	202	25.19	0.86	5.77	5.5
F047	中国实验动物学报	165	0.411	0.000	0.86	91	55.15	0.21	1.57	3.7
G604	中国实验方剂学杂志	370	0.272	0.006	0.89	105	28.38	0.88	3.09	4.6
G883	中国实验血液学杂志	285	0.368	0.048	0.79	118	41.40	0.41	1.48	3.0
G853	中国实验诊断学	205	0.133	0.020	0.91	120	58.54	0.24	2.67	3.8
G273	中国实用儿科杂志	1401	0.567	0.053	0.94	199	14.20	0.74	10.47	5.1
G228	中国实用妇科与产科杂志	1890	0.691	0.059	0.95	188	9.95	0.74	9.89	4.7
G305	中国实用护理杂志	3323	0.724	0.063	0.73	130	3.91	1.00	14.44	3.5
G297	中国实用美容整形外科杂志	469	0.586	0.089	0.72	85	18.12	0.41	2.18	4.3
G267	中国实用内科杂志	1167	0.312	0.038	0.97	273	23.39	0.79	9.75	5.5
G272	中国实用外科杂志	2726	0.977	0.128	0.95	243	8.91	0.67	6.23	5.2
G872	中国实用眼科杂志	1018	0.292	0.026	0.84	155	15.23	0.75	9.69	4.8
G429	中国食品卫生杂志	264	0.391	0.068	0.90	99	37.50	0.48	3.00	3.7
H326	中国兽医科技	503	0.179	0.072	0.83	103	20.48	0.79	7.36	5.3
H225	中国兽医学报	673	0.377	0.057	0.89	150	22.29	0.71	10.71	5.2
G796	中国输血杂志	607	0.600	0.056	0.71	109	17.96	0.36	2.42	3.8
H207	中国蔬菜	606	0.198	0.042	0.82	110	18.15	0.62	1.43	6.5
H290	中国水产科学	642	0.609	0.067	0.89	121	18.85	1.00	17.29	5.4
H020	中国水稻科学	979	1.161	0.174	0.84	127	12.97	0.68	1.65	5.2
T022	中国塑料	909	0.439	0.051	0.85	163	17.93	0.58	2.47	4.5
H209	中国糖料	112	0.219	0.037	0.55	29	25.89	0.16	0.38	5.7
T068	中国陶瓷	217	0.202	0.006	0.84	94	43.32	0.26	1.42	5.5
G521	中国疼痛医学杂志	205	0.266	0.027	0.89	89	43.41	0.19	1.11	5.0
G444	中国体外循环杂志	68	0.354	0.000	0.56	28	41.18	0.04	1.00	2.2

表 4-1　2005 年中国科技期刊被引用指标刊名字顺索引（续）

代码	期刊名称	总被引频次	影响因子	即年指标	他引率	引用刊数	扩散因子	学科影响指标	学科扩散指标	被引半衰期
U567	中国甜菜糖业	83	0.181	0.027	0.63	28	33.73	0.07	1.04	4.1
X004	中国铁道科学	374	0.313	0.088	0.73	125	33.42	0.50	3.68	4.1
R083	中国图象图形学报	1336	0.558	0.035	0.94	313	23.43	0.88	12.52	4.5
H350	中国土地科学	208	0.460	0.014	0.90	69	33.17	0.19	0.90	4.6
G116	中国危重病急救医学	1634	0.998	0.152	0.76	258	15.79	0.56	3.23	4.6
G373	中国微创外科杂志	610	0.668	0.051	0.53	119	19.51	0.69	3.05	2.8
G959	中国微侵袭神经外科杂志	288	0.433	0.030	0.80	75	26.04	0.44	3.00	3.0
G252	中国微循环	311	0.349	0.007	0.61	116	37.30	0.24	2.58	3.6
G988	中国卫生检验杂志	741	0.350	0.049	0.72	186	25.10	0.16	2.33	3.5
G253	中国卫生统计	293	0.393	0.024	0.80	97	33.11	0.61	2.94	5.4
K035	中国钨业	76	0.184	0.052	0.67	30	39.47	0.18	1.36	4.6
G431	中国误诊学杂志	2042	0.587	0.048	0.32	193	9.45	0.60	4.29	2.6
M022	中国稀土学报	1012	0.841	0.086	0.82	222	21.94	0.74	5.84	3.9
G841	中国现代普通外科进展	137	0.326	0.074	0.61	52	37.96	0.38	1.33	2.4
G623	中国现代神经疾病杂志	60	0.128	0.000	0.90	38	63.33	0.36	1.52	3.0
G885	中国现代手术学杂志	134	0.199	0.036	0.87	73	54.48	0.46	1.87	3.2
G237	中国现代医学杂志	2994	0.656	0.041	0.47	327	10.92	0.55	4.09	2.9
G849	中国现代应用药学	423	0.187	0.038	0.95	160	37.83	0.79	4.85	4.8
G284	中国消毒学杂志	438	0.738	0.071	0.57	90	20.55	0.48	2.73	3.6
G845	中国小儿血液	117	0.164	0.037	0.85	55	47.01	0.58	2.89	4.2
G298	中国斜视与小儿眼科杂志	250	0.319	0.031	0.79	48	19.20	0.50	3.00	6.1
G117	中国心理卫生杂志	2276	0.711	0.052	0.91	191	8.39	0.56	7.64	6.2
G203	中国心脏起搏与心电生理杂志	415	0.563	0.083	0.67	93	22.41	0.36	3.32	3.6
G250	中国新药与临床杂志	924	0.540	0.114	0.73	231	25.00	0.88	7.00	4.7
G747	中国新药杂志	936	0.290	0.026	0.91	264	28.21	0.97	8.00	4.9
G263	中国行为医学科学	1161	0.475	0.106	0.66	174	14.99	0.40	6.96	4.0
G232	中国胸心血管外科临床杂志	321	0.793	0.043	0.83	119	37.07	0.26	3.05	4.1
G118	中国修复重建外科杂志	1091	1.311	0.066	0.53	185	16.96	0.77	4.74	4.0
H294	中国畜牧兽医	71	0.112	0.012	0.85	40	56.34	0.64	2.86	2.7
H242	中国畜牧杂志	302	0.118	0.043	0.87	78	25.83	0.93	5.57	5.9
G908	中国学校卫生	852	0.312	0.010	0.56	87	10.21	0.61	2.64	4.0
G675	中国血吸虫病防治杂志	485	0.349	0.136	0.44	46	9.48	0.07	1.02	4.2
G633	中国血液净化	229	0.391	0.023	0.79	72	31.44	0.29	2.57	2.4
G952	中国血液流变学杂志	235	0.149	0.006	0.70	107	45.53	0.24	1.34	4.2
G119	中国循环杂志	606	0.480	0.036	0.97	177	29.21	0.47	3.93	5.2

表 4-1 2005 年中国科技期刊被引用指标刊名字顺索引（续）

代码	期刊名称	总被引频次	影响因子	即年指标	他引率	引用刊数	扩散因子	学科影响指标	学科扩散指标	被引半衰期
G396	中国循证医学杂志	126	0.336	0.071	0.64	53	42.06	0.11	1.18	1.9
H208	中国烟草科学	367	0.395	0.050	0.82	73	19.89	0.44	0.95	6.6
U647	中国烟草学报	182	0.245	0.000	0.92	60	32.97	0.07	2.22	6.6
E303	中国岩溶	383	0.520	0.085	0.68	82	21.41	0.35	2.65	5.8
G318	中国药房	1123	0.784	0.062	0.59	171	15.23	0.76	5.18	3.3
G120	中国药科大学学报	815	0.503	0.102	0.93	233	28.59	0.94	7.06	5.4
G121	中国药理学通报	1897	0.895	0.087	0.73	339	17.87	0.97	10.27	4.0
G122	中国药理学与毒理学杂志	425	0.339	0.067	0.94	177	41.65	0.70	5.36	6.7
G878	中国药师	364	0.308	0.021	0.82	103	28.30	0.61	3.12	2.6
G220	中国药物化学杂志	266	0.297	0.031	0.88	120	45.11	0.70	3.64	5.8
G248	中国药物依赖性杂志	358	0.510	0.087	0.55	79	22.07	0.36	2.39	4.8
G009	中国药学杂志	1910	0.557	0.039	0.92	360	18.85	1.00	10.91	5.7
G809	中国医刊	299	0.225	0.043	0.89	139	46.49	0.30	1.74	3.1
G123	中国医科大学学报	426	0.179	0.016	0.97	231	54.23	0.40	5.50	6.0
G124	中国医疗器械杂志	226	0.260	0.063	0.88	99	43.81	0.23	1.24	4.2
G313	中国医师杂志	544	0.275	0.010	0.76	196	36.03	0.31	2.45	2.7
G236	中国医学计算机成像杂志	295	0.406	0.111	0.90	101	34.24	0.60	5.05	4.4
G125	中国医学科学院学报	591	0.506	0.059	0.98	296	50.08	0.67	7.05	4.4
G911	中国医学伦理学	405	0.371	0.183	0.38	52	12.84	0.15	0.65	3.2
G622	中国医学物理学杂志	226	0.219	0.041	0.73	93	41.15	0.20	1.16	4.7
G127	中国医学影像技术	1620	0.620	0.081	0.61	226	13.95	0.80	11.30	3.1
G193	中国医学影像学杂志	350	0.328	0.031	0.85	133	38.00	0.80	6.65	3.9
T019	中国医药工业杂志	813	0.254	0.041	0.90	232	28.54	0.30	3.52	6.0
G243	中国医院药学杂志	1176	0.321	0.023	0.89	223	18.96	0.91	6.76	4.9
G130	中国应用生理学杂志	394	0.311	0.076	0.93	187	47.46	0.34	2.34	5.2
G706	中国优生与遗传杂志	763	0.255	0.010	0.63	166	21.76	0.95	8.74	4.0
H205	中国油料作物学报	604	0.495	0.041	0.88	109	18.05	0.60	1.42	6.5
U032	中国油脂	819	0.481	0.094	0.62	143	17.46	0.41	5.30	4.2
M028	中国有色金属学报	1927	0.859	0.112	0.84	256	13.28	0.81	9.85	4.1
H099	中国预防兽医学报	355	0.351	0.058	0.87	79	22.25	0.57	5.64	4.4
V039	中国园林	395	0.259	0.042	0.88	109	27.59	0.32	2.87	4.3
G131	中国运动医学杂志	672	0.355	0.081	0.69	125	18.60	0.54	9.62	5.4
X012	中国造船	187	0.297	0.030	0.87	62	33.16	0.24	1.82	6.0
U012	中国造纸	291	0.284	0.019	0.63	59	20.27	0.22	2.19	3.5
U033	中国造纸学报	110	0.297	0.030	0.68	37	33.64	0.19	1.37	2.9

表 4-1　2005 年中国科技期刊被引用指标刊名字顺索引（续）

代码	期刊名称	总被引频次	影响因子	即年指标	他引率	引用刊数	扩散因子	学科影响指标	学科扩散指标	被引半衰期
H204	中国沼气	210	0.221	0.039	0.77	71	33.81	0.18	0.92	6.4
G600	中国针灸	1125	0.466	0.049	0.73	105	9.33	0.91	3.09	5.4
G945	中国职业医学	386	0.341	0.010	0.80	83	21.50	0.52	2.52	5.1
N063	中国制造业信息化	248	0.127	0.006	0.93	108	43.55	0.43	1.71	3.5
G843	中国中西医结合急救杂志	622	0.796	0.088	0.67	112	18.01	0.76	3.29	4.1
G846	中国中西医结合肾病杂志	536	0.574	0.031	0.51	112	20.90	0.74	3.29	2.8
G528	中国中西医结合消化杂志	347	0.426	0.037	0.81	74	21.33	0.82	2.18	4.4
G182	中国中西医结合杂志	2709	0.740	0.070	0.93	304	11.22	1.00	8.94	6.9
G132	中国中药杂志	2587	0.579	0.089	0.88	366	14.15	0.94	10.76	6.2
G240	中国中医骨伤科杂志	323	0.223	0.006	0.84	85	26.32	0.71	2.50	5.4
G524	中国中医急症	322	0.196	0.013	0.77	99	30.75	0.85	2.91	3.6
G551	中国中医药科技	406	0.183	0.016	0.94	123	30.30	0.94	3.62	5.1
G832	中国中医药信息杂志	494	0.124	0.017	0.88	136	27.53	0.91	4.00	4.0
G642	中国肿瘤	580	0.275	0.061	0.70	185	31.90	0.87	12.33	4.3
G133	中国肿瘤临床	1040	0.291	0.025	0.86	247	23.75	1.00	16.47	5.4
G636	中国肿瘤临床与康复	362	0.137	0.012	0.94	149	41.16	0.87	9.93	4.5
G255	中国肿瘤生物治疗杂志	256	0.352	0.012	0.84	123	48.05	0.73	8.20	4.6
N072	中国铸造装备与技术	95	0.078	0.020	0.76	28	29.47	0.16	0.44	5.1
G667	中国综合临床	585	0.241	0.013	0.93	192	32.82	0.38	4.27	2.8
G134	中国组织化学与细胞化学杂志	249	0.325	0.020	0.90	133	53.41	0.29	1.66	5.1
G135	中华病理学杂志	1425	1.171	0.088	0.66	269	18.88	0.60	3.36	5.3
G195	中华超声影像学杂志	861	0.763	0.066	0.78	181	21.02	0.70	9.05	3.9
G136	中华传染病杂志	953	0.903	0.008	0.91	225	23.61	0.55	6.82	4.6
G408	中华创伤骨科杂志	582	0.783	0.037	0.51	86	14.78	0.18	1.91	1.9
G137	中华创伤杂志	1545	0.983	0.107	0.84	237	15.34	0.77	6.08	4.6
G138	中华儿科杂志	2909	1.347	0.142	0.94	304	10.45	0.84	16.00	6.1
G139	中华耳鼻咽喉科杂志	1674	0.979	0.123	0.82	207	12.37	0.44	12.94	6.0
G140	中华放射学杂志	2975	1.225	0.079	0.85	278	9.34	0.90	13.90	5.5
G141	中华放射医学与防护杂志	531	0.293	0.035	0.71	146	27.50	0.40	7.30	5.2
G251	中华放射肿瘤学杂志	626	0.706	0.061	0.85	112	17.89	0.87	7.47	5.2
G286	中华风湿病学杂志	651	0.689	0.063	0.71	156	23.96	0.53	3.47	3.3
G142	中华妇产科杂志	2719	1.121	0.081	0.95	282	10.37	0.79	14.84	5.9
G262	中华肝胆外科杂志	991	0.591	0.065	0.87	190	19.17	0.59	4.87	3.8
G231	中华肝脏病杂志	2014	1.573	0.142	0.92	267	13.26	0.57	9.54	3.8
G143	中华骨科杂志	2704	1.072	0.091	0.96	238	8.80	0.49	6.10	6.7

表4-1 2005年中国科技期刊被引用指标刊名字顺索引（续）

代码	期刊名称	总被引频次	影响因子	即年指标	他引率	引用刊数	扩散因子	学科影响指标	学科扩散指标	被引半衰期
G335	中华航海医学与高气压医学杂志	199	0.267	0.019	0.70	60	30.15	0.10	3.00	5.0
G144	中华航空航天医学杂志	224	0.291	0.024	0.56	58	25.89	0.20	2.90	5.5
G145	中华核医学杂志	582	0.710	0.205	0.73	157	26.98	0.55	7.85	4.0
G146	中华护理杂志	4411	1.648	0.137	0.93	185	4.19	1.00	20.56	4.1
G555	中华急诊医学杂志	874	0.715	0.080	0.74	190	21.74	0.36	4.22	3.0
G174	中华检验医学杂志	1566	1.054	0.141	0.82	280	17.88	0.73	6.22	4.4
G147	中华结核和呼吸杂志	2829	1.228	0.149	0.92	311	10.99	0.64	9.42	5.2
G159	中华精神科杂志	724	0.985	0.087	0.93	139	19.20	0.64	5.56	5.6
G148	中华口腔医学杂志	1202	0.778	0.172	0.94	203	16.89	1.00	13.53	5.7
G149	中华劳动卫生职业病杂志	681	0.456	0.026	0.90	146	21.44	0.76	4.42	5.2
G639	中华老年多器官疾病杂志	71	0.252	0.042	0.97	45	63.38	0.62	3.46	2.7
G833	中华老年口腔医学杂志	66	0.397	0.045	0.39	15	22.73	0.53	1.00	2.3
G876	中华老年心脑血管病杂志	222	0.322	0.027	0.90	114	51.35	0.77	8.77	3.5
G150	中华老年医学杂志	799	0.524	0.049	0.95	242	30.29	0.92	18.62	5.2
G152	中华流行病学杂志	1875	0.904	0.170	0.93	290	15.47	0.97	8.79	4.2
G153	中华麻醉学杂志	1487	0.918	0.057	0.89	221	14.86	0.46	2.76	4.9
G154	中华泌尿外科杂志	2135	0.938	0.075	0.90	226	10.59	0.38	5.79	5.4
G155	中华内分泌代谢杂志	1249	0.981	0.159	0.79	257	20.58	0.50	9.18	4.4
G156	中华内科杂志	2409	0.903	0.079	0.97	372	15.44	0.96	13.29	6.2
G282	中华男科学杂志	526	0.586	0.115	0.58	127	24.14	0.30	1.59	2.6
G157	中华皮肤科杂志	1370	0.719	0.092	0.72	193	14.09	0.51	4.29	4.9
G254	中华普通外科杂志	1119	0.713	0.044	0.94	213	19.03	0.64	5.46	3.9
G158	中华器官移植杂志	579	0.555	0.022	0.85	177	30.57	0.54	4.54	4.9
G900	中华烧伤杂志	673	1.218	0.177	0.55	116	17.24	0.49	2.97	3.5
G197	中华神经科杂志	1991	1.075	0.068	0.92	259	13.01	0.88	10.36	9.1
G976	中华神经外科疾病研究杂志	341	0.982	0.110	0.52	80	23.46	0.40	3.20	2.2
G160	中华神经外科杂志	1723	1.221	0.081	0.91	220	12.77	0.72	8.80	6.1
G446	中华神经医学杂志	196	0.429	0.077	0.51	64	32.65	0.40	2.56	2.0
G161	中华肾脏病杂志	1003	1.077	0.150	0.90	213	21.24	0.46	7.61	5.3
G162	中华实验和临床病毒学杂志	531	0.543	0.055	0.90	170	32.02	0.48	5.15	5.2
G163	中华实验外科杂志	1660	0.611	0.087	0.64	301	18.13	0.95	7.72	3.3
G848	中华手外科杂志	722	0.678	0.042	0.67	107	14.82	0.46	2.74	5.5
G211	中华糖尿病杂志	895	1.209	0.064	0.94	233	26.03	0.54	8.32	4.4
G164	中华外科杂志	3222	0.963	0.089	0.93	340	10.55	1.00	8.72	6.3
G165	中华微生物学和免疫学杂志	901	0.476	0.058	0.91	264	29.30	0.48	3.30	4.5

表 4-1 2005 年中国科技期刊被引用指标刊名字顺索引（续）

代码	期刊名称	总被引频次	影响因子	即年指标	他引率	引用刊数	扩散因子	学科影响指标	学科扩散指标	被引半衰期
G296	中华围产医学杂志	353	0.716	0.051	0.93	109	30.88	0.84	5.74	3.9
G740	中华卫生杀虫药械	95	0.310	0.039	0.16	12	12.63	0.12	0.36	2.5
G793	中华胃肠外科杂志	392	0.641	0.070	0.88	104	26.53	0.46	2.67	3.1
G166	中华物理医学与康复杂志	801	0.674	0.137	0.56	166	20.72	0.69	12.77	3.1
G167	中华显微外科杂志	1297	0.787	0.011	0.60	152	11.72	0.62	3.90	5.9
G285	中华消化内镜杂志	934	0.782	0.058	0.88	155	16.60	0.46	5.54	4.9
G168	中华消化杂志	1645	0.798	0.059	0.94	266	16.17	0.50	9.50	4.9
G169	中华小儿外科杂志	695	0.374	0.018	0.81	154	22.16	0.84	8.11	5.8
G892	中华心律失常学杂志	269	0.514	0.179	0.74	80	29.74	0.39	2.86	3.4
G170	中华心血管病杂志	2622	1.272	0.185	0.94	268	10.22	0.68	9.57	4.6
G171	中华胸心血管外科杂志	1063	0.745	0.065	0.94	184	17.31	0.38	4.72	5.5
G172	中华血液学杂志	1452	0.676	0.095	0.92	269	18.53	0.64	3.36	5.7
G191	中华眼底病杂志	536	0.675	0.130	0.85	95	17.72	0.69	5.94	4.8
G173	中华眼科杂志	1869	1.031	0.128	0.83	196	10.49	0.75	12.25	5.5
G489	中华医学美学美容杂志	369	0.538	0.015	0.68	83	22.49	0.33	2.13	4.1
G175	中华医学遗传学杂志	768	0.629	0.052	0.88	214	27.86	0.45	2.68	5.1
G176	中华医学杂志	3792	1.091	0.126	0.86	477	12.58	0.93	5.96	4.0
G194	中华医院感染学杂志	3045	1.368	0.063	0.53	202	6.63	0.53	4.49	3.1
G591	中华医院管理杂志	2015	1.556	0.311	0.37	129	6.40	0.29	1.61	2.9
G177	中华预防医学杂志	968	0.891	0.157	0.93	275	28.41	0.94	8.33	5.2
G178	中华整形外科杂志	981	0.701	0.051	0.87	179	18.25	0.59	4.59	6.2
G910	中华中医药杂志	511	0.319	0.027	0.87	117	22.90	1.00	3.44	5.4
G179	中华肿瘤杂志	1948	0.888	0.077	0.91	322	16.53	1.00	21.47	5.6
K001	中南大学学报	495	0.288	0.042	0.87	229	46.26	0.24	2.76	5.4
G039	中南大学学报医学版	575	0.262	0.045	0.94	272	47.30	0.60	6.48	5.3
X022	中南公路工程	263	0.286	0.023	0.24	42	15.97	0.32	1.24	3.6
H053	中南林学院学报	547	0.588	0.134	0.48	105	19.20	0.88	6.56	4.0
G180	中日友好医院学报	144	0.192	0.007	0.97	102	70.83	0.18	1.28	4.7
A036	中山大学学报	758	0.435	0.044	0.89	359	47.36	0.45	4.13	4.9
G181	中山大学学报医学版	481	0.395	0.062	0.80	211	43.87	0.45	5.02	4.5
S020	中文信息学报	325	0.588	0.034	0.66	53	16.31	0.60	2.12	4.6
G842	中西医结合肝病杂志	373	0.366	0.032	0.75	101	27.08	0.79	2.97	4.6
G442	中西医结合学报	125	0.521	0.077	0.68	51	40.80	0.56	1.50	1.8
R045	中小型电机	122	0.159	0.021	0.84	41	33.61	0.35	1.11	4.1
R775	中兴通讯技术	18	0.047	0.012	0.78	14	77.78	0.10	0.24	3.0

表 4-1 2005 年中国科技期刊被引用指标刊名字顺索引（续）

代码	期刊名称	总被引频次	影响因子	即年指标	他引率	引用刊数	扩散因子	学科影响指标	学科扩散指标	被引半衰期
G183	中药材	1192	0.372	0.021	0.87	250	20.97	0.85	7.35	4.8
G564	中药新药与临床药理	444	0.275	0.030	0.92	134	30.18	0.70	4.06	4.7
G859	中医药学刊	480	0.169	0.008	0.80	133	27.71	1.00	3.91	2.4
G010	中医杂志	1020	0.175	0.029	0.94	149	14.61	1.00	4.38	7.8
G184	肿瘤	498	0.390	0.033	0.94	204	40.96	0.93	13.60	4.7
G185	肿瘤防治研究	436	0.280	0.017	0.89	183	41.97	0.93	12.20	4.1
G412	肿瘤学杂志	196	0.195	0.023	0.92	111	56.63	0.60	7.40	3.8
H103	种子	600	0.250	0.030	0.73	108	18.00	0.56	1.40	4.8
J021	重庆大学学报	734	0.268	0.027	0.85	333	45.37	0.41	4.01	3.6
V019	重庆建筑大学学报	317	0.224	0.061	0.69	117	36.91	0.58	3.08	5.0
X029	重庆交通学院学报	212	0.142	0.008	0.85	90	42.45	0.47	2.65	4.9
A512	重庆师范大学学报	162	0.257	0.091	0.43	58	35.80	0.11	0.67	4.2
G186	重庆医科大学学报	306	0.205	0.017	0.82	164	53.59	0.45	3.90	4.0
G225	重庆医学	968	0.436	0.024	0.45	210	21.69	0.48	2.63	2.7
R559	重庆邮电学院学报自然科学版	204	0.438	0.096	0.23	35	17.16	0.19	0.60	2.1
N055	重型机械	135	0.121	0.011	0.81	57	42.22	0.43	0.90	6.0
N022	轴承	151	0.112	0.004	0.56	46	30.46	0.29	0.73	4.1
H026	竹子研究汇刊	232	0.238	0.055	0.80	48	20.69	0.81	3.00	6.6
N075	铸造	967	0.438	0.052	0.79	117	12.10	0.37	1.86	5.0
N081	铸造技术	407	0.278	0.033	0.72	69	16.95	0.21	1.10	3.2
N034	装备环境工程	183	0.203	0.070	0.91	67	36.61	0.32	1.06	3.5
Z022	资源科学	763	0.974	0.088	0.86	196	25.69	0.42	6.32	4.3
S026	自动化学报	1029	0.504	0.059	0.93	263	25.56	0.43	4.53	5.4
N013	自动化仪表	281	0.168	0.014	0.90	113	40.21	0.55	10.27	3.8
A082	自然科学进展	808	0.570	0.137	0.95	351	43.44	0.30	4.03	3.6
A905	自然杂志	299	0.229	0.021	1.00	225	75.25	0.22	2.59	6.8
E137	自然灾害学报	697	0.610	0.060	0.77	169	24.25	0.56	4.69	5.1
Z012	自然资源学报	1496	1.771	0.107	0.92	241	16.11	0.55	7.77	4.2
G229	卒中与神经疾病	290	0.371	0.008	0.69	111	38.28	0.56	4.44	3.9
N088	组合机床与自动化加工技术	318	0.116	0.014	0.83	89	27.99	0.41	1.41	3.6
L018	钻井液与完井液	275	0.280	0.134	0.58	32	11.64	0.34	0.91	5.2
H034	作物学报	2617	1.169	0.110	0.87	203	7.76	0.83	2.64	6.0
H202	作物杂志	285	0.181	0.035	0.97	90	31.58	0.56	1.17	7.0

表 4-2　2005 年中国科技期刊来源指标刊名字顺索引

表 4-2 2005 年中国科技期刊来源指标刊名字顺索引（续）

代码	期刊名称	来源文献量	文献选出率	参考文献量	平均引文数	平均作者数	地区分布数	机构分布数	海外论文比	基金论文比	引用半衰期
C096	ACTA MATHEMATICA SCIENTIA	83	1.00	967	11.65	1.83	18	48	0.16	0.82	>10
B030	ACTA MATHEMATICA SINICA ENGLISH SERIES	163	1.00	2185	13.40	1.81	20	64	0.21	0.82	>10
C105	ACTA MECHANICA SINICA	77	1.00	1352	17.56	3.23	17	32	0.31	0.81	9.5
M100	ACTA METALLURGICA SINICA	114	1.00	1381	12.11	3.96	20	52	0.32	0.57	>10
G001	ACTA PHARMACOLOGICA SINICA	221	1.00	6114	27.67	4.90	21	82	0.25	0.78	5.7
B026	APPROX THEORY AND ITS APPLICATIONS	37	1.00	473	12.78	1.78	12	19	0.43	0.62	>10
I072	CELL RESEARCH	119	1.00	5458	45.87	4.19	12	33	0.62	0.61	5.4
I139	CHEMICAL RESEARCH IN CHINESE UNIVERSITIES	178	1.00	2934	16.48	4.70	22	69	0.06	0.84	8.7
E158	CHINA OCEAN ENGINEERING	61	1.00	847	13.89	3.11	9	18	0.25	0.56	9.6
I202	CHINA PARTICUOLOGY	75	1.00	1237	16.49	2.84	13	20	0.57	0.59	6.7
B023	CHINESE ANNALS OF MATHEMATICS SERIES B	52	1.00	839	16.13	2.00	17	29	0.17	0.81	>10
D031	CHINESE CHEMICAL LETTERS	466	1.00	4242	9.10	4.31	27	123	0.05	0.77	7.3
C072	CHINESE JOURNAL OF ASTRONOMY AND ASTROPHYSICS	73	1.00	1959	26.84	3.45	8	17	0.19	0.75	9.6
T100	CHINESE JOURNAL OF CHEMICAL ENGINEERING	147	1.00	2371	16.13	3.58	13	37	0.08	0.76	8.0
E012	CHINESE JOURNAL OF OCEANOLOGY AND LIMNOLOGY	70	1.00	1522	21.74	3.76	10	26	0.19	0.96	>10
D017	CHINESE JOURNAL OF POLYMER SCIENCE	91	1.00	1934	21.25	4.10	12	27	0.21	0.69	9.2
I201	CHINESE MEDICAL JOURNAL	390	0.99	7058	18.10	5.46	25	158	0.15	0.29	5.5
G126	CHINESE MEDICAL SCIENCES JOURNAL	77	0.99	767	9.96	4.99	16	40	0.05	0.23	5.4
C106	CHINESE PHYSICS	462	1.00	9435	20.42	3.84	25	150	0.07	0.87	6.8
C059	CHINESE PHYSICS LETTERS	898	1.00	15623	17.40	4.43	27	168	0.13	0.89	6.2
B022	CHINESE QUARTERLY JOURNAL OF MATHEMATICS	68	1.00	521	7.66	1.91	17	55	0.03	0.68	>10
C095	COMMUNICATIONS IN THEORETICAL PHYSICS	442	1.00	9730	22.01	2.73	25	124	0.06	0.84	7.9
E626	CT理论与应用研究	53	0.98	386	7.28	3.83	12	38	0.04	0.23	6.0

表 4-2　2005 年中国科技期刊来源指标刊名字顺索引（续）

代码	期刊名称	来源文献量	文献选出率	参考文献量	平均引文数	平均作者数	地区分布数	机构分布数	海外论文比	基金论文比	引用半衰期
S051	JOURNAL OF COMPUTER SCIENCE AND TECHNOLOGY	102	0.98	2361	23.15	3.10	15	38	0.47	0.62	6.6
Z027	JOURNAL OF ENVIRONMENTAL SCIENCES	223	1.00	4530	20.31	4.26	21	71	0.15	0.78	8.0
I063	JOURNAL OF GEOGRAPHICAL SCIENCES	54	0.98	1658	30.70	4.24	14	26	0.17	0.83	6.1
W015	JOURNAL OF HYDRODYNAMICS SERIES B	115	1.00	1526	13.27	3.12	13	40	0.08	0.63	9.5
F029	JOURNAL OF INTEGRATIVE PLANT BIOLOGY	171	1.00	5042	29.49	4.47	20	72	0.20	0.91	8.6
M015	JOURNAL OF MATERIALS SCIENCE & TECHNOLOGY	201	1.00	3715	18.48	3.80	24	62	0.30	0.63	7.5
B024	JOURNAL OF PARTIAL DIFFERENTIAL EQUATIONS	31	1.00	387	12.48	1.87	11	20	0.10	0.55	>10
M035	JOURNAL OF RARE EARTHS	167	1.00	2491	14.92	4.57	22	79	0.08	0.94	6.7
I090	JOURNAL OF WUHAN UNIVERSITY OF TECHNOLOGY MATERIALS SCIENCE EDITION	144	1.00	1498	10.40	3.75	23	58	0.04	0.66	6.8
B010	NORTHEASTERN MATHEMATICAL JOURNAL	60	1.00	496	8.27	2.00	17	37	0.03	0.67	>10
H046	PEDOSPHERE	100	0.99	2816	28.16	3.97	17	35	0.42	0.94	7.6
M104	TRANSACTIONS OF NONFERROUS METALS SOCIETY OF CHINA	260	1.00	4444	17.09	4.21	24	79	0.10	0.78	6.2
G275	WORLD JOURNAL OF GASTROENTEROLOGY	1497	1.00	42250	28.22	6.28	28	250	0.55	0.52	6.2
G549	癌变·畸变·突变	114	1.00	1269	11.13	4.31	22	75	0.04	0.62	6.6
G011	癌症	321	1.00	4406	13.73	6.00	22	131	0.02	0.54	5.2
A003	安徽大学学报	132	0.99	1045	7.92	2.84	14	44	0.00	0.58	7.3
M031	安徽工业大学学报	109	0.96	768	7.05	2.18	10	19	0.01	0.37	6.5
K027	安徽理工大学学报	83	1.00	549	6.61	2.65	10	25	0.00	0.49	5.7
H002	安徽农业大学学报	124	0.99	1394	11.24	4.28	18	41	0.01	0.77	8.0
H059	安徽农业科学	1286	0.94	8162	6.35	2.84	30	488	0.00	0.25	6.1
A009	安徽师范大学学报	103	0.80	1072	10.41	2.51	11	35	0.01	0.83	7.9
G012	安徽医科大学学报	212	1.00	1568	7.40	4.87	7	26	0.00	0.41	6.0
G013	安徽中医学院学报	166	1.00	1147	6.91	2.72	17	90	0.00	0.25	5.8

表4-2 2005年中国科技期刊来源指标刊名字顺索引（续）

代码	期刊名称	来源文献量	文献选出率	参考文献量	平均引文数	平均作者数	地区分布数	机构分布数	海外论文比	基金论文比	引用半衰期
Z549	安全与环境学报	209	1.00	2388	11.43	3.76	23	113	0.00	0.49	4.9
F044	氨基酸和生物资源	94	1.00	1037	11.03	3.27	21	55	0.00	0.46	7.0
G550	白血病·淋巴瘤	147	0.87	1758	11.96	3.98	23	96	0.01	0.16	5.4
R024	半导体光电	155	0.75	1295	8.35	3.86	20	63	0.01	0.54	6.0
R063	半导体技术	217	0.96	1318	6.07	3.06	22	85	0.02	0.39	5.7
R062	半导体学报	461	0.87	5007	10.86	4.92	24	81	0.04	0.72	6.3
G741	蚌埠医学院学报	295	0.98	2068	7.01	2.76	8	90	0.00	0.14	5.7
N017	爆破	139	0.99	937	6.74	2.83	22	80	0.00	0.05	6.8
N012	爆破器材	69	0.86	336	4.87	3.04	22	46	0.00	0.06	8.5
N006	爆炸与冲击	99	1.00	909	9.18	3.63	16	47	0.02	0.60	9.2
G002	北京大学学报医学版	155	0.82	2175	14.03	5.08	10	28	0.09	0.50	5.4
A005	北京大学学报自然科学版	118	0.92	1903	16.13	2.69	8	19	0.03	0.86	7.8
U019	北京服装学院学报	46	1.00	321	6.98	2.50	5	6	0.00	0.15	5.4
J030	北京工业大学学报	140	1.00	1233	8.81	3.21	9	15	0.01	0.64	6.4
Y001	北京航空航天大学学报	293	0.99	2225	7.59	3.07	7	14	0.00	0.58	6.6
T020	北京化工大学学报	142	1.00	1127	7.94	3.46	7	12	0.02	0.49	5.9
X014	北京交通大学学报	161	1.00	1135	7.05	2.84	5	7	0.02	0.57	6.2
M030	北京科技大学学报	183	1.00	1566	8.56	4.05	7	17	0.01	0.81	7.1
G500	北京口腔医学	107	0.92	957	8.94	3.29	14	38	0.03	0.14	6.9
N001	北京理工大学学报	262	1.00	2188	8.35	3.12	8	12	0.00	0.70	6.4
H025	北京林业大学学报	130	0.99	2099	16.15	4.00	16	35	0.03	0.97	8.5
H263	北京农学院学报	73	0.95	820	11.23	3.78	7	17	0.00	0.68	6.8
G004	北京生物医学工程	123	0.98	1124	9.14	3.49	18	56	0.05	0.54	6.2
A010	北京师范大学学报自然科学版	156	0.90	1486	9.53	2.97	9	17	0.02	0.88	6.9
G016	北京医学	316	0.84	2220	7.03	3.48	13	110	0.01	0.06	5.8
R018	北京邮电大学学报	167	0.85	1224	7.33	3.16	12	25	0.04	0.81	4.4
G017	北京中医药大学学报	171	0.99	1145	6.70	3.05	16	47	0.01	0.58	6.3
A570	编辑学报	140	0.63	889	6.35	2.08	22	109	0.00	0.16	3.7
N101	变压器	171	0.97	322	1.88	2.09	23	118	0.00	0.02	7.5
G410	标记免疫分析与临床	97	0.98	682	7.03	3.90	24	80	0.00	0.06	5.8
T098	表面技术	174	0.99	1599	9.19	3.21	24	116	0.00	0.25	5.3
E135	冰川冻土	136	1.00	2504	18.41	3.98	15	43	0.07	0.97	6.1
N008	兵工学报	192	0.99	1220	6.35	3.23	18	59	0.01	0.40	7.9
N085	兵器材料科学与工程	116	1.00	1411	12.16	3.54	21	57	0.01	0.46	6.2
G018	病毒学报	91	0.97	1412	15.52	6.26	19	45	0.09	0.81	5.4

表 4-2　2005 年中国科技期刊来源指标刊名字顺索引（续）

代码	期刊名称	来源文献量	文献选出率	参考文献量	平均引文数	平均作者数	地区分布数	机构分布数	海外论文比	基金论文比	引用半衰期
C060	波谱学杂志	54	1.00	775	14.35	4.43	17	30	0.04	0.70	7.3
V040	玻璃钢/复合材料	96	1.00	717	7.47	3.07	16	47	0.00	0.29	6.1
T051	玻璃与搪瓷	75	0.90	415	5.53	2.76	19	44	0.00	0.19	7.2
M005	材料保护	265	0.95	2478	9.35	3.42	24	148	0.00	0.26	6.4
M103	材料导报	444	0.61	11292	25.43	3.78	25	117	0.00	0.81	5.4
Y007	材料工程	184	1.00	1779	9.67	4.08	20	65	0.01	0.52	6.4
M010	材料开发与应用	74	0.97	522	7.05	3.11	16	44	0.01	0.19	7.3
M008	材料科学与工程学报	238	1.00	3287	13.81	3.82	23	86	0.02	0.71	6.8
M006	材料科学与工艺	181	1.00	1829	10.10	3.83	21	77	0.03	0.61	6.6
N026	材料热处理学报	169	1.00	1912	11.31	4.09	23	68	0.04	0.85	6.2
M009	材料研究学报	107	1.00	1681	15.71	3.87	18	43	0.03	0.89	7.2
H009	蚕业科学	111	0.98	1198	10.79	4.64	12	26	0.01	0.70	7.3
H525	草地学报	81	0.84	911	11.25	3.69	17	33	0.02	0.86	7.2
H234	草业科学	316	0.98	3695	11.69	3.32	29	172	0.01	0.54	7.3
H527	草业学报	124	1.00	2668	21.52	3.93	21	48	0.04	0.85	7.8
H538	草原与草坪	106	0.95	1321	12.46	3.58	18	46	0.01	0.72	6.8
E543	测绘工程	88	0.99	575	6.53	2.73	16	46	0.00	0.19	4.8
E600	测绘科学	225	1.00	1793	7.97	3.16	23	81	0.00	0.64	4.7
E510	测绘通报	239	1.00	1146	4.79	2.48	26	125	0.00	0.19	4.8
E152	测绘学报	70	1.00	632	9.03	2.90	15	32	0.14	0.67	7.5
L017	测井技术	165	1.00	927	5.62	3.43	18	67	0.00	0.16	7.5
Y022	测控技术	278	0.99	1472	5.29	2.82	23	109	0.01	0.26	5.3
R711	测试技术学报	98	0.99	680	6.94	2.96	19	48	0.01	0.44	5.7
H001	茶叶科学	52	1.00	691	13.29	4.44	13	21	0.02	0.81	6.7
X036	长安大学学报自然科学版	161	1.00	1170	7.27	2.76	11	23	0.01	0.47	5.1
N056	长春理工大学学报	159	1.00	917	5.77	2.96	12	33	0.02	0.56	6.5
W010	长江科学院院报	122	1.00	722	5.92	3.10	14	45	0.01	0.56	6.5
Z029	长江流域资源与环境	152	1.00	1856	12.21	3.59	15	61	0.04	0.95	5.9
X002	长沙交通学院学报	73	1.00	410	5.62	2.75	11	21	0.00	0.41	6.0
G264	肠外与肠内营养	110	0.90	1156	10.51	4.18	17	56	0.00	0.29	5.9
N024	车用发动机	110	0.97	750	6.82	3.46	18	53	0.00	0.35	5.9
E113	沉积学报	103	1.00	2021	19.62	4.68	16	42	0.06	0.84	8.5
E547	沉积与特提斯地质	43	0.61	389	9.05	4.40	13	16	0.00	0.42	6.9
E102	成都理工大学学报	120	1.00	1224	10.20	2.86	14	32	0.00	0.57	8.0
E011	成都信息工程学院学报	177	1.00	890	5.03	2.28	19	50	0.00	0.16	4.8

表 4-2 2005 年中国科技期刊来源指标刊名字顺索引（续）

代码	期刊名称	来源文献量	文献选出率	参考文献量	平均引文数	平均作者数	地区分布数	机构分布数	海外论文比	基金论文比	引用半衰期
G019	成都中医药大学学报	95	0.99	574	6.04	3.51	14	48	0.02	0.59	6.7
V050	城市规划	200	0.96	2027	10.14	2.00	19	69	0.10	0.22	5.5
V028	城市规划汇刊	118	0.95	1690	14.32	1.82	13	39	0.13	0.29	5.8
X043	城市轨道交通研究	116	0.77	465	4.01	1.89	15	68	0.00	0.07	3.8
Z024	城市环境与城市生态	92	0.96	565	6.14	3.32	18	58	0.00	0.65	5.0
N060	传感技术学报	239	1.00	1583	6.62	3.28	20	78	0.02	0.44	6.3
X010	船舶工程	101	0.73	485	4.80	2.81	12	38	0.01	0.18	7.1
G322	创伤外科杂志	193	0.78	1471	7.62	3.94	24	116	0.01	0.16	5.9
R048	磁性材料及器件	77	0.95	801	10.40	3.39	18	52	0.01	0.19	5.8
D013	催化学报	232	1.00	3806	16.41	4.90	22	63	0.01	0.78	6.4
E144	大地测量与地球动力学	104	1.00	1113	10.70	3.54	13	31	0.06	0.88	6.0
E146	大地构造与成矿学	69	0.96	2493	36.13	3.58	14	26	0.07	0.81	8.4
R051	大电机技术	104	1.00	357	3.43	2.54	20	55	0.00	0.07	8.2
H038	大豆科学	67	1.00	773	11.54	3.97	16	43	0.09	0.94	8.3
X024	大连海事大学学报	114	0.95	705	6.18	2.91	10	18	0.00	0.33	6.1
J024	大连理工大学学报	183	1.00	1528	8.35	3.32	3	7	0.01	0.68	7.0
H005	大连水产学院学报	70	1.00	918	13.11	3.67	16	24	0.01	0.79	8.7
X001	大连铁道学院学报	91	0.97	512	5.63	2.52	6	14	0.03	0.26	6.5
G020	大连医科大学学报	177	0.88	1057	5.97	3.17	11	68	0.02	0.03	5.8
E109	大气科学	101	1.00	1925	19.06	3.47	13	36	0.10	0.96	9.6
L512	大庆石油地质与开发	221	0.81	1375	6.22	3.38	18	61	0.00	0.11	6.1
L004	大庆石油学院学报	230	0.97	1238	5.38	3.40	11	48	0.00	0.40	5.2
N004	弹道学报	75	0.97	437	5.83	2.96	15	26	0.00	0.31	7.4
T500	弹性体	99	0.85	1043	10.54	3.80	18	53	0.00	0.64	7.3
H040	淡水渔业	122	0.70	831	6.81	3.61	22	88	0.00	0.45	8.4
N019	低温工程	83	1.00	643	7.75	3.69	13	29	0.02	0.57	7.6
V020	低温建筑技术	373	1.00	1222	3.28	2.44	23	158	0.00	0.08	5.3
C055	低温物理学报	66	0.32	718	10.88	5.30	16	34	0.02	0.59	8.1
C031	低温与超导	71	1.00	472	6.65	3.13	12	27	0.01	0.24	8.2
R053	低压电器	181	1.00	880	4.86	2.69	21	80	0.00	0.22	5.1
E133	地层学杂志	57	0.95	1766	30.98	3.40	15	30	0.05	0.96	>10
E130	地理科学	121	1.00	2422	20.02	3.15	21	53	0.03	0.93	6.3
E584	地理科学进展	83	1.00	2690	32.41	3.18	16	33	0.05	0.99	6.0
E305	地理学报	113	0.97	2446	21.65	3.62	18	46	0.06	0.88	6.5
E310	地理研究	110	0.99	2707	24.61	3.56	17	39	0.03	0.96	6.8

表 4-2　2005 年中国科技期刊来源指标刊名字顺索引（续）

代码	期刊名称	来源文献量	文献选出率	参考文献量	平均引文数	平均作者数	地区分布数	机构分布数	海外论文比	基金论文比	引用半衰期
E527	地理与地理信息科学	158	0.99	2702	17.10	3.13	18	64	0.03	0.77	5.8
E024	地球化学	74	0.99	2070	27.97	4.86	17	33	0.14	0.93	8.1
E142	地球科学	102	1.00	3194	31.31	4.33	15	29	0.11	0.75	7.2
E115	地球科学进展	185	1.00	5484	29.64	3.32	19	70	0.04	0.78	7.3
E004	地球科学与环境学报	81	1.00	971	11.99	3.65	11	23	0.02	0.59	7.2
E153	地球物理学报	196	0.99	3940	20.10	3.79	17	59	0.09	0.97	8.6
E308	地球物理学进展	205	1.00	4015	19.59	2.98	20	80	0.02	0.62	8.1
E656	地球信息科学	101	1.00	970	9.60	3.06	15	48	0.03	0.63	5.6
E300	地球学报	93	0.48	2351	25.28	4.12	16	36	0.02	0.98	8.8
E549	地球与环境	77	0.37	1087	14.12	3.75	16	39	0.04	0.66	7.2
V031	地下空间	224	0.81	1621	7.24	2.88	20	67	0.00	0.37	6.1
E357	地学前缘	143	0.70	5716	39.97	4.05	14	37	0.11	0.94	7.7
E306	地震	69	1.00	698	10.12	3.55	17	33	0.01	0.77	8.7
E119	地震地磁观测与研究	112	1.00	579	5.17	3.44	23	60	0.00	0.39	6.4
E150	地震地质	70	1.00	1585	22.64	3.90	10	22	0.03	0.90	8.5
E118	地震工程与工程振动	188	1.00	1877	9.98	2.87	20	52	0.01	0.84	7.6
E143	地震学报	81	0.99	1300	16.05	3.70	14	31	0.04	0.94	>10
E112	地震研究	80	1.00	596	7.45	3.64	15	32	0.00	0.88	7.3
E362	地质科技情报	86	0.62	1441	16.76	3.69	15	29	0.01	0.84	7.1
E139	地质科学	58	0.98	1450	25.00	4.47	19	34	0.02	0.86	8.3
E026	地质力学学报	49	0.98	624	12.73	3.78	10	17	0.00	0.69	9.2
E009	地质论评	98	1.00	4463	45.54	4.16	19	44	0.03	0.84	7.7
E127	地质通报	198	1.00	3546	17.91	4.77	22	57	0.03	0.92	7.4
E010	地质学报	86	0.67	4526	52.63	5.14	17	35	0.10	0.95	7.7
E151	地质与勘探	123	1.00	1210	9.84	3.34	23	56	0.01	0.59	7.7
E525	地质与资源	70	1.00	702	10.03	3.39	13	28	0.00	0.33	8.6
E132	地质找矿论丛	56	0.52	626	11.18	3.18	19	32	0.00	0.46	8.6
G005	第二军医大学学报	485	0.91	4469	9.21	5.17	20	96	0.02	0.53	5.1
G021	第三军医大学学报	791	0.80	7206	9.11	4.67	23	119	0.02	0.46	4.6
E301	第四纪研究	101	1.00	2360	23.37	3.94	15	43	0.08	0.90	8.1
G022	第四军医大学学报	716	0.64	5666	7.91	4.92	28	188	0.01	0.41	4.3
G023	第一军医大学学报	480	0.96	4976	10.37	4.76	18	159	0.01	0.53	5.4
R007	电波科学学报	175	1.00	1640	9.37	3.11	15	51	0.02	0.62	7.0
R003	电池	193	0.97	1413	7.32	3.43	21	82	0.00	0.37	4.2
Z015	电镀与环保	79	0.75	560	7.09	2.96	18	51	0.00	0.42	6.6

表 4-2 2005 年中国科技期刊来源指标刊名字顺索引（续）

代码	期刊名称	来源文献量	文献选出率	参考文献量	平均引文数	平均作者数	地区分布数	机构分布数	海外论文比	基金论文比	引用半衰期
T508	电镀与精饰	84	0.88	637	7.58	2.64	23	63	0.00	0.13	6.2
T598	电镀与涂饰	184	0.88	1650	8.97	3.03	24	113	0.01	0.20	5.9
R010	电工电能新技术	74	1.00	649	8.77	3.23	15	29	0.01	0.50	5.1
R043	电工技术学报	240	1.00	2478	10.33	3.19	22	72	0.02	0.48	5.9
R740	电光与控制	142	0.99	967	6.81	3.04	12	41	0.00	0.23	6.1
N067	电焊机	248	0.98	1109	4.47	2.97	22	105	0.01	0.23	5.8
D036	电化学	85	1.00	1041	12.25	3.81	19	41	0.06	0.98	6.3
R088	电机与控制学报	151	1.00	1244	8.24	2.93	21	68	0.01	0.49	7.0
N027	电加工与模具	114	0.88	560	4.91	2.83	22	58	0.01	0.34	5.0
R011	电力电子技术	283	1.00	1156	4.08	2.89	22	88	0.02	0.25	5.5
R071	电力系统及其自动化学报	129	1.00	1104	8.56	3.05	19	41	0.01	0.13	5.2
S019	电力系统自动化	496	0.97	4681	9.44	3.67	22	108	0.07	0.43	4.8
R090	电力自动化设备	316	0.99	2535	8.02	2.92	24	129	0.01	0.17	4.9
R516	电路与系统学报	194	1.00	1947	10.04	3.10	19	61	0.01	0.64	6.5
R044	电气传动	209	1.00	1090	5.22	2.84	24	99	0.00	0.22	5.8
R029	电气应用	407	0.98	1437	3.53	2.35	28	233	0.00	0.09	5.0
R058	电气自动化	166	1.00	840	5.06	2.54	19	92	0.00	0.22	6.2
R712	电声技术	227	0.88	1166	5.14	2.16	24	119	0.02	0.18	6.3
R537	电视技术	322	0.84	1622	5.04	2.58	20	117	0.00	0.22	3.5
R039	电网技术	409	1.00	5491	13.43	3.39	23	99	0.04	0.37	4.4
R019	电源技术	216	0.98	2422	11.21	3.68	19	75	0.02	0.45	5.2
R055	电子测量技术	302	1.00	705	2.33	2.59	20	82	0.00	0.01	5.4
R021	电子测量与仪器学报	129	0.94	766	5.94	2.52	16	55	0.02	0.48	6.9
R067	电子技术应用	325	1.00	1583	4.87	2.78	23	123	0.00	0.00	4.9
R036	电子科技大学学报	228	0.99	1290	5.66	2.76	13	51	0.00	0.47	6.5
R001	电子显微学报	89	0.31	1033	11.61	4.60	20	67	0.06	0.67	6.9
R006	电子学报	527	1.00	5745	10.90	3.24	22	117	0.02	0.75	6.5
R022	电子与信息学报	463	1.00	4193	9.06	3.03	22	83	0.01	0.59	7.0
R020	电子元件与材料	241	1.00	2031	8.43	3.75	24	101	0.02	0.62	5.7
J023	东北大学学报	319	1.00	3267	10.24	3.39	2	2	0.02	1.00	6.8
H262	东北林业大学学报	271	0.99	2324	8.58	3.32	23	99	0.02	0.56	7.6
H006	东北农业大学学报	185	1.00	1930	10.43	3.59	9	31	0.00	0.62	7.8
A030	东北师大学报	110	0.89	1082	9.84	3.21	14	36	0.00	1.00	6.4
E149	东海海洋	35	0.97	469	13.40	3.51	5	20	0.00	0.57	8.2
U014	东华大学学报	193	1.00	1410	7.31	2.82	14	42	0.01	0.22	6.7

表 4-2　2005 年中国科技期刊来源指标刊名字顺索引（续）

代码	期刊名称	来源文献量	文献选出率	参考文献量	平均引文数	平均作者数	地区分布数	机构分布数	海外论文比	基金论文比	引用半衰期
E002	东华理工学院学报	85	1.00	752	8.85	3.25	12	25	0.00	0.69	7.3
J028	东南大学学报	212	1.00	2289	10.80	3.36	8	21	0.03	0.81	5.4
G057	东南大学学报医学版	123	0.96	1360	11.06	3.98	7	39	0.01	0.39	5.0
P003	动力工程	189	1.00	1407	7.44	3.92	19	53	0.01	0.46	6.6
F014	动物分类学报	168	1.00	2179	12.97	2.49	27	67	0.03	0.76	>10
F017	动物学报	155	1.00	4999	32.25	3.68	23	66	0.27	0.76	10.0
F022	动物学研究	108	1.00	2529	23.42	3.97	22	58	0.06	0.75	8.4
F043	动物学杂志	143	0.97	2149	15.03	3.84	25	77	0.04	0.84	10.0
X034	都市快轨交通	147	0.91	621	4.22	1.71	16	60	0.01	0.03	3.1
G542	毒理学杂志	101	0.23	1027	10.17	4.28	22	62	0.02	0.62	5.9
N070	锻压技术	170	0.73	1003	5.90	3.17	23	89	0.01	0.35	6.2
N082	锻压装备与制造技术	198	0.98	1023	5.17	3.03	22	85	0.00	0.18	5.6
C071	发光学报	156	1.00	2015	12.92	4.88	22	51	0.04	0.97	5.5
U013	纺织高校基础科学学报	101	1.00	612	6.06	2.46	15	33	0.01	0.50	8.6
U015	纺织科学研究	40	0.95	252	6.30	2.70	10	16	0.00	0.10	5.6
U053	纺织学报	306	0.99	1722	5.63	2.64	20	59	0.03	0.28	6.7
G893	放射免疫学杂志	214	0.62	1603	7.49	3.41	22	121	0.00	0.04	7.2
G608	放射学实践	311	0.72	2920	9.39	4.26	24	184	0.01	0.07	5.8
Y006	飞行力学	95	0.97	570	6.00	2.67	11	20	0.00	0.22	6.2
Y030	飞行器测控学报	108	0.95	532	4.93	2.75	11	45	0.00	0.07	6.1
K002	非金属矿	121	0.97	829	6.85	3.05	23	79	0.01	0.42	6.1
D022	分析测试学报	214	1.00	2660	12.43	4.20	27	137	0.02	0.69	6.9
D005	分析化学	458	1.00	6031	13.17	4.24	29	178	0.02	0.80	6.8
D026	分析科学学报	220	0.97	2399	10.90	3.84	26	118	0.00	0.54	7.5
D004	分析试验室	294	1.00	4254	14.47	3.61	29	162	0.01	0.48	3.5
D062	分析仪器	60	0.68	579	9.65	2.95	20	50	0.00	0.17	>10
D015	分子催化	99	1.00	1663	16.80	3.98	22	49	0.00	0.58	8.0
D035	分子科学学报	72	1.00	1142	15.86	3.76	15	37	0.00	0.97	8.5
V052	粉煤灰综合利用	141	1.00	126	0.89	2.55	23	95	0.00	0.11	6.3
M105	粉末冶金工业	58	0.63	629	10.84	2.90	17	35	0.02	0.26	7.4
M039	粉末冶金技术	83	0.92	1036	12.48	3.80	19	37	0.07	0.57	7.0
N032	风机技术	134	1.00	382	2.85	2.30	22	91	0.01	0.03	7.9
H051	福建林学院学报	82	1.00	1032	12.59	3.02	13	41	0.01	0.95	7.0
H268	福建农林大学学报	123	1.00	1594	12.96	3.92	5	21	0.00	0.88	7.5
H265	福建农业学报	69	0.59	792	11.48	3.94	3	33	0.00	0.74	7.3

表 4-2　2005 年中国科技期刊来源指标刊名字顺索引（续）

代码	期刊名称	来源文献量	文献选出率	参考文献量	平均引文数	平均作者数	地区分布数	机构分布数	海外论文比	基金论文比	引用半衰期
A078	福建师范大学学报	100	0.93	889	8.89	2.89	5	12	0.02	0.85	6.8
G024	福建医科大学学报	145	0.65	1374	9.48	4.05	4	31	0.02	0.56	5.3
A029	福州大学学报	181	0.73	995	5.50	2.66	6	24	0.01	0.70	6.5
Q006	辐射防护	51	0.93	555	10.88	3.90	10	23	0.02	0.27	9.8
Q005	辐射研究与辐射工艺学报	119	1.00	957	8.04	4.73	19	45	0.08	0.63	7.4
M003	腐蚀科学与防护技术	128	0.89	1132	8.84	3.73	22	71	0.00	0.28	8.4
M505	腐蚀与防护	180	0.97	921	5.12	2.85	26	121	0.00	0.13	6.9
A001	复旦学报	280	0.99	1852	6.61	2.95	10	18	0.38	0.38	6.1
G068	复旦学报医学科学版	198	0.92	2382	12.03	4.83	10	45	0.01	0.44	5.8
Y019	复合材料学报	184	0.99	2436	13.24	3.72	18	55	0.04	0.86	6.4
G957	腹部外科	157	0.72	855	5.45	3.47	23	106	0.01	0.02	4.7
H045	干旱地区农业研究	280	1.00	3420	12.21	3.69	20	105	0.00	0.93	7.2
E020	干旱区地理	161	1.00	2757	17.12	3.61	20	58	0.03	0.96	5.2
E105	干旱区研究	113	1.00	1699	15.04	3.45	15	48	0.03	0.92	6.1
A034	甘肃科学学报	133	0.98	1002	7.53	2.63	14	52	0.00	0.50	6.8
H047	甘肃农业大学学报	171	0.98	2364	13.82	3.62	9	29	0.01	0.71	7.4
G879	肝胆外科杂志	190	0.92	1485	7.82	3.64	24	116	0.01	0.07	5.3
G690	肝胆胰外科杂志	136	0.84	1226	9.01	4.13	23	98	0.00	0.10	5.4
G803	肝脏	128	0.68	871	6.80	3.60	25	80	0.00	0.12	4.1
D014	感光科学与光化学	76	1.00	825	10.86	3.91	17	36	0.03	0.53	6.6
M050	钢铁	258	0.99	1130	4.38	3.75	24	80	0.11	0.28	6.4
M013	钢铁钒钛	54	0.86	386	7.15	3.83	13	21	0.00	0.39	6.3
M027	钢铁研究	86	0.80	360	4.19	2.81	17	33	0.00	0.12	6.3
M019	钢铁研究学报	102	0.94	981	9.62	4.20	14	34	0.00	0.48	7.7
X028	港工技术	82	0.92	203	2.48	2.02	15	45	0.00	0.23	6.8
D020	高等学校化学学报	595	0.98	7975	13.40	4.89	29	131	0.04	0.96	7.5
B002	高等学校计算数学学报	44	1.00	406	9.23	2.07	17	32	0.00	0.80	>10
R038	高电压技术	403	1.00	3533	8.77	3.43	24	161	0.00	0.19	5.8
T001	高分子材料科学与工程	446	1.00	5149	11.54	3.82	26	114	0.02	0.69	8.0
T002	高分子通报	105	1.00	4242	40.40	3.26	20	46	0.01	0.66	7.5
D021	高分子学报	188	1.00	2705	14.39	4.21	21	68	0.03	0.78	8.3
A080	高技术通讯	265	1.00	3036	11.46	4.20	22	95	0.03	1.00	6.4
C058	高能物理与核物理	244	1.00	3423	14.03	5.59	21	52	0.09	0.78	>10
E358	高校地质学报	68	1.00	3169	46.60	4.29	11	20	0.13	0.81	8.2
T016	高校化学工程学报	161	0.99	1762	10.94	3.96	15	34	0.04	0.65	6.9

表 4-2　2005 年中国科技期刊来源指标刊名字顺索引（续）

代码	期刊名称	来源文献量	文献选出率	参考文献量	平均引文数	平均作者数	地区分布数	机构分布数	海外论文比	基金论文比	引用半衰期
B003	高校应用数学学报	59	1.00	551	9.34	1.75	21	44	0.00	0.73	9.6
G235	高血压杂志	162	0.72	1740	10.74	4.35	25	107	0.01	0.24	5.1
R037	高压电器	166	0.99	844	5.08	2.96	18	92	0.00	0.13	6.4
C056	高压物理学报	68	1.00	836	12.29	4.41	15	32	0.00	0.68	>10
E005	高原气象	145	1.00	2548	17.57	3.81	20	46	0.02	0.94	6.3
V021	给水排水	389	0.99	1613	4.15	2.93	26	227	0.01	0.22	5.4
N105	工程爆破	93	1.00	465	5.00	2.89	21	65	0.00	0.04	6.2
E360	工程地质学报	104	1.00	952	9.15	3.36	17	46	0.02	0.56	5.9
N049	工程机械	303	0.96	648	2.14	2.34	27	154	0.00	0.09	6.6
V030	工程勘察	121	1.00	670	5.54	2.74	22	89	0.02	0.34	7.1
V033	工程抗震与加固改造	112	0.97	802	7.16	2.63	20	60	0.00	0.38	6.2
C002	工程力学	251	1.00	2969	11.83	2.84	24	77	0.02	0.73	8.9
C073	工程热物理学报	317	0.81	2012	6.35	3.52	19	51	0.05	0.86	7.7
N590	工程设计学报	90	0.96	565	6.28	2.82	18	46	0.09	0.56	5.1
B031	工程数学学报	195	1.00	1557	7.98	2.13	26	121	0.03	0.76	9.9
T003	工程塑料应用	241	0.90	1945	8.07	3.22	22	129	0.00	0.21	4.8
N061	工程图学学报	189	1.00	1233	6.52	2.62	24	81	0.01	0.39	6.2
N064	工具技术	354	0.86	1738	4.91	2.46	27	169	0.02	0.25	6.6
K018	工矿自动化	183	0.70	476	2.60	2.31	21	93	0.00	0.13	5.0
T563	工业催化	166	0.52	2315	13.95	3.67	21	88	0.00	0.40	7.3
J057	工业工程	150	0.99	1054	7.03	2.54	14	41	0.01	0.51	5.2
N110	工业工程与管理	162	1.00	1109	6.85	2.48	17	50	0.02	0.48	5.7
P008	工业锅炉	106	0.99	231	2.18	2.42	25	91	0.01	0.02	7.0
P009	工业加热	135	0.99	727	5.39	3.10	23	78	0.01	0.15	6.0
V010	工业建筑	349	0.53	2217	6.35	2.75	24	130	0.02	0.40	6.1
P005	工业炉	95	1.00	226	2.38	2.39	22	71	0.01	0.03	6.6
Z013	工业水处理	291	0.98	2422	8.32	3.20	24	172	0.00	0.25	5.7
F030	工业微生物	46	1.00	691	15.02	3.76	16	32	0.02	0.50	8.7
G025	工业卫生与职业病	152	0.92	989	6.51	4.02	26	92	0.00	0.28	7.1
N037	工业仪表与自动化装置	79	0.59	494	6.25	2.71	20	51	0.01	0.47	4.8
Z032	工业用水与废水	167	0.98	717	4.29	2.78	22	116	0.00	0.31	5.9
X026	公路交通科技	478	0.99	2808	5.87	3.02	23	137	0.00	0.37	6.5
N039	功能材料	578	0.96	7835	13.56	4.30	28	157	0.02	0.85	6.8
M502	功能材料与器件学报	110	1.00	1151	10.46	4.55	20	53	0.02	0.71	5.8
D503	功能高分子学报	135	1.00	1820	13.48	4.14	21	52	0.01	0.66	6.6

表 4-2　2005 年中国科技期刊来源指标刊名字顺索引（续）

代码	期刊名称	来源文献量	文献选出率	参考文献量	平均引文数	平均作者数	地区分布数	机构分布数	海外论文比	基金论文比	引用半衰期
E601	古地理学报	52	1.00	2129	40.94	4.25	13	27	0.02	0.77	7.7
E304	古脊椎动物学报	30	1.00	638	21.27	2.23	4	4	0.23	0.90	>10
E022	古生物学报	55	1.00	1680	30.55	2.85	11	24	0.11	0.75	>10
R047	固体电子学研究与进展	116	0.99	1010	8.71	3.85	18	45	0.01	0.57	7.3
Y013	固体火箭技术	79	1.00	605	7.66	3.48	12	21	0.00	0.29	8.7
C103	固体力学学报	83	1.00	1011	12.18	2.86	18	43	0.08	0.73	9.1
W007	管理工程学报	127	0.65	1505	11.85	2.27	16	42	0.00	0.68	8.7
W008	管理科学学报	74	0.99	1381	18.66	2.39	15	40	0.09	0.88	7.7
H226	灌溉排水学报	122	1.00	737	6.04	3.43	21	57	0.00	0.79	6.7
R026	光电工程	297	1.00	1902	6.40	3.48	21	86	0.01	0.61	6.0
R061	光电子·激光	353	1.00	3536	10.02	4.43	24	91	0.02	0.78	5.3
R082	光电子技术	58	0.97	560	9.66	3.34	14	33	0.00	0.40	4.9
C091	光谱学与光谱分析	548	0.99	5849	10.67	4.36	30	183	0.02	0.92	7.8
R031	光通信技术	244	1.00	1133	4.64	3.02	19	85	0.00	0.44	4.9
R017	光纤与电缆及其应用技术	69	0.99	364	5.28	2.38	21	48	0.00	0.16	4.5
N015	光学技术	283	1.00	2132	7.53	3.65	21	86	0.01	0.45	7.6
N033	光学精密工程	112	0.69	1383	12.35	3.99	16	43	0.11	0.71	6.2
C050	光学学报	348	1.00	4171	11.99	4.30	22	111	0.03	0.75	5.9
N031	光学仪器	129	0.97	795	6.16	3.16	14	34	0.00	0.36	6.1
C037	光子学报	473	1.00	4748	10.04	4.13	23	114	0.01	0.73	6.0
J029	广东工业大学学报	105	1.00	669	6.37	2.47	7	17	0.00	0.43	6.5
H228	广东农业科学	245	1.00	1125	4.59	4.13	6	150	0.00	0.47	6.6
G027	广东药学院学报	278	0.76	1724	6.20	3.08	11	134	0.00	0.23	5.6
G026	广东医学	938	0.94	5216	5.56	3.67	23	292	0.01	0.23	5.4
A042	广西大学学报	75	0.57	565	7.53	3.12	10	28	0.00	0.51	6.6
A535	广西科学	95	0.97	1049	11.04	3.12	12	43	0.03	0.69	7.1
H245	广西农业生物科学	74	1.00	1029	13.91	5.01	9	17	0.01	0.84	7.9
A062	广西师范大学学报	105	0.95	963	9.17	3.05	19	51	0.01	0.88	5.6
G028	广西医科大学学报	564	0.98	3521	6.24	3.65	7	157	0.00	0.23	6.2
F028	广西植物	124	0.99	2055	16.57	3.46	24	67	0.00	0.79	9.2
G029	广州医学院学报	127	1.00	1054	8.30	4.02	7	51	0.00	0.29	4.9
G030	广州中医药大学学报	145	0.97	1255	8.66	3.61	9	55	0.00	0.39	6.5
T004	硅酸盐通报	177	0.94	1969	11.12	3.45	23	84	0.01	0.46	6.3
T005	硅酸盐学报	303	1.00	3814	12.59	4.07	24	97	0.04	0.76	6.1
M048	贵金属	58	1.00	894	15.41	3.93	13	27	0.00	0.47	7.3

表 4-2　2005 年中国科技期刊来源指标刊名字顺索引（续）

代码	期刊名称	来源文献量	文献选出率	参考文献量	平均引文数	平均作者数	地区分布数	机构分布数	海外论文比	基金论文比	引用半衰期
G031	贵阳医学院学报	257	0.96	1472	5.73	3.13	18	88	0.01	0.17	6.5
G032	贵阳中医学院学报	146	0.93	533	3.65	2.14	13	67	0.00	0.10	7.3
A077	贵州大学学报	86	0.92	959	11.15	2.68	7	16	0.00	0.41	7.8
J044	贵州工业大学学报	164	1.00	943	5.75	2.52	12	27	0.00	0.23	5.8
H275	贵州农业科学	290	0.99	1476	5.09	3.29	20	150	0.00	0.41	6.8
R002	桂林电子工业学院学报	99	0.73	710	7.17	2.24	12	21	0.00	0.34	4.8
M033	桂林工学院学报	133	1.00	1041	7.83	2.93	18	50	0.00	0.85	6.7
A040	国防科技大学学报	162	1.00	1341	8.28	3.33	5	11	0.00	0.78	6.6
Q911	国际眼科杂志	386	0.93	4475	11.59	3.40	28	207	0.04	0.13	6.6
E591	国土资源遥感	78	0.98	795	10.19	3.88	12	38	0.03	0.49	5.9
H028	果树学报	187	0.98	2747	14.69	4.26	21	72	0.04	0.63	7.8
T008	过程工程学报	152	1.00	1956	12.87	4.00	18	41	0.01	0.69	6.9
X025	哈尔滨工程大学学报	183	1.00	1421	7.77	3.08	11	22	0.01	0.48	7.5
J003	哈尔滨工业大学学报	503	1.00	3638	7.23	3.28	20	95	0.02	0.64	6.6
J013	哈尔滨理工大学学报	223	1.00	1351	6.06	2.95	11	27	0.01	0.43	5.5
U021	哈尔滨商业大学学报	212	0.98	1573	7.42	2.70	10	45	0.00	0.45	6.2
G033	哈尔滨医科大学学报	200	0.96	1577	7.89	4.06	11	27	0.02	0.27	5.7
T054	海湖盐与化工	64	0.98	455	7.11	2.97	13	36	0.00	0.28	7.6
J055	海军工程大学学报	150	1.00	1066	7.11	2.92	12	20	0.00	0.29	5.3
Y029	海军航空工程学院学报	171	0.99	1053	6.16	3.01	17	32	0.00	0.09	5.5
A012	海南大学学报	70	0.83	571	8.16	2.42	14	37	0.00	0.43	6.3
E155	海洋地质与第四纪地质	81	0.99	1643	20.28	4.12	13	33	0.05	0.94	8.6
E131	海洋工程	79	1.00	986	12.48	3.16	12	32	0.00	0.62	8.9
E312	海洋湖沼通报	64	1.00	962	15.03	3.42	11	39	0.00	0.70	8.6
Z010	海洋环境科学	81	1.00	1055	13.02	4.07	7	31	0.01	0.80	8.4
E145	海洋科学	225	1.00	3301	14.67	3.82	17	65	0.02	0.83	8.5
E006	海洋科学进展	76	1.00	1238	16.29	4.29	9	18	0.05	0.82	8.9
H998	海洋水产研究	96	0.99	1726	17.98	4.14	10	25	0.00	0.92	8.4
E311	海洋通报	89	1.00	1198	13.46	3.56	11	45	0.01	0.67	8.2
E003	海洋学报	149	1.00	3000	20.13	4.43	11	44	0.06	0.97	9.8
E008	海洋与湖沼	80	1.00	1392	17.40	4.46	10	27	0.03	0.99	8.5
E108	海洋预报	55	0.66	401	7.29	2.75	12	35	0.00	0.27	9.7
L024	焊管	97	0.78	390	4.02	2.73	15	60	0.03	0.12	5.8
N076	焊接	233	0.98	826	3.55	2.94	26	159	0.00	0.13	6.1
N624	焊接技术	195	0.86	815	4.18	2.95	26	139	0.00	0.22	5.8

表 4-2　2005 年中国科技期刊来源指标刊名字顺索引（续）

代码	期刊名称	来源文献量	文献选出率	参考文献量	平均引文数	平均作者数	地区分布数	机构分布数	海外论文比	基金论文比	引用半衰期
N021	焊接学报	264	0.97	1858	7.04	3.74	21	74	0.01	0.57	6.1
Y027	航空材料学报	76	1.00	810	10.66	4.12	11	30	0.00	0.46	7.1
Y017	航空动力学报	200	1.00	1516	7.58	3.06	12	28	0.00	0.47	7.8
Y031	航空计算技术	143	0.99	837	5.85	2.49	15	54	0.00	0.22	5.4
Y012	航空精密制造技术	105	0.97	358	3.41	2.74	19	40	0.00	0.27	6.5
Y002	航空学报	155	1.00	1551	10.01	3.14	13	37	0.03	0.75	7.0
Y014	航空制造技术	157	0.61	704	4.48	2.76	22	62	0.01	0.27	6.0
Y015	航天控制	117	0.97	654	5.59	2.71	12	39	0.00	0.32	7.6
G034	航天医学与医学工程	106	0.99	1085	10.24	4.64	15	41	0.03	0.84	6.9
T057	合成材料老化与应用	49	1.00	580	11.84	2.78	11	18	0.00	0.35	5.7
D602	合成化学	185	1.00	1856	10.03	3.70	25	95	0.01	0.72	6.8
T505	合成树脂及塑料	121	1.00	1010	8.35	3.51	19	56	0.01	0.21	4.5
T067	合成纤维	152	0.83	888	5.84	2.45	20	86	0.01	0.14	6.2
T065	合成纤维工业	130	0.94	968	7.45	3.01	15	57	0.00	0.22	5.8
T018	合成橡胶工业	126	1.00	1005	7.98	3.86	18	38	0.01	0.45	6.3
J053	合肥工业大学学报	395	1.00	4273	10.82	2.81	13	64	0.01	0.47	6.0
A031	河北大学学报	148	0.99	1480	10.00	3.50	11	26	0.00	0.61	6.8
J017	河北工业大学学报	145	1.00	1058	7.30	3.06	10	38	0.00	0.34	6.1
J019	河北工业科技	116	1.00	982	8.47	2.88	9	48	0.00	0.30	6.2
K032	河北建筑科技学院学报	132	0.99	871	6.60	3.05	11	36	0.00	0.29	6.2
J058	河北科技大学学报	92	1.00	623	6.77	3.01	7	26	0.00	0.55	6.7
H289	河北林果研究	110	1.00	1388	12.62	3.42	8	49	0.00	0.36	7.5
H244	河北农业大学学报	168	0.98	1630	9.70	4.54	11	41	0.00	0.77	7.9
A076	河北师范大学学报	150	0.89	1377	9.18	3.02	14	52	0.00	0.87	7.1
G035	河北医科大学学报	194	0.54	1523	7.85	3.70	13	53	0.00	0.14	5.2
G301	河北中医药学报	81	0.79	451	5.57	3.09	13	43	0.00	0.22	6.0
W012	河海大学学报	168	0.98	1536	9.14	3.19	9	25	0.03	0.63	6.4
A067	河南大学学报	103	0.88	924	8.97	2.54	15	45	0.00	0.73	7.1
J014	河南科技大学学报	173	1.00	2044	11.82	3.02	21	60	0.00	0.94	5.2
A011	河南科学	252	0.92	1370	5.44	2.98	14	94	0.00	0.61	6.5
H011	河南农业大学学报	111	1.00	1416	12.76	4.82	6	18	0.01	0.90	7.4
H356	河南农业科学	419	1.00	2754	6.57	3.67	18	134	0.00	0.47	7.4
A058	河南师范大学学报	195	0.92	1363	6.99	2.78	15	63	0.01	0.84	7.3
Q007	核电子学与探测技术	237	1.00	1344	5.67	4.53	17	55	0.01	0.26	7.8
Q004	核动力工程	141	1.00	787	5.58	3.61	16	44	0.01	0.39	8.4

表 4-2 2005 年中国科技期刊来源指标刊名字顺索引（续）

代码	期刊名称	来源文献量	文献选出率	参考文献量	平均引文数	平均作者数	地区分布数	机构分布数	海外论文比	基金论文比	引用半衰期
Q002	核化学与放射化学	53	1.00	455	8.58	4.94	9	21	0.00	0.42	9.0
Q001	核技术	219	1.00	1908	8.71	5.32	22	86	0.03	0.58	8.9
C092	核聚变与等离子体物理	59	1.00	493	8.36	4.17	10	19	0.03	0.49	8.2
Q009	核科学与工程	58	0.95	409	7.05	3.46	12	21	0.00	0.19	5.2
H042	核农学报	115	1.00	1557	13.54	4.63	24	68	0.02	0.78	7.6
A084	黑龙江大学自然科学学报	188	0.98	1978	10.52	2.84	19	53	0.01	0.74	7.4
R535	红外技术	115	1.00	846	7.36	3.33	16	39	0.01	0.30	6.6
C035	红外与毫米波学报	102	0.93	817	8.01	4.02	15	47	0.08	0.92	6.8
R084	红外与激光工程	169	1.00	1459	8.63	3.44	22	75	0.01	0.45	6.5
A039	湖北大学学报	96	0.90	713	7.43	2.65	7	19	0.01	0.78	6.8
H203	湖北农业科学	216	0.96	1524	7.06	3.86	21	92	0.00	0.64	7.4
E111	湖泊科学	63	1.00	1005	15.95	4.32	9	21	0.03	0.95	7.6
A028	湖南大学学报	161	0.96	1342	8.34	3.46	7	12	0.01	0.96	6.1
K016	湖南科技大学学报	88	1.00	833	9.47	3.14	12	27	0.01	0.58	6.7
H060	湖南农业大学学报	178	1.00	2294	12.89	4.33	10	46	0.01	0.99	6.7
A055	湖南师范大学自然科学学报	88	0.94	732	8.32	2.97	7	23	0.00	0.83	8.0
G041	湖南中医学院学报	151	0.95	1069	7.08	3.47	9	41	0.00	0.52	5.8
G336	护理管理杂志	314	0.93	2002	6.38	2.72	28	197	0.00	0.06	3.7
G503	护理学杂志	958	0.89	4730	4.94	2.79	29	497	0.00	0.07	4.9
G654	护理研究	1772	0.80	9102	5.14	2.43	28	798	0.00	0.07	4.7
G734	护士进修杂志	566	0.86	2345	4.14	2.96	28	304	0.00	0.08	4.9
E141	华北地震科学	51	1.00	304	5.96	3.96	13	26	0.00	0.33	9.3
R046	华北电力大学学报	161	0.84	1380	8.57	3.16	16	28	0.01	0.31	5.5
N002	华北工学院学报	118	1.00	804	6.81	2.53	8	20	0.01	0.53	5.9
H032	华北农学报	161	1.00	1672	10.39	4.61	20	72	0.04	0.88	8.8
X015	华东船舶工业学院学报	123	0.97	920	7.48	2.64	5	15	0.00	0.48	6.7
X003	华东交通大学学报	222	0.80	1242	5.59	1.94	16	64	0.00	0.16	5.4
T021	华东理工大学学报	203	1.00	1821	8.97	3.58	10	21	0.02	0.49	6.9
A054	华东师范大学学报	79	0.95	814	10.30	3.07	6	8	0.01	0.63	9.2
E103	华南地震	55	1.00	333	6.05	2.84	16	24	0.00	0.27	8.5
G340	华南国防医学杂志	169	0.97	1063	6.29	3.46	18	64	0.01	0.10	6.2
J004	华南理工大学学报	266	1.00	2306	8.67	3.26	14	28	0.02	0.74	5.9
H013	华南农业大学学报	129	1.00	1060	8.22	3.96	10	35	0.02	0.82	7.9
A052	华南师范大学学报	84	0.85	776	9.24	2.56	5	20	0.00	0.63	7.8
G525	华南预防医学	241	0.99	726	3.01	3.79	20	149	0.01	0.11	4.5

表 4-2　2005 年中国科技期刊来源指标刊名字顺索引（续）

代码	期刊名称	来源文献量	文献选出率	参考文献量	平均引文数	平均作者数	地区分布数	机构分布数	海外论文比	基金论文比	引用半衰期
A021	华侨大学学报	115	1.00	794	6.90	2.14	9	13	0.00	0.69	6.1
G043	华西口腔医学杂志	181	0.93	1367	7.55	4.36	25	71	0.01	0.53	6.8
G044	华西药学杂志	267	1.00	1155	4.33	3.55	27	133	0.01	0.22	5.5
G294	华西医学	478	0.79	4601	9.63	3.54	17	112	0.00	0.06	5.8
V506	华中建筑	318	0.81	1833	5.76	1.65	21	89	0.04	0.07	6.5
J033	华中科技大学学报	461	1.00	2649	5.75	3.04	16	50	0.01	0.74	6.2
V035	华中科技大学学报城市科学版	97	0.63	686	7.07	2.71	11	22	0.03	0.33	5.4
G077	华中科技大学学报医学版	237	0.97	1978	8.35	4.69	13	53	0.04	0.51	5.8
H003	华中农业大学学报	150	1.00	2011	13.41	4.18	14	40	0.01	0.98	7.6
A004	华中师范大学学报	119	0.87	1218	10.24	3.09	12	41	0.04	0.92	7.4
T055	化肥工业	102	0.95	279	2.74	1.95	22	70	0.02	0.05	>10
Z009	化工环保	127	0.98	1296	10.20	3.46	24	86	0.02	0.46	6.5
T006	化工机械	102	1.00	503	4.93	2.77	20	55	0.00	0.19	6.7
T101	化工进展	298	0.83	5938	19.93	3.49	22	116	0.00	0.45	5.3
T532	化工科技	100	0.96	1212	12.12	3.50	20	54	0.00	0.60	5.6
T007	化工学报	438	0.96	5282	12.06	3.78	22	100	0.02	0.68	6.6
T066	化工自动化及仪表	146	1.00	776	5.32	2.71	21	80	0.01	0.34	6.0
T009	化学反应工程与工艺	104	0.95	1013	9.74	3.56	19	37	0.02	0.51	6.5
T025	化学工程	118	1.00	802	6.80	3.92	18	46	0.01	0.57	8.6
T076	化学工业与工程	117	1.00	1519	12.98	3.26	19	47	0.00	0.32	7.5
D506	化学进展	137	0.99	8760	63.94	3.23	23	58	0.02	0.64	5.9
D011	化学试剂	274	0.99	2772	10.12	3.53	27	147	0.01	0.47	7.5
D018	化学通报	171	0.97	4278	25.02	3.56	24	84	0.02	0.65	7.0
C070	化学物理学报	196	0.99	3371	17.20	4.42	22	87	0.01	0.84	9.4
D030	化学学报	403	1.00	7556	18.75	4.53	26	140	0.03	0.91	8.6
D501	化学研究	125	1.00	1570	12.56	3.84	21	66	0.01	0.63	5.9
D037	化学研究与应用	255	0.99	3157	12.38	3.84	26	135	0.01	0.51	6.6
T553	化学与生物工程	246	0.99	2201	8.95	3.19	25	127	0.00	0.43	6.7
T931	化学与粘合	117	1.00	1212	10.36	3.13	19	57	0.02	0.26	6.5
Z017	环境保护科学	139	1.00	828	5.96	2.82	19	78	0.00	0.15	5.9
Z005	环境工程	148	0.77	870	5.88	3.45	27	103	0.00	0.40	5.7
D024	环境化学	182	0.97	1402	7.70	4.09	19	79	0.05	0.80	6.5
Z004	环境科学	249	1.00	3964	15.92	4.48	19	81	0.05	0.98	6.6
Z003	环境科学学报	285	1.00	5874	20.61	4.30	22	88	0.04	0.92	5.8
Z002	环境科学研究	148	0.89	1568	10.59	3.74	20	64	0.05	0.74	5.9

表 4-2　2005 年中国科技期刊来源指标刊名字顺索引（续）

代码	期刊名称	来源文献量	文献选出率	参考文献量	平均引文数	平均作者数	地区分布数	机构分布数	海外论文比	基金论文比	引用半衰期
Z025	环境科学与技术	265	0.64	1772	6.69	3.34	25	127	0.02	0.48	6.2
Z019	环境污染与防治	213	1.00	2071	9.72	3.56	23	99	0.02	0.59	5.9
Z021	环境污染治理技术与设备	275	1.00	3059	11.12	3.56	24	139	0.02	0.60	6.4
Z031	环境与健康杂志	232	0.99	1763	7.60	3.81	27	157	0.02	0.41	6.1
G882	环境与职业医学	187	0.89	2297	12.28	4.15	23	97	0.05	0.38	6.6
M631	黄金	162	0.87	792	4.89	2.64	23	96	0.00	0.17	6.9
M600	黄金科学技术	63	0.95	124	1.97	2.40	15	33	0.00	0.08	8.6
N042	火工品	75	1.00	440	5.87	3.40	12	30	0.00	0.20	7.5
N005	火力与指挥控制	222	0.98	1186	5.34	2.80	22	70	0.00	0.55	6.6
N007	火炸药学报	98	1.00	768	7.84	3.71	10	24	0.01	0.33	7.5
X011	机车电传动	135	0.89	512	3.79	2.25	18	65	0.00	0.12	7.1
N069	机床与液压	1010	1.00	4664	4.62	2.66	27	282	0.00	0.25	6.0
R099	机电一体化	139	0.97	482	3.47	2.74	21	65	0.00	0.24	4.4
S004	机器人	112	1.00	1098	9.80	3.30	16	44	0.03	0.66	5.9
N040	机械传动	162	1.00	829	5.12	2.69	20	104	0.00	0.30	6.9
M004	机械工程材料	247	1.00	2219	8.98	3.71	26	118	0.00	0.62	6.5
N051	机械工程学报	536	1.00	5236	9.77	3.44	23	118	0.05	0.85	6.9
N050	机械科学与技术	412	1.00	3629	8.81	3.25	23	103	0.02	0.66	6.8
N057	机械强度	163	1.00	1913	11.74	2.98	20	68	0.01	0.71	7.3
N047	机械设计	254	0.64	1676	6.60	2.85	24	113	0.00	0.60	6.1
N054	机械设计与研究	167	1.00	1428	8.55	2.90	20	84	0.03	0.49	6.3
N028	机械设计与制造	900	1.00	3402	3.78	2.46	27	307	0.00	0.17	6.0
N053	机械与电子	313	1.00	1593	5.09	2.90	22	110	0.01	0.24	4.8
N682	机械制造	341	1.00	1435	4.21	2.42	27	186	0.01	0.29	5.4
G003	基础医学与临床	252	0.96	2934	11.64	4.22	23	123	0.01	0.45	5.2
R025	激光技术	208	1.00	1940	9.33	3.94	20	83	0.00	0.45	7.3
F045	激光生物学报	95	0.94	1157	12.18	4.19	18	48	0.03	0.63	6.7
R514	激光与光电子学进展	171	0.90	2234	13.06	3.64	20	72	0.02	0.42	6.7
R521	激光与红外	285	1.00	2049	7.19	3.55	24	116	0.00	0.34	6.4
R028	激光杂志	280	0.91	2346	8.38	3.60	26	126	0.02	0.38	6.5
E116	吉林大学学报地球科学版	152	0.94	1613	10.61	4.14	21	35	0.05	0.93	7.5
J042	吉林大学学报工学版	133	1.00	1311	9.86	3.56	13	29	0.01	0.92	5.5
A035	吉林大学学报理学版	187	1.00	1717	9.18	4.07	13	44	0.02	0.83	6.5
R586	吉林大学学报信息科学版	129	0.99	1637	12.69	3.10	13	34	0.00	0.77	5.0
G014	吉林大学学报医学版	411	1.00	2460	5.99	4.27	11	69	0.02	0.73	5.2

表 4-2 2005 年中国科技期刊来源指标刊名字顺索引（续）

代码	期刊名称	来源文献量	文献选出率	参考文献量	平均引文数	平均作者数	地区分布数	机构分布数	海外论文比	基金论文比	引用半衰期
H243	吉林农业大学学报	168	1.00	1966	11.70	4.13	18	44	0.02	1.00	7.1
H227	吉林农业科学	127	0.98	815	6.42	4.67	10	52	0.02	0.24	7.1
E007	极地研究	32	1.00	717	22.41	4.50	10	17	0.09	0.91	7.5
G302	疾病控制杂志	289	0.97	1535	5.31	4.04	27	190	0.00	0.26	5.0
N038	计量技术	251	0.80	765	3.05	2.33	30	169	0.00	0.06	6.5
N014	计量学报	91	1.00	644	7.08	3.19	17	44	0.03	0.53	8.6
S050	计算机测量与控制	505	0.99	3014	5.97	2.90	24	170	0.00	0.38	4.9
S049	计算机仿真	935	0.87	5774	6.18	2.75	26	197	0.01	0.16	5.7
S035	计算机辅助工程	67	1.00	438	6.54	2.70	14	29	0.00	0.25	4.7
S013	计算机辅助设计与图形学学报	447	1.00	5266	11.78	3.19	23	106	0.03	0.77	6.2
S012	计算机工程	2022	0.95	11240	5.56	2.88	27	321	0.01	0.63	5.6
S034	计算机工程与科学	442	1.00	2741	6.20	2.78	24	109	0.00	0.51	5.5
S022	计算机工程与设计	1108	0.99	7692	6.94	2.61	27	290	0.00	0.35	4.8
S025	计算机工程与应用	2525	1.00	20396	8.08	2.80	29	423	0.01	0.66	5.6
S030	计算机集成制造系统-CIMS	316	0.99	2925	9.26	3.14	19	73	0.01	0.87	4.9
S006	计算机科学	799	0.99	8785	10.99	3.04	26	146	0.01	0.73	6.2
S018	计算机学报	265	0.99	4023	15.18	3.17	22	88	0.05	0.88	6.0
S021	计算机研究与发展	320	1.00	4214	13.17	3.30	19	70	0.03	0.93	5.8
S029	计算机应用	972	0.83	7267	7.48	2.77	24	212	0.01	0.51	4.9
S016	计算机应用研究	1076	1.00	8281	7.70	2.99	25	218	0.01	0.72	5.0
S014	计算机与应用化学	260	1.00	4337	16.68	3.29	27	119	0.02	0.62	6.2
C003	计算力学学报	154	1.00	1392	9.04	2.69	20	57	0.02	0.84	9.4
B014	计算数学	40	1.00	504	12.60	2.43	14	29	0.00	0.93	10.0
C094	计算物理	86	1.00	1005	11.69	3.26	17	51	0.01	0.62	9.8
N102	继电器	481	1.00	3420	7.11	3.05	26	160	0.01	0.12	5.7
G292	寄生虫与医学昆虫学报	48	1.00	763	15.90	3.73	15	31	0.02	0.56	7.8
A045	暨南大学学报	190	0.99	1450	7.63	3.51	5	29	0.02	0.55	6.0
H240	家畜生态学报	147	1.00	1374	9.35	3.73	26	65	0.01	0.66	6.7
G638	检验医学	262	0.99	1335	5.10	3.78	24	191	0.01	0.12	5.7
V051	建筑材料学报	131	1.00	1300	9.92	3.24	16	41	0.04	0.66	6.6
V022	建筑机械	250	0.76	257	1.03	1.99	25	139	0.01	0.05	5.3
V046	建筑机械化	245	0.94	233	0.95	1.81	22	132	0.00	0.02	4.5
V045	建筑技术	328	0.96	826	2.52	2.42	24	197	0.00	0.09	6.8
V014	建筑结构	301	0.98	1806	6.00	2.78	24	125	0.02	0.21	6.2
V044	建筑结构学报	112	1.00	1055	9.42	3.69	15	35	0.04	0.64	6.4

表 4-2　2005 年中国科技期刊来源指标刊名字顺索引（续）

代码	期刊名称	来源文献量	文献选出率	参考文献量	平均引文数	平均作者数	地区分布数	机构分布数	海外论文比	基金论文比	引用半衰期
V005	建筑科学	143	0.99	693	4.85	2.51	23	81	0.01	0.22	6.6
V013	建筑科学与工程学报	70	1.00	792	11.31	3.06	9	19	0.00	0.37	5.9
V047	建筑学报	252	0.93	412	1.63	1.84	19	99	0.04	0.11	5.8
J035	江苏大学学报	135	0.79	1105	8.19	3.45	7	18	0.00	0.97	5.1
L036	江苏工业学院学报	72	1.00	545	7.57	2.90	2	11	0.01	0.35	6.3
H700	江苏农业科学	274	1.00	1679	6.13	4.08	20	127	0.01	0.69	6.1
H199	江苏农业学报	92	1.00	894	9.72	4.75	8	24	0.01	0.88	6.7
G046	江苏医药	506	0.94	2464	4.87	4.01	17	167	0.02	0.16	5.3
A101	江西科学	221	0.89	1586	7.18	2.59	12	102	0.00	0.25	6.8
H283	江西农业大学学报	218	1.00	2310	10.60	4.15	18	83	0.00	0.83	7.4
H701	江西农业学报	108	1.00	696	6.44	3.81	10	74	0.00	0.38	6.6
A112	江西师范大学学报	140	0.93	1036	7.40	2.83	18	51	0.01	0.71	7.7
G047	江西医学院学报	471	1.00	3375	7.17	3.49	13	123	0.00	0.12	6.2
X020	交通与计算机	223	0.98	1126	5.05	2.59	22	76	0.00	0.25	4.4
X672	交通运输工程学报	102	0.95	918	9.00	2.98	14	32	0.01	0.80	4.9
X685	交通运输系统工程与信息	116	0.96	1212	10.45	2.68	13	49	0.10	0.58	5.6
L587	节能技术	127	0.74	718	5.65	2.64	21	79	0.01	0.19	5.7
W567	节水灌溉	125	0.98	759	6.07	3.10	24	84	0.00	0.46	5.7
V049	结构工程师	111	1.00	614	5.53	2.95	13	27	0.00	0.05	6.0
D019	结构化学	265	1.00	4195	15.83	4.16	23	84	0.02	0.73	7.2
G316	解放军护理杂志	727	0.90	4544	6.25	2.94	25	317	0.00	0.06	4.0
A121	解放军理工大学学报	136	1.00	1078	7.93	3.24	10	20	0.00	0.25	5.9
G295	解放军药学学报	173	0.99	1477	8.54	4.27	21	80	0.00	0.25	5.9
G048	解放军医学杂志	377	0.84	3166	8.40	5.00	20	87	0.01	0.43	4.8
G315	解放军医院管理杂志	371	0.99	1426	3.84	2.86	27	173	0.00	0.06	2.9
G961	解放军预防医学杂志	171	0.86	751	4.39	4.17	24	92	0.00	0.25	5.2
G507	解剖科学进展	127	0.98	1439	11.33	3.82	18	57	0.01	0.50	6.7
G049	解剖学报	156	0.99	1783	11.43	4.99	23	75	0.03	0.71	6.3
G358	解剖学研究	93	0.85	844	9.08	4.15	17	55	0.00	0.41	6.7
G050	解剖学杂志	281	0.92	2311	8.22	4.32	28	125	0.00	0.50	6.6
G886	介入放射学杂志	205	0.87	1887	9.20	4.81	23	123	0.02	0.13	4.8
N048	金刚石与磨料磨具工程	131	1.00	1144	8.73	3.47	20	54	0.02	0.42	7.5
M051	金属功能材料	59	0.71	891	15.10	4.08	15	32	0.02	0.54	7.0
K022	金属矿山	234	0.46	1440	6.15	2.63	22	92	0.01	0.36	5.6
N083	金属热处理	348	0.81	3032	8.71	3.55	27	173	0.01	0.38	6.4

表 4-2　2005 年中国科技期刊来源指标刊名字顺索引（续）

代码	期刊名称	来源文献量	文献选出率	参考文献量	平均引文数	平均作者数	地区分布数	机构分布数	海外论文比	基金论文比	引用半衰期
M012	金属学报	241	1.00	3926	16.29	4.19	20	49	0.07	0.86	>10
E599	经济地理	217	1.00	2479	11.42	2.26	26	96	0.04	0.48	5.4
H266	经济林研究	109	1.00	1460	13.39	3.25	21	56	0.00	0.45	5.5
T102	精细化工	275	0.85	2985	10.85	3.86	26	106	0.00	0.57	6.2
T542	精细石油化工	112	0.93	1049	9.37	3.29	22	77	0.00	0.43	7.1
G677	颈腰痛杂志	197	0.82	1602	8.13	3.80	29	151	0.02	0.06	6.2
Z553	净水技术	136	1.00	1110	8.16	2.86	24	89	0.00	0.29	6.0
T512	聚氨酯工业	70	0.99	530	7.57	2.50	19	53	0.01	0.16	6.0
R016	绝缘材料	101	1.00	1045	10.35	3.59	16	53	0.01	0.31	6.9
G052	军事医学科学院院刊	177	0.99	2400	13.56	4.99	11	40	0.01	0.54	5.3
J056	军械工程学院学报	134	1.00	808	6.03	3.33	12	20	0.00	0.30	5.7
G187	军医进修学院学报	264	0.98	1308	4.95	4.05	16	55	0.02	0.26	5.1
F018	菌物学报	99	1.00	1731	17.48	3.87	25	51	0.04	0.86	8.0
M018	勘察科学技术	104	0.97	481	4.63	2.51	19	65	0.00	0.15	7.7
A645	科技导报	216	0.90	2657	12.30	2.37	21	112	0.03	0.46	5.0
A083	科技通报	154	0.96	1738	11.29	3.01	18	65	0.01	0.58	7.5
A537	科学技术与工程	470	0.93	4046	8.61	2.90	27	166	0.01	0.55	6.0
A075	科学通报	463	0.94	11776	25.43	4.81	26	165	0.13	0.92	6.6
W514	科学学研究	155	0.72	1954	12.61	1.97	20	57	0.03	0.52	6.3
W531	科研管理	131	0.74	1909	14.57	2.20	17	53	0.02	0.69	6.7
E140	空间科学学报	93	0.99	1118	12.02	3.23	13	29	0.32	0.97	9.1
J059	空军工程大学学报	155	1.00	967	6.24	3.14	6	15	0.02	0.75	5.7
Y016	空气动力学学报	98	1.00	834	8.51	2.92	11	28	0.04	0.48	>10
S503	控制工程	176	1.00	1343	7.63	2.76	18	82	0.02	0.47	5.4
R060	控制理论与应用	192	0.97	2074	10.80	2.67	19	84	0.03	0.84	6.9
S001	控制与决策	298	0.91	3010	10.10	2.72	17	74	0.01	0.78	5.8
G246	口腔颌面外科杂志	146	0.99	1315	9.01	3.71	23	91	0.01	0.21	5.6
G894	口腔颌面修复学杂志	121	1.00	944	7.80	3.40	21	72	0.00	0.17	6.5
G325	口腔医学	172	0.86	1327	7.72	3.53	22	108	0.02	0.30	5.8
G266	口腔医学研究	268	0.95	1980	7.39	3.60	24	122	0.02	0.29	6.1
G280	口腔正畸学	46	0.78	370	8.04	2.94	13	22	0.04	0.24	8.7
K525	矿产保护与利用	65	0.74	460	7.08	2.38	19	38	0.00	0.22	7.7
K025	矿产与地质	154	0.98	1122	7.29	3.08	24	77	0.00	0.31	8.6
K004	矿产综合利用	66	0.94	384	5.82	2.97	20	41	0.00	0.41	6.4
E106	矿床地质	72	1.00	2896	40.22	5.06	16	26	0.00	0.92	6.8

表 4-2　2005 年中国科技期刊来源指标刊名字顺索引（续）

代码	期刊名称	来源文献量	文献选出率	参考文献量	平均引文数	平均作者数	地区分布数	机构分布数	海外论文比	基金论文比	引用半衰期
K014	矿山机械	567	0.55	2014	3.55	2.36	25	254	0.00	0.13	6.3
E350	矿物学报	69	0.99	1108	16.06	4.13	16	36	0.06	0.91	8.6
E354	矿物岩石	92	1.00	1489	16.18	4.03	18	30	0.07	0.75	7.7
E504	矿物岩石地球化学通报	61	1.00	1447	23.72	3.30	13	33	0.08	0.74	7.5
M101	矿冶	110	1.00	727	6.61	3.05	17	47	0.00	0.15	6.5
M045	矿冶工程	149	0.97	1630	10.94	3.32	20	61	0.00	0.43	6.7
K010	矿业研究与开发	157	0.91	823	5.24	2.65	22	62	0.00	0.31	6.3
F005	昆虫分类学报	64	0.97	563	8.80	2.48	21	36	0.05	0.64	>10
H049	昆虫天敌	29	1.00	335	11.55	4.83	10	18	0.03	0.90	9.4
F015	昆虫学报	160	1.00	3411	21.32	4.21	28	59	0.06	0.94	8.6
F035	昆虫知识	179	0.99	3315	18.52	3.68	26	90	0.02	0.77	8.2
J020	昆明理工大学学报	180	1.00	1289	7.16	3.21	13	36	0.01	0.44	6.0
G053	昆明医学院学报	159	0.74	1236	7.77	3.93	9	45	0.00	0.30	6.6
H267	莱阳农学院学报	86	1.00	796	9.26	4.09	13	33	0.02	0.48	8.1
A016	兰州大学学报	179	0.98	1931	10.79	3.27	19	70	0.02	0.80	8.1
X016	兰州交通大学学报	180	0.69	1126	6.26	2.19	7	21	0.00	0.32	5.5
J008	兰州理工大学学报	239	1.00	2118	8.86	3.18	23	63	0.00	0.68	6.1
T010	离子交换与吸附	81	1.00	892	11.01	4.26	18	49	0.02	0.79	7.7
M001	理化检验化学分册	382	1.00	2963	7.76	2.64	30	264	0.00	0.20	8.1
M002	理化检验物理分册	191	0.52	874	4.58	2.48	28	137	0.00	0.16	9.2
C101	力学季刊	119	1.00	1078	9.06	2.78	15	31	0.08	0.62	7.8
C102	力学进展	42	0.88	3459	82.36	2.74	15	28	0.10	0.76	9.4
C001	力学学报	114	1.00	1531	13.43	2.90	21	52	0.04	0.87	9.6
C104	力学与实践	137	0.85	938	6.85	2.47	23	82	0.01	0.43	7.1
G580	立体定向和功能性神经外科杂志	118	1.00	1152	9.76	4.66	23	83	0.01	0.14	4.9
L014	炼油技术与工程	174	0.94	545	3.13	2.55	19	80	0.01	0.06	6.0
U002	粮食储藏	85	0.93	584	6.87	4.25	17	57	0.00	0.24	6.3
U055	粮食与饲料工业	243	0.94	1391	5.72	2.79	23	109	0.00	0.24	6.0
U008	粮油加工与食品机械	272	0.88	1216	4.47	2.33	25	113	0.01	0.10	5.8
C032	量子电子学报	186	1.00	2092	11.25	4.12	23	79	0.01	0.73	7.2
C110	量子光学学报	35	1.00	464	13.26	2.80	12	25	0.06	0.69	7.2
K008	辽宁工程技术大学学报	286	1.00	2061	7.21	2.88	20	98	0.01	0.83	6.0
H261	辽宁农业科学	182	0.99	1062	5.84	3.65	8	79	0.00	0.11	7.8
A072	辽宁师范大学学报	122	0.79	1049	8.60	2.39	15	53	0.00	0.52	6.5
L035	辽宁石油化工大学学报	103	0.96	904	8.78	3.06	3	9	0.00	0.05	5.0

表 4-2　2005 年中国科技期刊来源指标刊名字顺索引（续）

代码	期刊名称	来源文献量	文献选出率	参考文献量	平均引文数	平均作者数	地区分布数	机构分布数	海外论文比	基金论文比	引用半衰期
U037	林产工业	84	0.89	379	4.51	2.12	18	46	0.00	0.17	5.7
T017	林产化学与工业	115	0.72	1056	9.18	3.71	19	46	0.03	0.58	7.3
H280	林业科学	226	1.00	4119	18.23	3.50	27	86	0.04	0.88	8.3
H281	林业科学研究	146	0.99	2204	15.10	4.05	17	50	0.01	0.95	8.0
G880	临床超声医学杂志	193	0.69	1012	5.24	3.50	26	155	0.00	0.07	5.8
G607	临床儿科杂志	343	0.95	3237	9.44	3.93	29	160	0.01	0.16	5.5
G276	临床耳鼻咽喉科杂志	491	0.85	3044	6.20	4.07	29	282	0.02	0.13	5.4
G271	临床放射学杂志	311	0.73	2847	9.15	4.74	27	166	0.00	0.10	5.7
G501	临床肝胆病杂志	192	0.91	1486	7.74	3.58	23	140	0.00	0.09	5.4
G291	临床骨科杂志	283	0.95	1795	6.34	4.03	27	215	0.00	0.06	4.9
G345	临床急诊杂志	156	0.78	765	4.90	2.87	25	126	0.00	0.02	5.6
G204	临床检验杂志	157	0.56	1222	7.78	4.34	22	107	0.01	0.41	5.1
G310	临床精神医学杂志	248	0.82	1240	5.00	3.59	26	149	0.00	0.06	4.7
G287	临床口腔医学杂志	371	0.95	2427	6.54	3.44	24	188	0.01	0.30	6.8
G222	临床麻醉学杂志	370	0.83	2128	5.75	3.96	28	236	0.01	0.13	6.2
G317	临床泌尿外科杂志	311	0.81	2138	6.87	4.73	26	186	0.01	0.07	5.6
G257	临床内科杂志	270	0.62	2169	8.03	3.76	25	158	0.00	0.10	4.8
G230	临床皮肤科杂志	463	0.82	2296	4.96	3.94	29	203	0.00	0.07	5.7
G309	临床神经病学杂志	205	0.86	1836	8.96	4.17	25	136	0.02	0.22	5.6
G361	临床神经电生理学杂志	81	0.81	667	8.23	3.15	23	75	0.00	0.05	6.0
G423	临床肾脏病杂志	87	0.67	724	8.32	4.25	15	59	0.00	0.13	4.5
G797	临床输血与检验	169	0.94	812	4.80	3.15	25	117	0.00	0.07	5.0
G256	临床外科杂志	357	0.73	2077	5.82	3.46	24	168	0.01	0.04	4.7
G855	临床消化病杂志	125	0.86	1104	8.83	3.44	25	97	0.00	0.06	6.5
G585	临床心电学杂志	111	0.77	418	3.77	2.79	24	79	0.01	0.04	7.2
G261	临床心血管病杂志	313	0.92	2324	7.42	4.38	27	184	0.01	0.14	5.3
G293	临床血液学杂志	151	0.95	1080	7.15	5.05	26	108	0.00	0.12	5.9
G274	临床与实验病理学杂志	233	0.84	2260	9.70	4.16	24	160	0.02	0.17	5.6
N023	流体机械	266	1.00	1547	5.82	2.99	22	125	0.01	0.24	7.1
Y018	流体力学实验与测量	79	1.00	477	6.04	3.46	12	26	0.01	0.47	>10
T058	硫酸工业	87	0.99	89	1.02	1.71	18	55	0.10	0.01	4.6
H748	麦类作物学报	212	0.99	3380	15.94	4.41	23	91	0.01	0.59	7.7
U542	毛纺科技	198	0.96	796	4.02	2.30	21	80	0.01	0.08	4.9
T060	煤化工	112	1.00	418	3.73	2.23	16	72	0.00	0.10	6.2
V024	煤气与热力	267	0.99	1497	5.61	2.56	23	141	0.00	0.09	4.8

表 4-2　2005 年中国科技期刊来源指标刊名字顺索引（续）

代码	期刊名称	来源文献量	文献选出率	参考文献量	平均引文数	平均作者数	地区分布数	机构分布数	海外论文比	基金论文比	引用半衰期
K005	煤炭科学技术	281	0.98	1050	3.74	2.52	24	114	0.00	0.19	6.1
K017	煤炭学报	178	0.98	1447	8.13	3.21	19	64	0.02	0.66	6.5
D027	煤炭转化	84	1.00	928	11.05	3.74	16	37	0.01	0.87	6.1
K009	煤田地质与勘探	140	0.64	1097	7.84	3.33	18	49	0.03	0.54	6.6
U036	棉纺织技术	235	0.71	1034	4.40	2.35	21	125	0.00	0.06	3.6
H037	棉花学报	85	1.00	883	10.39	4.26	17	40	0.02	0.91	7.5
G056	免疫学杂志	159	0.80	1606	10.10	5.24	26	89	0.04	0.67	5.0
B017	模糊系统与数学	111	1.00	1100	9.91	2.05	20	77	0.02	0.62	9.1
N087	模具工业	204	0.99	659	3.23	2.30	26	134	0.00	0.14	6.4
N107	模具技术	106	1.00	357	3.37	2.29	23	75	0.00	0.09	5.3
S015	模式识别与人工智能	128	1.00	1630	12.73	3.04	21	67	0.02	0.67	6.6
T077	膜科学与技术	116	0.99	1357	11.70	3.71	19	51	0.03	0.55	6.5
N084	摩擦学学报	122	1.00	1451	11.89	3.88	21	50	0.04	0.77	5.6
U533	木材工业	84	0.90	578	6.88	2.73	15	32	0.02	0.50	6.2
G662	内科急危重症杂志	105	0.82	824	7.85	3.26	21	66	0.02	0.02	4.9
E104	内陆地震	44	0.76	304	6.91	2.82	7	12	0.02	0.64	8.7
A026	内蒙古大学学报	141	0.98	1289	9.14	2.79	12	30	0.01	0.78	7.8
J039	内蒙古工业大学学报	64	1.00	496	7.75	3.08	3	7	0.00	0.64	6.8
H271	内蒙古农业大学学报	136	1.00	1425	10.48	3.09	10	35	0.01	0.46	7.7
A111	内蒙古师大学报	104	0.87	947	9.11	2.05	13	27	0.02	0.77	>10
X027	内燃机车	201	1.00	282	1.40	1.95	26	109	0.00	0.03	7.1
P004	内燃机学报	92	1.00	829	9.01	4.00	14	26	0.01	0.75	6.2
M042	耐火材料	113	0.69	740	6.55	3.68	14	35	0.00	0.23	7.0
A013	南昌大学学报	159	0.98	1347	8.47	2.66	13	38	0.01	0.58	7.8
Y011	南昌航空工业学院学报	93	0.99	580	6.24	2.74	4	18	0.00	0.30	5.3
G987	南方护理学报	549	0.93	2696	4.91	2.74	26	297	0.00	0.09	3.9
M049	南方冶金学院学报	102	0.95	395	3.87	2.10	11	26	0.00	0.12	5.1
A025	南京大学学报	83	0.36	1291	15.55	3.86	11	27	0.05	0.76	6.7
B016	南京大学学报数学半年刊	43	1.00	383	8.91	1.67	9	26	0.00	0.58	>10
T011	南京工业大学学报	150	1.00	1360	9.07	3.25	5	15	0.01	0.49	6.3
Y026	南京航空航天大学学报	163	0.77	1644	10.09	3.01	9	16	0.02	0.55	6.4
N011	南京理工大学学报	193	1.00	1373	7.11	3.11	15	41	0.01	0.47	7.7
H033	南京林业大学学报	179	1.00	2040	11.40	3.41	22	58	0.04	0.82	7.8
H021	南京农业大学学报	129	1.00	1537	11.91	4.43	11	18	0.02	0.93	6.7
E120	南京气象学院学报	117	1.00	1581	13.51	3.38	10	23	0.00	0.94	8.7

表 4-2　2005 年中国科技期刊来源指标刊名字顺索引（续）

代码	期刊名称	来源文献量	文献选出率	参考文献量	平均引文数	平均作者数	地区分布数	机构分布数	海外论文比	基金论文比	引用半衰期
A061	南京师大学报	98	0.91	1007	10.28	3.14	5	20	0.01	0.83	7.6
G058	南京医科大学学报	335	0.99	2723	8.13	4.39	9	87	0.01	0.41	4.9
R008	南京邮电学院学报	114	1.00	1044	9.16	2.48	4	7	0.00	0.57	6.4
G059	南京中医药大学学报	157	0.93	907	5.78	2.91	10	54	0.01	0.43	7.6
A008	南开大学学报	117	0.98	1063	9.09	4.04	11	21	0.03	0.74	8.2
G288	脑与神经疾病杂志	195	0.87	2021	10.36	4.08	21	105	0.00	0.12	6.2
W002	泥沙研究	73	0.99	822	11.26	3.04	18	40	0.01	0.66	8.6
A110	宁夏大学学报	83	0.81	725	8.73	2.36	14	28	0.00	0.77	8.1
Z023	农村生态环境	73	1.00	962	13.18	3.81	16	36	0.01	1.00	6.5
T034	农药	200	1.00	1832	9.16	3.67	26	113	0.01	0.32	6.4
H404	农药学学报	77	1.00	1087	14.12	4.58	15	29	0.00	0.74	6.9
H279	农业工程学报	515	0.80	7527	14.62	3.92	28	155	0.03	0.82	6.2
Z008	农业环境科学学报	266	0.73	3315	12.46	4.25	26	116	0.02	0.88	7.1
H278	农业机械学报	530	1.00	3555	6.71	3.42	26	126	0.02	0.69	6.4
H286	农业生物技术学报	175	1.00	2302	13.15	4.77	20	60	0.06	0.83	7.1
H237	农业系统科学与综合研究	86	1.00	836	9.72	3.06	22	49	0.00	0.94	6.0
H222	农业现代化研究	113	1.00	943	8.35	2.56	23	67	0.01	0.72	4.2
V032	暖通空调	379	0.95	2607	6.88	2.88	22	145	0.03	0.21	6.5
U602	皮革科学与工程	83	0.95	1025	12.35	3.17	11	21	0.08	0.43	6.4
N041	起重运输机械	322	0.94	840	2.61	2.10	28	197	0.00	0.05	6.0
E361	气候与环境研究	78	0.99	1596	20.46	3.33	11	19	0.05	0.97	7.9
E352	气象	278	1.00	1652	5.94	2.92	30	149	0.00	0.33	6.2
E359	气象科学	87	1.00	789	9.07	3.24	14	50	0.00	0.83	7.1
E001	气象学报	95	1.00	2065	21.74	3.21	12	37	0.04	0.98	7.5
X018	汽车工程	179	0.96	1181	6.60	3.43	19	49	0.02	0.53	6.8
X013	汽车技术	126	0.83	740	5.87	3.44	16	45	0.00	0.28	6.3
P001	汽轮机技术	170	1.00	615	3.62	2.66	20	77	0.00	0.11	6.6
Y009	强度与环境	39	1.00	306	7.85	2.64	8	18	0.00	0.31	7.7
C007	强激光与粒子束	436	0.89	3963	9.09	4.95	22	74	0.02	0.93	7.9
X021	桥梁建设	142	0.75	370	2.61	2.32	24	79	0.01	0.11	6.4
A658	青岛大学学报	79	1.00	481	6.09	2.32	8	22	0.00	0.20	8.0
U018	青岛大学学报工程技术版	81	1.00	661	8.16	3.05	10	30	0.01	0.47	6.5
G061	青岛大学医学院学报	128	0.75	901	7.04	3.35	6	31	0.00	0.13	7.7
E313	青岛海洋大学学报	213	1.00	3250	15.26	3.45	13	32	0.01	0.85	8.7
V041	青岛建筑工程学院学报	173	0.97	974	5.63	2.81	12	51	0.01	0.20	6.2

表 4-2 2005 年中国科技期刊来源指标刊名字顺索引（续）

代码	期刊名称	来源文献量	文献选出率	参考文献量	平均引文数	平均作者数	地区分布数	机构分布数	海外论文比	基金论文比	引用半衰期
T012	青岛科技大学学报	145	0.99	1001	6.90	2.97	8	14	0.02	0.21	6.4
J001	清华大学学报	438	1.00	3438	7.85	3.36	17	36	0.02	0.78	6.3
W020	情报学报	112	0.99	1615	14.42	2.29	18	57	0.01	0.54	4.9
A044	曲阜师范大学学报	116	0.87	917	7.91	2.50	15	48	0.00	0.51	8.3
D002	燃料化学学报	154	1.00	1931	12.54	4.22	18	43	0.06	0.78	5.6
T061	燃料与化工	158	0.96	78	0.49	2.44	24	88	0.00	0.02	6.5
P011	燃烧科学与技术	112	1.00	1054	9.41	0.75	18	38	0.00	0.94	7.3
E563	热带地理	79	1.00	993	12.57	2.54	11	34	0.00	0.80	5.4
E642	热带海洋学报	69	1.00	1285	18.62	3.83	7	24	0.06	0.93	8.6
E110	热带气象学报	77	1.00	1182	15.35	3.68	13	37	0.08	0.92	6.7
G609	热带医学杂志	316	0.99	2355	7.45	3.90	18	162	0.00	0.25	5.8
H223	热带作物学报	90	1.00	1067	11.86	3.86	10	32	0.01	0.64	8.5
T105	热固性树脂	83	0.93	889	10.71	3.12	18	49	0.01	0.25	6.1
N071	热加工工艺	390	1.00	2071	5.31	3.28	27	163	0.01	0.34	6.8
P006	热能动力工程	152	1.00	1120	7.37	3.26	18	52	0.01	0.43	6.7
T013	人工晶体学报	241	0.98	3064	12.71	5.21	23	88	0.05	0.57	6.6
N106	人类工效学	92	1.00	730	7.93	2.42	14	36	0.02	0.30	6.2
F041	人类学学报	36	0.97	728	20.22	4.47	15	22	0.08	0.78	>10
T070	日用化学工业	114	1.00	1452	12.74	3.41	23	76	0.01	0.35	6.4
S011	软件学报	244	1.00	3814	15.63	3.29	21	56	0.07	0.94	5.3
N029	润滑与密封	412	1.00	2847	6.91	2.99	26	183	0.01	0.39	7.4
R086	三峡大学学报	159	1.00	961	6.04	2.89	11	27	0.01	0.35	5.7
D012	色谱	193	0.99	2557	13.25	4.17	27	104	0.06	0.68	7.3
H070	山地农业生物学报	123	0.99	1348	10.96	3.12	11	28	0.01	0.42	6.6
E101	山地学报	114	0.98	1748	15.33	3.53	21	64	0.02	0.89	7.7
A020	山东大学学报	144	0.95	1285	8.92	2.85	11	35	0.00	0.72	7.8
J022	山东大学学报工学版	164	1.00	1109	6.76	3.15	17	42	0.01	0.52	6.1
G062	山东大学学报医学版	337	0.97	2792	8.28	5.15	9	41	0.02	0.46	5.5
V012	山东建筑工程学院学报	91	0.97	587	6.45	2.77	12	25	0.00	0.36	5.6
H031	山东农业大学学报	138	1.00	1219	8.83	3.54	17	63	0.00	0.38	7.8
A057	山东师范大学学报	113	0.68	787	6.96	2.15	4	30	0.00	0.54	6.7
G511	山东医药	1175	0.38	3790	3.23	3.11	27	380	0.00	0.23	5.0
G063	山东中医药大学学报	182	0.95	1068	5.87	2.55	14	60	0.00	0.29	6.3
A014	山西大学学报	118	0.97	998	8.46	2.63	13	38	0.01	0.63	7.6
G064	山西医科大学学报	327	0.98	2681	8.20	3.55	19	113	0.01	0.24	6.1

表 4-2　2005 年中国科技期刊来源指标刊名字顺索引（续）

代码	期刊名称	来源文献量	文献选出率	参考文献量	平均引文数	平均作者数	地区分布数	机构分布数	海外论文比	基金论文比	引用半衰期
G923	山西医药杂志	712	0.83	3098	4.35	2.50	24	292	0.00	0.06	6.2
J040	陕西工学院学报	117	1.00	655	5.60	2.05	18	49	0.00	0.21	4.7
U025	陕西科技大学学报	198	1.00	1324	6.69	2.64	13	28	0.01	0.19	5.3
H217	陕西农业科学	363	0.94	1466	4.04	2.88	26	174	0.00	0.15	5.7
A066	陕西师范大学学报	120	0.94	1223	10.19	2.65	8	23	0.01	0.89	6.5
A056	上海大学学报	133	0.94	1086	8.17	3.01	6	9	0.01	0.61	7.5
G066	上海第二医科大学学报	393	0.98	4393	11.18	4.38	6	19	0.01	0.36	5.4
X038	上海海事大学学报	71	0.86	551	7.76	2.04	4	11	0.04	0.45	5.0
Z011	上海环境科学	66	1.00	598	9.06	2.68	14	43	0.00	0.27	5.7
X006	上海交通大学学报	481	1.00	3855	8.01	3.34	15	45	0.03	0.66	6.7
H022	上海交通大学学报农业科学版	93	1.00	1230	13.23	4.16	10	30	0.01	0.82	7.9
M021	上海金属	82	0.98	725	8.84	3.23	11	30	0.00	0.21	7.8
G343	上海精神医学	116	0.71	1178	10.16	3.68	17	47	0.06	0.16	5.8
G283	上海口腔医学	165	0.85	1658	10.05	3.98	13	64	0.03	0.41	6.2
J031	上海理工大学学报	129	0.98	934	7.24	2.82	7	15	0.02	0.44	7.3
H282	上海农业学报	127	1.00	1198	9.43	4.14	11	44	0.01	0.79	6.5
A043	上海师范大学学报	80	0.91	734	9.18	2.74	4	14	0.03	0.61	7.1
H292	上海水产大学学报	88	1.00	1509	17.15	3.32	8	20	0.00	0.92	8.7
G069	上海医学	364	0.89	3224	8.86	3.94	16	109	0.02	0.11	5.3
G946	上海中医药大学学报	85	0.91	756	8.89	3.14	14	33	0.02	0.55	5.9
G389	上海中医药杂志	339	0.99	2089	6.16	2.77	25	167	0.02	0.26	6.0
N016	深冷技术	98	1.00	128	1.31	1.94	20	67	0.00	0.01	6.1
A515	深圳大学学报理工版	74	1.00	887	11.99	3.09	6	11	0.11	0.85	5.3
G070	神经解剖学杂志	136	0.99	2313	17.01	4.67	21	56	0.05	0.70	6.5
G278	神经科学通报	71	0.76	1441	20.30	4.21	14	45	0.08	0.68	5.2
J052	沈阳工业大学学报	179	0.98	1696	9.47	2.99	7	25	0.01	0.36	5.8
J027	沈阳工业学院学报	102	1.00	593	5.81	2.67	9	13	0.00	0.12	5.0
V011	沈阳建筑大学学报	183	0.97	1956	10.69	3.54	13	24	0.03	1.00	5.8
H024	沈阳农业大学学报	199	1.00	1589	7.98	3.66	15	41	0.02	0.45	7.5
G071	沈阳药科大学学报	124	1.00	1140	9.19	4.32	9	20	0.03	0.16	7.9
G202	肾脏病与透析肾移植杂志	130	0.97	2361	18.16	3.45	10	31	0.01	0.15	4.7
F203	生理科学进展	93	0.89	1105	11.88	2.61	18	58	0.02	0.81	3.4
F001	生理学报	111	1.00	2641	23.79	5.11	21	60	0.14	0.82	6.3
F042	生命的化学	178	0.90	2591	14.56	2.87	25	99	0.01	0.58	4.0
F215	生命科学	84	0.94	2404	28.62	2.63	15	42	0.01	0.71	4.3

表 4-2　2005 年中国科技期刊来源指标刊名字顺索引（续）

代码	期刊名称	来源文献量	文献选出率	参考文献量	平均引文数	平均作者数	地区分布数	机构分布数	海外论文比	基金论文比	引用半衰期
F046	生命科学研究	71	0.95	1076	15.15	4.27	18	44	0.03	0.89	7.0
H784	生态环境	217	1.00	3513	16.19	3.80	24	105	0.03	0.84	6.5
Z014	生态学报	483	1.00	19067	39.48	4.06	30	150	0.05	0.99	7.4
Z028	生态学杂志	315	1.00	7824	24.84	3.83	26	134	0.02	0.99	7.6
F250	生物磁学	175	0.80	1553	8.87	2.33	21	90	0.02	0.09	4.5
F049	生物多样性	65	1.00	1854	28.52	3.94	15	38	0.02	0.94	7.9
F003	生物工程学报	188	0.93	3165	16.84	4.91	22	92	0.02	0.81	6.5
F016	生物化学与生物物理进展	178	0.97	3823	21.48	5.12	20	76	0.10	0.85	4.9
F034	生物化学与生物物理学报	120	1.00	3059	25.49	5.91	15	49	0.13	0.81	6.0
F224	生物技术通讯	220	1.00	4022	18.28	3.93	27	98	0.00	0.43	5.6
B009	生物数学学报	82	1.00	721	8.79	2.49	19	52	0.00	0.63	8.9
F012	生物物理学报	65	0.94	1280	19.69	3.85	14	36	0.03	0.86	5.7
F213	生物学杂志	94	0.65	1085	11.54	2.84	24	61	0.00	0.64	6.7
G006	生物医学工程学杂志	305	1.00	3391	11.12	4.39	24	110	0.04	0.67	6.7
G332	生物医学工程研究	77	1.00	569	7.39	3.70	14	44	0.03	0.34	5.6
G603	生物医学工程与临床	114	0.99	1137	9.97	4.57	21	85	0.00	0.29	5.7
G624	生殖医学杂志	108	0.90	1270	11.76	3.88	22	67	0.04	0.32	5.4
G072	生殖与避孕	160	0.88	2095	13.09	4.35	24	97	0.03	0.23	5.6
C033	声学技术	68	0.49	476	7.00	3.29	10	32	0.03	0.43	7.9
C054	声学学报	85	1.00	1116	13.13	2.88	13	30	0.07	0.73	8.2
V043	施工技术	367	0.91	735	2.00	2.43	28	233	0.02	0.06	5.8
T933	石化技术与应用	114	0.99	553	4.85	3.04	17	61	0.01	0.06	6.0
X042	石家庄铁道学院学报	119	0.75	581	4.88	2.39	15	40	0.00	0.18	6.0
L016	石油地球物理勘探	126	0.77	1058	8.40	3.24	18	47	0.01	0.20	7.8
L015	石油化工	240	0.44	3513	14.64	3.88	23	93	0.01	0.48	5.3
L034	石油化工高等学校学报	92	0.99	852	9.26	3.55	11	28	0.00	0.52	5.3
L023	石油化工设备	134	0.78	597	4.46	2.70	20	79	0.00	0.08	8.8
L021	石油化工设备技术	120	0.97	352	2.93	1.93	20	71	0.00	0.02	7.7
L019	石油机械	305	0.90	1001	3.28	3.18	22	115	0.01	0.45	5.8
L031	石油勘探与开发	192	0.98	2972	15.48	3.95	17	46	0.01	0.67	5.9
L032	石油矿场机械	211	0.97	657	3.11	3.11	20	82	0.00	0.11	7.2
L030	石油炼制与化工	179	0.94	976	5.45	3.24	21	92	0.01	0.18	6.5
E126	石油实验地质	116	0.97	1646	14.19	3.44	17	39	0.01	0.60	7.1
L005	石油物探	141	1.00	1183	8.39	3.53	14	53	0.00	0.33	5.3
L028	石油学报	166	0.99	2030	12.23	3.86	17	46	0.00	0.94	6.4

表 4-2　2005 年中国科技期刊来源指标刊名字顺索引（续）

代码	期刊名称	来源文献量	文献选出率	参考文献量	平均引文数	平均作者数	地区分布数	机构分布数	海外论文比	基金论文比	引用半衰期
L012	石油学报石油加工	94	0.99	1067	11.35	3.68	15	41	0.00	0.49	6.5
L006	石油与天然气地质	126	0.98	2355	18.69	3.69	15	41	0.01	0.84	6.9
L008	石油钻采工艺	154	0.80	764	4.96	3.84	15	55	0.01	0.58	7.0
L025	石油钻探技术	134	0.92	787	5.87	2.91	15	47	0.00	0.12	5.3
F257	实验动物科学与管理	78	0.93	589	7.55	4.07	17	56	0.01	0.23	7.1
G387	实验动物与比较医学	61	0.97	615	10.08	4.84	15	44	0.02	0.43	5.9
A113	实验技术与管理	194	0.39	901	4.64	2.58	25	96	0.00	0.16	4.6
C009	实验力学	101	0.80	974	9.64	3.75	18	45	0.03	0.69	7.3
F021	实验生物学报	77	0.97	1301	16.90	4.79	18	50	0.03	0.88	6.7
A115	实验室研究与探索	200	0.40	1410	7.05	2.62	23	113	0.00	0.36	4.5
G875	实用儿科临床杂志	663	0.91	6308	9.51	3.66	27	288	0.01	0.29	3.8
G534	实用放射学杂志	375	0.65	3342	8.91	4.19	30	245	0.01	0.18	6.5
G586	实用妇产科杂志	302	0.80	1434	4.75	3.03	29	165	0.00	0.10	5.5
G224	实用口腔医学杂志	288	0.94	1958	6.80	3.76	28	158	0.01	0.32	6.7
G700	实用老年医学	135	0.82	770	5.70	3.00	23	100	0.01	0.07	5.7
Q919	实用临床医药杂志	520	0.94	3987	7.67	2.60	23	248	0.01	0.12	4.9
G324	实用医学杂志	1400	0.78	9678	6.91	3.50	27	609	0.00	0.09	5.8
G768	实用预防医学	734	0.93	3756	5.12	3.33	28	374	0.00	0.10	5.2
G367	实用诊断与治疗杂志	633	0.99	3604	5.69	2.60	27	333	0.00	0.02	5.3
U005	食品工业科技	685	0.96	4753	6.94	3.05	29	281	0.01	0.39	6.7
U006	食品科学	999	1.00	10514	10.52	3.64	30	283	0.01	0.48	6.9
U035	食品与发酵工业	492	0.95	5233	10.64	3.60	28	169	0.01	0.40	6.5
E363	世界地震工程	121	1.00	1055	8.72	3.02	17	52	0.00	0.55	7.6
E548	世界地质	73	1.00	1152	15.78	3.59	14	26	0.01	0.40	8.3
G190	世界华人消化杂志	767	1.00	17635	22.99	4.33	26	281	0.02	0.43	4.0
A201	世界科技研究与发展	83	0.73	2236	26.94	2.90	20	45	0.04	0.54	6.3
G906	世界科学技术-中医药现代化	135	0.86	1770	13.11	3.67	20	77	0.01	0.67	5.0
A023	首都师范大学学报	87	0.90	1095	12.59	2.92	9	14	0.00	0.51	8.1
G073	首都医科大学学报	223	0.97	2151	9.65	4.38	1	24	0.04	0.31	6.2
F033	兽类学报	69	0.99	1709	24.77	4.01	16	33	0.12	0.84	>10
R005	数据采集与处理	99	1.00	890	8.99	3.11	15	36	0.01	0.53	6.4
W009	数理统计与管理	122	0.95	810	6.64	2.08	21	74	0.02	0.36	6.8
B015	数学的实践与认识	484	1.00	3134	6.48	2.05	29	260	0.00	0.40	9.2
B523	数学教育学报	114	0.97	858	7.53	1.66	25	61	0.04	0.32	4.5
B007	数学进展	92	0.99	1210	13.15	1.79	22	64	0.03	0.90	>10

表 4-2　2005 年中国科技期刊来源指标刊名字顺索引（续）

代码	期刊名称	来源文献量	文献选出率	参考文献量	平均引文数	平均作者数	地区分布数	机构分布数	海外论文比	基金论文比	引用半衰期
B004	数学年刊A	99	0.99	1126	11.37	1.84	22	54	0.01	0.86	>10
C036	数学物理学报	120	0.88	1380	11.50	1.97	24	90	0.02	0.96	>10
B006	数学学报	150	0.98	1779	11.86	1.77	26	87	0.02	0.91	>10
B005	数学研究与评论	111	1.00	927	8.35	1.77	25	87	0.04	0.76	>10
B012	数学杂志	131	1.00	963	7.35	1.78	28	86	0.00	0.71	>10
S032	数值计算与计算机应用	37	1.00	363	9.81	2.54	14	34	0.00	0.62	9.8
H008	水产学报	149	1.00	2826	18.97	4.15	15	47	0.06	0.96	9.1
Z016	水处理技术	250	0.90	1750	7.00	3.57	26	110	0.01	0.67	6.6
P007	水电能源科学	170	0.99	1017	5.98	2.95	21	59	0.01	0.42	5.4
V034	水电自动化与大坝监测	146	0.96	382	2.62	2.54	21	73	0.00	0.07	3.9
W004	水动力学研究与进展A	120	0.86	1730	14.42	3.25	21	60	0.01	0.58	9.2
W013	水科学进展	152	1.00	1937	12.74	3.36	23	67	0.04	0.81	7.4
R050	水力发电	312	0.98	1009	3.23	2.50	26	127	0.00	0.25	6.1
R049	水力发电学报	151	0.99	1027	6.80	3.20	17	43	0.00	0.40	7.1
R587	水利经济	68	0.51	384	5.65	2.05	19	46	0.03	0.46	3.4
W011	水利水电技术	359	0.98	1254	3.49	2.73	25	111	0.00	0.22	6.9
W502	水利水电科技进展	131	0.97	1029	7.85	2.84	21	61	0.00	0.43	6.4
W006	水利水运工程学报	57	1.00	531	9.32	2.88	14	23	0.00	0.42	6.3
W003	水利学报	248	0.98	2674	10.78	3.11	20	63	0.02	0.67	8.0
V009	水泥	317	0.80	281	0.89	1.98	29	204	0.00	0.04	4.7
V008	水泥技术	122	0.91	208	1.70	1.93	26	79	0.01	0.04	9.9
F010	水生生物学报	130	1.00	2054	15.80	3.77	21	58	0.02	1.00	7.9
H015	水土保持通报	159	1.00	1421	8.94	3.50	27	87	0.01	0.80	6.0
H287	水土保持学报	293	1.00	3386	11.56	4.13	28	100	0.03	0.99	5.9
H056	水土保持研究	419	1.00	4600	10.98	3.19	28	149	0.04	0.69	6.3
E154	水文地质工程地质	183	1.00	1191	6.51	3.11	25	89	0.01	0.47	6.7
R566	水资源保护	130	0.97	1050	8.08	2.56	27	92	0.00	0.34	5.5
U056	丝绸	224	1.00	1038	4.63	2.05	16	97	0.01	0.22	5.1
A006	四川大学学报	267	0.99	2426	9.09	3.74	17	65	0.00	0.47	8.8
J051	四川大学学报工程科学版	188	1.00	1664	8.85	3.83	13	33	0.03	0.75	6.5
G045	四川大学学报医学版	280	0.99	2460	8.79	5.09	16	65	0.01	0.49	6.0
F027	四川动物	194	0.97	2117	10.91	3.54	25	108	0.01	0.46	8.3
Z007	四川环境	183	0.98	2276	12.44	2.83	22	95	0.00	0.33	5.2
V007	四川建筑科学研究	289	1.00	1558	5.39	2.25	24	123	0.01	0.18	6.3
A033	四川师范大学学报	197	0.97	2048	10.40	2.29	16	50	0.00	0.60	7.5

表 4-2　2005 年中国科技期刊来源指标刊名字顺索引（续）

代码	期刊名称	来源文献量	文献选出率	参考文献量	平均引文数	平均作者数	地区分布数	机构分布数	海外论文比	基金论文比	引用半衰期
R015	四川水力发电	148	0.76	190	1.28	1.74	10	64	0.00	0.05	6.8
G575	四川医学	823	0.76	4339	5.27	3.37	24	272	0.00	0.07	5.9
H864	饲料研究	222	0.94	606	2.73	2.76	27	121	0.01	0.10	6.0
A037	苏州大学学报	76	0.92	593	7.80	2.29	4	11	0.03	0.76	8.2
G074	苏州大学学报医学版	454	0.94	2786	6.14	3.84	8	94	0.01	0.15	6.2
T106	塑料	131	1.00	1425	10.88	3.27	23	60	0.01	0.29	6.1
T014	塑料工业	234	0.74	1906	8.15	3.49	24	104	0.01	0.26	6.5
T536	塑料科技	94	1.00	1013	10.78	3.12	21	54	0.00	0.13	5.6
T580	塑性工程学报	139	0.73	1202	8.65	3.54	21	53	0.01	0.50	6.8
E123	台湾海峡	82	1.00	994	12.12	3.50	7	35	0.00	0.57	8.2
L009	太阳能学报	165	0.99	1758	10.65	4.00	20	64	0.06	0.62	6.6
J011	太原理工大学学报	224	1.00	1324	5.91	2.67	17	49	0.01	0.41	6.7
M544	钛工业进展	58	0.94	436	7.52	3.27	13	35	0.00	0.26	6.5
T527	炭素	37	0.97	382	10.32	2.92	16	27	0.00	0.16	7.2
T015	炭素技术	62	0.98	553	8.92	2.71	19	41	0.00	0.26	6.1
N043	探测与控制学报	84	1.00	483	5.75	2.89	12	28	0.00	0.20	6.0
E128	探矿工程岩土钻掘工程	263	0.67	515	1.96	2.18	26	176	0.00	0.06	7.0
V531	陶瓷学报	58	1.00	666	11.48	3.40	16	27	0.12	0.21	8.1
H041	特产研究	72	1.00	550	7.64	3.61	18	44	0.00	0.39	9.3
V027	特种结构	124	1.00	724	5.84	2.41	19	68	0.00	0.08	7.7
T999	特种橡胶制品	96	0.87	708	7.38	2.85	16	42	0.00	0.04	8.5
N065	特种铸造及有色合金	299	0.68	2433	8.14	3.45	25	124	0.00	0.43	5.9
A041	天津大学学报	228	1.00	2023	8.87	3.62	5	9	0.01	0.66	7.2
U017	天津工业大学学报	151	1.00	1094	7.25	2.87	10	22	0.01	0.40	5.9
U031	天津科技大学学报	85	0.99	719	8.46	2.90	3	8	0.00	0.45	6.0
J054	天津理工大学学报	153	1.00	860	5.62	2.80	5	19	0.00	0.63	5.5
A504	天津师范大学学报	76	0.93	674	8.87	3.01	10	25	0.00	0.55	7.7
G076	天津医药	414	0.84	2476	5.98	3.78	23	117	0.00	0.16	4.6
G626	天津中医药	245	0.95	1059	4.32	2.62	20	97	0.03	0.26	6.4
T611	天然产物研究与开发	208	1.00	2875	13.82	3.90	28	112	0.05	0.50	7.4
L518	天然气地球科学	169	0.98	2272	13.44	3.95	19	59	0.01	0.60	6.5
L029	天然气工业	530	0.93	3918	7.39	3.72	21	137	0.00	0.60	6.7
T074	天然气化工	103	1.00	1411	13.70	3.65	21	60	0.00	0.33	7.0
E023	天文学报	50	0.98	712	14.24	3.06	8	15	0.02	0.82	8.8
E114	天文学进展	33	1.00	1044	31.64	2.64	5	11	0.03	0.55	7.0

表 4-2 2005 年中国科技期刊来源指标刊名字顺索引（续）

代码	期刊名称	来源文献量	文献选出率	参考文献量	平均引文数	平均作者数	地区分布数	机构分布数	海外论文比	基金论文比	引用半衰期
X019	铁道车辆	109	0.56	321	2.94	2.18	18	50	0.00	0.06	7.4
X521	铁道工程学报	142	0.69	456	3.21	1.61	21	58	0.00	0.08	5.9
X007	铁道科学与工程学报	112	0.99	1160	10.36	2.88	14	37	0.00	0.78	6.0
X005	铁道学报	145	0.95	1209	8.34	3.10	14	26	0.04	0.64	6.6
G238	听力学及言语疾病杂志	167	0.98	1525	9.13	3.53	21	91	0.03	0.14	7.0
R065	通信学报	279	1.00	3113	11.16	2.97	22	74	0.01	0.81	6.0
J032	同济大学学报	354	1.00	2935	8.29	2.84	6	10	0.03	0.49	7.2
Q003	同位素	58	1.00	481	8.29	4.45	10	28	0.00	0.26	6.5
T103	涂料工业	205	0.94	1626	7.93	2.96	26	144	0.00	0.15	5.9
V029	土木工程学报	272	0.97	2299	8.45	2.88	22	85	0.04	0.55	7.8
H043	土壤	129	1.00	2735	21.20	3.67	24	54	0.02	0.75	6.6
H233	土壤肥料	103	1.00	721	7.00	3.69	27	83	0.00	0.41	9.8
H057	土壤通报	233	1.00	3538	15.18	4.01	28	102	0.02	0.65	8.9
H012	土壤学报	163	0.99	2956	18.13	4.20	24	53	0.04	0.97	7.2
Y025	推进技术	128	0.99	1032	8.06	3.75	11	22	0.01	0.56	7.6
G601	外科理论与实践	201	0.90	1916	9.53	4.01	18	73	0.03	0.08	4.7
R070	微波学报	103	0.73	834	8.10	3.01	18	50	0.02	0.49	8.3
S005	微处理机	157	1.00	740	4.71	2.76	18	50	0.00	0.16	5.4
R057	微电机	179	1.00	813	4.54	2.50	21	82	0.00	0.08	6.0
R064	微电子学	176	0.99	1513	8.60	3.53	14	43	0.01	0.59	6.4
R004	微电子学与计算机	638	1.00	4207	6.59	2.81	25	159	0.00	0.47	5.8
S017	微计算机应用	208	0.78	1059	5.09	2.32	25	130	0.00	0.18	4.8
R098	微纳电子技术	115	0.96	1432	12.45	3.36	17	61	0.02	0.51	5.6
F004	微生物学报	211	1.00	3335	15.81	4.46	25	86	0.01	0.85	6.8
F011	微生物学通报	168	0.88	1688	10.05	3.85	25	100	0.01	0.78	7.0
R085	微特电机	175	0.93	913	5.22	2.54	21	85	0.01	0.18	5.8
E052	微体古生物学报	44	1.00	1530	34.77	3.55	13	21	0.11	0.64	>10
N018	微细加工技术	63	0.98	578	9.17	4.00	11	24	0.02	0.70	6.2
S033	微型电脑应用	253	0.99	1332	5.26	2.34	22	106	0.00	0.15	4.9
S010	微型机与应用	256	1.00	1262	4.93	2.67	22	113	0.00	0.22	4.2
G210	微循环学杂志	178	1.00	1604	9.01	3.74	20	98	0.02	0.16	5.3
G079	卫生研究	265	0.99	2376	8.97	5.79	21	82	0.05	0.76	5.9
G800	胃肠病学	94	0.86	1450	15.43	3.78	18	50	0.03	0.16	5.2
G326	胃肠病学和肝病学杂志	210	0.93	2635	12.55	4.50	22	107	0.00	0.28	4.9
G702	温州医学院学报	202	0.87	1596	7.90	3.94	3	36	0.00	0.20	5.6

表 4-2　2005 年中国科技期刊来源指标刊名字顺索引（续）

代码	期刊名称	来源文献量	文献选出率	参考文献量	平均引文数	平均作者数	地区分布数	机构分布数	海外论文比	基金论文比	引用半衰期
D003	无机材料学报	244	1.00	3643	14.93	4.16	24	92	0.03	0.74	8.1
D023	无机化学学报	399	1.00	6594	16.53	4.42	27	136	0.03	0.91	6.8
T072	无机盐工业	245	0.98	1390	5.67	3.03	27	134	0.00	0.15	5.4
N044	无损检测	202	0.97	981	4.86	2.75	27	121	0.00	0.16	6.6
U029	无锡轻工大学学报	145	1.00	1656	11.42	3.54	19	45	0.01	0.49	7.2
R718	无线通信技术	60	1.00	303	5.05	2.62	18	34	0.00	0.23	4.9
W014	武汉大学学报工学版	200	1.00	1324	6.62	3.06	16	42	0.00	0.38	6.1
A024	武汉大学学报理学版	165	0.99	2132	12.92	3.65	11	28	0.01	0.88	6.0
E107	武汉大学学报信息科学版	264	1.00	2203	8.34	2.88	15	53	0.04	0.78	5.7
G038	武汉大学学报医学版	241	1.00	1963	8.15	4.27	6	45	0.02	0.34	5.5
T547	武汉化工学院学报	120	0.71	839	6.99	2.53	10	29	0.00	0.33	6.5
M032	武汉科技大学学报	130	1.00	870	6.69	3.17	11	22	0.01	0.32	5.7
J006	武汉理工大学学报	400	1.00	2637	6.59	3.19	22	81	0.01	0.69	5.5
X017	武汉理工大学学报交通科学与工程版	262	0.93	1499	5.72	2.88	19	58	0.00	0.78	4.1
J018	武汉理工大学学报信息与管理工程版	375	0.94	1869	4.98	2.19	10	36	0.01	0.37	4.0
F008	武汉植物学研究	121	0.97	2119	17.51	3.84	23	59	0.02	0.90	8.4
C090	物理	155	1.00	2722	17.56	2.57	20	64	0.14	0.54	6.9
D001	物理化学学报	288	0.99	5209	18.09	4.43	25	112	0.02	0.92	7.9
C006	物理学报	1037	1.00	17053	16.44	4.32	28	233	0.04	0.85	9.2
C053	物理学进展	22	1.00	1550	70.45	2.95	8	16	0.05	0.86	9.5
E136	物探化探计算技术	83	1.00	627	7.55	3.40	14	31	0.02	0.55	7.7
E138	物探与化探	144	0.99	965	6.70	3.15	21	66	0.01	0.26	7.4
R009	西安电子科技大学学报	220	1.00	1745	7.93	3.10	10	24	0.00	0.86	6.4
U030	西安工程科技学院学报	131	0.95	659	5.03	2.43	9	28	0.02	0.31	5.1
J036	西安工业学院学报	146	0.98	1093	7.49	2.85	8	25	0.01	0.38	5.1
V018	西安建筑科技大学学报	135	1.00	826	6.12	2.87	10	22	0.01	0.67	6.3
X030	西安交通大学学报	333	1.00	2640	7.93	3.57	13	19	0.01	0.80	6.0
G081	西安交通大学学报医学版	186	0.96	1871	10.06	4.80	12	40	0.01	0.50	5.5
J002	西安理工大学学报	102	1.00	797	7.81	3.07	6	11	0.02	0.58	5.9
L010	西安石油大学学报	130	0.94	1138	8.75	3.37	14	35	0.00	0.42	6.9
A032	西北大学学报	185	0.90	1716	9.28	3.28	11	36	0.01	0.91	6.8
E307	西北地震学报	85	0.73	651	7.66	2.93	20	41	0.07	0.58	8.4
E125	西北地质	66	1.00	846	12.82	4.02	10	28	0.00	0.68	7.1

表 4-2 2005 年中国科技期刊来源指标刊名字顺索引（续）

代码	期刊名称	来源文献量	文献选出率	参考文献量	平均引文数	平均作者数	地区分布数	机构分布数	海外论文比	基金论文比	引用半衰期
Y023	西北工业大学学报	183	1.00	1211	6.62	3.22	4	9	0.02	0.48	6.7
G245	西北国防医学杂志	245	0.80	1291	5.27	4.29	12	55	0.00	0.20	4.7
H224	西北林学院学报	195	0.99	2543	13.04	3.76	19	59	0.01	0.86	8.3
H018	西北农林科技大学学报	415	0.84	5356	12.91	4.06	23	83	0.01	0.83	7.1
H288	西北农业学报	277	0.99	3519	12.70	3.84	23	87	0.00	0.60	7.2
A022	西北师范大学学报	117	0.74	1054	9.01	2.91	7	14	0.00	0.62	7.9
F020	西北植物学报	452	0.98	7929	17.54	3.94	30	144	0.01	0.91	7.5
H385	西部林业科学	90	1.00	844	9.38	3.54	18	47	0.00	0.44	7.3
J045	西华大学学报自然科学版	175	1.00	983	5.62	2.42	10	34	0.00	0.35	5.4
G312	西南国防医药	376	0.90	1849	4.92	3.75	18	113	0.00	0.08	5.6
X032	西南交通大学学报	180	1.00	1501	8.34	2.66	10	26	0.01	0.56	6.1
H270	西南林学院学报	91	1.00	962	10.57	3.01	18	36	0.02	0.75	7.2
A060	西南民族大学学报	232	0.83	1800	7.76	2.46	21	70	0.00	0.20	6.5
H004	西南农业大学学报	230	1.00	2357	10.25	4.00	19	82	0.00	0.74	7.6
H061	西南农业学报	206	1.00	2087	10.13	4.63	21	116	0.01	0.58	7.5
A064	西南师范大学学报	220	0.87	2007	9.12	2.81	18	74	0.00	0.65	7.9
L002	西南石油学院学报	147	0.99	899	6.12	4.01	15	33	0.00	0.31	8.1
M041	稀土	135	0.99	1379	10.21	4.09	21	65	0.01	0.65	7.2
M029	稀有金属	207	1.00	2721	13.14	4.01	25	83	0.01	0.71	6.6
M052	稀有金属材料与工程	489	0.59	5666	11.59	4.29	24	101	0.03	0.80	7.4
S003	系统仿真学报	822	0.89	6879	8.37	3.16	25	194	0.01	0.58	6.1
B028	系统工程	109	0.36	1144	10.50	2.51	20	50	0.01	0.76	6.4
B027	系统工程理论方法应用	39	0.31	416	10.67	2.55	10	20	0.00	0.67	6.9
B025	系统工程理论与实践	159	0.60	1762	11.08	2.61	23	74	0.11	0.65	6.5
B018	系统工程学报	63	0.55	689	10.94	2.55	19	41	0.03	0.78	6.6
R059	系统工程与电子技术	563	0.99	4890	8.69	2.92	21	125	0.00	0.55	6.7
B021	系统科学与数学	82	0.99	820	10.00	2.12	20	58	0.00	0.87	>10
F025	细胞生物学杂志	150	0.98	3725	24.83	3.65	22	77	0.03	0.73	5.7
G188	细胞与分子免疫学杂志	251	0.84	2244	8.94	5.08	22	113	0.02	0.67	4.9
A063	厦门大学学报	213	0.71	1849	8.68	3.58	8	22	0.01	0.69	7.0
E027	现代地质	89	1.00	1822	20.47	4.64	14	31	0.02	0.92	6.5
R089	现代电力	112	0.93	899	8.03	3.09	18	40	0.05	0.32	5.6
G300	现代妇产科进展	179	0.90	1527	8.53	3.85	26	114	0.01	0.20	4.9
G847	现代护理	1288	0.89	6186	4.80	2.62	29	523	0.00	0.07	4.7
T063	现代化工	210	0.70	2592	12.34	3.15	22	113	0.01	0.43	5.3

表 4-2　2005 年中国科技期刊来源指标刊名字顺索引（续）

代码	期刊名称	来源文献量	文献选出率	参考文献量	平均引文数	平均作者数	地区分布数	机构分布数	海外论文比	基金论文比	引用半衰期
G653	现代检验医学杂志	351	1.00	1414	4.03	2.91	29	264	0.00	0.07	6.7
N100	现代科学仪器	152	0.79	1048	6.89	2.90	22	113	0.03	0.28	6.4
G321	现代口腔医学杂志	196	0.64	2026	10.34	3.74	23	87	0.01	0.26	8.4
R087	现代雷达	260	1.00	1564	6.02	2.58	17	79	0.00	0.17	6.6
G341	现代泌尿外科杂志	187	0.81	1175	6.28	4.22	27	157	0.00	0.05	6.0
G067	现代免疫学	149	0.99	1814	12.17	4.92	23	83	0.03	0.56	4.5
X673	现代隧道技术	93	1.00	459	4.94	2.14	18	59	0.01	0.04	6.4
G223	现代医学	172	0.99	1125	6.54	3.19	17	83	0.00	0.15	5.0
N115	现代仪器	121	0.85	864	7.14	3.09	16	81	0.01	0.12	6.3
G963	现代预防医学	989	0.94	4765	4.82	3.30	29	559	0.01	0.12	5.7
N111	现代制造工程	605	1.00	2134	3.53	2.69	28	268	0.00	0.30	5.3
G826	现代肿瘤医学	442	0.94	3991	9.03	3.78	28	221	0.00	0.15	5.4
M011	现代铸铁	109	0.95	481	4.41	2.59	18	59	0.01	0.06	7.6
T073	香料香精化妆品	67	0.85	586	8.75	3.21	20	51	0.00	0.15	8.0
A018	湘潭大学自然科学学报	112	0.98	968	8.64	2.63	11	34	0.02	0.88	7.2
T064	橡胶工业	183	0.96	1203	6.57	3.09	23	85	0.00	0.21	6.8
T953	消防科学与技术	206	1.00	1027	4.99	2.71	28	95	0.03	0.23	6.2
G978	消化外科	129	0.83	1365	10.58	4.48	18	55	0.02	0.22	5.0
G765	小儿急救医学	251	0.91	1575	6.27	3.06	25	144	0.01	0.05	5.3
P010	小型内燃机与摩托车	78	0.86	422	5.41	3.33	20	45	0.00	0.17	5.9
S027	小型微型计算机系统	515	1.00	5263	10.22	3.18	24	122	0.02	0.84	6.3
G083	心肺血管病杂志	93	0.86	708	7.61	4.81	17	49	0.01	0.13	6.4
E046	心理学报	112	1.00	2181	19.47	2.95	17	41	0.10	0.76	8.2
G419	心血管病学进展	190	0.87	4633	24.38	2.39	26	114	0.01	0.03	4.9
G578	心血管康复医学杂志	299	0.98	2580	8.63	3.48	25	190	0.00	0.05	5.4
G260	心脏杂志	221	0.84	1709	7.73	4.90	28	109	0.00	0.21	4.6
N080	新技术新工艺	294	0.91	1603	5.45	2.78	25	179	0.00	0.26	6.1
V026	新建筑	159	0.99	551	3.47	1.82	20	56	0.00	0.15	5.8
A087	新疆大学学报	113	0.97	805	7.12	2.48	7	13	0.02	0.35	7.9
E159	新疆地质	95	1.00	669	7.04	3.54	16	49	0.00	0.28	7.8
H908	新疆农业大学学报	81	1.00	746	9.21	4.10	5	9	0.02	0.48	6.3
H276	新疆农业科学	114	0.58	783	6.87	4.57	9	26	0.01	0.98	6.8
L007	新疆石油地质	187	0.90	1444	7.72	3.67	18	59	0.01	0.18	7.5
G082	新生儿科杂志	91	0.78	598	6.57	2.99	20	76	0.03	0.02	5.3
G328	新乡医学院学报	265	0.93	2201	8.31	3.16	13	103	0.00	0.16	5.0

表 4-2　2005 年中国科技期刊来源指标刊名字顺索引（续）

代码	期刊名称	来源文献量	文献选出率	参考文献量	平均引文数	平均作者数	地区分布数	机构分布数	海外论文比	基金论文比	引用半衰期
M102	新型炭材料	62	0.93	1319	21.27	4.44	13	26	0.10	0.69	5.9
R034	信号处理	151	0.49	1507	9.98	2.95	19	50	0.01	0.54	7.6
R731	信息记录材料	49	0.88	637	13.00	2.84	12	29	0.00	0.14	7.3
S002	信息与控制	147	0.96	1437	9.78	2.89	18	52	0.01	0.64	5.6
G565	徐州医学院学报	253	0.98	1661	6.57	3.33	12	89	0.00	0.21	6.1
H023	畜牧兽医学报	276	1.00	3644	13.20	5.24	22	58	0.03	0.92	8.0
H218	畜牧与兽医	306	0.68	2306	7.54	3.53	31	141	0.01	0.26	6.2
G346	血栓与止血学	102	0.97	885	8.68	3.69	20	68	0.02	0.15	4.7
G627	循证医学	85	1.00	625	7.35	3.02	11	37	0.00	0.02	4.3
R069	压电与声光	214	0.99	1480	6.92	3.69	19	72	0.01	0.64	7.5
N052	压力容器	168	0.99	794	4.73	2.92	19	98	0.01	0.16	7.6
N068	压缩机技术	99	1.00	304	3.07	2.59	20	73	0.00	0.08	6.8
G189	牙体牙髓牙周病学杂志	190	0.57	1927	10.14	3.74	23	82	0.03	0.23	5.8
A501	烟台大学学报自然科学与工程版	54	0.98	469	8.69	2.42	7	12	0.00	0.56	6.9
E053	岩矿测试	80	0.98	876	10.95	3.16	22	53	0.04	0.49	8.9
E157	岩石矿物学杂志	99	1.00	3425	34.60	4.05	15	34	0.09	0.86	6.9
C005	岩石力学与工程学报	742	0.97	9464	12.75	3.35	24	151	0.04	0.63	6.9
E309	岩石学报	166	1.00	7363	44.36	4.96	14	30	0.14	0.94	7.2
V037	岩土工程学报	301	0.93	2967	9.86	3.13	24	102	0.05	0.59	7.8
C004	岩土力学	416	0.98	3775	9.07	3.21	24	107	0.02	0.58	7.7
E500	盐湖研究	51	1.00	807	15.82	3.47	10	17	0.00	0.29	6.6
G962	眼科	148	0.80	1159	7.83	2.95	19	62	0.02	0.07	6.3
G554	眼科新进展	196	0.71	2089	10.66	3.47	23	112	0.01	0.36	5.7
G773	眼科研究	243	0.89	1986	8.17	3.88	23	128	0.02	0.33	6.7
G873	眼视光学杂志	98	0.91	993	10.13	3.46	15	63	0.05	0.11	7.2
G990	眼外伤职业眼病杂志	477	0.94	2568	5.38	2.75	30	337	0.00	0.04	6.8
J025	燕山大学学报	131	1.00	756	5.77	2.57	15	35	0.01	0.19	6.3
A514	扬州大学学报	77	1.00	823	10.69	2.84	7	16	0.00	0.70	5.2
H016	扬州大学学报农业与生命科学版	95	1.00	1108	11.66	5.18	7	21	0.03	0.98	7.7
S031	遥测遥控	80	0.79	492	6.15	2.68	11	33	0.00	0.08	7.1
Z543	遥感技术与应用	120	1.00	1269	10.58	3.57	18	57	0.03	0.44	5.9
S024	遥感信息	104	0.96	1212	11.65	3.25	19	58	0.02	0.59	6.3
Z006	遥感学报	107	1.00	1450	13.55	3.59	12	44	0.10	0.75	7.2
G403	药物不良反应杂志	125	0.44	924	7.39	2.76	22	78	0.00	0.01	4.6
G087	药物分析杂志	463	0.99	3293	7.11	3.71	29	220	0.02	0.24	5.9

表 4-2　2005 年中国科技期刊来源指标刊名字顺索引（续）

代码	期刊名称	来源文献量	文献选出率	参考文献量	平均引文数	平均作者数	地区分布数	机构分布数	海外论文比	基金论文比	引用半衰期
G877	药物流行病学杂志	184	0.88	864	4.70	2.83	22	145	0.00	0.05	4.3
G514	药物生物技术	99	1.00	1304	13.17	3.74	19	51	0.01	0.44	5.4
G977	药学服务与研究	133	0.80	937	7.05	3.27	18	76	0.01	0.08	4.5
G440	药学实践杂志	135	0.88	900	6.67	3.10	23	106	0.00	0.08	5.5
G008	药学学报	234	1.00	3024	12.92	4.25	23	93	0.05	0.59	5.9
M023	冶金分析	145	0.85	1156	7.97	2.92	26	87	0.01	0.23	8.1
M047	冶金能源	110	1.00	269	2.45	2.86	20	63	0.01	0.07	6.5
M026	冶金自动化	100	1.00	354	3.54	3.18	16	47	0.00	0.16	4.6
C503	液晶与显示	107	1.00	1339	12.51	4.00	20	52	0.01	0.89	4.9
N035	液压与气动	401	0.99	1483	3.70	2.62	29	207	0.00	0.15	6.1
G871	医疗设备信息	578	0.83	1175	2.03	2.34	29	332	0.00	0.01	3.7
G605	医疗卫生装备	562	0.78	1971	3.51	2.96	29	281	0.00	0.09	4.9
G306	医师进修杂志	683	0.92	4261	6.24	3.35	29	398	0.00	0.05	5.7
G333	医学分子生物学杂志	121	1.00	2133	17.63	3.40	21	71	0.02	0.63	3.6
G545	医学临床研究	792	1.00	5129	6.48	3.19	23	332	0.00	0.03	5.7
G281	医学研究生学报	340	0.83	3913	11.51	3.92	18	80	0.00	0.41	4.6
G265	医学影像学杂志	333	0.67	2736	8.22	3.93	22	188	0.00	0.05	6.2
G308	医学与哲学	487	0.87	3196	6.56	2.12	28	225	0.02	0.08	4.5
G844	医药导报	630	0.87	3675	5.83	2.89	29	354	0.00	0.07	5.3
G088	医用生物力学	50	0.93	532	10.64	4.14	17	35	0.08	0.40	7.0
N074	仪表技术与传感器	289	1.00	1512	5.23	3.07	23	147	0.00	0.26	5.2
N066	仪器仪表学报	318	0.20	2345	7.37	3.24	23	111	0.04	0.58	7.3
G610	胰腺病学	73	0.81	746	10.22	3.93	17	45	0.00	0.14	5.1
R080	移动通信	345	0.94	420	1.22	1.71	21	146	0.00	0.02	3.9
F024	遗传	179	1.00	3898	21.78	4.45	24	108	0.03	0.87	6.4
F013	遗传学报	179	1.00	4155	23.21	5.47	20	78	0.08	0.91	6.9
U054	印染	356	0.84	1572	4.42	2.46	21	168	0.02	0.09	5.8
T104	印染助剂	166	0.99	1030	6.20	2.71	19	72	0.01	0.09	5.2
B008	应用概率统计	51	1.00	477	9.35	1.92	18	35	0.02	0.75	>10
C109	应用光学	107	0.96	721	6.74	3.25	20	59	0.00	0.25	7.9
T949	应用化工	272	1.00	2268	8.34	3.13	26	148	0.00	0.36	6.0
D016	应用化学	334	1.00	3753	11.24	4.02	26	142	0.02	0.79	7.6
A580	应用基础与工程科学学报	58	1.00	660	11.38	3.21	16	37	0.05	0.88	7.2
R033	应用激光	131	1.00	1050	8.02	3.60	21	69	0.00	0.44	5.8
A015	应用科学学报	142	0.99	1103	7.77	3.08	16	31	0.00	0.49	6.7

表 4-2　2005 年中国科技期刊来源指标刊名字顺索引（续）

代码	期刊名称	来源文献量	文献选出率	参考文献量	平均引文数	平均作者数	地区分布数	机构分布数	海外论文比	基金论文比	引用半衰期
C008	应用力学学报	144	1.00	1348	9.36	2.87	21	66	0.02	0.65	8.7
E122	应用气象学报	99	0.82	1270	12.83	3.48	13	39	0.00	0.81	8.3
Z018	应用生态学报	491	0.99	13848	28.20	4.12	29	141	0.02	1.00	6.9
C052	应用声学	71	0.99	611	8.61	3.23	14	32	0.01	0.51	>10
B011	应用数学	101	1.00	839	8.31	2.00	21	60	0.02	0.77	>10
B020	应用数学和力学	203	1.00	2214	10.91	2.71	23	91	0.10	0.85	>10
B001	应用数学学报	79	1.00	827	10.47	1.91	22	60	0.01	0.80	>10
F100	应用与环境生物学报	179	1.00	3465	19.36	4.24	22	88	0.04	0.83	8.1
G089	营养学报	147	0.94	1395	9.49	4.35	24	90	0.05	0.76	6.0
M014	硬质合金	57	0.97	569	9.98	2.73	12	26	0.00	0.23	7.8
L027	油气储运	171	0.78	699	4.09	2.98	18	71	0.00	0.08	8.1
L020	油气田地面工程	538	0.93	40	0.07	2.38	21	139	0.00	0.01	8.3
L033	油田化学	102	0.99	619	6.07	3.89	14	41	0.01	0.18	6.3
E051	铀矿地质	56	1.00	443	7.91	3.16	13	24	0.00	0.21	7.4
K020	铀矿冶	43	1.00	216	5.02	3.16	11	16	0.00	0.07	>10
T916	有机硅材料	66	1.00	878	13.30	3.00	15	41	0.00	0.14	6.3
D025	有机化学	286	1.00	6159	21.53	4.21	23	106	0.03	0.84	8.8
M036	有色金属	130	1.00	1194	9.18	2.95	22	66	0.00	0.52	7.9
K013	有色金属矿山部分	89	0.89	275	3.09	2.47	23	53	0.00	0.11	5.9
M020	有色金属冶炼部分	93	1.00	346	3.72	2.82	20	50	0.01	0.17	6.7
N907	鱼雷技术	53	0.96	288	5.43	2.58	9	19	0.00	0.19	7.0
Y020	宇航材料工艺	81	0.92	1104	13.63	3.70	15	42	0.00	0.38	7.7
Y008	宇航计测技术	88	1.00	373	4.24	2.47	17	48	0.00	0.15	7.4
Y024	宇航学报	167	0.85	1312	7.86	3.02	12	47	0.00	0.50	7.5
H909	玉米科学	159	0.69	1841	11.58	4.46	24	94	0.00	0.43	6.5
G518	预防医学情报杂志	314	0.89	1547	4.93	3.58	23	198	0.00	0.04	4.8
H039	园艺学报	273	0.77	2874	10.53	4.14	28	94	0.04	0.71	8.1
C108	原子核物理评论	109	1.00	1552	14.24	5.38	16	35	0.09	0.85	9.4
Q008	原子能科学技术	127	0.79	858	6.76	5.12	15	31	0.02	0.52	9.1
C057	原子与分子物理学报	151	1.00	1914	12.68	3.64	20	78	0.02	0.85	9.2
A038	云南大学学报	117	1.00	1242	10.62	3.44	11	30	0.01	0.79	7.3
H269	云南农业大学学报	200	1.00	3031	15.16	3.90	19	76	0.02	0.76	7.9
A053	云南师范大学学报	102	0.89	808	7.92	2.60	10	33	0.00	0.43	7.9
F007	云南植物研究	97	0.98	2048	21.11	3.57	21	45	0.07	0.77	9.2
G090	云南中医学院学报	94	0.90	543	5.78	2.78	11	41	0.00	0.27	7.5

表 4-2 2005 年中国科技期刊来源指标刊名字顺索引（续）

代码	期刊名称	来源文献量	文献选出率	参考文献量	平均引文数	平均作者数	地区分布数	机构分布数	海外论文比	基金论文比	引用半衰期
B013	运筹学学报	50	0.96	524	10.48	2.23	15	29	0.02	0.70	>10
B522	运筹与管理	97	0.51	995	10.26	2.39	19	62	0.06	0.53	7.0
H293	杂交水稻	187	0.97	642	3.43	4.55	19	123	0.01	0.64	6.1
E148	灾害学	103	1.00	1185	11.50	2.78	21	70	0.01	0.74	5.9
C100	噪声与振动控制	115	0.99	755	6.57	2.89	18	60	0.00	0.32	6.9
M043	轧钢	151	1.00	322	2.13	2.95	21	62	0.00	0.04	5.5
T569	粘接	131	0.89	1150	8.78	2.85	23	89	0.01	0.08	7.8
H272	湛江海洋大学学报	111	0.68	1193	10.75	2.42	12	38	0.00	0.49	7.7
R081	照明工程学报	54	1.00	316	5.85	2.48	10	26	0.02	0.11	7.9
A017	浙江大学学报工学版	417	1.00	3752	9.00	3.37	3	7	0.02	0.66	7.0
A002	浙江大学学报理学版	155	0.98	1450	9.35	2.54	10	32	0.03	0.81	7.7
H035	浙江大学学报农业与生命科学版	159	0.96	1964	12.35	3.62	12	34	0.03	0.95	7.7
G091	浙江大学学报医学版	127	0.98	1546	12.17	4.65	1	7	0.02	0.65	4.9
J016	浙江工业大学学报	180	0.99	1306	7.26	2.97	7	21	0.01	0.29	6.2
U028	浙江理工大学学报	99	1.00	648	6.55	2.21	5	17	0.01	0.47	5.6
H019	浙江林学院学报	121	1.00	1625	13.43	3.68	18	49	0.02	0.76	6.2
H277	浙江林业科技	125	1.00	937	7.50	3.54	13	82	0.00	0.31	6.3
H216	浙江农业科学	199	0.97	846	4.25	4.09	14	135	0.00	0.61	4.9
H201	浙江农业学报	95	0.98	991	10.43	4.61	4	39	0.00	0.77	6.9
A051	浙江师范大学学报	77	0.69	801	10.40	2.36	3	13	0.00	0.48	6.9
G092	浙江中医学院学报	302	0.90	1125	3.73	2.23	15	138	0.00	0.10	6.4
G093	针刺研究	63	1.00	792	12.57	4.24	17	38	0.00	0.43	7.8
N086	真空	100	1.00	770	7.70	3.52	18	61	0.04	0.11	7.2
R032	真空电子技术	101	1.00	623	6.17	2.75	16	51	0.00	0.10	7.0
N025	真空科学与技术学报	115	0.79	1494	12.99	4.85	20	51	0.03	0.70	6.4
G259	诊断病理学杂志	164	0.63	1541	9.40	3.96	26	112	0.01	0.07	5.8
G615	诊断学理论与实践	159	0.89	1648	10.36	3.96	17	73	0.01	0.04	4.5
Y010	振动测试与诊断	67	1.00	481	7.18	3.06	17	42	0.04	0.55	6.5
Y004	振动工程学报	99	1.00	963	9.73	3.03	17	45	0.03	0.75	7.4
N030	振动与冲击	225	1.00	1998	8.88	2.97	22	89	0.01	0.54	7.6
A019	郑州大学学报	106	0.99	706	6.66	3.11	13	32	0.00	0.76	6.3
J012	郑州大学学报工学版	113	1.00	780	6.90	3.04	11	26	0.02	0.75	5.7
G036	郑州大学学报医学版	604	1.00	4250	7.04	4.05	13	139	0.02	0.28	5.6
U004	郑州工程学院学报	142	1.00	1140	8.03	3.08	18	53	0.01	0.27	8.1
U003	郑州轻工业学院学报	133	1.00	931	7.00	3.08	13	37	0.00	0.44	6.1

表 4-2　2005 年中国科技期刊来源指标刊名字顺索引（续）

代码	期刊名称	来源文献量	文献选出率	参考文献量	平均引文数	平均作者数	地区分布数	机构分布数	海外论文比	基金论文比	引用半衰期
G884	职业与健康	1872	0.98	3995	2.13	2.34	31	847	0.00	0.01	6.4
H577	植物保护	181	1.00	1932	10.67	3.79	29	115	0.01	0.40	8.3
H014	植物保护学报	94	1.00	1314	13.98	3.96	24	54	0.05	0.99	8.4
H052	植物病理学报	105	1.00	1312	12.50	4.42	23	52	0.03	0.93	7.9
F039	植物分类学报	52	0.98	1030	19.81	2.69	15	25	0.10	0.71	>10
H584	植物检疫	153	0.98	690	4.51	3.65	24	99	0.01	0.18	7.4
F038	植物生理学通讯	265	0.93	3324	12.54	3.71	29	138	0.01	0.75	7.3
F019	植物生理与分子生物学学报	97	1.00	2696	27.79	4.34	21	55	0.04	0.96	7.1
F009	植物生态学报	135	0.99	3904	28.92	3.78	20	55	0.04	0.94	8.4
F023	植物学通报	100	1.00	2918	29.18	3.35	22	59	0.01	0.81	6.9
F050	植物研究	110	1.00	1205	10.95	3.54	25	54	0.02	0.75	>10
H890	植物营养与肥料学报	147	1.00	2456	16.71	4.39	23	54	0.05	0.93	8.3
Z551	植物资源与环境学报	64	1.00	694	10.84	3.39	17	42	0.00	0.56	7.5
U011	制冷学报	52	1.00	530	10.19	3.65	16	26	0.04	0.31	7.5
N046	制造技术与机床	404	0.93	1136	2.81	2.44	29	222	0.01	0.23	5.6
S023	制造业自动化	265	0.97	1401	5.29	2.88	22	103	0.00	0.49	5.1
C034	质谱学报	57	0.52	556	9.75	4.09	14	45	0.00	0.42	6.7
G007	中草药	723	0.99	5730	7.93	3.97	30	298	0.02	0.48	6.1
G094	中风与神经疾病杂志	216	0.90	1905	8.82	4.16	25	128	0.01	0.17	6.2
G538	中国癌症杂志	183	1.00	2013	11.00	3.81	25	121	0.04	0.19	5.2
G985	中国艾滋病性病	193	0.89	1328	6.88	4.70	23	132	0.05	0.30	4.7
G129	中国安全科学学报	306	0.97	2248	7.35	2.72	22	88	0.01	0.32	4.5
F048	中国比较医学杂志	109	0.89	1209	11.09	4.51	24	73	0.03	0.32	7.9
N103	中国表面工程	68	0.89	720	10.59	3.78	15	40	0.01	0.51	5.2
G095	中国病毒学	155	0.99	2001	12.91	5.83	20	69	0.05	0.75	6.4
G096	中国病理生理杂志	582	0.88	6471	11.12	5.09	28	195	0.04	0.73	5.5
H213	中国草地	98	0.99	1329	13.56	3.34	17	38	0.01	0.82	7.7
H241	中国草食动物	174	0.58	644	3.70	4.20	27	120	0.01	0.29	7.2
G097	中国超声医学杂志	324	0.76	1885	5.82	4.72	27	171	0.01	0.25	5.9
G901	中国当代儿科杂志	173	0.90	1731	10.01	4.09	23	92	0.05	0.20	4.9
H939	中国稻米	160	0.99	250	1.56	3.04	20	130	0.01	0.04	4.0
G099	中国地方病防治杂志	185	0.93	984	5.32	4.32	22	109	0.00	0.15	7.5
G098	中国地方病学杂志	265	0.89	1916	7.23	5.45	28	111	0.01	0.39	4.1
E351	中国地震	60	1.00	866	14.43	3.65	18	33	0.02	0.67	8.0
E654	中国地质	87	1.00	1593	18.31	3.26	17	41	0.03	0.99	7.4

表 4-2　2005 年中国科技期刊来源指标刊名字顺索引（续）

代码	期刊名称	来源文献量	文献选出率	参考文献量	平均引文数	平均作者数	地区分布数	机构分布数	海外论文比	基金论文比	引用半衰期
R040	中国电机工程学报	720	1.00	10618	14.75	3.65	23	91	0.05	0.59	4.7
R511	中国电力	256	1.00	1299	5.07	2.98	24	150	0.00	0.16	4.9
G234	中国动脉硬化杂志	224	0.97	3064	13.68	4.54	22	131	0.03	0.39	4.6
G825	中国儿童保健杂志	289	0.96	1867	6.46	3.71	26	230	0.01	0.31	5.4
G270	中国耳鼻咽喉颅底外科杂志	170	0.89	1112	6.54	4.08	25	123	0.01	0.11	5.8
G543	中国耳鼻咽喉头颈外科	292	0.96	2019	6.91	4.06	26	166	0.01	0.14	6.1
G100	中国法医学杂志	188	0.99	1194	6.35	3.90	26	112	0.01	0.21	6.6
G290	中国防痨杂志	154	0.87	777	5.05	3.90	29	110	0.01	0.06	6.1
V023	中国非金属矿工业导刊	108	0.86	747	6.92	2.23	22	76	0.00	0.06	6.0
G320	中国肺癌杂志	160	0.87	2145	13.41	4.38	24	92	0.01	0.17	4.3
V568	中国粉体技术	73	0.51	737	10.10	3.42	18	51	0.03	0.56	5.2
M007	中国腐蚀与防护学报	80	1.00	913	11.41	3.80	19	41	0.00	0.73	8.8
G680	中国妇幼保健	2002	0.99	7731	3.86	2.81	31	999	0.00	0.06	6.0
X035	中国港湾建设	98	0.69	372	3.80	2.35	12	45	0.00	0.14	6.7
V036	中国给水排水	380	0.93	1238	3.26	3.41	26	184	0.02	0.41	5.2
G244	中国工业医学杂志	182	0.80	1012	5.56	3.51	25	113	0.02	0.19	6.4
G102	中国公共卫生	983	1.00	5369	5.46	4.29	30	420	0.01	0.40	5.7
X031	中国公路学报	99	0.97	825	8.33	2.99	16	36	0.01	0.46	5.3
G103	中国骨伤	388	0.85	2079	5.36	3.68	28	310	0.01	0.10	5.7
G249	中国骨与关节损伤杂志	468	0.93	2466	5.27	4.29	29	305	0.00	0.05	5.8
G663	中国骨质疏松杂志	152	1.00	2106	13.86	4.41	22	107	0.03	0.22	6.3
W021	中国管理科学	150	1.00	2142	14.28	2.53	18	57	0.01	0.78	5.6
N104	中国惯性技术学报	120	1.00	712	5.93	3.04	13	30	0.00	0.31	7.0
H215	中国果树	144	0.75	141	0.98	3.81	24	113	0.00	0.17	9.5
L013	中国海上油气	94	0.97	706	7.51	2.90	10	31	0.02	0.23	8.3
L026	中国海洋平台	70	0.97	468	6.69	2.47	7	22	0.01	0.21	8.5
G104	中国海洋药物	85	1.00	1060	12.47	4.54	11	49	0.00	0.60	6.4
X039	中国航海	80	0.98	440	5.50	2.45	13	30	0.00	0.34	5.8
G973	中国呼吸与危重监护杂志	160	0.93	1505	9.41	3.78	24	83	0.01	0.18	4.9
Z030	中国环境监测	150	1.00	918	6.12	3.39	23	107	0.03	0.27	7.3
Z001	中国环境科学	169	0.84	1815	10.74	4.20	21	76	0.04	0.90	6.3
N059	中国机械工程	558	0.75	4391	7.87	3.44	24	128	0.01	0.83	5.7
G902	中国基层医药	1177	0.89	5513	4.68	3.01	30	684	0.00	0.06	5.7
R066	中国激光A	371	0.99	4235	11.42	4.62	23	93	0.02	0.74	5.7
R013	中国激光医学杂志	102	0.63	1104	10.82	4.21	20	66	0.01	0.14	7.0

表 4-2 2005 年中国科技期刊来源指标刊名字顺索引（续）

代码	期刊名称	来源文献量	文献选出率	参考文献量	平均引文数	平均作者数	地区分布数	机构分布数	海外论文比	基金论文比	引用半衰期
G241	中国急救医学	457	0.88	3686	8.07	4.10	28	233	0.01	0.24	4.9
G192	中国脊柱脊髓杂志	248	0.97	2551	10.29	4.38	25	108	0.02	0.08	5.9
G314	中国计划免疫	143	0.61	817	5.71	5.97	29	71	0.03	0.12	4.7
N946	中国计量学院学报	77	0.99	603	7.83	2.76	8	17	0.03	0.32	6.3
G339	中国寄生虫病防治杂志	239	0.97	2003	8.38	4.39	27	161	0.03	0.27	7.4
G105	中国寄生虫学与寄生虫病杂志	151	0.92	1543	10.22	4.72	28	95	0.03	0.23	6.7
G784	中国健康心理学杂志	202	1.00	1347	6.67	3.07	26	124	0.01	0.18	6.6
T075	中国胶粘剂	164	0.90	1587	9.68	3.09	23	94	0.00	0.13	6.1
G233	中国矫形外科杂志	712	0.90	5377	7.55	4.20	30	349	0.01	0.12	4.8
G239	中国介入心脏病学杂志	120	0.73	1226	10.22	5.80	17	63	0.03	0.14	4.6
G323	中国康复	234	0.97	1446	6.18	3.27	24	154	0.01	0.13	4.9
G400	中国康复理论与实践	527	0.93	4935	9.36	3.47	26	234	0.01	0.15	6.0
G106	中国康复医学杂志	379	0.92	4481	11.82	3.63	27	216	0.02	0.20	5.4
G337	中国抗感染化疗杂志	107	0.97	909	8.50	4.48	22	68	0.02	0.12	4.4
G107	中国抗生素杂志	213	0.99	2043	9.59	3.92	21	124	0.01	0.24	6.4
A583	中国科技期刊研究	301	0.99	2237	7.43	1.94	26	222	0.01	0.13	3.5
A105	中国科学A	114	1.00	1525	13.38	1.97	18	45	0.11	0.89	>10
A106	中国科学B	76	1.00	1613	21.22	4.38	22	55	0.07	0.89	6.6
A107	中国科学C	72	1.00	1920	26.67	5.99	17	49	0.11	0.78	6.4
A108	中国科学D	128	0.72	3948	30.84	4.83	16	45	0.13	1.00	8.5
A109	中国科学E	109	0.89	1794	16.46	3.71	20	55	0.06	0.87	7.2
A081	中国科学基金	57	0.63	241	4.23	2.23	12	36	0.02	0.12	3.8
A007	中国科学技术大学学报	134	0.97	1377	10.28	3.54	5	15	0.02	0.72	8.3
E355	中国科学院上海天文台年刊	15	1.00	122	8.13	2.33	2	2	0.00	0.53	9.0
A102	中国科学院研究生院学报	108	0.97	2092	19.37	3.05	15	54	0.01	0.75	6.9
Y003	中国空间科学技术	68	1.00	374	5.50	2.69	8	21	0.00	0.24	7.5
G441	中国口腔颌面外科杂志	79	0.96	884	11.19	4.52	11	31	0.03	0.43	5.6
K030	中国矿业	245	0.81	1313	5.36	2.53	22	96	0.00	0.20	5.8
K015	中国矿业大学学报	164	0.95	1699	10.36	3.65	17	36	0.02	0.84	6.4
G247	中国老年学杂志	849	1.00	6926	8.16	3.86	30	356	0.00	0.25	5.7
U001	中国粮油学报	155	1.00	1739	11.22	3.45	22	64	0.01	0.46	7.4
H214	中国林副特产	208	0.65	843	4.05	2.71	23	113	0.00	0.10	8.3
G447	中国临床保健杂志	313	0.97	1568	5.01	2.68	26	176	0.00	0.06	5.8
G108	中国临床解剖学杂志	194	0.89	1770	9.12	4.96	24	114	0.01	0.26	6.9
G299	中国临床康复	2010	0.40	17126	8.52	4.74	30	589	0.01	0.40	5.5

表 4-2 2005 年中国科技期刊来源指标刊名字顺索引（续）

代码	期刊名称	来源文献量	文献选出率	参考文献量	平均引文数	平均作者数	地区分布数	机构分布数	海外论文比	基金论文比	引用半衰期
G536	中国临床神经科学	106	0.83	1501	14.16	4.30	22	61	0.00	0.13	5.5
G794	中国临床神经外科杂志	188	0.83	1541	8.20	4.71	28	137	0.01	0.06	6.3
G221	中国临床心理学杂志	177	0.99	1950	11.02	3.48	23	87	0.03	0.33	6.2
G870	中国临床药理学与治疗学	318	0.99	3803	11.96	4.18	24	145	0.02	0.43	5.5
G109	中国临床药理学杂志	124	0.99	1063	8.57	5.01	21	61	0.00	0.15	5.5
G544	中国临床药学杂志	128	0.83	938	7.33	4.07	20	83	0.01	0.12	4.6
G974	中国临床医学	509	0.97	3204	6.29	3.97	25	258	0.00	0.09	5.9
G304	中国临床医学影像杂志	224	0.75	1701	7.59	4.26	25	136	0.00	0.08	6.2
G824	中国临床营养杂志	98	0.91	1020	10.41	3.70	20	57	0.04	0.15	5.7
G110	中国麻风皮肤病杂志	412	0.54	2696	6.54	3.85	27	224	0.00	0.09	5.8
H212	中国麻业	80	0.99	483	6.04	3.56	19	44	0.01	0.24	7.3
G613	中国慢性病预防与控制	119	0.83	996	8.37	4.10	21	90	0.01	0.19	5.1
G428	中国美容医学	367	0.98	2699	7.35	3.75	25	230	0.00	0.12	5.4
K036	中国锰业	38	0.49	205	5.39	2.29	11	33	0.00	0.18	5.8
H211	中国棉花	120	0.32	257	2.14	3.40	14	88	0.00	0.10	6.6
G111	中国免疫学杂志	257	0.97	2828	11.00	5.00	26	142	0.06	0.67	5.7
Y028	中国民航学院学报	83	0.94	505	6.08	1.92	11	19	0.00	0.72	4.9
G277	中国内镜杂志	561	0.88	4524	8.06	4.09	30	361	0.00	0.03	4.5
G303	中国男科学杂志	157	0.91	1340	8.54	4.10	25	120	0.01	0.06	5.7
H273	中国南方果树	185	0.76	455	2.46	3.31	18	128	0.00	0.19	7.8
W005	中国农村水利水电	500	0.98	2145	4.29	2.49	29	235	0.00	0.19	5.9
H958	中国农学通报	1493	1.00	17730	11.88	3.72	31	442	0.01	0.78	6.9
H027	中国农业大学学报	132	0.99	1635	12.39	3.58	13	17	0.01	0.68	6.2
H567	中国农业科技导报	101	0.96	1072	10.61	2.83	18	60	0.01	0.31	4.8
H030	中国农业科学	398	0.98	7140	17.94	4.99	26	111	0.05	0.97	7.1
H210	中国农业气象	69	0.99	659	9.55	3.43	21	55	0.01	0.65	8.3
H221	中国农业资源与区划	87	1.00	450	5.17	2.46	20	62	0.01	0.18	4.8
G311	中国皮肤性病学杂志	378	0.77	2308	6.11	3.66	30	256	0.01	0.13	5.1
U020	中国皮革	147	0.86	1123	7.64	3.07	15	48	0.01	0.29	6.1
G226	中国普通外科杂志	297	0.81	2565	8.64	3.92	28	180	0.01	0.14	5.0
G269	中国普外基础与临床杂志	231	0.97	2029	8.78	4.01	24	109	0.01	0.09	5.8
G776	中国全科医学	1048	0.90	6043	5.77	2.99	29	566	0.00	0.10	4.5
Z546	中国人口资源与环境	174	0.96	1559	8.96	2.48	20	83	0.02	0.65	4.6
G112	中国人兽共患病杂志	350	1.00	3801	10.86	5.17	29	181	0.03	0.51	6.0
U052	中国乳品工业	204	0.97	2165	10.61	3.13	23	90	0.00	0.31	6.4

表 4-2 2005 年中国科技期刊来源指标刊名字顺索引（续）

代码	期刊名称	来源文献量	文献选出率	参考文献量	平均引文数	平均作者数	地区分布数	机构分布数	海外论文比	基金论文比	引用半衰期
E124	中国沙漠	154	1.00	3639	23.63	4.14	16	54	0.04	0.79	6.8
G113	中国烧伤创疡杂志	124	0.98	676	5.45	2.80	26	108	0.00	0.01	7.6
G114	中国神经精神疾病杂志	165	0.68	1892	11.47	4.88	26	103	0.00	0.24	5.4
G242	中国神经免疫学和神经病学杂志	107	0.85	989	9.24	4.39	20	59	0.02	0.36	6.0
G268	中国生化药物杂志	140	0.96	1191	8.51	3.81	23	98	0.00	0.30	5.6
H555	中国生态农业学报	243	1.00	2076	8.54	3.51	30	144	0.03	0.67	7.1
H044	中国生物防治	66	1.00	853	12.92	3.77	18	43	0.05	0.86	8.7
F255	中国生物工程杂志	222	0.98	3560	16.04	4.65	25	131	0.02	0.70	5.2
F002	中国生物化学与分子生物学报	142	0.95	2466	17.37	5.29	24	78	0.05	0.87	5.7
G115	中国生物医学工程学报	161	1.00	1705	10.59	4.07	21	83	0.11	0.73	7.1
G258	中国生物制品学杂志	178	0.95	1282	7.20	5.67	22	85	0.03	0.34	6.5
L001	中国石油大学学报	203	0.98	1868	9.20	3.44	10	23	0.00	0.62	7.4
F047	中国实验动物学报	64	0.97	763	11.92	5.36	17	51	0.06	0.52	7.0
G604	中国实验方剂学杂志	170	0.92	962	5.66	4.06	26	90	0.00	0.35	6.5
G883	中国实验血液学杂志	248	0.98	3089	12.46	5.70	22	116	0.03	0.54	5.4
G853	中国实验诊断学	444	0.95	3338	7.52	3.91	25	187	0.01	0.19	6.4
G273	中国实用儿科杂志	283	0.81	2343	8.28	3.66	23	124	0.01	0.08	4.7
G228	中国实用妇科与产科杂志	357	0.86	2363	6.62	3.07	27	187	0.01	0.11	5.3
G305	中国实用护理杂志	1064	0.89	5147	4.84	2.73	29	578	0.00	0.06	4.4
G297	中国实用美容整形外科杂志	123	0.60	1024	8.33	4.24	21	70	0.03	0.11	4.3
G267	中国实用内科杂志	503	0.87	2497	4.96	3.41	27	257	0.00	0.12	4.9
G272	中国实用外科杂志	290	0.76	2398	8.27	3.34	19	103	0.01	0.08	4.6
G872	中国实用眼科杂志	461	0.84	4045	8.77	3.56	28	255	0.01	0.08	7.2
G429	中国食品卫生杂志	117	0.95	788	6.74	3.79	19	71	0.02	0.39	6.3
H326	中国兽医科技	221	0.98	2707	12.25	5.36	27	71	0.02	0.67	6.9
H225	中国兽医学报	210	1.00	2673	12.73	5.27	24	59	0.02	0.78	8.1
G796	中国输血杂志	268	0.93	1497	5.59	3.96	28	180	0.01	0.09	5.6
H207	中国蔬菜	335	0.87	1115	3.33	3.64	25	186	0.00	0.40	5.9
H290	中国水产科学	134	0.99	2378	17.75	4.11	16	44	0.01	0.62	8.1
H020	中国水稻科学	109	1.00	2024	18.57	4.87	15	38	0.09	0.78	7.4
T022	中国塑料	257	0.98	2651	10.32	3.53	23	102	0.02	0.27	6.1
H209	中国糖料	82	1.00	335	4.09	3.60	12	41	0.01	0.26	8.9
T068	中国陶瓷	98	0.57	716	7.31	2.63	14	37	0.00	0.31	6.5
G521	中国疼痛医学杂志	111	0.70	780	7.03	3.97	18	67	0.02	0.20	6.1
G444	中国体外循环杂志	86	0.93	825	9.59	4.07	18	53	0.02	0.15	6.1

表 4-2 2005 年中国科技期刊来源指标刊名字顺索引（续）

代码	期刊名称	来源文献量	文献选出率	参考文献量	平均引文数	平均作者数	地区分布数	机构分布数	海外论文比	基金论文比	引用半衰期
U567	中国甜菜糖业	74	1.00	394	5.32	3.03	12	42	0.01	0.08	6.8
X004	中国铁道科学	160	0.93	1304	8.15	3.05	18	39	0.02	0.46	6.3
R083	中国图象图形学报	256	0.96	2681	10.47	3.09	22	99	0.01	0.67	6.7
H350	中国土地科学	70	0.99	533	7.61	2.84	9	26	0.00	0.47	4.0
G116	中国危重病急救医学	244	0.78	2468	10.11	4.86	26	128	0.01	0.77	5.1
G373	中国微创外科杂志	494	0.94	3608	7.30	4.25	29	308	0.01	0.06	4.7
G959	中国微侵袭神经外科杂志	263	0.92	1554	5.91	4.67	27	137	0.01	0.15	5.2
G252	中国微循环	142	0.90	1379	9.71	4.19	21	93	0.02	0.37	5.4
G988	中国卫生检验杂志	672	0.81	3414	5.08	3.56	28	327	0.00	0.15	6.1
G253	中国卫生统计	121	0.62	578	4.78	3.28	22	77	0.02	0.22	6.3
K035	中国钨业	48	0.72	512	10.67	2.83	11	28	0.00	0.35	6.1
G431	中国误诊学杂志	3028	0.85	12925	4.27	2.53	31	1193	0.00	0.02	4.8
M022	中国稀土学报	163	1.00	2257	13.85	4.45	25	93	0.04	0.91	6.3
G841	中国现代普通外科进展	136	0.69	1257	9.24	4.25	21	66	0.01	0.26	5.5
G623	中国现代神经疾病杂志	150	0.83	1381	9.21	3.09	24	92	0.03	0.07	5.8
G885	中国现代手术学杂志	166	0.85	1185	7.14	3.58	22	116	0.02	0.02	4.6
G237	中国现代医学杂志	1323	0.97	12009	9.08	3.85	28	509	0.01	0.15	5.1
G849	中国现代应用药学	210	0.49	1341	6.39	3.32	24	152	0.00	0.17	6.9
G284	中国消毒学杂志	181	0.63	741	4.09	3.97	23	103	0.00	0.08	4.3
G845	中国小儿血液	109	0.93	774	7.10	3.28	25	76	0.00	0.08	5.6
G298	中国斜视与小儿眼科杂志	64	0.72	457	7.14	3.19	21	56	0.00	0.03	9.6
G117	中国心理卫生杂志	306	1.00	2966	9.69	3.48	30	173	0.05	0.22	6.5
G203	中国心脏起搏与心电生理杂志	157	0.77	1504	9.58	4.67	25	86	0.02	0.22	5.1
G250	中国新药与临床杂志	271	0.91	2573	9.49	4.30	24	158	0.03	0.15	4.0
G747	中国新药杂志	463	0.96	4793	10.35	3.76	27	233	0.01	0.20	5.2
G263	中国行为医学科学	587	1.00	4479	7.63	3.93	29	320	0.01	0.30	5.3
G232	中国胸心血管外科临床杂志	138	0.65	1330	9.64	5.29	21	67	0.03	0.16	5.1
G118	中国修复重建外科杂志	303	0.89	3500	11.55	4.76	28	178	0.02	0.38	4.9
H294	中国畜牧兽医	328	0.98	2102	6.41	3.41	29	156	0.01	0.16	6.3
H242	中国畜牧杂志	304	1.00	1772	5.83	3.37	29	141	0.01	0.40	8.0
G908	中国学校卫生	684	0.93	3045	4.45	3.01	30	429	0.01	0.17	5.3
G675	中国血吸虫病防治杂志	147	0.74	1366	9.29	5.36	14	66	0.02	0.51	6.5
G633	中国血液净化	261	0.95	1763	6.75	3.86	27	168	0.00	0.11	5.9
G952	中国血液流变学杂志	329	1.00	1991	6.05	3.05	22	177	0.00	0.05	7.1
G119	中国循环杂志	140	0.77	1199	8.56	4.99	23	65	0.01	0.17	4.8

表 4-2 2005 年中国科技期刊来源指标刊名字顺索引（续）

代码	期刊名称	来源文献量	文献选出率	参考文献量	平均引文数	平均作者数	地区分布数	机构分布数	海外论文比	基金论文比	引用半衰期
G396	中国循证医学杂志	184	0.94	2615	14.21	3.72	12	60	0.20	0.10	5.5
H208	中国烟草科学	60	1.00	609	10.15	4.47	16	41	0.00	0.33	8.8
U647	中国烟草学报	53	0.85	524	9.89	3.66	13	32	0.06	0.23	7.6
E303	中国岩溶	59	1.00	747	12.66	3.36	11	27	0.07	0.68	6.3
G318	中国药房	775	0.91	5144	6.64	3.22	29	442	0.00	0.11	4.9
G120	中国药科大学学报	137	0.96	1404	10.25	4.44	13	40	0.02	0.51	6.9
G121	中国药理学通报	424	0.99	5361	12.64	4.40	29	176	0.04	0.69	5.2
G122	中国药理学与毒理学杂志	90	0.98	1281	14.23	4.62	17	52	0.02	0.67	6.3
G878	中国药师	536	0.91	3242	6.05	2.92	28	366	0.00	0.06	5.5
G220	中国药物化学杂志	97	0.98	1055	10.88	3.48	17	33	0.03	0.39	8.3
G248	中国药物依赖性杂志	126	0.91	1443	11.45	3.94	20	83	0.02	0.23	5.7
G009	中国药学杂志	620	0.98	6480	10.45	4.08	28	248	0.01	0.40	5.7
G809	中国医刊	347	0.93	2379	6.86	2.65	19	125	0.05	0.02	5.1
G123	中国医科大学学报	305	0.99	1684	5.52	4.23	4	37	0.01	0.29	6.5
G124	中国医疗器械杂志	128	0.74	779	6.09	3.21	18	84	0.01	0.19	6.5
G313	中国医师杂志	1033	0.96	6370	6.17	3.95	30	501	0.00	0.12	4.9
G236	中国医学计算机成像杂志	99	0.97	1038	10.48	4.61	13	44	0.00	0.09	5.6
G125	中国医学科学院学报	169	0.89	2441	14.44	4.61	16	69	0.04	0.42	4.7
G911	中国医学伦理学	221	0.92	1331	6.02	2.13	25	127	0.01	0.09	3.5
G622	中国医学物理学杂志	111	0.92	1026	9.24	3.70	20	60	0.05	0.35	6.0
G127	中国医学影像技术	592	0.79	6330	10.69	4.78	29	222	0.01	0.21	4.8
G193	中国医学影像学杂志	193	0.88	1246	6.46	3.99	24	134	0.00	0.04	4.5
T019	中国医药工业杂志	295	0.93	2305	7.81	3.18	24	133	0.00	0.20	7.3
G243	中国医院药学杂志	611	0.82	3222	5.27	3.44	28	395	0.00	0.11	5.7
G130	中国应用生理学杂志	145	0.99	1133	7.81	4.34	24	85	0.02	0.57	7.0
G706	中国优生与遗传杂志	834	0.95	5798	6.95	3.62	28	412	0.00	0.11	6.3
H205	中国油料作物学报	98	0.99	1228	12.53	4.43	19	47	0.02	0.95	8.7
U032	中国油脂	254	0.90	1834	7.22	2.83	24	138	0.01	0.21	6.0
M028	中国有色金属学报	339	0.99	5638	16.63	4.24	25	80	0.03	0.84	5.9
H099	中国预防兽医学报	137	0.99	1708	12.47	5.31	23	47	0.01	0.52	7.4
V039	中国园林	190	0.90	911	4.79	1.88	16	95	0.08	0.06	6.9
G131	中国运动医学杂志	195	0.98	2793	14.32	3.59	21	89	0.05	0.42	7.2
X012	中国造船	65	0.97	456	7.02	3.08	10	24	0.03	0.29	7.5
U012	中国造纸	264	0.98	1443	5.47	2.54	22	93	0.02	0.12	6.0
U033	中国造纸学报	99	1.00	1131	11.42	3.47	15	26	0.07	0.40	7.5

表 4-2　2005 年中国科技期刊来源指标刊名字顺索引（续）

代码	期刊名称	来源文献量	文献选出率	参考文献量	平均引文数	平均作者数	地区分布数	机构分布数	海外论文比	基金论文比	引用半衰期
H204	中国沼气	77	0.99	497	6.45	2.68	24	57	0.00	0.17	7.3
G600	中国针灸	371	0.87	1554	4.19	2.86	30	246	0.02	0.15	6.5
G945	中国职业医学	194	0.94	1152	5.94	3.89	23	125	0.01	0.26	6.7
N063	中国制造业信息化	363	0.90	665	1.83	1.95	27	166	0.01	0.18	4.2
G843	中国中西医结合急救杂志	148	0.85	1399	9.45	3.82	26	125	0.00	0.47	5.7
G846	中国中西医结合肾病杂志	323	0.97	2722	8.43	3.58	28	210	0.01	0.32	5.0
G528	中国中西医结合消化杂志	162	0.94	1135	7.01	3.77	24	116	0.01	0.36	5.8
G182	中国中西医结合杂志	351	0.82	2613	7.44	4.19	27	243	0.03	0.37	5.7
G132	中国中药杂志	637	0.97	5481	8.60	4.14	30	261	0.03	0.47	6.7
G240	中国中医骨伤科杂志	181	0.97	1539	8.50	3.62	20	125	0.00	0.13	7.4
G524	中国中医急症	595	0.53	2782	4.68	2.80	27	320	0.00	0.12	6.7
G551	中国中医药科技	192	0.55	1171	6.10	3.62	22	129	0.01	0.29	7.4
G832	中国中医药信息杂志	780	0.98	4207	5.39	2.89	29	412	0.00	0.21	6.2
G642	中国肿瘤	263	1.00	2456	9.34	3.64	26	161	0.00	0.14	4.6
G133	中国肿瘤临床	446	0.96	5004	11.22	4.72	28	212	0.02	0.41	5.2
G636	中国肿瘤临床与康复	254	0.97	1678	6.61	4.04	28	189	0.00	0.04	5.8
G255	中国肿瘤生物治疗杂志	86	0.88	974	11.33	4.72	21	60	0.00	0.59	4.5
N072	中国铸造装备与技术	149	1.00	621	4.17	2.58	23	98	0.00	0.07	7.4
G667	中国综合临床	544	0.90	4107	7.55	3.98	30	289	0.00	0.14	6.1
G134	中国组织化学与细胞化学杂志	148	1.00	1728	11.68	4.49	18	61	0.01	0.57	6.1
G135	中华病理学杂志	258	0.85	2921	11.32	4.25	24	123	0.03	0.28	5.3
G195	中华超声影像学杂志	228	0.54	2237	9.81	5.85	23	102	0.02	0.27	5.3
G136	中华传染病杂志	131	0.90	1132	8.64	5.37	22	94	0.05	0.41	4.7
G408	中华创伤骨科杂志	379	0.98	3487	9.20	4.54	27	183	0.08	0.13	6.1
G137	中华创伤杂志	318	0.77	3318	10.43	4.48	27	194	0.03	0.19	5.4
G138	中华儿科杂志	254	0.69	2783	10.96	4.35	23	121	0.04	0.26	5.1
G139	中华耳鼻咽喉科杂志	260	0.72	2518	9.68	4.64	27	130	0.05	0.21	6.2
G140	中华放射学杂志	353	0.89	3628	10.28	5.55	29	180	0.06	0.16	5.9
G141	中华放射医学与防护杂志	229	0.85	1993	8.70	4.67	24	130	0.03	0.43	5.7
G251	中华放射肿瘤学杂志	164	0.88	1841	11.23	4.57	24	88	0.01	0.19	6.0
G286	中华风湿病学杂志	255	0.96	3009	11.80	4.23	26	124	0.03	0.32	5.3
G142	中华妇产科杂志	270	0.94	2490	9.22	4.67	25	131	0.01	0.26	4.9
G262	中华肝胆外科杂志	292	0.78	2565	8.78	4.62	27	157	0.04	0.18	5.7
G231	中华肝脏病杂志	345	0.96	2551	7.39	4.85	26	139	0.02	0.43	4.3
G143	中华骨科杂志	186	0.96	2429	13.06	5.16	24	89	0.09	0.10	7.0

表 4-2 2005 年中国科技期刊来源指标刊名字顺索引（续）

代码	期刊名称	来源文献量	文献选出率	参考文献量	平均引文数	平均作者数	地区分布数	机构分布数	海外论文比	基金论文比	引用半衰期
G335	中华航海医学与高气压医学杂志	103	0.85	660	6.41	4.91	14	51	0.01	0.32	6.5
G144	中华航空航天医学杂志	84	0.77	1087	12.94	4.75	14	39	0.01	0.32	6.5
G145	中华核医学杂志	127	0.73	1203	9.47	5.14	19	72	0.01	0.34	4.8
G146	中华护理杂志	455	0.95	3261	7.17	3.22	29	245	0.04	0.16	4.7
G555	中华急诊医学杂志	350	0.93	2593	7.41	4.55	30	206	0.02	0.30	5.0
G174	中华检验医学杂志	404	0.87	3626	8.98	4.55	29	217	0.01	0.37	4.5
G147	中华结核和呼吸杂志	215	0.67	1972	9.17	4.23	24	105	0.01	0.31	5.1
G159	中华精神科杂志	69	0.70	913	13.23	5.78	11	40	0.03	0.45	5.4
G148	中华口腔医学杂志	128	0.62	1302	10.17	3.84	16	44	0.02	0.34	6.4
G149	中华劳动卫生职业病杂志	191	0.92	1644	8.61	4.37	24	120	0.03	0.35	6.6
G639	中华老年多器官疾病杂志	96	0.77	777	8.09	3.59	18	52	0.00	0.11	4.4
G833	中华老年口腔医学杂志	89	0.93	764	8.58	2.82	21	57	0.01	0.13	5.1
G876	中华老年心脑血管病杂志	150	0.82	1261	8.41	4.09	23	85	0.02	0.30	4.5
G150	中华老年医学杂志	309	0.87	2473	8.00	4.18	26	154	0.02	0.28	4.8
G152	中华流行病学杂志	241	0.66	2584	10.72	6.24	25	132	0.06	0.44	5.4
G153	中华麻醉学杂志	299	0.83	2579	8.63	4.47	26	153	0.01	0.27	6.5
G154	中华泌尿外科杂志	241	0.61	2141	8.88	5.66	26	119	0.03	0.15	5.4
G155	中华内分泌代谢杂志	220	0.91	2292	10.42	5.42	26	113	0.02	0.38	5.7
G156	中华内科杂志	365	0.86	2559	7.01	4.58	23	137	0.00	0.31	4.7
G282	中华男科学杂志	287	0.98	3144	10.95	4.36	27	144	0.04	0.26	5.1
G157	中华皮肤科杂志	348	0.77	1975	5.68	4.72	27	159	0.02	0.28	6.3
G254	中华普通外科杂志	338	0.82	1703	5.04	5.32	27	168	0.01	0.15	4.8
G158	中华器官移植杂志	267	0.90	2217	8.30	5.75	24	127	0.03	0.29	5.5
G900	中华烧伤杂志	225	0.81	1541	6.85	4.44	30	116	0.02	0.27	4.5
G197	中华神经科杂志	250	0.76	2764	11.06	4.59	26	103	0.05	0.35	5.4
G976	中华神经外科疾病研究杂志	200	0.93	2025	10.13	4.87	26	119	0.03	0.26	5.5
G160	中华神经外科杂志	223	0.69	2341	10.50	5.40	27	117	0.04	0.31	6.2
G446	中华神经医学杂志	443	0.97	4749	10.72	4.65	26	249	0.01	0.25	5.0
G161	中华肾脏病杂志	187	0.72	1944	10.40	4.83	23	66	0.04	0.42	4.8
G162	中华实验和临床病毒学杂志	109	0.84	1021	9.37	6.30	19	59	0.03	0.45	5.8
G163	中华实验外科杂志	714	0.98	3987	5.58	4.89	29	219	0.02	0.51	4.8
G848	中华手外科杂志	168	0.85	974	5.80	4.90	23	98	0.01	0.18	6.4
G211	中华糖尿病杂志	171	0.89	1139	6.66	5.01	24	104	0.05	0.37	4.9
G164	中华外科杂志	515	0.92	4808	9.34	5.41	26	185	0.04	0.24	5.4
G165	中华微生物学和免疫学杂志	309	1.00	2904	9.40	5.72	28	175	0.07	0.61	5.0

表 4-2 2005 年中国科技期刊来源指标刊名字顺索引（续）

代码	期刊名称	来源文献量	文献选出率	参考文献量	平均引文数	平均作者数	地区分布数	机构分布数	海外论文比	基金论文比	引用半衰期
G296	中华围产医学杂志	117	0.78	1187	10.15	4.03	21	72	0.02	0.14	5.7
G740	中华卫生杀虫药械	178	0.97	693	3.89	3.14	27	132	0.01	0.06	7.1
G793	中华胃肠外科杂志	186	0.86	1633	8.78	4.66	20	109	0.01	0.19	4.8
G166	中华物理医学与康复杂志	254	0.79	2955	11.63	4.27	24	156	0.03	0.30	5.3
G167	中华显微外科杂志	176	0.80	1114	6.33	5.13	23	112	0.01	0.18	5.8
G285	中华消化内镜杂志	206	0.93	1159	5.63	4.51	26	153	0.00	0.04	5.2
G168	中华消化杂志	269	0.79	2107	7.83	4.62	26	133	0.01	0.25	4.8
G169	中华小儿外科杂志	225	0.80	2278	10.12	4.83	23	92	0.01	0.18	6.1
G892	中华心律失常学杂志	134	0.85	1189	8.87	4.96	19	59	0.05	0.16	5.1
G170	中华心血管病杂志	313	0.70	3128	9.99	5.55	25	133	0.03	0.29	4.8
G171	中华胸心血管外科杂志	170	0.72	1484	8.73	4.96	22	83	0.01	0.19	5.7
G172	中华血液学杂志	232	0.87	2087	9.00	6.38	26	108	0.03	0.43	5.0
G191	中华眼底病杂志	131	0.84	1380	10.53	3.91	17	60	0.04	0.18	5.7
G173	中华眼科杂志	265	0.81	3179	12.00	4.10	24	97	0.04	0.23	5.6
G489	中华医学美学美容杂志	136	0.79	1047	7.70	3.86	27	104	0.01	0.09	6.5
G175	中华医学遗传学杂志	212	0.69	2238	10.56	5.98	29	144	0.05	0.63	5.6
G176	中华医学杂志	975	0.87	10894	11.17	5.01	29	262	0.03	0.36	4.4
G194	中华医院感染学杂志	522	0.74	3453	6.61	3.86	28	302	0.00	0.18	3.6
G591	中华医院管理杂志	340	0.97	2514	7.39	3.24	24	192	0.02	0.12	3.0
G177	中华预防医学杂志	120	0.67	1245	10.38	4.56	20	59	0.03	0.54	4.9
G178	中华整形外科杂志	157	0.88	1389	8.85	4.96	23	83	0.03	0.18	7.2
G910	中华中医药杂志	299	0.97	1811	6.06	3.06	26	165	0.01	0.33	6.7
G179	中华肿瘤杂志	221	0.93	2198	9.95	5.70	21	110	0.07	0.38	5.8
K001	中南大学学报	214	1.00	3078	14.38	3.66	10	26	0.00	0.66	6.6
G039	中南大学学报医学版	199	0.99	2266	11.39	4.66	8	26	0.01	0.46	5.2
X022	中南公路工程	209	0.95	1229	5.88	2.51	21	93	0.00	0.25	6.2
H053	中南林学院学报	172	1.00	2362	13.73	3.36	14	42	0.01	0.77	6.6
G180	中日友好医院学报	143	0.89	1140	7.97	3.38	16	43	0.01	0.08	4.8
A036	中山大学学报	199	0.59	1997	10.04	3.66	9	34	0.05	0.98	6.9
G181	中山大学学报医学版	178	1.00	1989	11.17	5.71	4	19	0.04	0.80	5.3
S020	中文信息学报	87	0.99	999	11.48	2.80	17	36	0.09	0.75	6.0
G842	中西医结合肝病杂志	185	0.99	1380	7.46	3.95	26	128	0.01	0.25	4.9
G442	中西医结合学报	130	0.89	1330	10.23	3.85	20	67	0.03	0.38	5.5
R045	中小型电机	146	1.00	657	4.50	2.66	22	69	0.00	0.10	6.4
R775	中兴通讯技术	84	0.93	368	4.38	1.82	10	35	0.01	0.24	4.7

表 4-2　2005 年中国科技期刊来源指标刊名字顺索引（续）

代码	期刊名称	来源文献量	文献选出率	参考文献量	平均引文数	平均作者数	地区分布数	机构分布数	海外论文比	基金论文比	引用半衰期
G183	中药材	512	0.99	3348	6.54	3.62	29	276	0.01	0.31	6.9
G564	中药新药与临床药理	166	0.99	1229	7.40	3.81	19	93	0.01	0.39	5.7
G859	中医药学刊	1268	1.00	6765	5.34	2.52	29	513	0.00	0.25	6.6
G010	中医杂志	384	0.74	1641	4.27	2.85	28	253	0.01	0.25	6.5
G184	肿瘤	180	0.97	1832	10.18	4.88	24	107	0.04	0.46	5.0
G185	肿瘤防治研究	301	0.95	2608	8.66	4.31	27	170	0.01	0.24	5.2
G412	肿瘤学杂志	213	1.00	1415	6.64	3.72	22	146	0.00	0.10	4.4
H103	种子	462	1.00	3393	7.34	3.52	30	241	0.01	0.43	7.4
J021	重庆大学学报	482	1.00	4443	9.22	3.36	13	50	0.01	0.75	5.9
V019	重庆建筑大学学报	178	0.98	1247	7.01	2.78	14	41	0.01	0.33	5.5
X029	重庆交通学院学报	228	0.90	1251	5.49	2.40	17	53	0.01	0.15	6.6
A512	重庆师范大学学报	80	0.73	711	8.89	1.82	11	28	0.01	0.63	6.9
G186	重庆医科大学学报	293	1.00	2356	8.04	3.83	7	37	0.02	0.27	6.1
G225	重庆医学	1022	0.92	8112	7.94	3.26	26	250	0.01	0.09	4.9
R559	重庆邮电学院学报自然科学版	197	1.00	1651	8.38	2.80	14	40	0.02	0.64	5.1
N055	重型机械	95	1.00	428	4.51	3.02	16	45	0.00	0.27	5.7
N022	轴承	227	0.97	611	2.69	2.49	25	101	0.00	0.11	7.4
H026	竹子研究汇刊	55	1.00	378	6.87	2.78	11	39	0.00	0.35	7.5
N075	铸造	305	0.97	2909	9.54	3.77	25	114	0.01	0.42	6.5
N081	铸造技术	391	0.95	2185	5.59	3.20	29	169	0.01	0.24	5.9
N034	装备环境工程	114	1.00	591	5.18	2.55	18	54	0.01	0.07	7.5
Z022	资源科学	170	1.00	2443	14.37	3.46	23	68	0.03	0.95	5.1
S026	自动化学报	135	1.00	2012	14.90	2.69	16	43	0.14	0.64	7.1
N013	自动化仪表	286	1.00	1173	4.10	2.43	27	169	0.01	0.12	5.4
A082	自然科学进展	204	0.99	4890	23.97	3.85	24	90	0.07	0.86	6.9
A905	自然杂志	55	0.69	477	8.67	1.69	10	42	0.02	0.18	4.9
E137	自然灾害学报	168	1.00	2273	13.53	3.24	23	79	0.04	0.76	6.9
Z012	自然资源学报	122	1.00	1896	15.54	3.51	24	61	0.05	0.94	5.4
G229	卒中与神经疾病	126	0.85	1377	10.93	4.09	17	63	0.01	0.15	5.2
N088	组合机床与自动化加工技术	515	1.00	2658	5.16	2.88	25	174	0.00	0.36	5.2
L018	钻井液与完井液	112	0.63	626	5.59	4.12	14	44	0.00	0.21	9.0
H034	作物学报	299	1.00	5100	17.06	4.93	26	94	0.06	1.00	8.4
H202	作物杂志	173	0.81	873	5.05	3.33	26	136	0.00	0.35	7.1

5　2005 年各学科期刊整体情况

表 5　2005 年各学科期刊数量

以及平均总被引频次和平均影响因子

表 5　2005 年各学科期刊数量以及平均总被引频次和平均影响因子（续）

数据表格	学科名称	期刊数量	总被引频次平均值	影响因子平均值
表 6-1	综合类	87	350	0.301
表 6-2	数学类	29	229	0.210
表 6-3	力学类	13	643	0.440
表 6-4	信息科学与系统科学类	9	717	0.470
表 6-5	物理学类	31	739	0.576
表 6-6	化学类	35	881	0.533
表 6-7	天文学类	4	74	0.182
表 6-8	测绘学类	9	390	0.569
表 6-9	地球科学类	36	640	0.708
表 6-10	地理科学类	12	764	1.079
表 6-11	地质科学类	31	737	0.990
表 6-12	海洋科学类	16	449	0.441
表 6-13	大气科学类	10	766	0.783
表 6-14	生物学类	58	861	0.554
表 6-15	预防医学与卫生学类	33	621	0.440
表 6-16	基础医学、医学综合类	80	588	0.384
表 6-17	医科大学学报类	42	462	0.257
表 6-18	药学类	33	667	0.389
表 6-19	临床医学类	45	574	0.410
表 6-20	保健医学类	13	761	0.419
表 6-21	妇产科学、儿科学类	19	933	0.510
表 6-22	护理学类	9	1750	0.628
表 6-23	神经病学、精神病学类	25	635	0.506
表 6-24	口腔医学类	15	390	0.370
表 6-25	内科学类	28	849	0.593
表 6-26	外科学类	39	888	0.609
表 6-27	眼科学、耳鼻咽喉科学类	15	646	0.447
表 6-28	肿瘤学类	15	587	0.380
表 6-29	中医学与中药学类	34	645	0.299
表 6-30	军事医学与特种医学类	20	748	0.473
表 6-31	农学类	77	591	0.484
表 6-32	农业大学学报类	26	524	0.333
表 6-33	林学类	16	532	0.473
表 6-34	畜牧、兽医科学类	14	501	0.507
表 6-35	水产学类	7	417	0.373

表 5　2005 年各学科期刊数量以及平均总被引频次和平均影响因子（续）

数据表格	学科名称	期刊数量	总被引频次平均值	影响因子平均值
表 6-36	材料科学类	83	328	0.236
表 6-37	理工大学学报、工业综合类	38	520	0.428
表 6-38	矿山工程技术类	22	245	0.244
表 6-39	能源科学技术类	35	520	0.401
表 6-40	冶金工程技术类	26	366	0.275
表 6-41	机械工程类	63	340	0.238
表 6-42	仪器仪表技术类	11	272	0.272
表 6-43	兵工技术类	9	189	0.243
表 6-44	动力与电力工程类	37	559	0.402
表 6-45	核科学技术类	9	187	0.204
表 6-46	电子、通信与自动控制类	58	354	0.290
表 6-47	计算机科学技术类	25	847	0.434
表 6-48	化学工程类	66	350	0.342
表 6-49	轻工、纺织类	27	358	0.265
表 6-50	土木建筑工程类	38	392	0.280
表 6-51	水利工程类	20	355	0.310
表 6-52	交通运输工程类	34	202	0.257
表 6-53	航空、航天科学技术类	24	234	0.242
表 6-54	环境科学技术类	31	703	0.579
表 6-55	管理学类	11	340	0.420
	合计	1652		

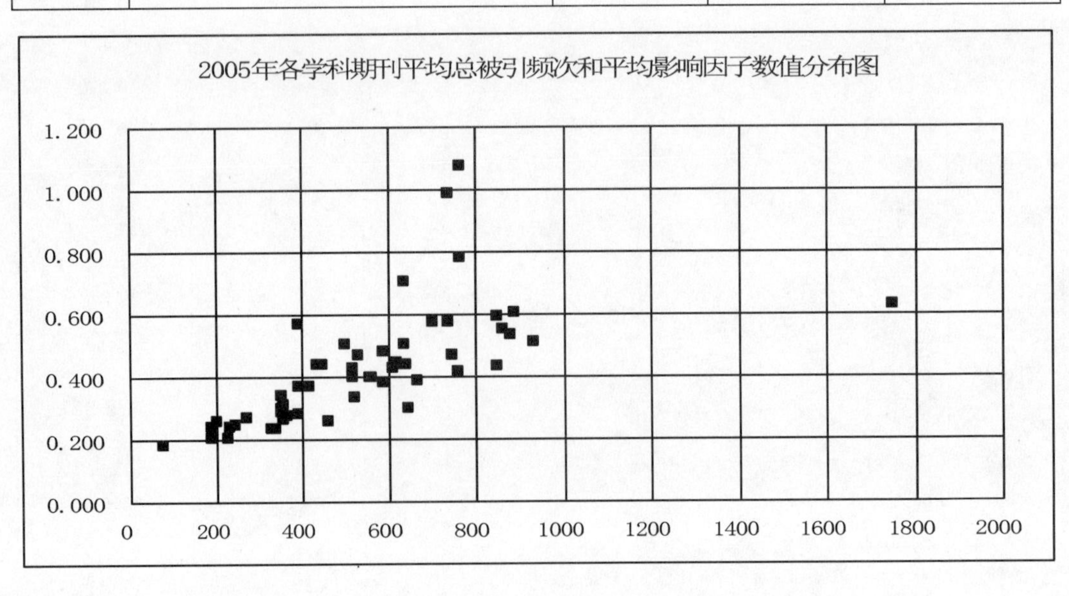

6　2005年各学科期刊总被引频次和影响因子分类排序和数值分布

表 6-1　2005 年综合类期刊总被引频次和影响因子排序表（续）

代码	期刊名称	总被引频次	学科内排名	影响因子	学科内排名
A003	安徽大学学报	152	61	0.204	50
A009	安徽师范大学学报	267	34	0.457	14
A005	北京大学学报自然科学版	589	10	0.444	15
A010	北京师范大学学报自然科学版	373	23	0.226	44
A030	东北师大学报	484	15	0.761	4
A078	福建师范大学学报	225	38	0.192	56
A029	福州大学学报	314	29	0.204	50
A001	复旦学报	366	24	0.243	37
A034	甘肃科学学报	151	64	0.219	45
A080	高技术通讯	703	7	0.371	19
A042	广西大学学报	143	67	0.295	27
A535	广西科学	140	71	0.186	59
A062	广西师范大学学报	298	31	0.659	7
A077	贵州大学学报	69	87	0.151	74
A012	海南大学学报	142	69	0.188	57
A031	河北大学学报	189	47	0.187	58
A076	河北师范大学学报	155	59	0.132	79
A067	河南大学学报	141	70	0.179	64
A011	河南科学	217	40	0.155	72
A058	河南师范大学学报	150	65	0.131	80
A084	黑龙江大学自然科学学报	162	55	0.194	55
A039	湖北大学学报	153	60	0.158	71
A028	湖南大学学报	365	25	0.312	26
A055	湖南师范大学自然科学学报	152	61	0.146	76
A054	华东师范大学学报	190	45	0.180	63
A052	华南师范大学学报	168	52	0.213	47
A021	华侨大学学报	185	48	0.268	32
A004	华中师范大学学报	290	32	0.177	65
A035	吉林大学学报理学版	476	16	0.701	5
A045	暨南大学学报	289	33	0.214	46
J035	江苏大学学报	431	19	0.692	6
A101	江西科学	137	72	0.183	60
A112	江西师范大学学报	114	77	0.201	52
A645	科技导报	321	27	0.251	35
A083	科技通报	252	35	0.322	24

表 6-1　2005 年综合类期刊总被引频次和影响因子排序表（续）

代码	期刊名称	总被引频次	学科内排名	影响因子	学科内排名
A537	科学技术与工程	180	49	0.200	54
A075	科学通报	5828	1	1.181	2
A016	兰州大学学报	486	14	0.316	25
A072	辽宁师范大学学报	115	76	0.122	83
A026	内蒙古大学学报	328	26	0.140	77
A111	内蒙古师大学报	111	78	0.181	62
A013	南昌大学学报	172	51	0.175	66
A025	南京大学学报	711	6	0.495	12
A061	南京师大学报	204	42	0.174	67
A008	南开大学学报	198	43	0.171	68
A110	宁夏大学学报	126	74	0.094	86
A658	青岛大学学报	163	54	0.211	48
A044	曲阜师范大学学报	168	52	0.255	34
A020	山东大学学报	220	39	0.231	40
A057	山东师范大学学报	160	57	0.201	52
A014	山西大学学报	190	45	0.159	70
A066	陕西师范大学学报	390	21	0.500	11
A056	上海大学学报	251	36	0.245	36
A043	上海师范大学学报	126	74	0.130	82
A113	实验技术与管理	1073	3	1.344	1
A115	实验室研究与探索	1110	2	1.151	3
A201	世界科技研究与发展	237	37	0.243	37
A023	首都师范大学学报	99	81	0.211	48
A006	四川大学学报	473	17	0.229	41
A033	四川师范大学学报	452	18	0.532	9
A037	苏州大学学报	85	85	0.153	73
A504	天津师范大学学报	87	84	0.084	87
A024	武汉大学学报理学版	625	8	0.376	18
A032	西北大学学报	494	12	0.398	17
A022	西北师范大学学报	206	41	0.229	41
A060	西南民族大学学报	178	50	0.237	39
A064	西南师范大学学报	418	20	0.284	29
A063	厦门大学学报	606	9	0.278	31
A018	湘潭大学自然科学学报	152	61	0.131	80
A087	新疆大学学报	108	79	0.149	75

表 6-1　2005 年综合类期刊总被引频次和影响因子排序表（续）

代码	期刊名称	总被引频次	学科内排名	影响因子	学科内排名
A501	烟台大学学报自然科学与工程版	85	85	0.121	84
A514	扬州大学学报	150	65	0.366	20
A580	应用基础与工程科学学报	143	67	0.364	21
A015	应用科学学报	194	44	0.183	60
A038	云南大学学报	388	22	0.332	23
A053	云南师范大学学报	96	83	0.113	85
A002	浙江大学学报理学版	487	13	0.523	10
A051	浙江师范大学学报	98	82	0.170	69
A019	郑州大学学报	129	73	0.280	30
A109	中国科学 E	573	11	0.486	13
A081	中国科学基金	158	58	0.295	27
A007	中国科学技术大学学报	318	28	0.351	22
A102	中国科学院研究生院学报	100	80	0.140	77
A036	中山大学学报	758	5	0.435	16
A512	重庆师范大学学报	162	55	0.257	33
A082	自然科学进展	808	4	0.570	8
A905	自然杂志	299	30	0.229	41
	平均值	350		0.301	

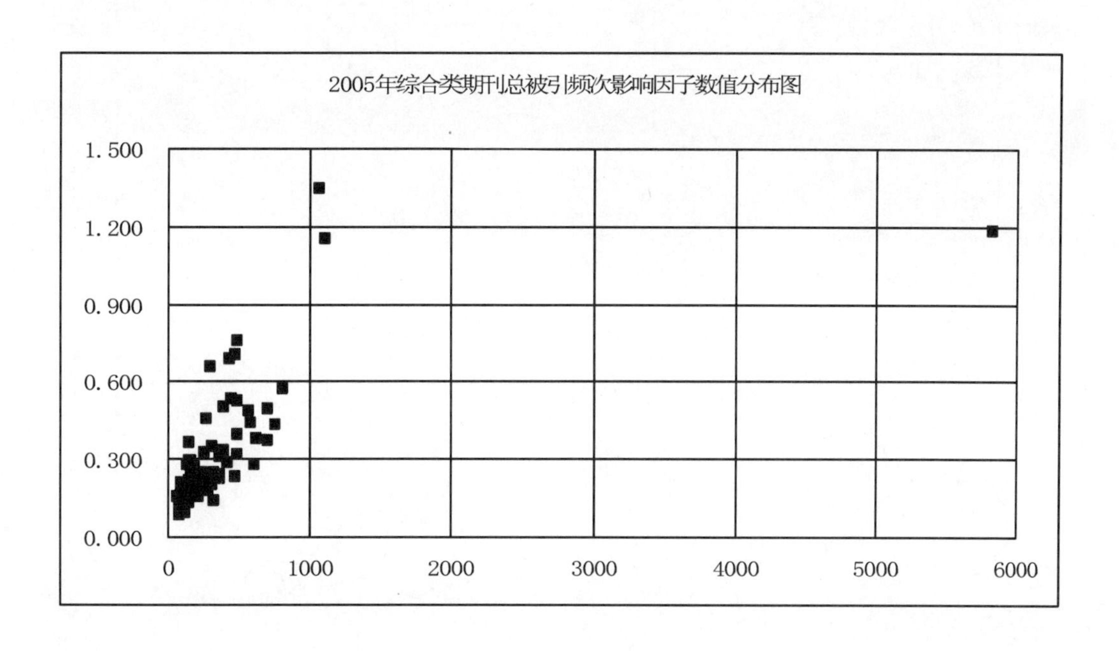

表6-2 2005年数学类期刊总被引频次和影响因子排序表

代码	期刊名称	总被引频次	学科内排名	影响因子	学科内排名
C096	ACTA MATHEMATICA SCIENTIA	162	20	0.315	5
B030	ACTA MATHEMATICA SINICA ENGLISH SERIES	192	16	0.271	10
B026	APPROX THEORY AND ITS APPLICATIONS	30	27	0.000	29
B023	CHINESE ANNALS OF MATHEMATICS SERIES B	198	15	0.208	14
B022	CHINESE QUARTERLY JOURNAL OF MATHEMATICS	17	29	0.063	25
B024	JOURNAL OF PARTIAL DIFFERENTIAL EQUATIONS	43	26	0.129	22
B010	NORTHEASTERN MATHEMATICAL JOURNAL	77	25	0.058	26
B002	高等学校计算数学学报	150	21	0.289	9
B003	高校应用数学学报	171	19	0.129	22
B031	工程数学学报	212	14	0.136	19
B014	计算数学	277	10	0.341	4
B017	模糊系统与数学	329	5	0.199	15
B016	南京大学学报数学半年刊	28	28	0.012	28
B009	生物数学学报	279	8	0.290	8
B015	数学的实践与认识	282	7	0.156	18
B523	数学教育学报	278	9	0.686	1
B007	数学进展	252	13	0.160	17
B004	数学年刊A	299	6	0.315	5
C036	数学物理学报	253	12	0.230	12
B006	数学学报	701	1	0.258	11
B005	数学研究与评论	177	18	0.133	20
B012	数学杂志	182	17	0.114	24
B008	应用概率统计	145	23	0.182	16
B011	应用数学	148	22	0.132	21
B020	应用数学和力学	486	3	0.214	13
B001	应用数学学报	335	4	0.292	7
B013	运筹学学报	82	24	0.056	27
B522	运筹与管理	257	11	0.355	2
A105	中国科学A	608	2	0.354	3
	平均值	229		0.210	

表 6-2　2005 年数学类期刊总被引频次和影响因子排序表（续）

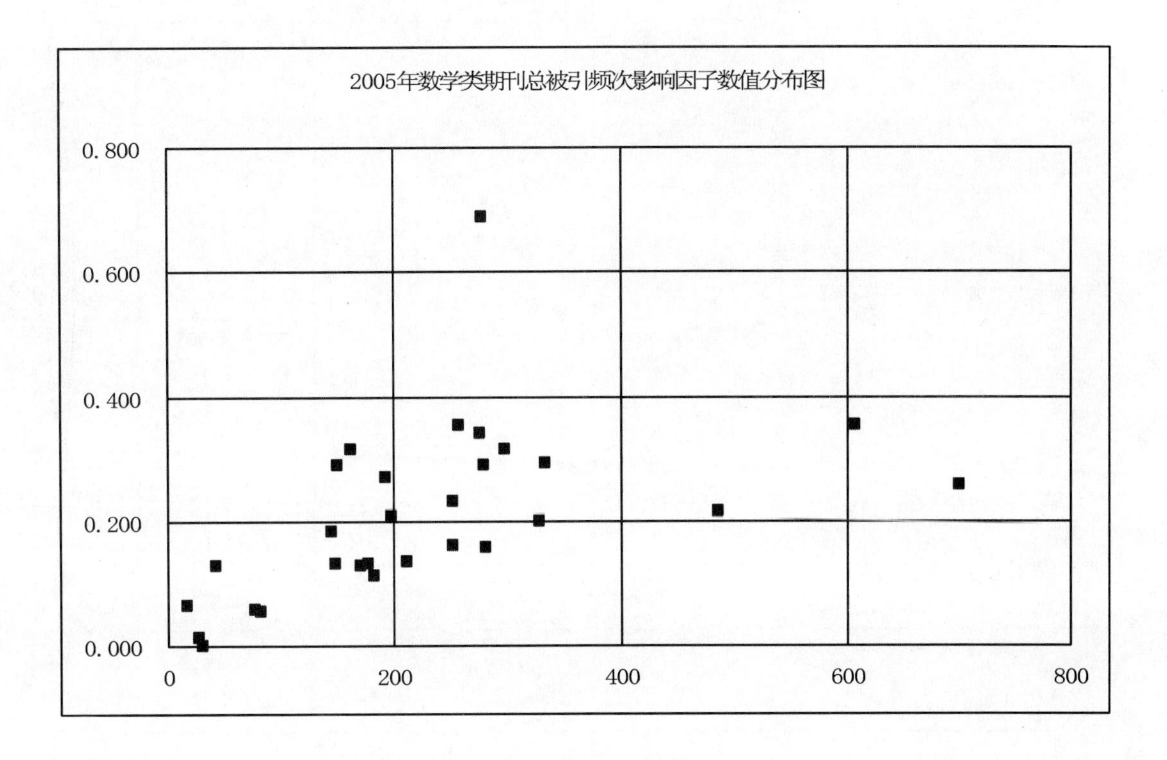

表 6-3　2005 年力学类期刊总被引频次和影响因子排序表

代码	期刊名称	总被引频次	学科内排名	影响因子	学科内排名
C105	ACTA MECHANICA SINICA	165	12	0.353	9
C002	工程力学	786	3	0.439	7
C103	固体力学学报	319	10	0.252	10
C003	计算力学学报	500	7	0.366	8
C101	力学季刊	146	13	0.189	13
C102	力学进展	567	5	0.845	1
C001	力学学报	692	4	0.560	4
C104	力学与实践	384	8	0.244	11
C009	实验力学	339	9	0.444	6
C005	岩石力学与工程学报	2521	1	0.693	2
C004	岩土力学	1108	2	0.584	3
C008	应用力学学报	311	11	0.228	12
Y004	振动工程学报	525	6	0.517	5
	平均值	**643**		**0.440**	

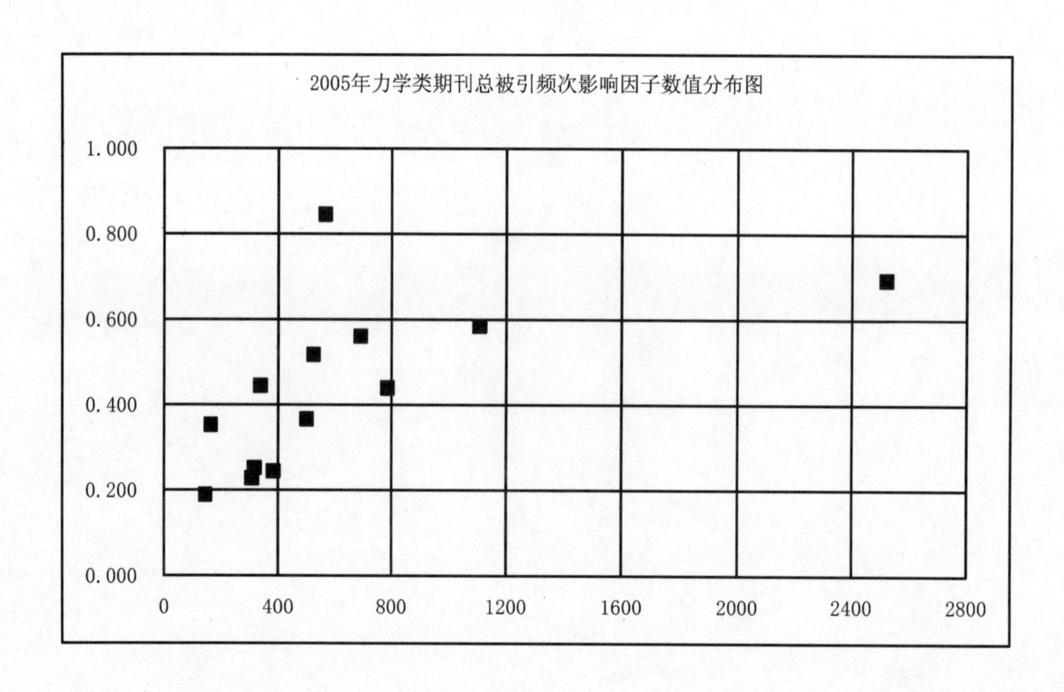

表 6-4　2005 年信息科学与系统科学类期刊总被引频次和影响因子排序表

代码	期刊名称	总被引频次	学科内排名	影响因子	学科内排名
R060	控制理论与应用	747	4	0.291	8
S001	控制与决策	941	3	0.532	3
S003	系统仿真学报	1352	2	0.442	7
B028	系统工程	494	6	0.504	5
B027	系统工程理论方法应用	177	9	0.514	4
B025	系统工程理论与实践	1504	1	0.662	1
B018	系统工程学报	437	7	0.548	2
B021	系统科学与数学	258	8	0.266	9
S002	信息与控制	546	5	0.473	6
	平均值	**717**		**0.470**	

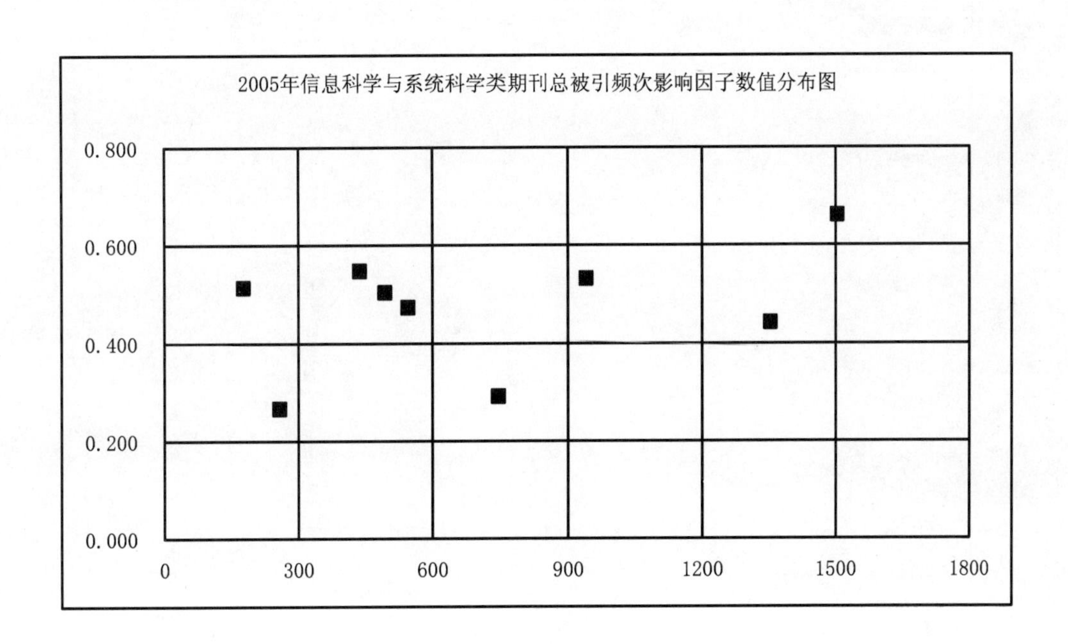

表 6-5　2005 年物理学类期刊总被引频次和影响因子排序表

代码	期刊名称	总被引频次	学科内排名	影响因子	学科内排名
C106	CHINESE PHYSICS	1385	6	0.928	6
C059	CHINESE PHYSICS LETTERS	2437	2	1.004	5
C095	COMMUNICATIONS IN THEORETICAL PHYSICS	799	8	0.641	13
C060	波谱学杂志	199	23	0.450	17
C055	低温物理学报	176	24	0.717	11
C031	低温与超导	96	29	0.259	28
C071	发光学报	574	12	0.882	7
C058	高能物理与核物理	359	16	0.266	27
C056	高压物理学报	205	21	0.400	18
C073	工程热物理学报	704	9	0.357	20
C091	光谱学与光谱分析	1736	4	0.658	12
C050	光学学报	2233	3	1.099	2
C037	光子学报	1732	5	1.062	4
C092	核聚变与等离子体物理	89	30	0.276	25
C035	红外与毫米波学报	421	14	0.726	10
C070	化学物理学报	580	11	0.788	8
C094	计算物理	256	18	0.303	22
C032	量子电子学报	363	15	0.399	19
C110	量子光学学报	45	31	0.192	30
C007	强激光与粒子束	892	7	0.559	15
C033	声学技术	132	27	0.162	31
C054	声学学报	633	10	0.598	14
C090	物理	427	13	0.283	24
C006	物理学报	5090	1	1.351	1
C053	物理学进展	213	20	0.786	9
C503	液晶与显示	309	17	1.080	3
C109	应用光学	133	26	0.206	29
C052	应用声学	204	22	0.270	26
C108	原子核物理评论	112	28	0.313	21
C057	原子与分子物理学报	227	19	0.289	23
C034	质谱学报	158	25	0.545	16
	平均值	739		0.576	

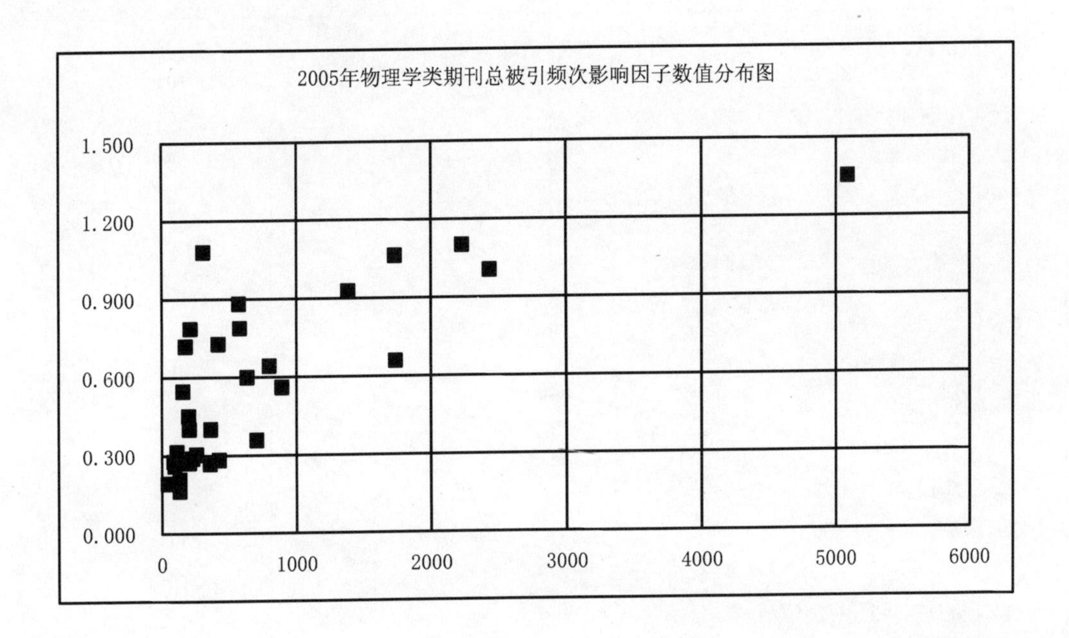
2005年物理学类期刊总被引频次影响因子数值分布图
1.500
1.200
0.900
0.600
0.300
0.000
0
1000
2000
3000
4000
5000
6000

表 6-6　2005 年化学类期刊总被引频次和影响因子排序表

代码	期刊名称	总被引频次	学科内排名	影响因子	学科内排名
I139	CHEMICAL RESEARCH IN CHINESE UNIVERSITIES	166	31	0.268	31
D031	CHINESE CHEMICAL LETTERS	449	23	0.192	34
D017	CHINESE JOURNAL OF POLYMER SCIENCE	146	35	0.268	31
D013	催化学报	1466	4	0.990	1
D036	电化学	274	29	0.324	27
D022	分析测试学报	898	14	0.672	11
D005	分析化学	3085	2	0.662	12
D026	分析科学学报	501	20	0.344	25
D004	分析试验室	889	15	0.416	23
D015	分子催化	443	24	0.527	18
D035	分子科学学报	152	33	0.573	15
D014	感光科学与光化学	227	30	0.470	21
D020	高等学校化学学报	4063	1	0.787	6
T002	高分子通报	475	21	0.301	29
D021	高分子学报	1423	5	0.772	8
D503	功能高分子学报	589	18	0.422	22
D602	合成化学	324	27	0.269	30
D506	化学进展	524	19	0.777	7
D011	化学试剂	466	22	0.314	28
D018	化学通报	1099	10	0.534	17
D030	化学学报	2086	3	0.893	3
D501	化学研究	152	33	0.351	24
D037	化学研究与应用	647	17	0.325	26
T553	化学与生物工程	163	32	0.174	35
T931	化学与粘合	281	28	0.258	33
D024	环境化学	982	13	0.546	16
D019	结构化学	367	26	0.498	20
D027	煤炭转化	386	25	0.679	10
D002	燃料化学学报	863	16	0.982	2
D012	色谱	1099	10	0.613	13
D023	无机化学学报	1150	8	0.703	9
D001	物理化学学报	1380	7	0.848	4
D016	应用化学	1408	6	0.575	14
D025	有机化学	1065	12	0.836	5
A106	中国科学 B	1142	9	0.500	19
	平均值	**881**		**0.533**	

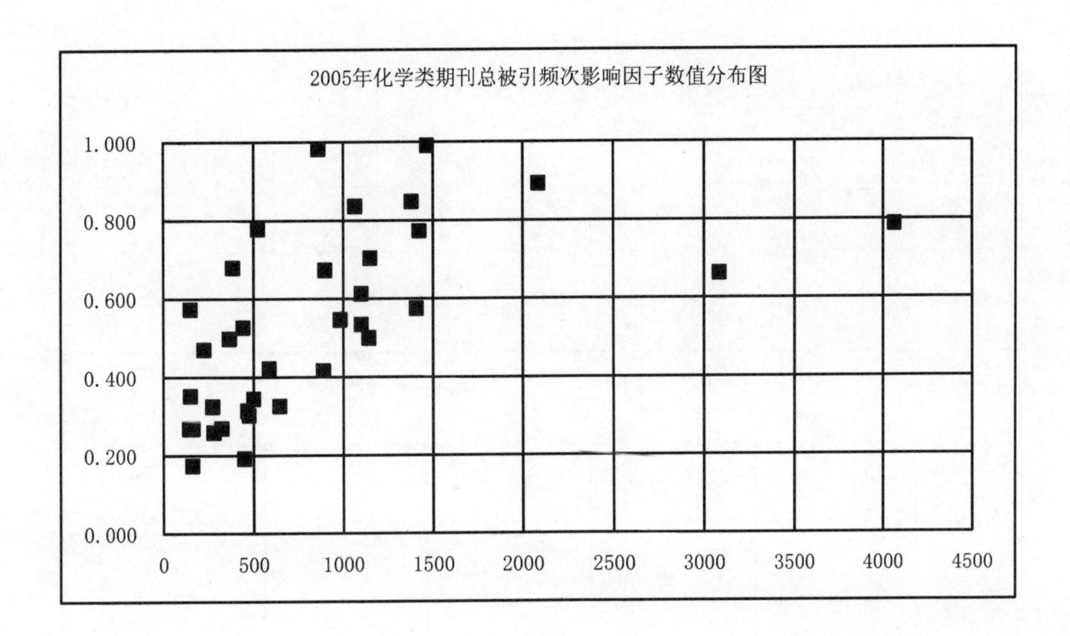
2005年化学类期刊总被引频次影响因子数值分布图
1.000
0.800
0.600
0.400
0.200
0.000
0
500
1000
1500
2000
2500
3000
3500
4000
4500

表 6-7 2005 年天文学类期刊总被引频次和影响因子排序表

代码	期刊名称	总被引频次	学科内排名	影响因子	学科内排名
C072	CHINESE JOURNAL OF ASTRONOMY AND ASTROPHYSICS	95	2	0.139	3
E023	天文学报	96	1	0.230	2
E114	天文学进展	81	3	0.246	1
E355	中国科学院上海天文台年刊	24	4	0.111	4
	平均值	**74**		**0.182**	

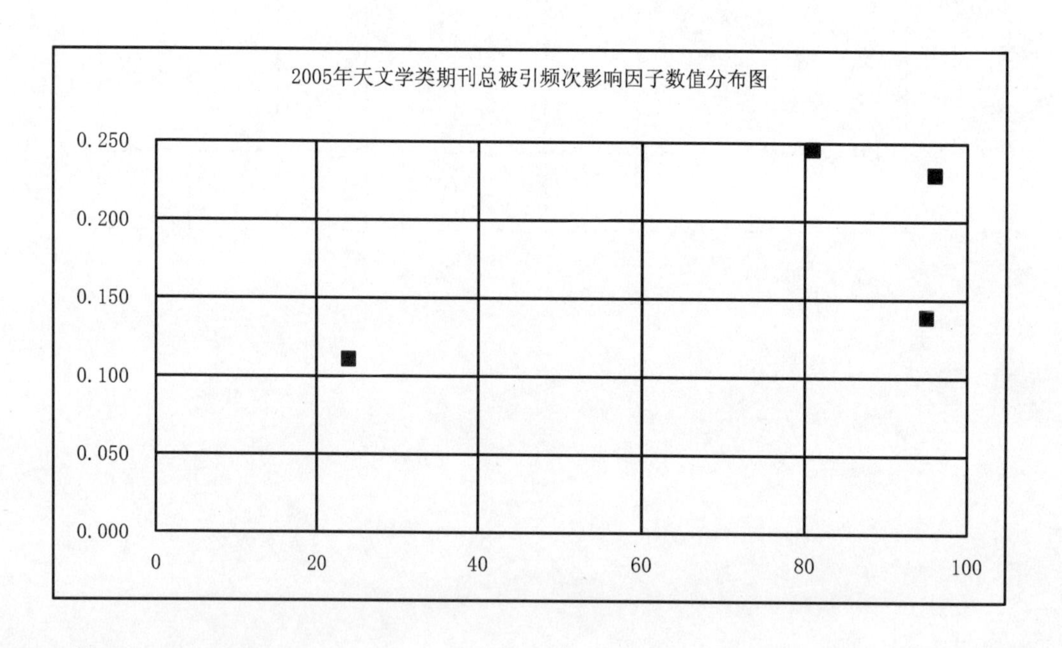

表 6-8　2005 年测绘学类期刊总被引频次和影响因子排序表

代码	期刊名称	总被引频次	学科内排名	影响因子	学科内排名
E543	测绘工程	126	9	0.216	9
E600	测绘科学	291	7	0.672	3
E510	测绘通报	457	4	0.284	8
E152	测绘学报	543	2	0.649	4
E144	大地测量与地球动力学	465	3	0.818	2
E591	国土资源遥感	310	6	0.610	5
Z543	遥感技术与应用	313	5	0.436	7
S024	遥感信息	216	8	0.520	6
Z006	遥感学报	789	1	0.919	1
	平均值	**390**		**0.569**	

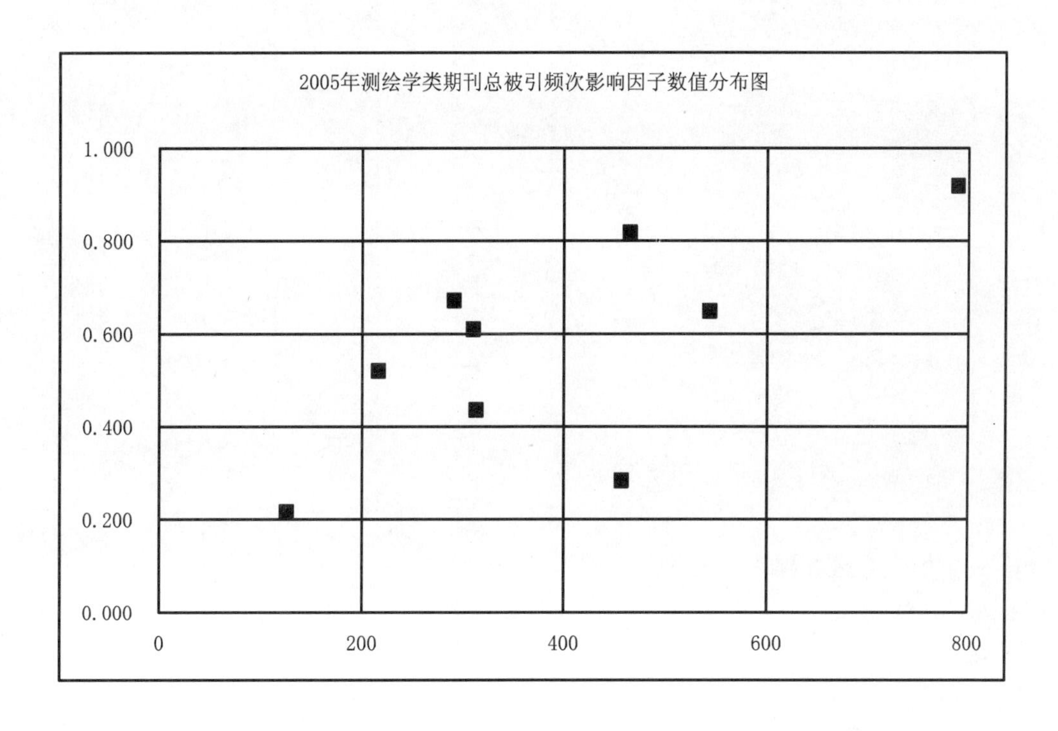

表 6-9　2005 年地球科学类期刊总被引频次和影响因子排序表

代码	期刊名称	总被引频次	学科内排名	影响因子	学科内排名
E146	大地构造与成矿学	420	19	1.065	9
E024	地球化学	1399	5	1.807	2
E142	地球科学	1390	6	0.991	10
E115	地球科学进展	1585	4	1.245	7
E004	地球科学与环境学报	249	27	0.584	19
E153	地球物理学报	1972	2	1.253	6
E308	地球物理学进展	720	11	0.904	12
E656	地球信息科学	174	29	0.420	26
E300	地球学报	868	8	0.808	13
E549	地球与环境	26	36	0.121	36
E357	地学前缘	1741	3	1.347	5
E306	地震	312	25	0.471	22
E119	地震地磁观测与研究	138	32	0.146	34
E150	地震地质	610	16	0.782	14
E118	地震工程与工程振动	839	9	0.476	21
E143	地震学报	783	10	0.727	15
E112	地震研究	167	30	0.252	31
E301	第四纪研究	1233	7	1.368	4
E105	干旱区研究	667	14	1.079	8
E304	古脊椎动物学报	330	22	0.467	23
E022	古生物学报	632	15	0.282	29
E141	华北地震科学	79	34	0.154	33
E103	华南地震	103	33	0.168	32
E116	吉林大学学报地球科学版	562	17	0.644	17
E140	空间科学学报	160	31	0.294	28
E504	矿物岩石地球化学通报	381	21	0.662	16
E104	内陆地震	75	35	0.143	35
E363	世界地震工程	268	26	0.272	30
L518	天然气地球科学	713	12	1.537	3
E052	微体古生物学报	313	24	0.426	24
E138	物探与化探	403	20	0.425	25
E307	西北地震学报	243	28	0.310	27
E148	灾害学	454	18	0.907	11
E351	中国地震	321	23	0.485	20
E124	中国沙漠	1997	1	1.870	1

表 6-9　2005 年地球科学类期刊总被引频次和影响因子排序表（续）

代码	期刊名称	总被引频次	学科内排名	影响因子	学科内排名
E137	自然灾害学报	697	13	0.610	18
	平均值	**640**		**0.708**	

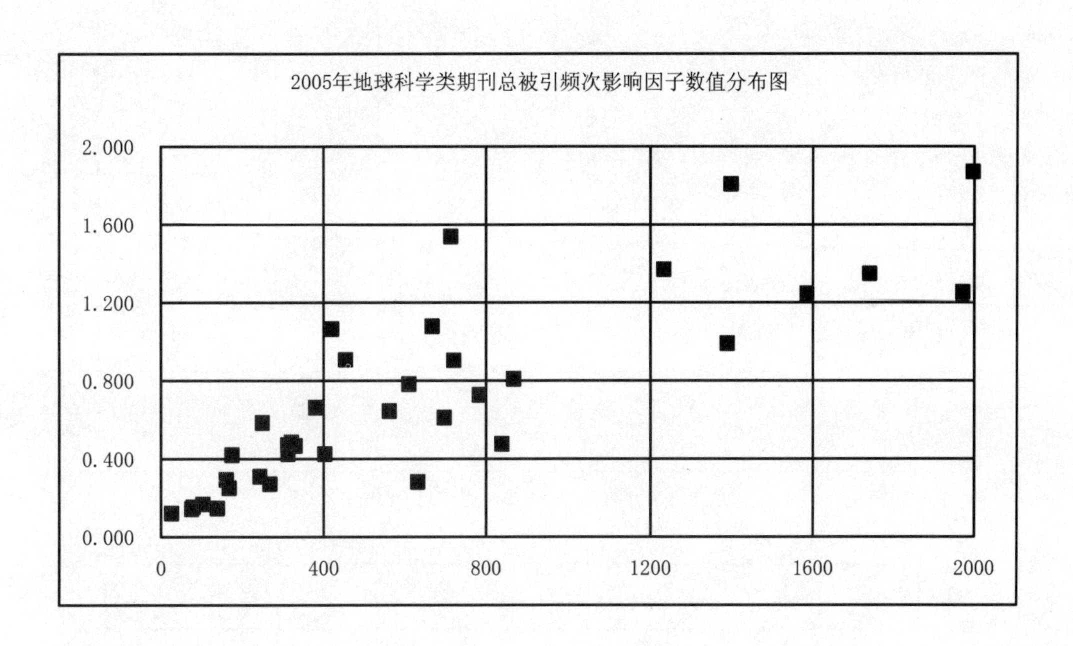

表 6-10　2005 年地理科学类期刊总被引频次和影响因子排序表

代码	期刊名称	总被引频次	学科内排名	影响因子	学科内排名
I063	JOURNAL OF GEOGRAPHICAL SCIENCES	75	12	0.306	11
E130	地理科学	1241	2	1.024	6
E584	地理科学进展	658	5	1.228	5
E305	地理学报	2628	1	2.136	2
E310	地理研究	1173	3	1.542	4
E527	地理与地理信息科学	491	8	0.674	7
E020	干旱区地理	979	4	2.682	1
E601	古地理学报	435	9	1.670	3
E007	极地研究	127	11	0.443	9
E599	经济地理	590	7	0.374	10
E563	热带地理	174	10	0.229	12
E101	山地学报	596	6	0.642	8
	平均值	**764**		**1.079**	

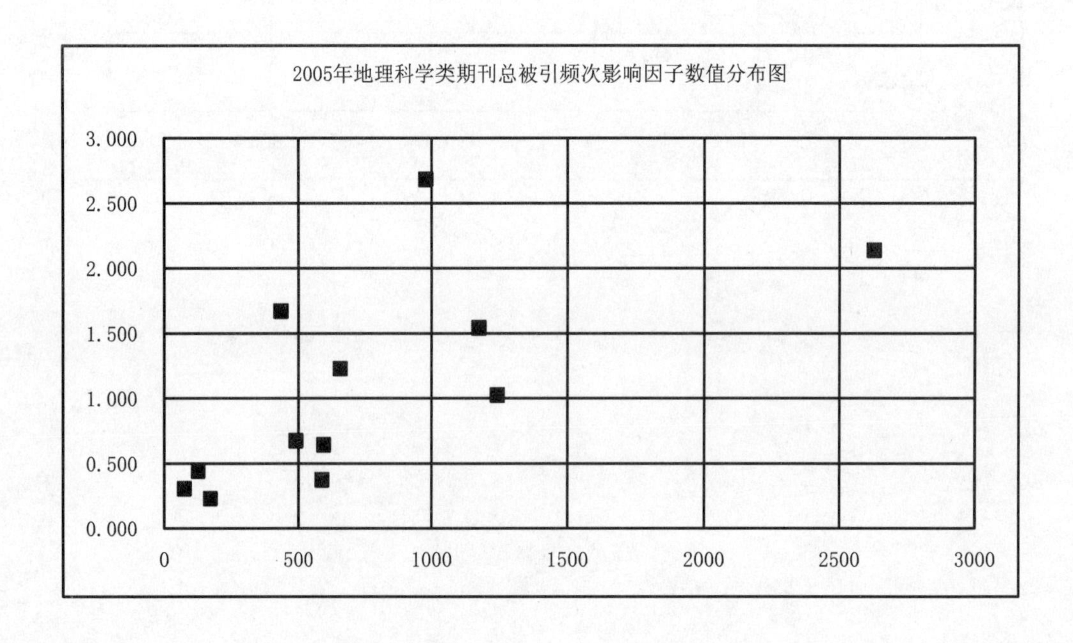

表 6-11　2005 年地质科学类期刊总被引频次和影响因子排序表

代码	期刊名称	总被引频次	学科内排名	影响因子	学科内排名
E135	冰川冻土	1314	6	1.906	5
E113	沉积学报	1447	5	0.927	15
E547	沉积与特提斯地质	169	29	0.313	26
E133	地层学杂志	487	20	0.752	16
E362	地质科技情报	492	19	0.402	24
E139	地质科学	1124	7	2.008	4
E026	地质力学学报	187	28	0.202	30
E009	地质论评	1548	4	1.479	7
E127	地质通报	1036	8	1.202	11
E010	地质学报	1600	3	2.438	3
E151	地质与勘探	633	13	0.531	18
E525	地质与资源	115	31	0.179	31
E132	地质找矿论丛	144	30	0.270	28
E358	高校地质学报	608	15	1.267	9
E360	工程地质学报	567	16	1.134	13
E155	海洋地质与第四纪地质	614	14	0.500	20
E106	矿床地质	917	10	1.734	6
E354	矿物岩石	346	24	0.448	22
E126	石油实验地质	944	9	1.167	12
E548	世界地质	218	26	0.258	29
E154	水文地质工程地质	504	17	0.356	25
E125	西北地质	202	27	0.448	22
E027	现代地质	680	12	1.006	14
E159	新疆地质	356	23	0.277	27
E053	岩矿测试	361	22	0.480	21
E157	岩石矿物学杂志	684	11	1.260	10
E309	岩石学报	1831	2	2.556	2
E051	铀矿地质	254	25	0.612	17
E654	中国地质	495	18	1.367	8
A108	中国科学 D	2574	1	2.690	1
E303	中国岩溶	383	21	0.520	19
	平均值	737		0.990	

表 6-11　2005 年地质科学类期刊总被引频次和影响因子排序表（续）

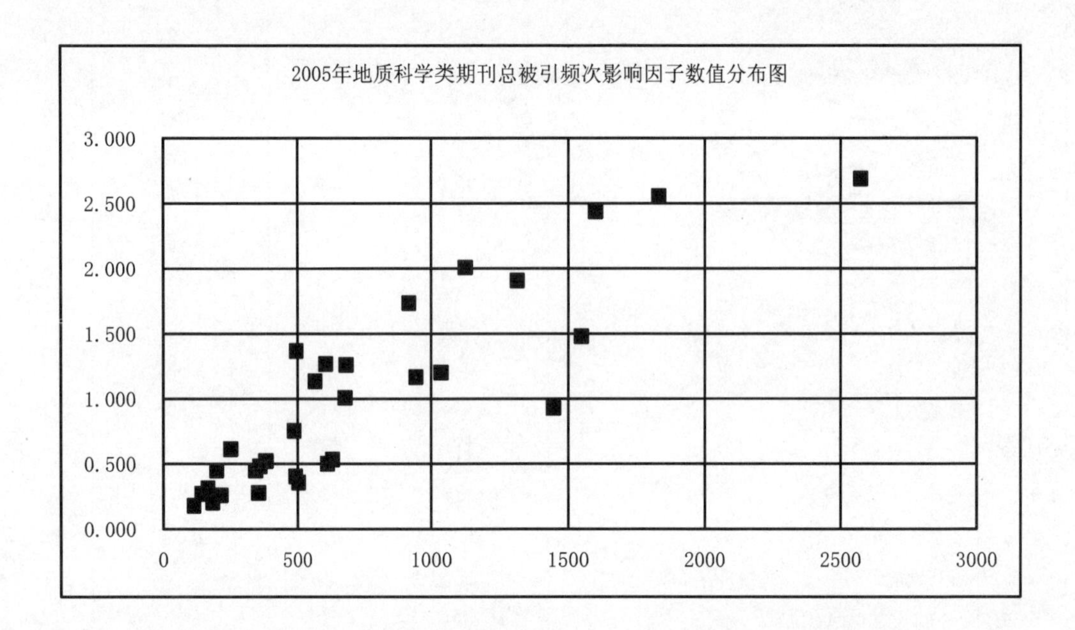

表 6-12　2005 年海洋科学类期刊总被引频次和影响因子排序表

代码	期刊名称	总被引频次	学科内排名	影响因子	学科内排名
E158	CHINA OCEAN ENGINEERING	173	12	0.480	4
E012	CHINESE JOURNAL OF OCEANOLOGY AND LIMNOLOGY	115	16	0.170	15
E149	东海海洋	144	13	0.182	14
E131	海洋工程	261	9	0.400	7
E312	海洋湖沼通报	229	10	0.203	13
E145	海洋科学	761	3	0.263	8
E006	海洋科学进展	199	11	0.227	11
E311	海洋通报	336	8	0.247	10
E003	海洋学报	1124	2	0.800	3
E008	海洋与湖沼	1424	1	1.404	1
E108	海洋预报	122	14	0.165	16
E111	湖泊科学	737	4	1.157	2
E313	青岛海洋大学学报	590	5	0.248	9
E642	热带海洋学报	398	7	0.439	6
E123	台湾海峡	450	6	0.449	5
E500	盐湖研究	119	15	0.216	12
	平均值	**449**		**0.441**	

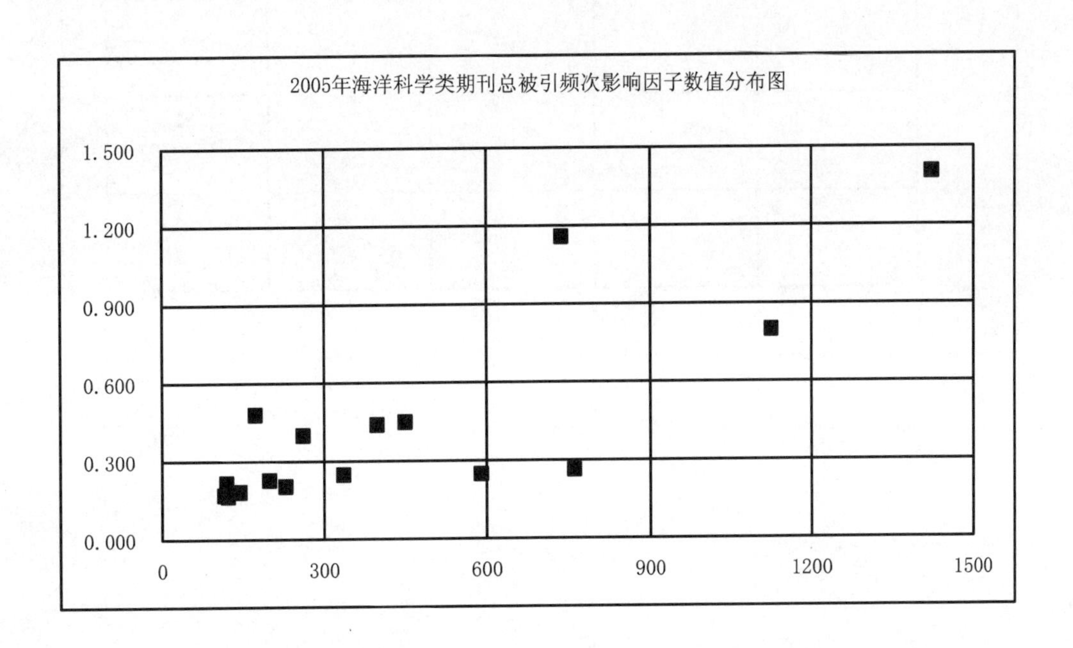

表 6-13　2005 年大气科学类期刊总被引频次和影响因子排序表

代码	期刊名称	总被引频次	学科内排名	影响因子	学科内排名
E011	成都信息工程学院学报	49	10	0.052	10
E109	大气科学	1354	3	0.874	4
E005	高原气象	1448	2	1.861	1
E120	南京气象学院学报	424	7	0.377	9
E361	气候与环境研究	421	8	0.807	5
E352	气象	837	5	0.481	7
E359	气象科学	270	9	0.405	8
E001	气象学报	1493	1	1.216	2
E110	热带气象学报	519	6	1.014	3
E122	应用气象学报	847	4	0.740	6
	平均值	**766**		**0.783**	

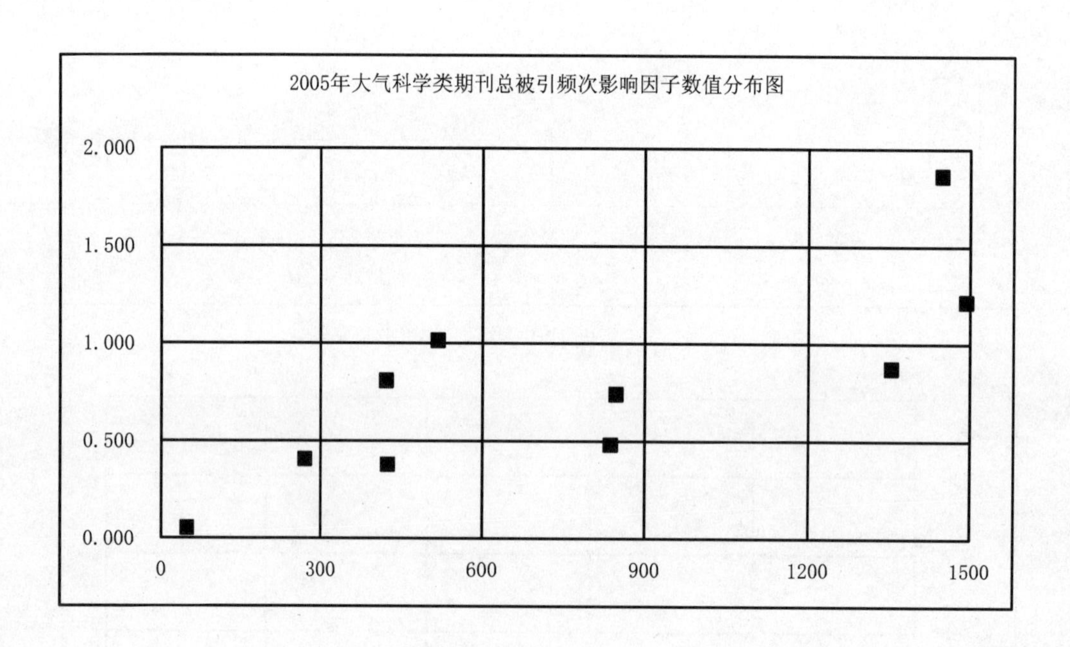

表 6-14　2005 年生物学类期刊总被引频次和影响因子排序表（续）

代码	期刊名称	总被引频次	学科内排名	影响因子	学科内排名
I072	CELL RESEARCH	213	51	0.764	11
F029	JOURNAL OF INTEGRATIVE PLANT BIOLOGY	3134	3	0.746	13
F044	氨基酸和生物资源	282	42	0.250	49
G018	病毒学报	401	37	0.589	23
F014	动物分类学报	401	37	0.421	34
F017	动物学报	1084	11	0.867	8
F022	动物学研究	644	28	0.486	30
F043	动物学杂志	697	24	0.401	37
F030	工业微生物	231	46	0.333	44
F028	广西植物	470	34	0.328	46
F045	激光生物学报	231	46	0.261	47
F018	菌物学报	526	32	0.342	43
F005	昆虫分类学报	118	57	0.110	58
F015	昆虫学报	993	13	0.767	10
F035	昆虫知识	925	15	0.700	15
F041	人类学学报	349	39	0.577	24
F042	生命的化学	259	43	0.181	52
F215	生命科学	220	49	0.142	56
F046	生命科学研究	171	53	0.343	42
Z014	生态学报	5233	2	1.688	1
Z028	生态学杂志	1486	8	0.944	6
F250	生物磁学	287	41	0.910	7
F049	生物多样性	822	21	1.129	4
F003	生物工程学报	902	17	0.626	19
F016	生物化学与生物物理进展	1014	12	0.528	27
F034	生物化学与生物物理学报	694	25	0.671	16
F224	生物技术通讯	204	52	0.237	50
F012	生物物理学报	410	36	0.358	40
F213	生物学杂志	233	45	0.171	53
F257	实验动物科学与管理	111	58	0.148	55
G387	实验动物与比较医学	145	56	0.140	57
F021	实验生物学报	216	50	0.350	41
F033	兽类学报	614	31	0.555	25
F010	水生生物学报	1108	10	0.747	12
F027	四川动物	237	44	0.221	51

表 6-14　2005 年生物学类期刊总被引频次和影响因子排序表（续）

代码	期刊名称	总被引频次	学科内排名	影响因子	学科内排名
T611	天然产物研究与开发	659	27	0.400	38
F004	微生物学报	919	16	0.591	21
F011	微生物学通报	814	22	0.431	33
F008	武汉植物学研究	623	29	0.500	29
F020	西北植物学报	1648	6	0.706	14
F025	细胞生物学杂志	223	48	0.258	48
F024	遗传	836	20	0.535	26
F013	遗传学报	1642	7	1.050	5
Z018	应用生态学报	5270	1	1.680	2
F100	应用与环境生物学报	927	14	0.647	17
F007	云南植物研究	897	18	0.590	22
F039	植物分类学报	620	30	0.333	44
F038	植物生理学通讯	2172	5	0.374	39
F019	植物生理与分子生物学学报	1412	9	0.817	9
F009	植物生态学报	2383	4	1.523	3
F023	植物学通报	872	19	0.508	28
F050	植物研究	497	33	0.471	32
F048	中国比较医学杂志	155	55	0.156	54
G095	中国病毒学	346	40	0.404	36
A107	中国科学 C	433	35	0.644	18
F255	中国生物工程杂志	673	26	0.482	31
F002	中国生物化学与分子生物学报	709	23	0.614	20
F047	中国实验动物学报	165	54	0.411	35
	平均值	861		0.554	

表 6-14　2005 年生物学类期刊总被引频次和影响因子排序表（续）

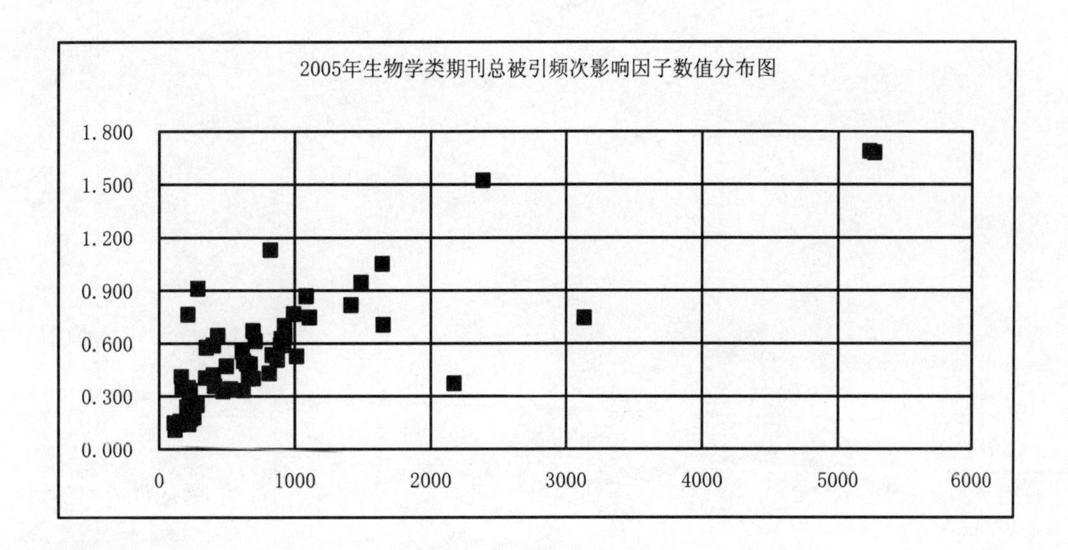

表 6-15 2005 年预防医学与卫生学类期刊总被引频次和影响因子排序表

代码	期刊名称	总被引频次	学科内排名	影响因子	学科内排名
G025	工业卫生与职业病	333	23	0.280	23
G525	华南预防医学	230	31	0.236	24
Z031	环境与健康杂志	562	12	0.490	10
G882	环境与职业医学	251	28	0.296	20
G302	疾病控制杂志	249	29	0.222	25
G961	解放军预防医学杂志	287	26	0.190	28
G609	热带医学杂志	107	32	0.178	29
G768	实用预防医学	422	16	0.158	30
G079	卫生研究	751	9	0.465	11
G963	现代预防医学	411	19	0.142	31
G089	营养学报	773	8	0.632	8
G518	预防医学情报杂志	235	30	0.131	32
G884	职业与健康	337	22	0.048	33
G985	中国艾滋病性病	569	11	0.680	7
G099	中国地方病防治杂志	351	21	0.210	27
G098	中国地方病学杂志	1172	4	1.237	1
G290	中国防痨杂志	473	14	0.414	13
G244	中国工业医学杂志	317	24	0.217	26
G102	中国公共卫生	1662	3	0.296	20
G339	中国寄生虫病防治杂志	421	17	0.297	19
G613	中国慢性病预防与控制	421	17	0.291	22
G429	中国食品卫生杂志	264	27	0.391	15
G253	中国卫生统计	293	25	0.393	14
G284	中国消毒学杂志	438	15	0.738	6
G908	中国学校卫生	852	7	0.312	17
G945	中国职业医学	386	20	0.341	16
G136	中华传染病杂志	953	6	0.903	4
G147	中华结核和呼吸杂志	2829	1	1.228	2
G149	中华劳动卫生职业病杂志	681	10	0.456	12
G152	中华流行病学杂志	1875	2	0.904	3
G162	中华实验和临床病毒学杂志	531	13	0.543	9
G740	中华卫生杀虫药械	95	33	0.310	18
G177	中华预防医学杂志	968	5	0.891	5
	平均值	621		0.440	

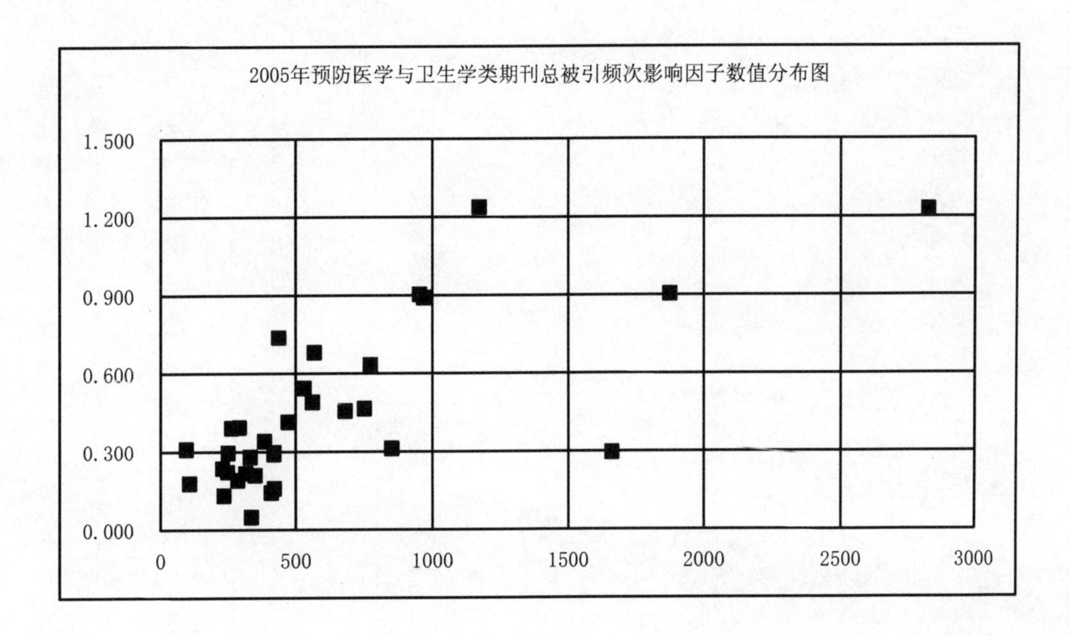
2005年预防医学与卫生学类期刊总被引频次影响因子数值分布图
1.500
1.200
0.900
0.600
0.300
0.000
0
500
1000
1500
2000
2500
3000

表 6-16　2005 年基础医学、医学综合类期刊总被引频次和影响因子排序表（续）

代码	期刊名称	总被引频次	学科内排名	影响因子	学科内排名
I201	CHINESE MEDICAL JOURNAL	1501	6	0.592	14
G126	CHINESE MEDICAL SCIENCES JOURNAL	124	72	0.205	61
G004	北京生物医学工程	192	66	0.286	42
G016	北京医学	282	54	0.223	58
G542	毒理学杂志	295	52	0.268	48
G235	高血压杂志	689	21	0.701	8
G026	广东医学	697	18	0.140	69
G301	河北中医药学报	49	78	0.078	78
G340	华南国防医学杂志	70	76	0.097	76
G294	华西医学	331	50	0.130	72
G003	基础医学与临床	485	36	0.387	27
G292	寄生虫与医学昆虫学报	82	74	0.225	56
G046	江苏医药	508	35	0.260	50
G048	解放军医学杂志	1023	10	0.474	23
G315	解放军医院管理杂志	661	22	0.515	19
G507	解剖科学进展	190	67	0.259	52
G049	解剖学报	586	28	0.455	24
G358	解剖学研究	148	68	0.282	44
G050	解剖学杂志	425	41	0.190	63
G052	军事医学科学院院刊	277	55	0.211	60
G274	临床与实验病理学杂志	658	23	0.489	20
G056	免疫学杂志	544	32	0.683	9
G511	山东医药	587	27	0.109	75
G069	上海医学	597	26	0.180	64
F203	生理科学进展	443	39	0.378	28
F001	生理学报	697	18	0.851	7
G006	生物医学工程学杂志	616	25	0.322	38
G332	生物医学工程研究	22	80	0.137	70
G603	生物医学工程与临床	81	75	0.233	55
G367	实用诊断与治疗杂志	690	20	0.997	5
G575	四川医学	376	46	0.082	77
G076	天津医药	359	49	0.132	71
G210	微循环学杂志	248	58	0.286	42
G245	西北国防医学杂志	194	65	0.151	67
G312	西南国防医药	109	73	0.069	79

表 6-16　2005 年基础医学、医学综合类期刊总被引频次和影响因子排序表（续）

代码	期刊名称	总被引频次	学科内排名	影响因子	学科内排名
G188	细胞与分子免疫学杂志	644	24	0.617	13
G067	现代免疫学	469	37	0.276	45
G223	现代医学	135	70	0.119	73
G871	医疗设备信息	364	47	0.303	41
G605	医疗卫生装备	224	62	0.170	65
G306	医师进修杂志	380	45	0.118	74
G333	医学分子生物学杂志	35	79	0.059	80
G281	医学研究生学报	569	30	0.539	18
G308	医学与哲学	563	31	0.350	33
G088	医用生物力学	131	71	0.308	40
G259	诊断病理学杂志	411	42	0.395	26
G615	诊断学理论与实践	70	76	0.166	66
G096	中国病理生理杂志	1621	5	0.541	17
G241	中国急救医学	943	12	0.352	32
G314	中国计划免疫	455	38	0.587	15
G105	中国寄生虫学与寄生虫病杂志	573	29	0.478	21
G784	中国健康心理学杂志	436	40	0.245	53
G111	中国免疫学杂志	718	17	0.356	31
G303	中国男科学杂志	263	56	0.340	36
G112	中国人兽共患病杂志	754	15	0.345	35
G115	中国生物医学工程学报	362	48	0.269	47
G258	中国生物制品学杂志	208	63	0.237	54
G883	中国实验血液学杂志	285	53	0.368	30
G521	中国疼痛医学杂志	205	64	0.266	49
G116	中国危重病急救医学	1634	4	0.998	4
G988	中国卫生检验杂志	741	16	0.350	33
G237	中国现代医学杂志	2994	2	0.656	11
G952	中国血液流变学杂志	235	59	0.149	68
G809	中国医刊	299	51	0.225	56
G124	中国医疗器械杂志	226	60	0.260	50
G313	中国医师杂志	544	32	0.275	46
G911	中国医学伦理学	405	43	0.371	29
G622	中国医学物理学杂志	226	60	0.219	59
G130	中国应用生理学杂志	394	44	0.311	39
G134	中国组织化学与细胞化学杂志	249	57	0.325	37

表 6-16 2005 年基础医学、医学综合类期刊总被引频次和影响因子排序表(续)

代码	期刊名称	总被引频次	学科内排名	影响因子	学科内排名
G135	中华病理学杂志	1425	9	1.171	2
G153	中华麻醉学杂志	1487	7	0.918	6
G282	中华男科学杂志	526	34	0.586	16
G165	中华微生物学和免疫学杂志	901	13	0.476	22
G172	中华血液学杂志	1452	8	0.676	10
G175	中华医学遗传学杂志	768	14	0.629	12
G176	中华医学杂志	3792	1	1.091	3
G591	中华医院管理杂志	2015	3	1.556	1
G180	中日友好医院学报	144	69	0.192	62
G225	重庆医学	968	11	0.436	25
	平均值	**588**		**0.384**	

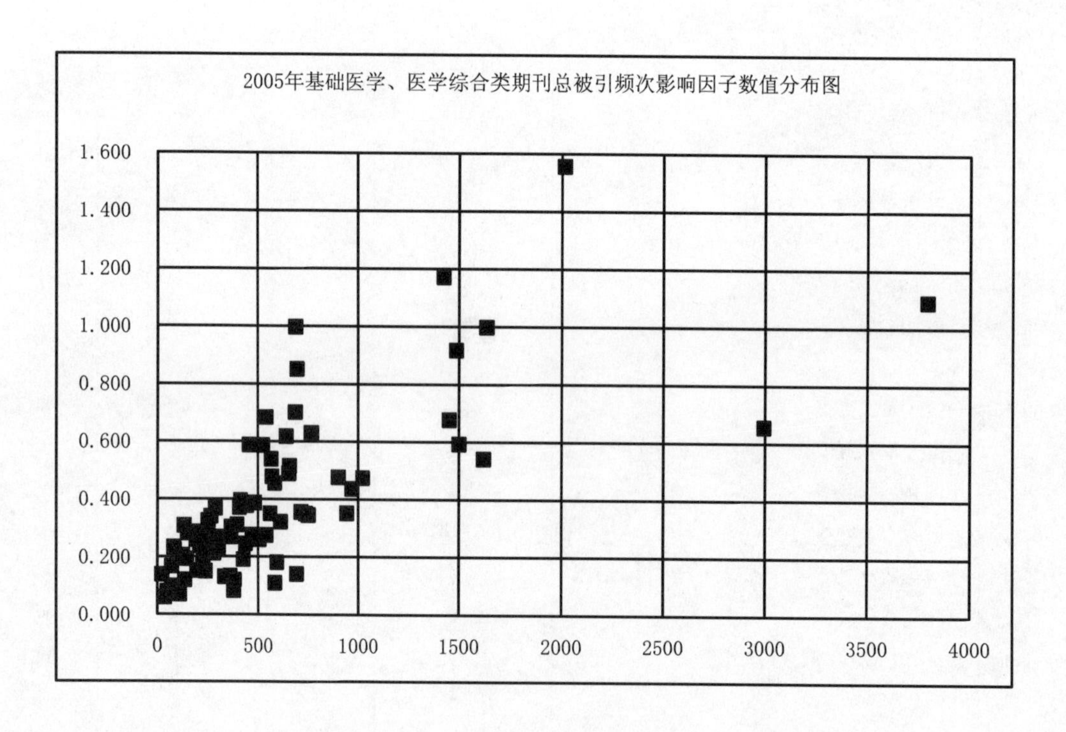

表 6-17　2005 年医科大学学报类期刊总被引频次和影响因子排序表

代码	期刊名称	总被引频次	学科内排名	影响因子	学科内排名
G012	安徽医科大学学报	330	23	0.228	22
G741	蚌埠医学院学报	251	29	0.134	33
G002	北京大学学报医学版	957	5	0.744	1
G020	大连医科大学学报	121	42	0.147	30
G005	第二军医大学学报	1190	3	0.328	11
G021	第三军医大学学报	1477	2	0.381	9
G022	第四军医大学学报	2132	1	0.488	5
G023	第一军医大学学报	1047	4	0.511	3
G057	东南大学学报医学版	192	35	0.256	17
G024	福建医科大学学报	244	30	0.160	27
G068	复旦学报医学科学版	513	11	0.293	14
G028	广西医科大学学报	414	19	0.094	38
G029	广州医学院学报	128	41	0.070	42
G031	贵阳医学院学报	185	36	0.085	41
G033	哈尔滨医科大学学报	267	27	0.152	29
G034	航天医学与医学工程	443	16	0.431	7
G035	河北医科大学学报	197	34	0.138	32
G077	华中科技大学学报医学版	550	9	0.312	12
G014	吉林大学学报医学版	788	6	0.455	6
G047	江西医学院学报	172	38	0.094	38
G187	军医进修学院学报	272	26	0.243	20
G053	昆明医学院学报	139	40	0.100	37
G058	南京医科大学学报	452	14	0.362	10
G061	青岛大学医学院学报	168	39	0.147	30
G062	山东大学学报医学版	383	20	0.255	18
G064	山西医科大学学报	252	28	0.133	34
G066	上海第二医科大学学报	450	15	0.235	21
G073	首都医科大学学报	215	32	0.157	28
G045	四川大学学报医学版	547	10	0.268	15
G074	苏州大学学报医学版	327	24	0.103	36
G702	温州医学院学报	176	37	0.126	35
G038	武汉大学学报医学版	238	31	0.222	23
G081	西安交通大学学报医学版	424	18	0.247	19
G328	新乡医学院学报	340	22	0.296	13
G565	徐州医学院学报	202	33	0.086	40

表 6-17　2005 年医科大学学报类期刊总被引频次和影响因子排序表（续）

代码	期刊名称	总被引频次	学科内排名	影响因子	学科内排名
G091	浙江大学学报医学版	359	21	0.595	2
G036	郑州大学学报医学版	491	12	0.183	25
G123	中国医科大学学报	426	17	0.179	26
G125	中国医学科学院学报	591	7	0.506	4
G039	中南大学学报医学版	575	8	0.262	16
G181	中山大学学报医学版	481	13	0.395	8
G186	重庆医科大学学报	306	25	0.205	24
	平均值	462		0.257	

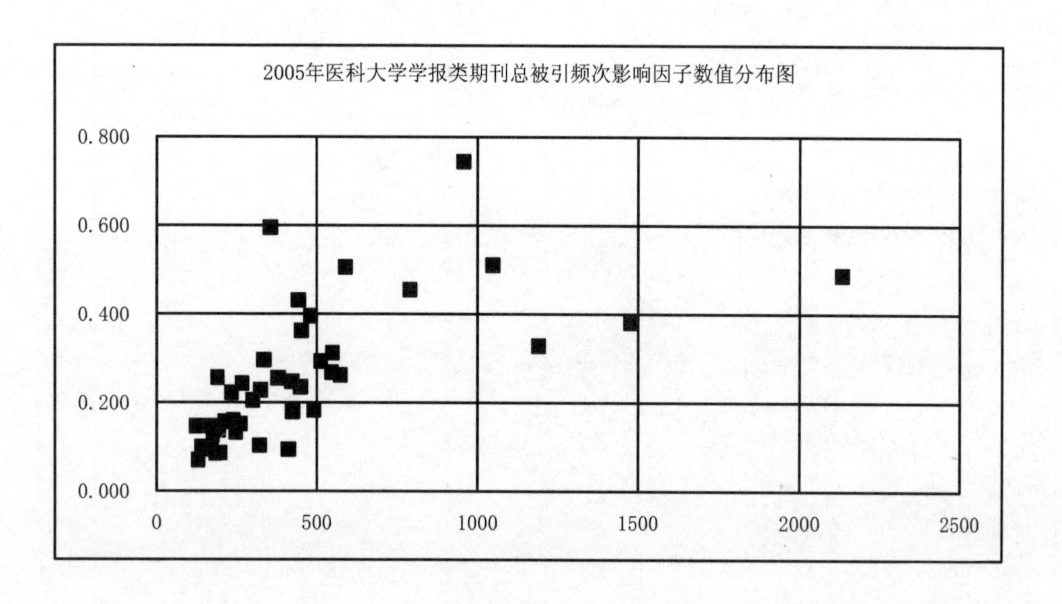

表 6-18 2005 年药学类期刊总被引频次和影响因子排序表

代码	期刊名称	总被引频次	学科内排名	影响因子	学科内排名
G001	ACTA PHARMACOLOGICA SINICA	1350	4	0.733	3
G027	广东药学院学报	221	31	0.126	32
G044	华西药学杂志	511	13	0.273	24
G295	解放军药学学报	270	27	0.204	28
G923	山西医药杂志	185	32	0.045	33
G071	沈阳药科大学学报	568	12	0.408	13
G403	药物不良反应杂志	287	26	0.729	4
G087	药物分析杂志	1081	7	0.409	12
G877	药物流行病学杂志	294	25	0.584	6
G514	药物生物技术	254	29	0.317	18
G977	药学服务与研究	115	33	0.237	26
G440	药学实践杂志	238	30	0.134	31
G008	药学学报	2351	1	0.670	5
G844	医药导报	448	17	0.205	27
G104	中国海洋药物	467	16	0.398	14
G902	中国基层医药	497	15	0.201	29
G107	中国抗生素杂志	592	11	0.440	11
G870	中国临床药理学与治疗学	310	24	0.273	24
G109	中国临床药理学杂志	399	21	0.295	21
G268	中国生化药物杂志	504	14	0.357	15
G849	中国现代应用药学	423	20	0.187	30
G250	中国新药与临床杂志	924	9	0.540	8
G747	中国新药杂志	936	8	0.290	22
G318	中国药房	1123	6	0.784	2
G120	中国药科大学学报	815	10	0.503	10
G121	中国药理学通报	1897	3	0.895	1
G122	中国药理学与毒理学杂志	425	19	0.339	16
G878	中国药师	364	22	0.308	19
G220	中国药物化学杂志	266	28	0.297	20
G248	中国药物依赖性杂志	358	23	0.510	9
G009	中国药学杂志	1910	2	0.557	7
G243	中国医院药学杂志	1176	5	0.321	17
G564	中药新药与临床药理	444	18	0.275	23
	平均值	667		0.389	

表 6-18　2005 年药学类期刊总被引频次和影响因子排序表（续）

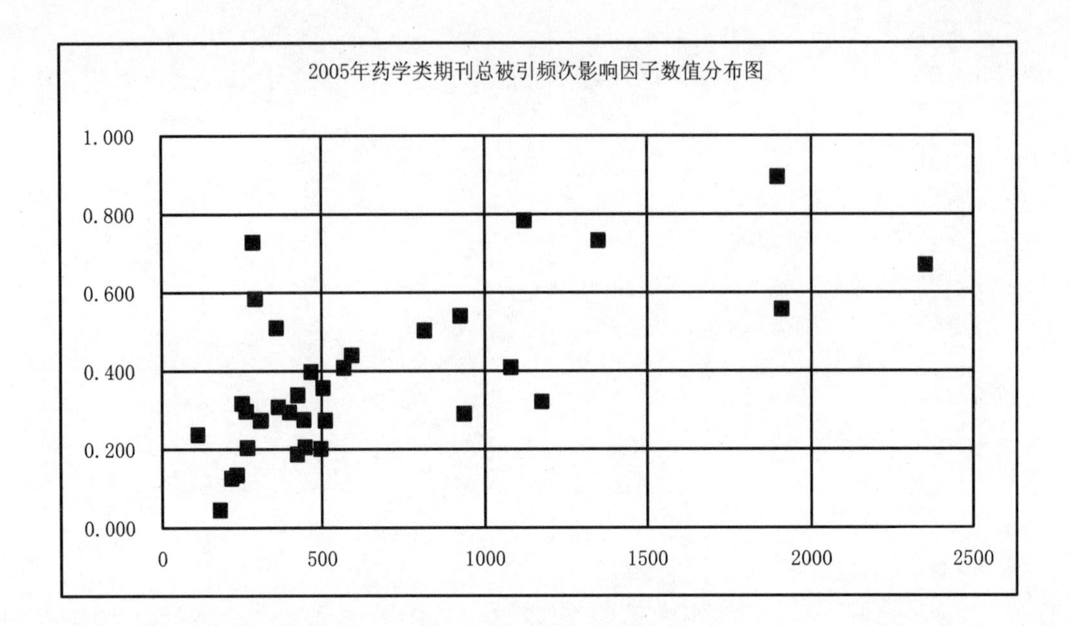

表 6-19　2005 年临床医学类期刊总被引频次和影响因子排序表

代码	期刊名称	总被引频次	学科内排名	影响因子	学科内排名
G410	标记免疫分析与临床	131	37	0.147	38
G638	检验医学	497	20	0.390	22
G501	临床肝胆病杂志	419	23	0.256	29
G291	临床骨科杂志	477	22	0.489	12
G345	临床急诊杂志	30	45	0.038	45
G204	临床检验杂志	655	12	0.414	20
G222	临床麻醉学杂志	996	8	0.475	17
G317	临床泌尿外科杂志	1048	7	0.457	18
G230	临床皮肤科杂志	1082	6	0.479	16
G423	临床肾脏病杂志	43	44	0.097	44
G797	临床输血与检验	86	40	0.104	43
G585	临床心电学杂志	111	39	0.190	35
Q919	实用临床医药杂志	399	24	0.254	31
G324	实用医学杂志	672	11	0.121	40
G653	现代检验医学杂志	144	36	0.112	41
G341	现代泌尿外科杂志	61	42	0.159	37
G346	血栓与止血学	84	41	0.215	33
G627	循证医学	52	43	0.256	29
G545	医学临床研究	269	31	0.112	41
G663	中国骨质疏松杂志	607	15	0.411	21
G973	中国呼吸与危重监护杂志	307	29	0.831	3
G239	中国介入心脏病学杂志	237	33	0.588	10
G337	中国抗感染化疗杂志	343	26	0.694	7
G108	中国临床解剖学杂志	738	10	0.486	13
G544	中国临床药学杂志	327	27	0.338	26
G974	中国临床医学	356	25	0.174	36
G304	中国临床医学影像杂志	256	32	0.201	34
G824	中国临床营养杂志	218	34	0.486	13
G110	中国麻风皮肤病杂志	272	30	0.262	28
G311	中国皮肤性病学杂志	643	14	0.382	23
G776	中国全科医学	1219	5	0.420	19
G853	中国实验诊断学	205	35	0.133	39
G796	中国输血杂志	607	15	0.600	9
G252	中国微循环	311	28	0.349	24
G431	中国误诊学杂志	2042	2	0.587	11

表 6-19　2005 年临床医学类期刊总被引频次和影响因子排序表（续）

代码	期刊名称	总被引频次	学科内排名	影响因子	学科内排名
G675	中国血吸虫病防治杂志	485	21	0.349	24
G119	中国循环杂志	606	17	0.480	15
G396	中国循证医学杂志	126	38	0.336	27
G667	中国综合临床	585	18	0.241	32
G408	中华创伤骨科杂志	582	19	0.783	4
G286	中华风湿病学杂志	651	13	0.689	8
G555	中华急诊医学杂志	874	9	0.715	6
G174	中华检验医学杂志	1566	3	1.054	2
G157	中华皮肤科杂志	1370	4	0.719	5
G194	中华医院感染学杂志	3045	1	1.368	1
	平均值	**574**		**0.410**	

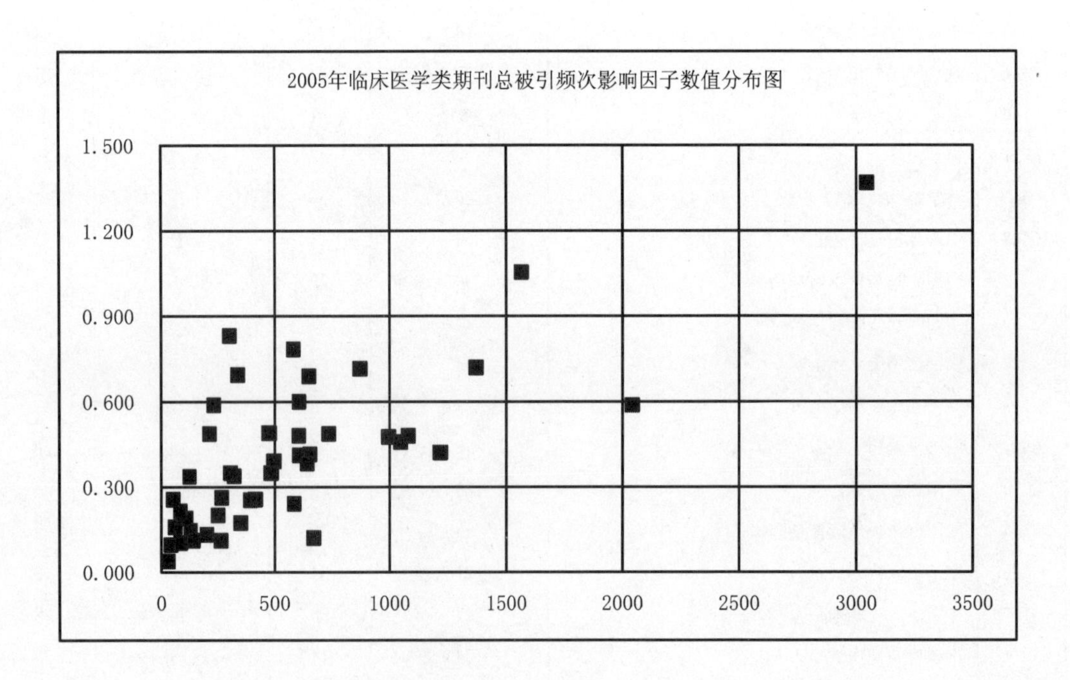

表 6-20　2003 年保健医学类期刊总被引频次和影响因子排序表

代码	期刊名称	总被引频次	学科内排名	影响因子	学科内排名
G700	实用老年医学	207	11	0.171	12
G578	心血管康复医学杂志	671	6	0.554	4
G323	中国康复	420	9	0.706	1
G400	中国康复理论与实践	539	8	0.443	7
G106	中国康复医学杂志	881	2	0.596	3
G247	中国老年学杂志	624	7	0.248	11
G447	中国临床保健杂志	53	13	0.077	13
G299	中国临床康复	3929	1	0.531	5
G131	中国运动医学杂志	672	5	0.355	8
G639	中华老年多器官疾病杂志	71	12	0.252	10
G876	中华老年心脑血管病杂志	222	10	0.322	9
G150	中华老年医学杂志	799	4	0.524	6
G166	中华物理医学与康复杂志	801	3	0.674	2
	平均值	**761**		**0.419**	

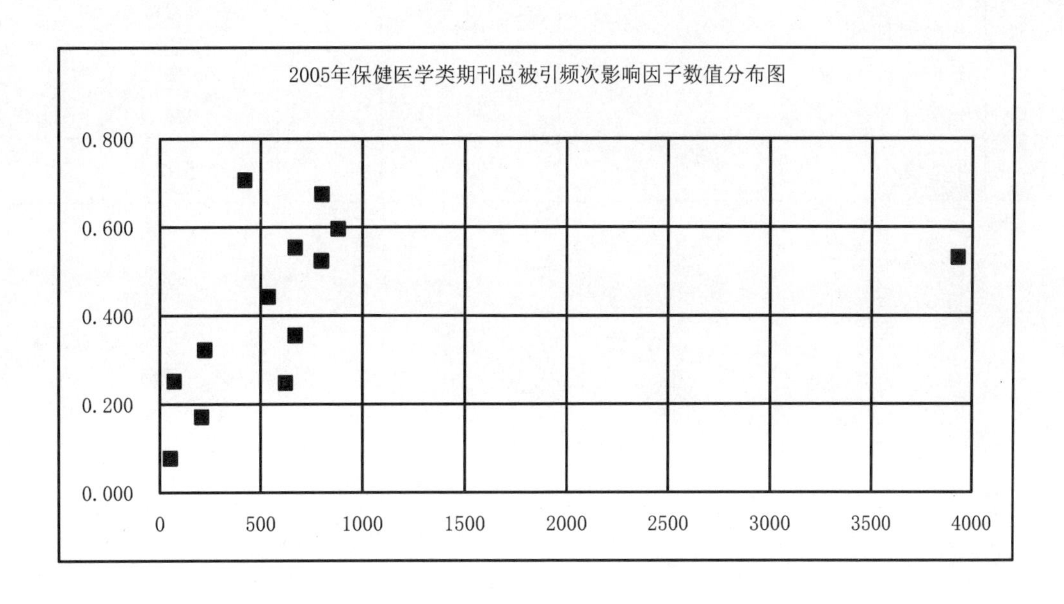

表 6-21 2005 年妇产科学、儿科学类期刊总被引频次和影响因子排序表

代码	期刊名称	总被引频次	学科内排名	影响因子	学科内排名
G607	临床儿科杂志	767	7	0.439	9
G624	生殖医学杂志	203	18	0.215	17
G072	生殖与避孕	317	16	0.340	13
G875	实用儿科临床杂志	1827	4	0.874	3
G586	实用妇产科杂志	1091	6	0.579	6
G300	现代妇产科进展	331	14	0.425	10
G765	小儿急救医学	295	17	0.282	15
G082	新生儿科杂志	327	15	0.297	14
G901	中国当代儿科杂志	385	12	0.370	12
G825	中国儿童保健杂志	649	11	0.453	8
G680	中国妇幼保健	692	10	0.187	18
G273	中国实用儿科杂志	1401	5	0.567	7
G228	中国实用妇科与产科杂志	1890	3	0.691	5
G845	中国小儿血液	117	19	0.164	19
G706	中国优生与遗传杂志	763	8	0.255	16
G138	中华儿科杂志	2909	1	1.347	1
G142	中华妇产科杂志	2719	2	1.121	2
G296	中华围产医学杂志	353	13	0.716	4
G169	中华小儿外科杂志	695	9	0.374	11
	平均值	933		0.510	

表 6-21 2005 年妇产科学、儿科学类期刊总被引频次和影响因子排序表（续）

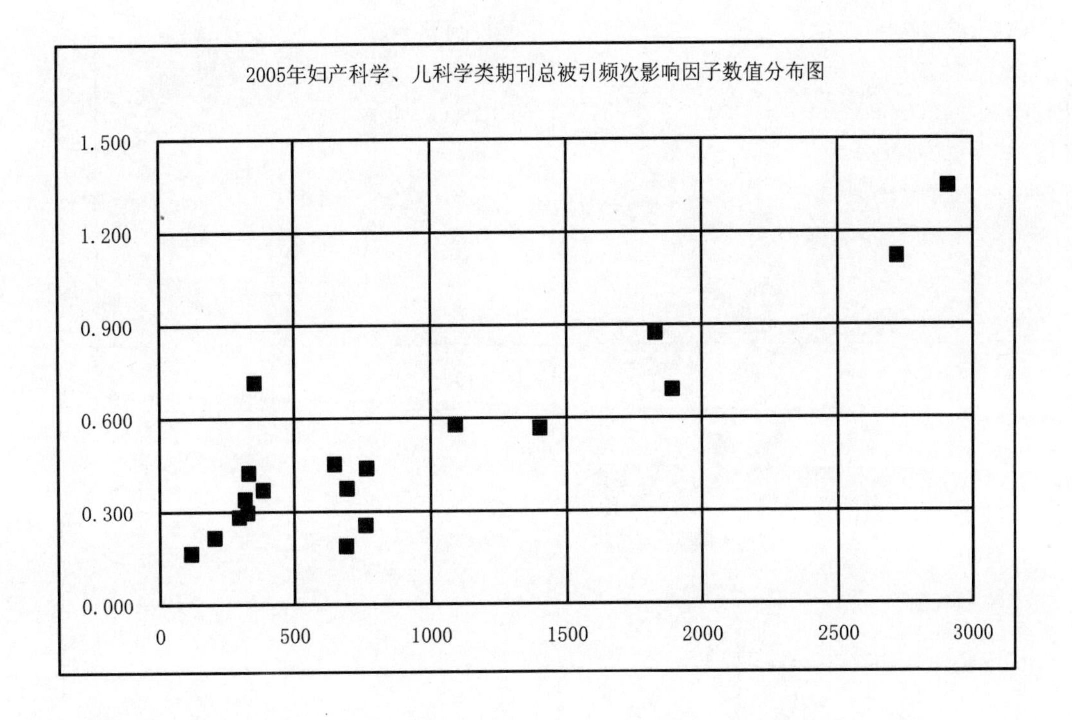

表 6-22　2005 年护理学类期刊总被引频次和影响因子排序表

代码	期刊名称	总被引频次	学科内排名	影响因子	学科内排名
G336	护理管理杂志	611	8	0.760	2
G503	护理学杂志	1660	4	0.478	5
G654	护理研究	1754	3	0.458	7
G734	护士进修杂志	1419	5	0.344	8
G316	解放军护理杂志	1291	6	0.506	4
G987	南方护理学报	610	9	0.465	6
G847	现代护理	674	7	0.273	9
G305	中国实用护理杂志	3323	2	0.724	3
G146	中华护理杂志	4411	1	1.648	1
	平均值	**1750**		**0.628**	

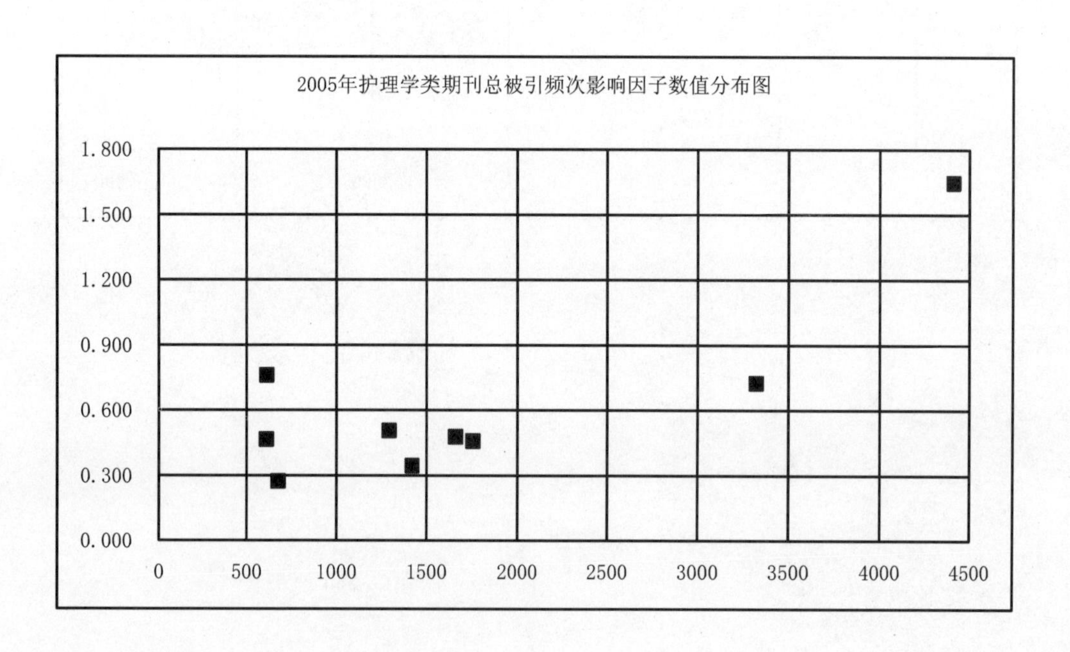

表 6-23 2005 年神经病学、精神病学类期刊总被引频次和影响因子排序表

代码	期刊名称	总被引频次	学科内排名	影响因子	学科内排名
G580	立体定向和功能性神经外科杂志	162	24	0.259	22
G310	临床精神医学杂志	638	10	0.454	10
G309	临床神经病学杂志	644	9	0.605	7
G361	临床神经电生理学杂志	184	22	0.212	24
G288	脑与神经疾病杂志	310	15	0.286	20
G343	上海精神医学	456	11	0.445	11
G070	神经解剖学杂志	272	18	0.262	21
G278	神经科学通报	163	23	0.292	19
E046	心理学报	419	12	0.493	8
G094	中风与神经疾病杂志	691	8	0.355	17
G536	中国临床神经科学	231	19	0.242	23
G794	中国临床神经外科杂志	361	13	0.434	12
G221	中国临床心理学杂志	822	6	0.738	5
G114	中国神经精神疾病杂志	1286	4	0.431	14
G242	中国神经免疫学和神经病学杂志	196	20	0.333	18
G959	中国微侵袭神经外科杂志	288	17	0.433	13
G623	中国现代神经疾病杂志	60	25	0.128	25
G117	中国心理卫生杂志	2276	1	0.711	6
G263	中国行为医学科学	1161	5	0.475	9
G159	中华精神科杂志	724	7	0.985	3
G197	中华神经科杂志	1991	2	1.075	2
G976	中华神经外科疾病研究杂志	341	14	0.982	4
G160	中华神经外科杂志	1723	3	1.221	1
G446	中华神经医学杂志	196	20	0.429	15
G229	卒中与神经疾病	290	16	0.371	16
	平均值	635		0.506	

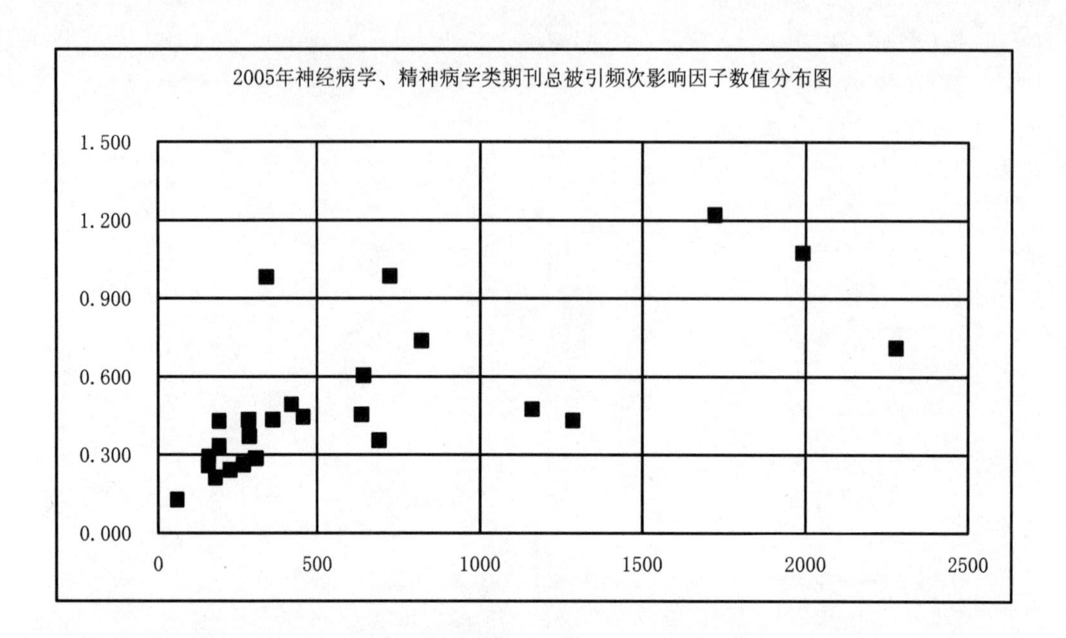
2005年神经病学、精神病学类期刊总被引频次影响因子数值分布图
1.500
1.200
0.900
0.600
0.300
0.000
0
500
1000
1500
2000
2500

表 6-24　2005 年口腔医学类期刊总被引频次和影响因子排序表

代码	期刊名称	总被引频次	学科内排名	影响因子	学科内排名
G500	北京口腔医学	121	13	0.214	15
G043	华西口腔医学杂志	556	3	0.286	11
G246	口腔颌面外科杂志	326	9	0.306	10
G894	口腔颌面修复学杂志	275	11	0.456	3
G325	口腔医学	392	8	0.438	4
G266	口腔医学研究	425	5	0.341	9
G280	口腔正畸学	206	12	0.464	2
G287	临床口腔医学杂志	395	7	0.217	14
G283	上海口腔医学	301	10	0.284	12
G224	实用口腔医学杂志	651	2	0.404	5
G321	现代口腔医学杂志	404	6	0.221	13
G189	牙体牙髓牙周病学杂志	463	4	0.350	8
G441	中国口腔颌面外科杂志	64	15	0.393	7
G148	中华口腔医学杂志	1202	1	0.778	1
G833	中华老年口腔医学杂志	66	14	0.397	6
	平均值	**390**		**0.370**	

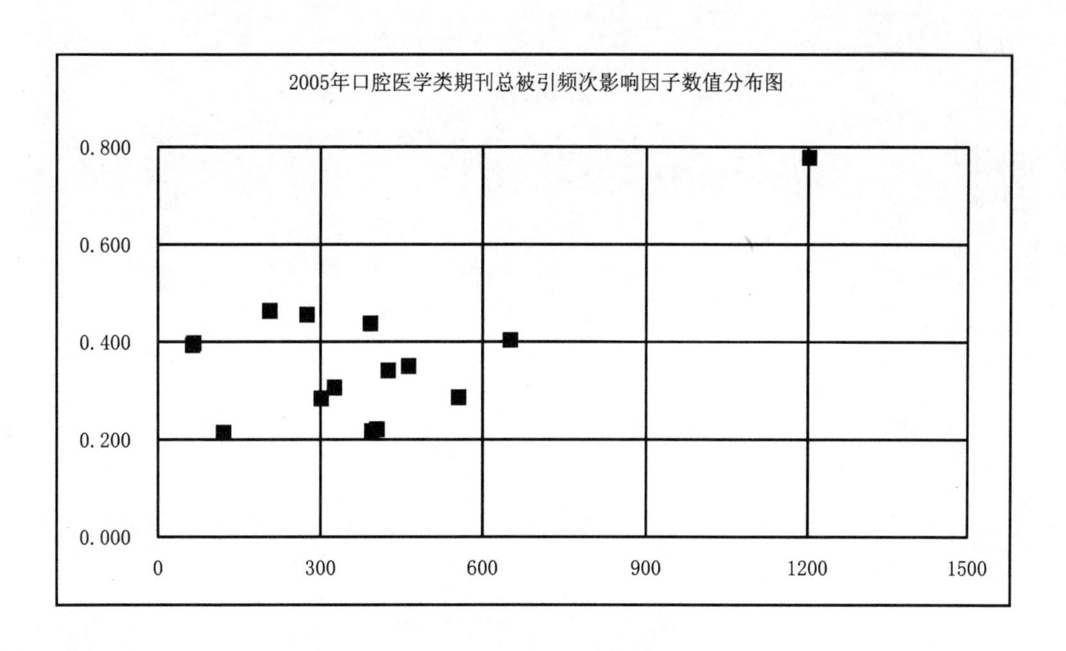

表 6-25 2005 年内科学类期刊总被引频次和影响因子排序表

代码	期刊名称	总被引频次	学科内排名	影响因子	学科内排名
G275	WORLD JOURNAL OF GASTROENTEROLOGY	2665	1	1.062	5
G803	肝脏	369	17	0.428	15
G257	临床内科杂志	383	16	0.289	22
G855	临床消化病杂志	173	24	0.163	28
G261	临床心血管病杂志	589	13	0.289	22
G293	临床血液学杂志	256	22	0.340	19
G662	内科急危重症杂志	134	27	0.172	27
G190	世界华人消化杂志	2079	4	0.485	14
G800	胃肠病学	271	20	0.324	20
G326	胃肠病学和肝病学杂志	292	19	0.282	24
G083	心肺血管病杂志	154	25	0.192	26
G419	心血管病学进展	297	18	0.238	25
G260	心脏杂志	394	15	0.355	17
G610	胰腺病学	137	26	0.589	11
G234	中国动脉硬化杂志	670	12	0.662	10
G267	中国实用内科杂志	1167	8	0.312	21
G444	中国体外循环杂志	68	28	0.354	18
G203	中国心脏起搏与心电生理杂志	415	14	0.563	12
G633	中国血液净化	229	23	0.391	16
G231	中华肝脏病杂志	2014	5	1.573	1
G155	中华内分泌代谢杂志	1249	7	0.981	6
G156	中华内科杂志	2409	3	0.903	7
G161	中华肾脏病杂志	1003	9	1.077	4
G211	中华糖尿病杂志	895	11	1.209	3
G285	中华消化内镜杂志	934	10	0.782	9
G168	中华消化杂志	1645	6	0.798	8
G892	中华心律失常学杂志	269	21	0.514	13
G170	中华心血管病杂志	2622	2	1.272	2
	平均值	**849**		**0.593**	

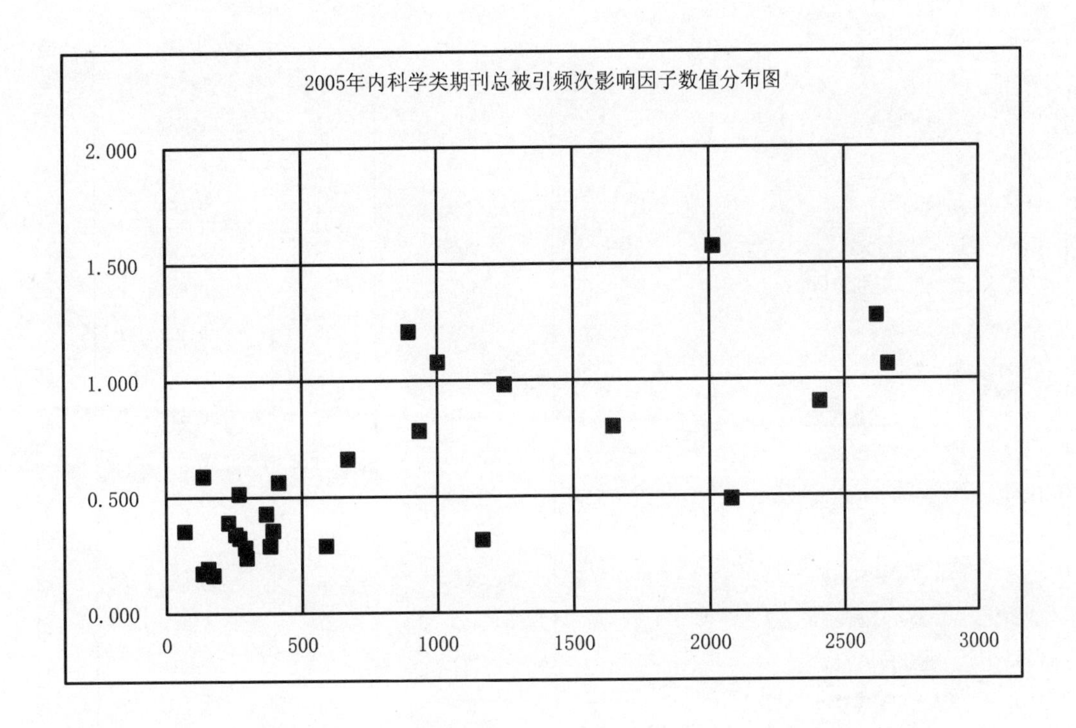
2005年内科学类期刊总被引频次影响因子数值分布图
2.000
1.500
1.000
0.500
0.000
0
500
1000
1500
2000
2500
3000

表 6-26　2005 年外科学类期刊总被引频次和影响因子排序表

代码	期刊名称	总被引频次	学科内排名	影响因子	学科内排名
G264	肠外与肠内营养	370	29	0.652	17
G322	创伤外科杂志	257	36	0.293	33
G957	腹部外科	353	31	0.317	32
G879	肝胆外科杂志	443	25	0.287	34
G690	肝胆胰外科杂志	300	34	0.274	35
G677	颈腰痛杂志	346	32	0.260	36
G256	临床外科杂志	489	22	0.250	37
G202	肾脏病与透析肾移植杂志	747	17	0.690	14
G601	外科理论与实践	418	26	0.492	27
G978	消化外科	157	37	0.368	28
G249	中国骨与关节损伤杂志	1210	9	0.522	26
G192	中国脊柱脊髓杂志	895	16	0.702	12
G233	中国矫形外科杂志	1663	5	0.539	24
G428	中国美容医学	457	24	0.339	30
G226	中国普通外科杂志	912	15	0.563	22
G269	中国普外基础与临床杂志	403	27	0.367	29
G113	中国烧伤创疡杂志	274	35	0.234	38
G297	中国实用美容整形外科杂志	469	23	0.586	21
G272	中国实用外科杂志	2726	2	0.977	5
G373	中国微创外科杂志	610	20	0.668	16
G841	中国现代普通外科进展	137	38	0.326	31
G885	中国现代手术学杂志	134	39	0.199	39
G232	中国胸心血管外科临床杂志	321	33	0.793	8
G118	中国修复重建外科杂志	1091	11	1.311	1
G137	中华创伤杂志	1545	7	0.983	4
G262	中华肝胆外科杂志	991	13	0.591	20
G143	中华骨科杂志	2704	3	1.072	3
G154	中华泌尿外科杂志	2135	4	0.938	7
G254	中华普通外科杂志	1119	10	0.713	11
G158	中华器官移植杂志	579	21	0.555	23
G900	中华烧伤杂志	673	19	1.218	2
G163	中华实验外科杂志	1660	6	0.611	19
G848	中华手外科杂志	722	18	0.678	15
G164	中华外科杂志	3222	1	0.963	6
G793	中华胃肠外科杂志	392	28	0.641	18

表 6-26　2005 年外科学类期刊总被引频次和影响因子排序表（续）

代码	期刊名称	总被引频次	学科内排名	影响因子	学科内排名
G167	中华显微外科杂志	1297	8	0.787	9
G171	中华胸心血管外科杂志	1063	12	0.745	10
G489	中华医学美学美容杂志	369	30	0.538	25
G178	中华整形外科杂志	981	14	0.701	13
	平均值	**888**		**0.609**	

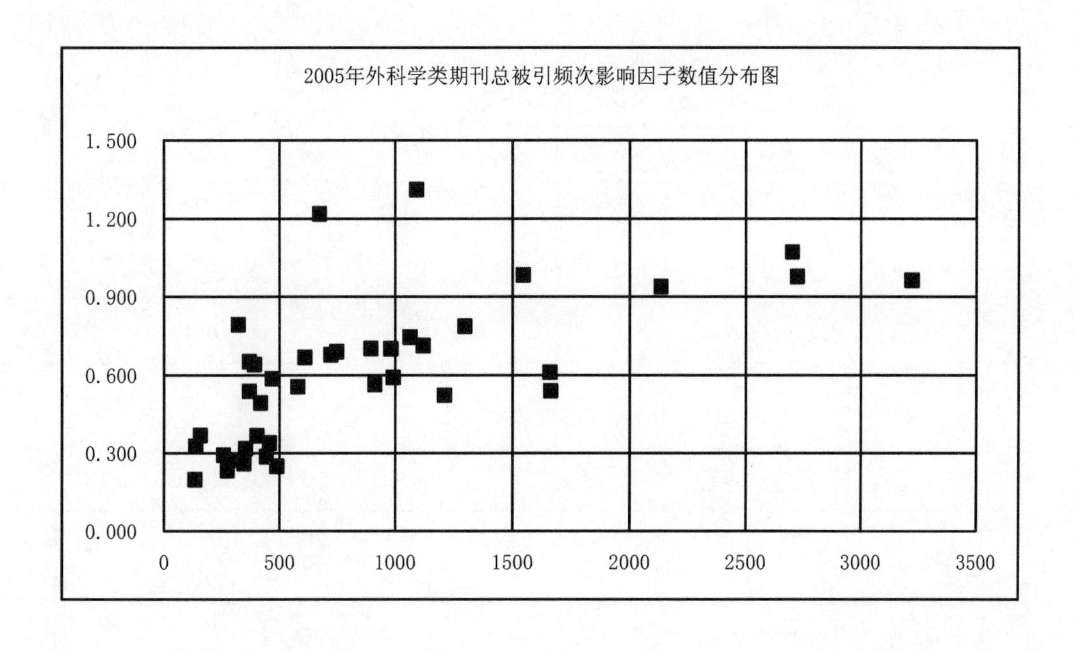

表 6-27　2005 年眼科学、耳鼻咽喉科医学类期刊总被引频次和影响因子排序表

代码	期刊名称	总被引频次	学科内排名	影响因子	学科内排名
Q911	国际眼科杂志	336	10	0.489	5
G276	临床耳鼻咽喉科杂志	974	4	0.466	6
G238	听力学及言语疾病杂志	209	14	0.272	12
G962	眼科	212	13	0.227	13
G554	眼科新进展	532	7	0.495	4
G773	眼科研究	376	9	0.216	14
G873	眼视光学杂志	173	15	0.210	15
G990	眼外伤职业眼病杂志	857	5	0.295	10
G270	中国耳鼻咽喉颅底外科杂志	281	11	0.365	7
G543	中国耳鼻咽喉头颈外科	396	8	0.339	8
G872	中国实用眼科杂志	1018	3	0.292	11
G298	中国斜视与小儿眼科杂志	250	12	0.319	9
G139	中华耳鼻咽喉科杂志	1674	2	0.979	2
G191	中华眼底病杂志	536	6	0.675	3
G173	中华眼科杂志	1869	1	1.031	1
	平均值	**646**		**0.447**	

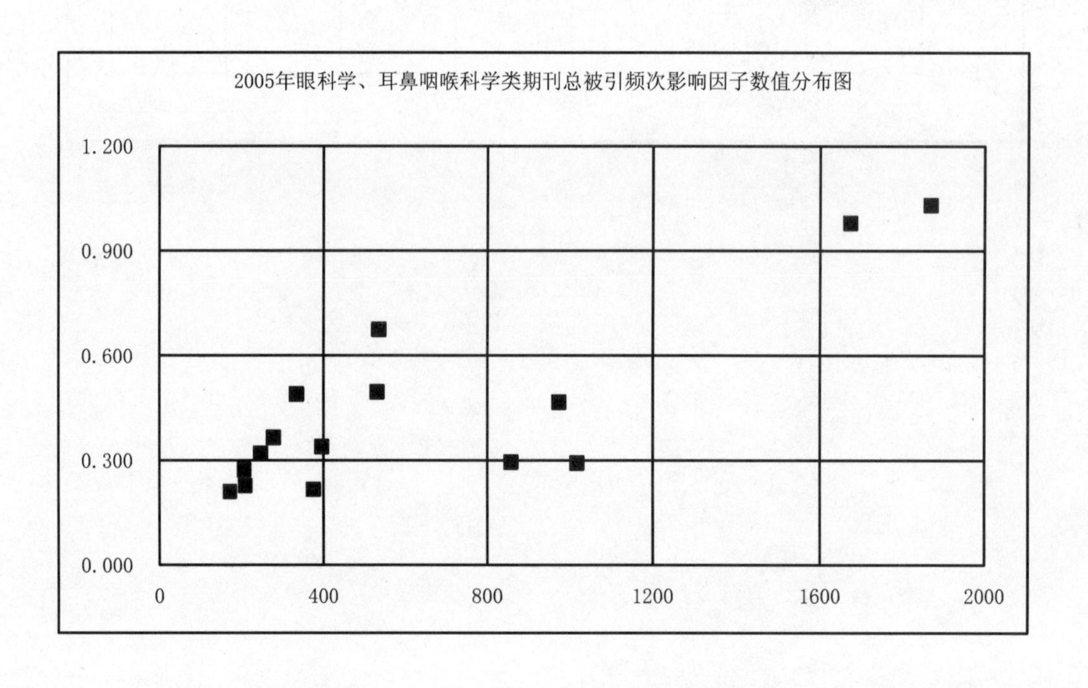

表 6-28　2005 年肿瘤学类期刊总被引频次和影响因子排序表

代码	期刊名称	总被引频次	学科内排名	影响因子	学科内排名
G549	癌变・畸变・突变	240	12	0.296	8
G011	癌症	1534	2	0.707	2
G550	白血病・淋巴瘤	151	15	0.131	15
G826	现代肿瘤医学	236	13	0.330	7
G538	中国癌症杂志	395	8	0.285	10
G320	中国肺癌杂志	313	10	0.444	4
G642	中国肿瘤	580	5	0.275	12
G133	中国肿瘤临床	1040	3	0.291	9
G636	中国肿瘤临床与康复	362	9	0.137	14
G255	中国肿瘤生物治疗杂志	256	11	0.352	6
G251	中华放射肿瘤学杂志	626	4	0.706	3
G179	中华肿瘤杂志	1948	1	0.888	1
G184	肿瘤	498	6	0.390	5
G185	肿瘤防治研究	436	7	0.280	11
G412	肿瘤学杂志	196	14	0.195	13
	平均值	**587**		**0.380**	

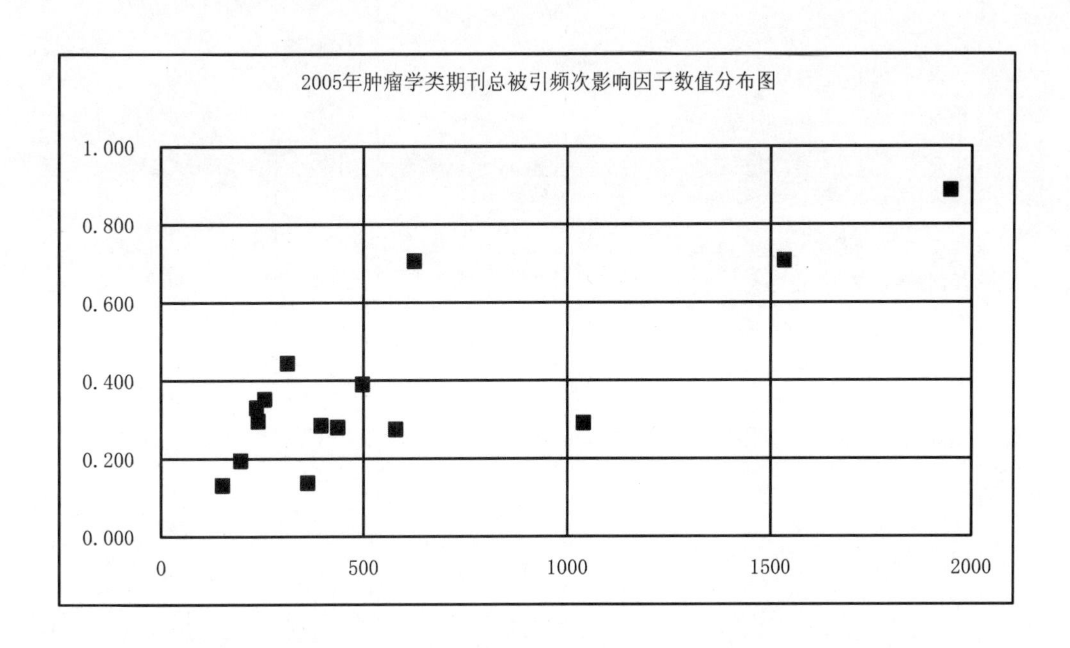

表 6-29　2005 年中医学与中药学类期刊总被引频次和影响因子排序表

代码	期刊名称	总被引频次	学科内排名	影响因子	学科内排名
G013	安徽中医学院学报	244	27	0.128	30
G017	北京中医药大学学报	692	7	0.397	9
G019	成都中医药大学学报	195	29	0.157	28
G030	广州中医药大学学报	336	19	0.236	16
G032	贵阳中医学院学报	100	33	0.044	34
G041	湖南中医学院学报	256	26	0.241	15
G059	南京中医药大学学报	323	22	0.203	21
G063	山东中医药大学学报	325	21	0.160	27
G946	上海中医药大学学报	145	31	0.225	18
G389	上海中医药杂志	505	11	0.142	29
G906	世界科学技术-中医药现代化	166	30	0.195	23
G626	天津中医药	209	28	0.212	20
G090	云南中医学院学报	95	34	0.124	31
G092	浙江中医学院学报	279	25	0.104	33
G093	针刺研究	332	20	0.336	12
G007	中草药	3696	1	0.519	6
G103	中国骨伤	487	13	0.227	17
G604	中国实验方剂学杂志	370	17	0.272	14
G600	中国针灸	1125	5	0.466	7
G843	中国中西医结合急救杂志	622	8	0.796	1
G846	中国中西医结合肾病杂志	536	9	0.574	4
G528	中国中西医结合消化杂志	347	18	0.426	8
G182	中国中西医结合杂志	2709	2	0.740	2
G132	中国中药杂志	2587	3	0.579	3
G240	中国中医骨伤科杂志	323	22	0.223	19
G524	中国中医急症	322	24	0.196	22
G551	中国中医药科技	406	15	0.183	24
G832	中国中医药信息杂志	494	12	0.124	31
G910	中华中医药杂志	511	10	0.319	13
G842	中西医结合肝病杂志	373	16	0.366	11
G442	中西医结合学报	125	32	0.521	5
G183	中药材	1192	4	0.372	10
G859	中医药学刊	480	14	0.169	26
G010	中医杂志	1020	6	0.175	25
	平均值	645		0.299	

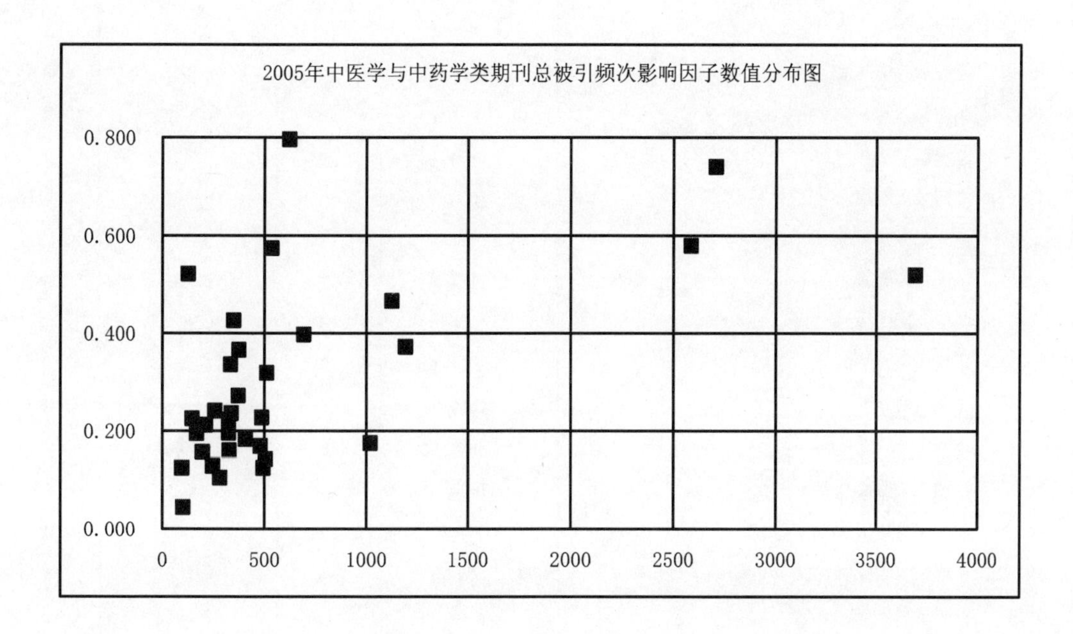
2005年中医学与中药学类期刊总被引频次影响因子数值分布图
0.800
0.600
0.400
0.200
0.000
0
500
1000
1500
2000
2500
3000
3500
4000

表 6-30 2005 年军事医学与特种医学类期刊总被引频次和影响因子排序表

代码	期刊名称	总被引频次	学科内排名	影响因子	学科内排名
G893	放射免疫学杂志	312	14	0.208	20
G608	放射学实践	389	11	0.255	18
G886	介入放射学杂志	501	10	0.591	6
G880	临床超声医学杂志	170	20	0.282	16
G271	临床放射学杂志	1104	5	0.527	7
G534	实用放射学杂志	1025	6	0.500	8
G265	医学影像学杂志	317	13	0.308	13
G097	中国超声医学杂志	1121	4	0.462	9
G100	中国法医学杂志	214	18	0.211	19
R013	中国激光医学杂志	259	16	0.389	11
G277	中国内镜杂志	1919	2	0.820	2
G236	中国医学计算机成像杂志	295	15	0.406	10
G127	中国医学影像技术	1620	3	0.620	5
G193	中国医学影像学杂志	350	12	0.328	12
G195	中华超声影像学杂志	861	7	0.763	3
G140	中华放射学杂志	2975	1	1.225	1
G141	中华放射医学与防护杂志	531	9	0.293	14
G335	中华航海医学与高气压医学杂志	199	19	0.267	17
G144	中华航空航天医学杂志	224	17	0.291	15
G145	中华核医学杂志	582	8	0.710	4
	平均值	**748**		**0.473**	

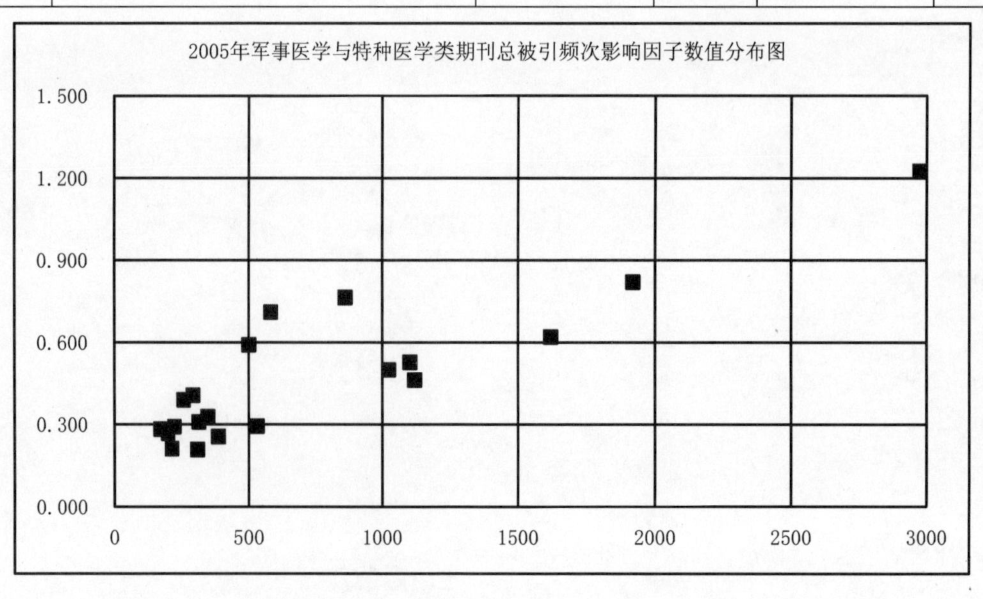

表 6-31　2005 年农学类期刊总被引频次和影响因子排序表（续）

代码	期刊名称	总被引频次	学科内排名	影响因子	学科内排名
H046	PEDOSPHERE	646	19	2.835	1
H059	安徽农业科学	584	30	0.144	71
H009	蚕业科学	286	53	0.423	33
H001	茶叶科学	265	56	0.567	20
H038	大豆科学	532	32	0.573	19
H265	福建农业学报	172	72	0.328	44
H045	干旱地区农业研究	870	13	0.595	18
H226	灌溉排水学报	390	41	0.402	37
H245	广西农业生物科学	222	64	0.250	54
H275	贵州农业科学	259	57	0.136	72
H028	果树学报	753	15	0.723	13
H289	河北林果研究	135	75	0.111	74
H356	河南农业科学	317	50	0.160	69
H042	核农学报	446	37	0.457	29
H203	湖北农业科学	333	47	0.243	56
H032	华北农学报	851	14	0.452	30
H227	吉林农业科学	247	61	0.166	68
H700	江苏农业科学	522	34	0.342	43
H199	江苏农业学报	323	49	0.437	31
H701	江西农业学报	147	73	0.292	49
H049	昆虫天敌	176	71	0.419	35
H261	辽宁农业科学	327	48	0.189	65
H748	麦类作物学报	587	29	0.697	14
H037	棉花学报	554	31	0.622	16
H279	农业工程学报	1638	6	0.694	15
H278	农业机械学报	618	24	0.305	47
H286	农业生物技术学报	647	18	0.436	32
H237	农业系统科学与综合研究	255	59	0.459	28
H222	农业现代化研究	342	46	0.412	36
H223	热带作物学报	228	63	0.265	53
H070	山地农业生物学报	180	69	0.284	50
H217	陕西农业科学	257	58	0.106	75
H282	上海农业学报	428	38	0.270	52
H015	水土保持通报	730	16	0.395	38
H287	水土保持学报	1955	5	1.169	4

表6-31 2005年农学类期刊总被引频次和影响因子排序表（续）

代码	期刊名称	总被引频次	学科内排名	影响因子	学科内排名
H056	水土保持研究	692	17	0.346	41
H864	饲料研究	254	60	0.126	73
H041	特产研究	138	74	0.167	67
H043	土壤	1108	7	1.488	3
H233	土壤肥料	530	33	0.202	62
H057	土壤通报	1078	9	0.621	17
H012	土壤学报	2183	3	1.825	2
H288	西北农业学报	427	39	0.238	57
H061	西南农业学报	488	35	0.343	42
H276	新疆农业科学	267	55	0.304	48
H909	玉米科学	896	12	1.007	7
H039	园艺学报	1987	4	0.814	11
H293	杂交水稻	637	22	0.479	25
H216	浙江农业科学	414	40	0.566	21
H201	浙江农业学报	290	51	0.307	46
H577	植物保护	646	19	0.422	34
H014	植物保护学报	624	23	0.473	26
H052	植物病理学报	1106	8	0.848	10
H584	植物检疫	350	44	0.195	64
H890	植物营养与肥料学报	1041	10	0.896	9
H939	中国稻米	190	68	0.210	61
H215	中国果树	287	52	0.079	77
H212	中国麻业	178	70	0.324	45
H211	中国棉花	386	42	0.148	70
H273	中国南方果树	236	62	0.084	76
H958	中国农学通报	646	19	0.274	51
H567	中国农业科技导报	217	65	0.373	40
H030	中国农业科学	2835	1	0.975	8
H210	中国农业气象	350	44	0.535	23
H221	中国农业资源与区划	115	76	0.228	58
H555	中国生态农业学报	488	35	0.557	22
H044	中国生物防治	609	25	0.734	12
H207	中国蔬菜	606	26	0.198	63
H020	中国水稻科学	979	11	1.161	6
H209	中国糖料	112	77	0.219	60

表 6-31　2005 年农学类期刊总被引频次和影响因子排序表（续）

代码	期刊名称	总被引频次	学科内排名	影响因子	学科内排名
H350	中国土地科学	208	67	0.460	27
H208	中国烟草科学	367	43	0.395	38
H205	中国油料作物学报	604	27	0.495	24
H204	中国沼气	210	66	0.221	59
H103	种子	600	28	0.250	54
H034	作物学报	2617	2	1.169	4
H202	作物杂志	285	54	0.181	66
	平均值	**591**		**0.484**	

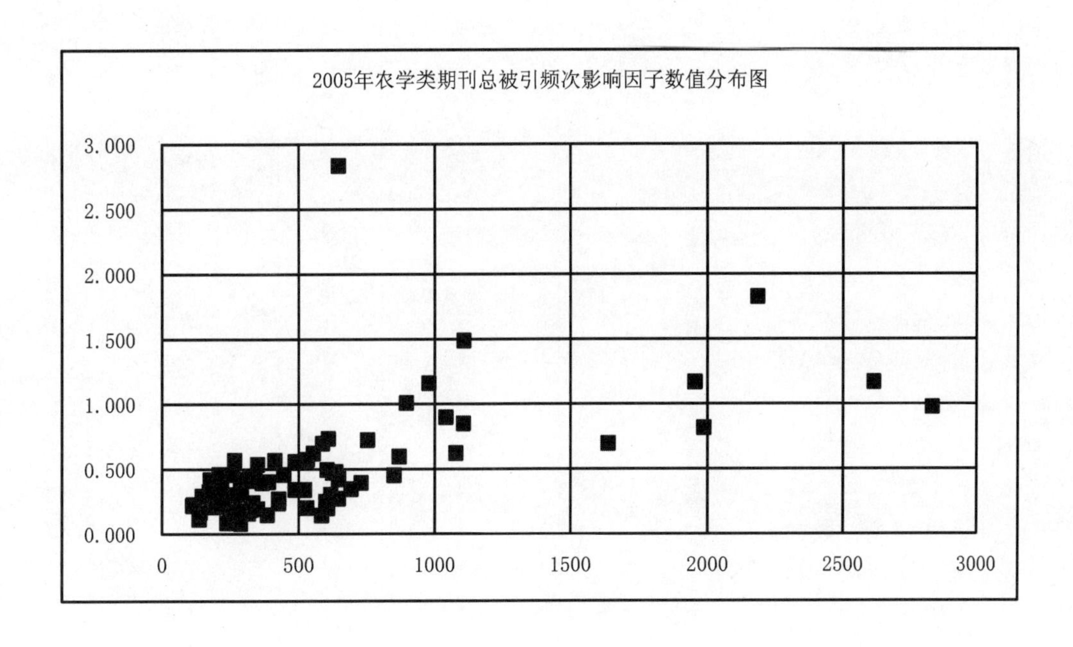

表 6-32　2005 年农业大学学报类期刊总被引频次和影响因子排序表

代码	期刊名称	总被引频次	学科内排名	影响因子	学科内排名
H002	安徽农业大学学报	380	18	0.292	16
H263	北京农学院学报	199	24	0.265	18
H006	东北农业大学学报	283	21	0.188	21
H268	福建农林大学学报	639	10	0.510	5
H047	甘肃农业大学学报	456	16	0.566	1
H228	广东农业科学	333	20	0.185	22
H244	河北农业大学学报	642	9	0.386	9
H011	河南农业大学学报	599	11	0.400	8
H060	湖南农业大学学报	667	6	0.539	3
H013	华南农业大学学报	647	8	0.375	10
H003	华中农业大学学报	797	4	0.350	13
H243	吉林农业大学学报	458	15	0.294	15
H283	江西农业大学学报	558	12	0.374	11
H267	莱阳农学院学报	229	23	0.184	23
H271	内蒙古农业大学学报	259	22	0.128	25
H021	南京农业大学学报	949	2	0.563	2
H031	山东农业大学学报	474	14	0.170	24
H022	上海交通大学学报农业科学版	109	26	0.018	26
H024	沈阳农业大学学报	557	13	0.264	19
H018	西北农林科技大学学报	1124	1	0.410	7
H004	西南农业大学学报	665	7	0.361	12
H908	新疆农业大学学报	164	25	0.225	20
H016	扬州大学学报农业与生命科学版	453	17	0.538	4
H269	云南农业大学学报	343	19	0.291	17
H035	浙江大学学报农业与生命科学版	776	5	0.329	14
H027	中国农业大学学报	864	3	0.446	6
H002	安徽农业大学学报	380	18	0.292	16
H263	北京农学院学报	199	24	0.265	18
H006	东北农业大学学报	283	21	0.188	21
H268	福建农林大学学报	639	10	0.510	5
	平均值	**524**		**0.333**	

表 6-32　2005 年农业大学学报类期刊总被引频次和影响因子排序表（续）

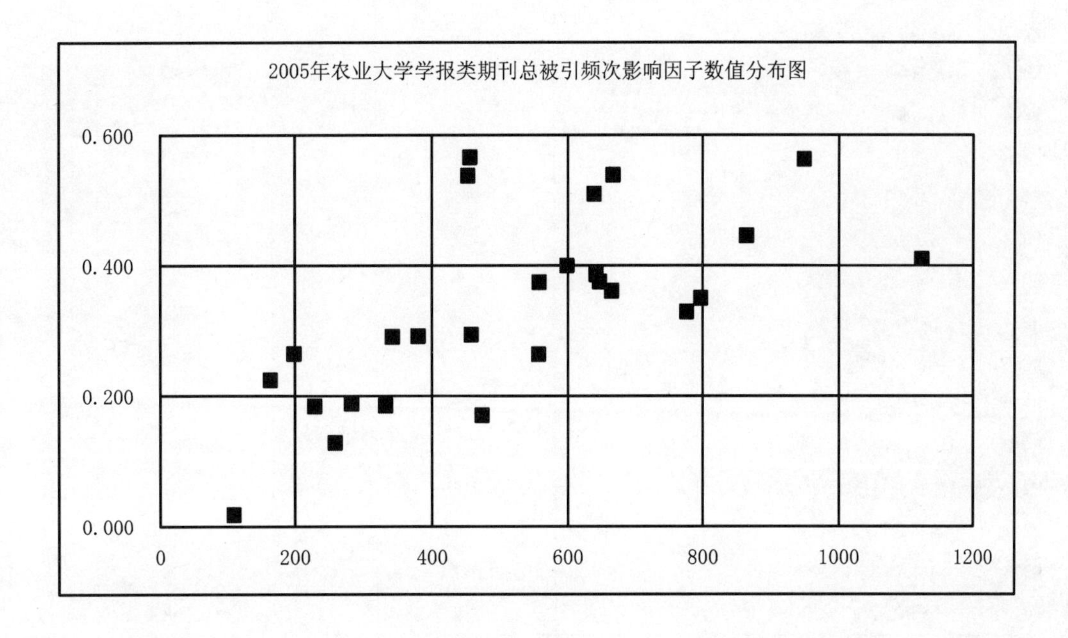

表 6-33　2005 年林学类期刊总被引频次和影响因子排序表

代码	期刊名称	总被引频次	学科内排名	影响因子	学科内排名
H025	北京林业大学学报	1061	2	0.660	4
H262	东北林业大学学报	629	5	0.264	12
H051	福建林学院学报	438	10	0.522	8
H266	经济林研究	751	4	1.163	1
H280	林业科学	1508	1	0.673	3
H281	林业科学研究	831	3	0.650	5
U533	木材工业	224	12	0.403	10
H033	南京林业大学学报	629	5	0.498	9
H224	西北林学院学报	532	8	0.374	11
H385	西部林业科学	188	14	0.570	7
H270	西南林学院学报	123	16	0.065	15
H019	浙江林学院学报	475	9	0.682	2
H277	浙江林业科技	216	13	0.181	14
H214	中国林副特产	129	15	0.041	16
H053	中南林学院学报	547	7	0.588	6
H026	竹子研究汇刊	232	11	0.238	13
	平均值	**532**		**0.473**	

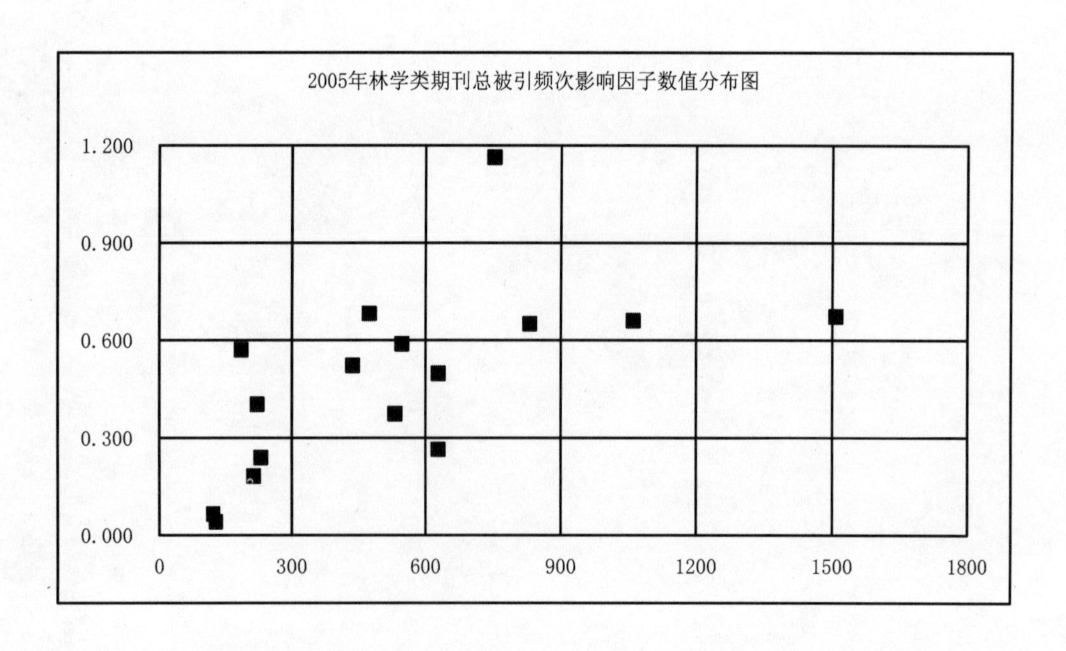

表 6-34 2005 年畜牧、兽医科学类期刊总被引频次和影响因子排序表

代码	期刊名称	总被引频次	学科内排名	影响因子	学科内排名
H525	草地学报	591	6	0.928	2
H234	草业科学	1171	1	0.722	4
H527	草业学报	887	2	1.627	1
H538	草原与草坪	314	9	0.822	3
H240	家畜生态学报	109	13	0.094	14
H023	畜牧兽医学报	677	4	0.719	5
H218	畜牧与兽医	299	11	0.218	9
H213	中国草地	853	3	0.690	6
H241	中国草食动物	206	12	0.144	11
H326	中国兽医科技	503	7	0.179	10
H225	中国兽医学报	673	5	0.377	7
H294	中国畜牧兽医	71	14	0.112	13
H242	中国畜牧杂志	302	10	0.118	12
H099	中国预防兽医学报	355	8	0.351	8
	平均值	**501**		**0.507**	

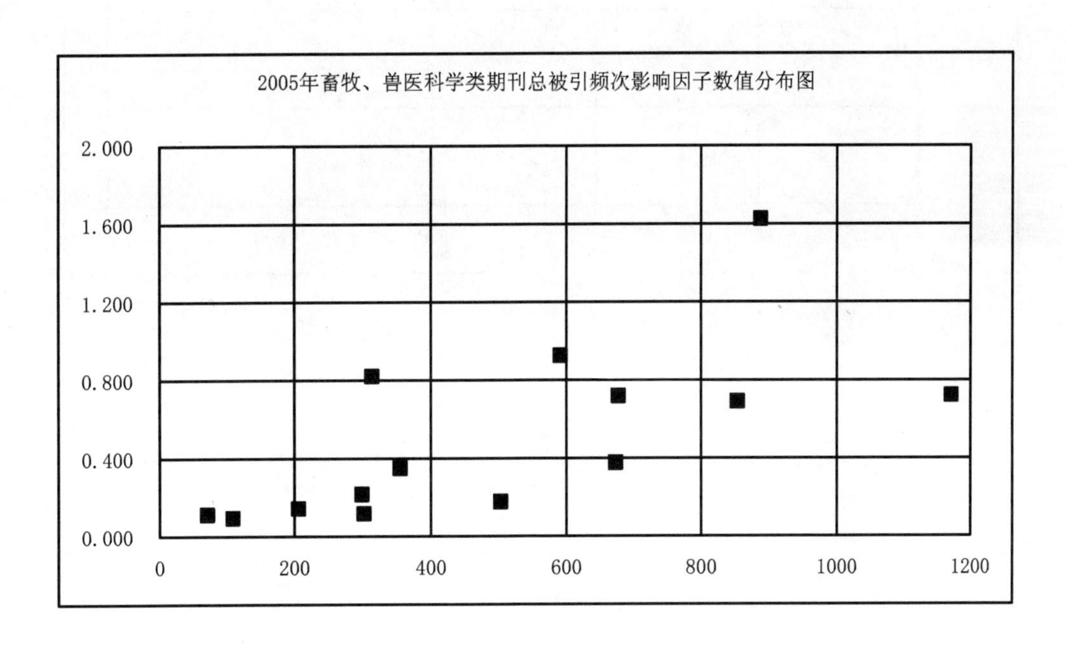

表 6-35　2005 年水产学类期刊总被引频次和影响因子排序表

代码	期刊名称	总被引频次	学科内排名	影响因子	学科内排名
H005	大连水产学院学报	212	6	0.187	6
H040	淡水渔业	296	4	0.205	5
H998	海洋水产研究	316	3	0.416	3
H292	上海水产大学学报	291	5	0.368	4
H008	水产学报	991	1	0.652	1
H272	湛江海洋大学学报	173	7	0.174	7
H290	中国水产科学	642	2	0.609	2
	平均值	**417**		**0.373**	

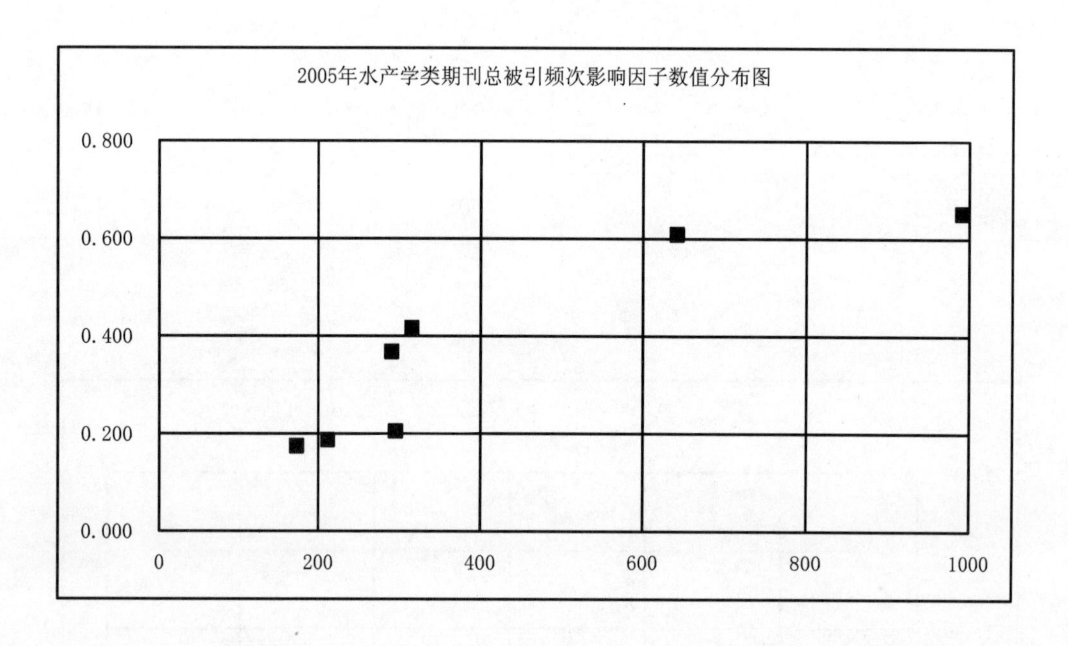

表 6-36　2005 年材料科学类期刊总被引频次和影响因子排序表

代码	期刊名称	总被引频次	学科内排名	影响因子	学科内排名
M015	JOURNAL OF MATERIALS SCIENCE & TECHNOLOGY	307	23	0.182	36
M035	JOURNAL OF RARE EARTHS	340	19	0.463	12
I090	JOURNAL OF WUHAN UNIVERSITY OF TECHNOLOGY MATERIALS SCIENCE EDITION	127	35	0.279	28
N085	兵器材料科学与工程	332	20	0.311	23
V040	玻璃钢/复合材料	193	30	0.281	27
M005	材料保护	1069	5	0.400	15
M103	材料导报	973	8	0.425	14
Y007	材料工程	558	13	0.324	20
M010	材料开发与应用	161	34	0.220	34
M008	材料科学与工程学报	767	9	0.584	8
M006	材料科学与工艺	430	16	0.308	24
N026	材料热处理学报	317	22	0.295	26
M009	材料研究学报	686	10	0.606	6
R048	磁性材料及器件	201	28	0.275	29
M003	腐蚀科学与防护技术	326	21	0.260	32
M505	腐蚀与防护	266	25	0.150	37
Y019	复合材料学报	996	7	0.785	4
T001	高分子材料科学与工程	1536	2	0.492	10
N039	功能材料	1384	4	0.590	7
M502	功能材料与器件学报	165	33	0.256	33
M048	贵金属	230	27	0.433	13
Y027	航空材料学报	192	31	0.528	9
T057	合成材料老化与应用	109	36	0.300	25
M004	机械工程材料	469	15	0.314	22
V051	建筑材料学报	263	26	0.355	19
M051	金属功能材料	196	29	0.371	16
R016	绝缘材料	169	32	0.358	18
M042	耐火材料	285	24	0.183	35
M544	钛工业进展	102	37	0.271	30
D003	无机材料学报	1563	1	0.624	5
M041	稀土	494	14	0.269	31
M029	稀有金属	571	12	0.472	11
M052	稀有金属材料与工程	1518	3	1.083	2
M102	新型炭材料	642	11	1.587	1

表 6-36　2005 年材料科学类期刊总被引频次和影响因子排序表（续）

代码	期刊名称	总被引频次	学科内排名	影响因子	学科内排名
R731	信息记录材料	31	38	0.092	38
Y020	宇航材料工艺	406	17	0.321	21
M007	中国腐蚀与防护学报	368	18	0.370	17
M022	中国稀土学报	1012	6	0.841	3
	平均值	**520**		**0.428**	

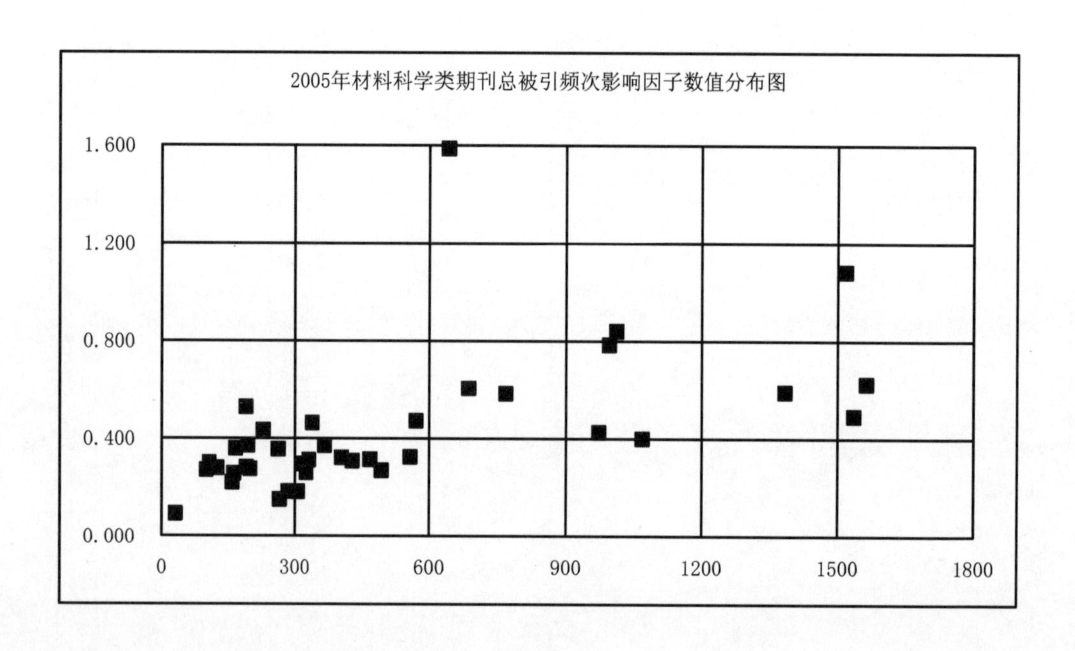

表 6-37 2005年理工大学学报、工业综合类期刊总被引频次和影响因子排序表（续）

代码	期刊名称	总被引频次	学科内排名	影响因子	学科内排名
E626	CT 理论与应用研究	77	74	0.162	57
M031	安徽工业大学学报	90	70	0.134	65
K027	安徽理工大学学报	78	73	0.255	34
J030	北京工业大学学报	213	44	0.245	38
X014	北京交通大学学报	273	37	0.217	42
M030	北京科技大学学报	491	17	0.454	5
N001	北京理工大学学报	470	18	0.276	25
R711	测试技术学报	117	65	0.149	60
X036	长安大学学报自然科学版	638	13	0.801	1
N056	长春理工大学学报	131	63	0.135	64
E102	成都理工大学学报	470	18	0.369	14
J024	大连理工大学学报	740	8	0.386	9
J023	东北大学学报	882	5	0.492	4
U014	东华大学学报	248	42	0.143	61
E002	东华理工学院学报	152	57	0.259	32
J028	东南大学学报	585	14	0.372	13
J057	工业工程	71	76	0.112	71
J029	广东工业大学学报	100	69	0.121	67
J044	贵州工业大学学报	150	58	0.111	72
M033	桂林工学院学报	257	39	0.262	31
A040	国防科技大学学报	339	30	0.219	41
X025	哈尔滨工程大学学报	252	41	0.223	40
J003	哈尔滨工业大学学报	706	10	0.317	18
J013	哈尔滨理工大学学报	197	46	0.086	77
U021	哈尔滨商业大学学报	140	61	0.191	47
J055	海军工程大学学报	274	36	0.385	10
J053	合肥工业大学学报	397	25	0.187	49
J017	河北工业大学学报	204	45	0.140	62
J019	河北工业科技	106	67	0.167	55
J058	河北科技大学学报	148	59	0.200	45
J014	河南科技大学学报	339	30	0.588	2
N002	华北工学院学报	180	48	0.168	53
T021	华东理工大学学报	462	20	0.231	39
J004	华南理工大学学报	656	12	0.382	11
J033	华中科技大学学报	997	3	0.246	37

表 6-37 2005 年理工大学学报、工业综合类期刊总被引频次和影响因子排序表（续）

代码	期刊名称	总被引频次	学科内排名	影响因子	学科内排名
J042	吉林大学学报工学版	278	35	0.359	15
A121	解放军理工大学学报	166	52	0.251	36
J056	军械工程学院学报	56	78	0.061	81
J059	空军工程大学学报	188	47	0.285	22
J020	昆明理工大学学报	288	34	0.171	50
J008	兰州理工大学学报	354	29	0.377	12
K008	辽宁工程技术大学学报	420	24	0.268	28
J039	内蒙古工业大学学报	38	81	0.054	82
T011	南京工业大学学报	371	27	0.270	27
N011	南京理工大学学报	260	38	0.170	51
U018	青岛大学学报工程技术版	37	83	0.091	76
T012	青岛科技大学学报	139	62	0.130	66
J001	清华大学学报	1589	1	0.328	16
J022	山东大学学报工学版	166	52	0.194	46
J040	陕西工学院学报	46	80	0.083	78
U025	陕西科技大学学报	166	52	0.162	57
X006	上海交通大学学报	1194	2	0.316	19
J031	上海理工大学学报	153	56	0.160	59
A515	深圳大学学报理工版	74	75	0.170	51
J052	沈阳工业大学学报	257	39	0.168	53
J027	沈阳工业学院学报	55	79	0.046	83
J051	四川大学学报工程科学版	320	32	0.273	26
J011	太原理工大学学报	233	43	0.108	73
A041	天津大学学报	438	22	0.217	42
U017	天津工业大学学报	127	64	0.107	74
J054	天津理工大学学报	101	68	0.113	70
J032	同济大学学报	789	6	0.268	28
U029	无锡轻工大学学报	386	26	0.320	17
W014	武汉大学学报工学版	434	23	0.283	23
E107	武汉大学学报信息科学版	690	11	0.535	3
M032	武汉科技大学学报	173	51	0.167	55
J006	武汉理工大学学报	753	7	0.413	7
U030	西安工程科技学院学报	83	71	0.117	68
J036	西安工业学院学报	142	60	0.138	63
X030	西安交通大学学报	996	4	0.413	7

表 6-37　2005 年理工大学学报、工业综合类期刊总被引频次和影响因子排序表（续）

代码	期刊名称	总被引频次	学科内排名	影响因子	学科内排名
J002	西安理工大学学报	178	49	0.207	44
Y023	西北工业大学学报	362	28	0.252	35
J045	西华大学学报自然科学版	82	72	0.102	75
X032	西南交通大学学报	442	21	0.287	21
J025	燕山大学学报	117	65	0.114	69
A017	浙江大学学报工学版	514	15	0.436	6
J016	浙江工业大学学报	166	52	0.189	48
U028	浙江理工大学学报	63	77	0.065	80
J012	郑州大学学报工学版	178	49	0.256	33
U004	郑州工程学院学报	293	33	0.277	24
N946	中国计量学院学报	38	81	0.080	79
K001	中南大学学报	495	16	0.288	20
J021	重庆大学学报	734	9	0.268	28
	平均值	**328**		**0.236**	

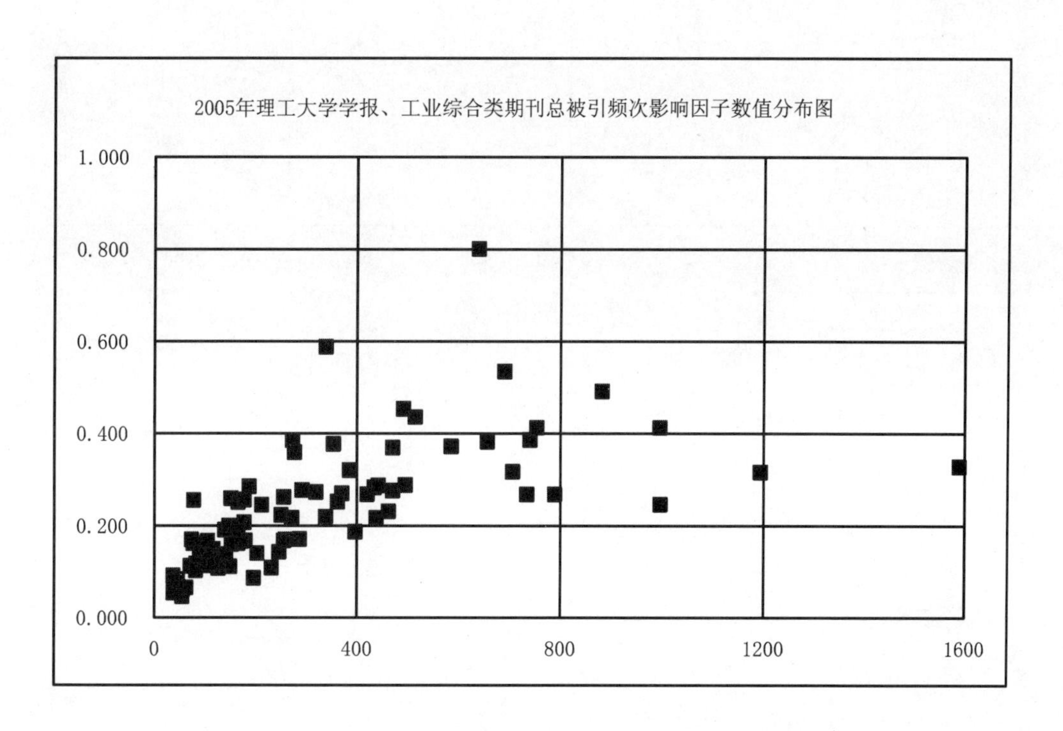

表 6-38　2005 年矿山工程技术类期刊总被引频次和影响因子排序表

代码	期刊名称	总被引频次	学科内排名	影响因子	学科内排名
K002	非金属矿	411	5	0.402	3
K018	工矿自动化	91	18	0.161	14
K016	湖南科技大学学报	81	19	0.126	16
K022	金属矿山	551	3	0.398	4
M018	勘察科学技术	101	16	0.067	22
K525	矿产保护与利用	149	14	0.247	10
K025	矿产与地质	239	9	0.247	10
K004	矿产综合利用	159	12	0.188	12
K014	矿山机械	252	8	0.081	20
E350	矿物学报	587	2	0.674	1
K010	矿业研究与开发	95	17	0.131	15
K005	煤炭科学技术	235	10	0.120	17
K017	煤炭学报	653	1	0.370	5
K009	煤田地质与勘探	337	6	0.300	7
E128	探矿工程岩土钻掘工程	153	13	0.095	19
K020	铀矿冶	45	22	0.110	18
K013	有色金属矿山部分	48	21	0.075	21
V023	中国非金属矿工业导刊	169	11	0.364	6
K030	中国矿业	285	7	0.249	9
K015	中国矿业大学学报	550	4	0.500	2
K036	中国锰业	114	15	0.289	8
K035	中国钨业	76	20	0.184	13
	平均值	**245**		**0.244**	

表 6-38　2005 年矿山工程技术类期刊总被引频次和影响因子排序表（续）

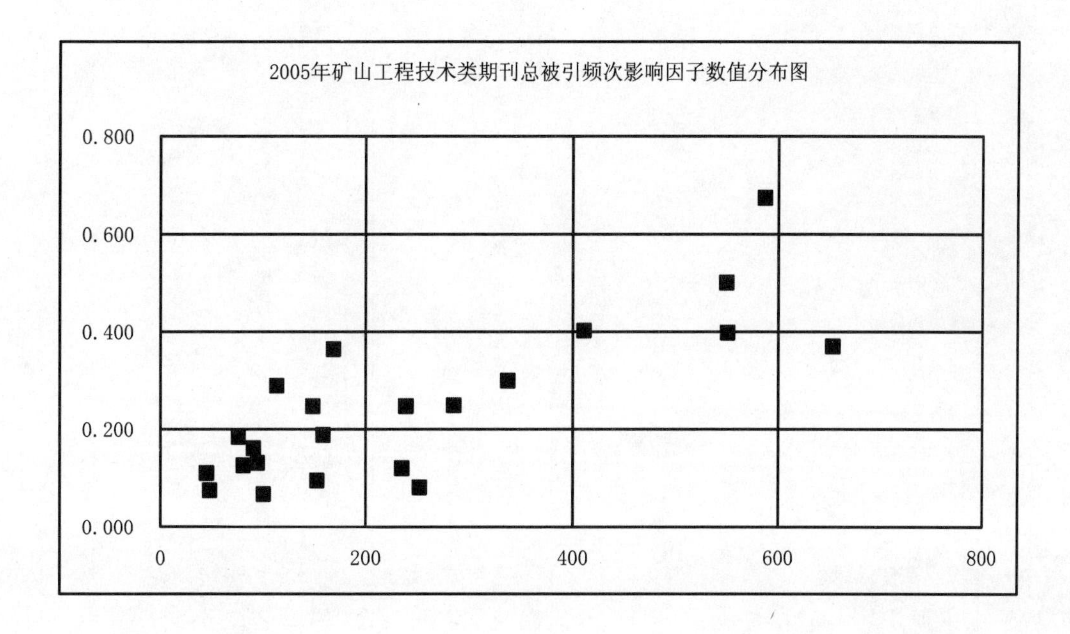

表 6-39　2005 年能源科学技术类期刊总被引频次和影响因子排序表

代码	期刊名称	总被引频次	学科内排名	影响因子	学科内排名
L017	测井技术	366	18	0.234	24
L512	大庆石油地质与开发	637	9	0.515	9
L004	大庆石油学院学报	329	19	0.234	24
L024	焊管	125	32	0.167	27
L036	江苏工业学院学报	130	31	0.248	21
L587	节能技术	84	34	0.124	29
L014	炼油技术与工程	320	21	0.201	26
L035	辽宁石油化工大学学报	205	27	0.448	11
L016	石油地球物理勘探	724	7	0.690	5
L015	石油化工	1143	5	0.634	7
L034	石油化工高等学校学报	243	24	0.375	13
L023	石油化工设备	136	30	0.161	28
L021	石油化工设备技术	98	33	0.055	34
L019	石油机械	500	12	0.247	22
L031	石油勘探与开发	2297	1	1.367	1
L032	石油矿场机械	152	29	0.114	32
L030	石油炼制与化工	541	11	0.324	17
L005	石油物探	620	10	0.803	4
L028	石油学报	1699	2	1.262	3
L012	石油学报石油加工	321	20	0.418	12
L006	石油与天然气地质	1291	4	1.326	2
L008	石油钻采工艺	396	15	0.340	15
L025	石油钻探技术	475	13	0.520	8
L009	太阳能学报	467	14	0.325	16
L029	天然气工业	1426	3	0.664	6
L010	西安石油大学学报	233	25	0.241	23
L002	西南石油学院学报	270	23	0.120	30
L007	新疆石油地质	674	8	0.451	10
L027	油气储运	227	26	0.098	33
L020	油气田地面工程	154	28	0.025	35
L033	油田化学	389	17	0.264	20
L013	中国海上油气	392	16	0.310	18
L026	中国海洋平台	74	35	0.119	31
L001	中国石油大学学报	802	6	0.342	14
L018	钻井液与完井液	275	22	0.280	19
	平均值	520		0.401	

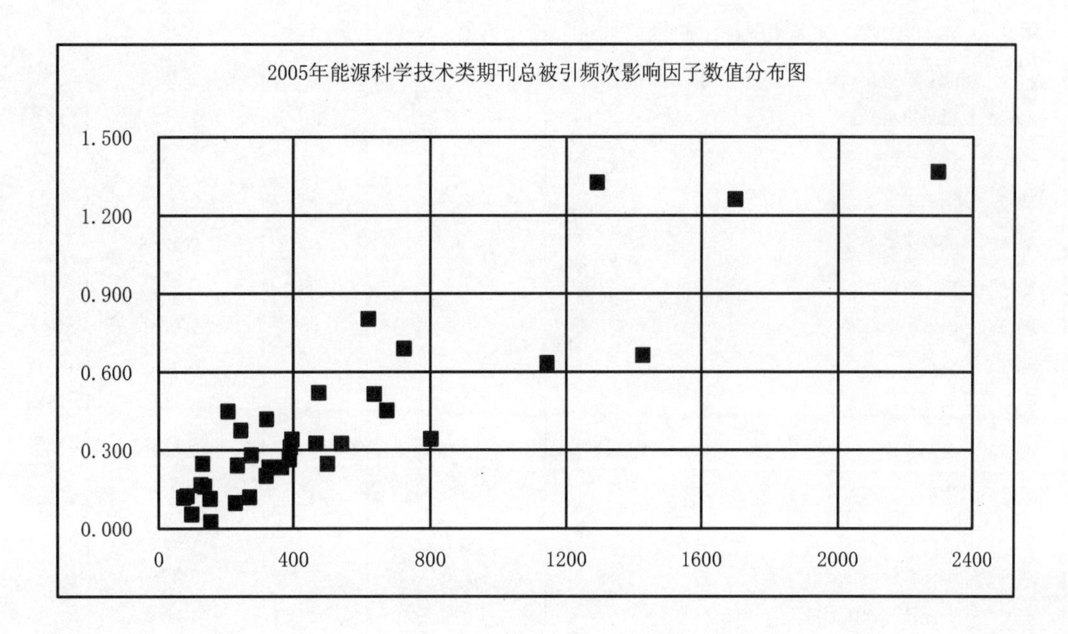
2005年能源科学技术类期刊总被引频次影响因子数值分布图
1.500
1.200
0.900
0.600
0.300
0.000
0
400
800
1200
1600
2000
2400

表 6-40 2005 年冶金工程技术类期刊总被引频次和影响因子排序表

代码	期刊名称	总被引频次	学科内排名	影响因子	学科内排名
M100	ACTA METALLURGICA SINICA	137	17	0.142	19
M104	TRANSACTIONS OF NONFERROUS METALS SOCIETY OF CHINA	599	5	0.464	3
M105	粉末冶金工业	147	15	0.396	6
M039	粉末冶金技术	320	9	0.395	7
M050	钢铁	626	4	0.279	11
M013	钢铁钒钛	91	21	0.187	16
M027	钢铁研究	102	19	0.055	26
M019	钢铁研究学报	456	6	0.425	5
M631	黄金	291	10	0.179	17
M600	黄金科学技术	55	26	0.079	24
M012	金属学报	1646	2	0.652	2
M101	矿冶	145	16	0.241	14
M045	矿冶工程	277	11	0.255	12
M001	理化检验化学分册	790	3	0.379	8
M002	理化检验物理分册	219	13	0.209	15
M049	南方冶金学院学报	58	25	0.149	18
M021	上海金属	80	23	0.102	21
V027	特种结构	88	22	0.069	25
M023	冶金分析	428	7	0.434	4
M047	冶金能源	72	24	0.102	21
M026	冶金自动化	160	14	0.281	10
M014	硬质合金	243	12	0.372	9
M036	有色金属	349	8	0.253	13
M020	有色金属冶炼部分	99	20	0.092	23
M043	轧钢	122	18	0.110	20
M028	中国有色金属学报	1927	1	0.859	1
	平均值	**366**		**0.275**	

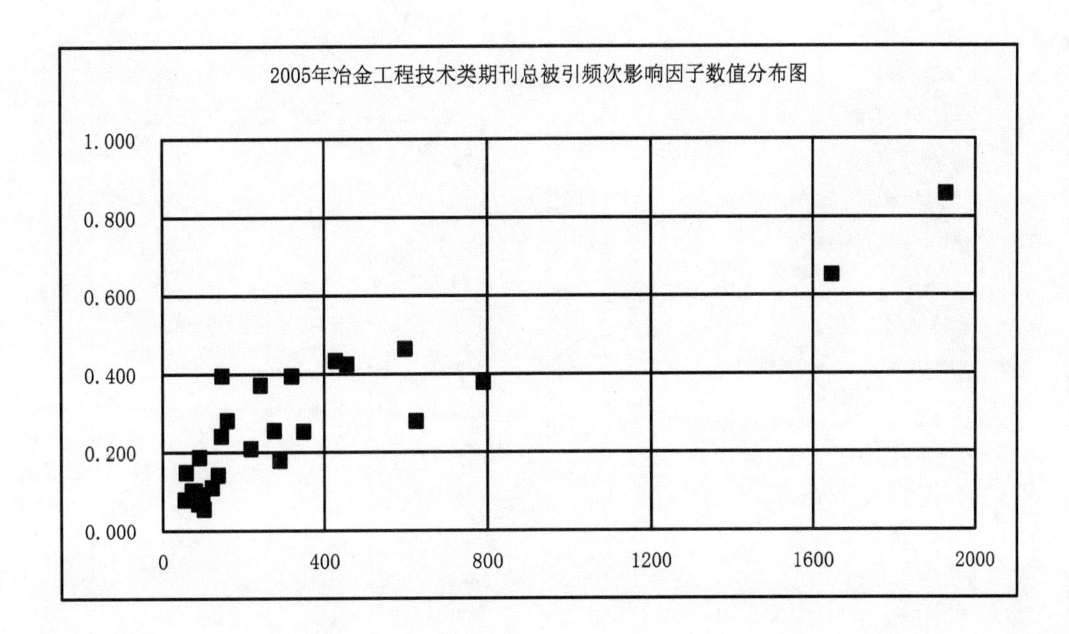
2005年冶金工程技术类期刊总被引频次影响因子数值分布图
1.000
0.800
0.600
0.400
0.200
0.000
0
400
800
1200
1600
2000

表 6-41　2005 年机械工程类期刊总被引频次和影响因子排序表（续）

代码	期刊名称	总被引频次	学科内排名	影响因子	学科内排名
N101	变压器	152	48	0.128	46
N060	传感技术学报	200	40	0.254	24
N019	低温工程	140	53	0.297	15
N067	电焊机	209	33	0.188	34
N027	电加工与模具	202	36	0.165	36
N070	锻压技术	288	23	0.267	21
N082	锻压装备与制造技术	202	36	0.154	39
N032	风机技术	87	60	0.113	53
N105	工程爆破	161	46	0.241	25
N049	工程机械	143	51	0.073	60
N590	工程设计学报	65	62	0.238	26
N061	工程图学学报	209	33	0.212	28
N064	工具技术	287	24	0.147	41
N015	光学技术	525	9	0.319	11
N076	焊接	202	36	0.161	37
N624	焊接技术	187	42	0.122	49
N021	焊接学报	576	8	0.442	6
N069	机床与液压	486	10	0.119	51
N040	机械传动	177	44	0.145	42
N051	机械工程学报	1570	2	0.536	4
N050	机械科学与技术	864	6	0.289	17
N057	机械强度	453	14	0.352	9
N047	机械设计	478	12	0.274	20
N054	机械设计与研究	260	26	0.334	10
N028	机械设计与制造	270	25	0.140	44
N053	机械与电子	168	45	0.137	45
N682	机械制造	156	47	0.112	54
N102	继电器	479	11	0.262	23
N048	金刚石与磨料磨具工程	188	41	0.266	22
N083	金属热处理	668	7	0.297	15
N023	流体机械	333	19	0.160	38
N087	模具工业	228	31	0.109	57
N107	模具技术	144	50	0.191	33
N084	摩擦学学报	991	3	1.020	1
N041	起重运输机械	96	58	0.058	62

表 6-41　2005 年机械工程类期刊总被引频次和影响因子排序表（续）

代码	期刊名称	总被引频次	学科内排名	影响因子	学科内排名
N071	热加工工艺	427	15	0.234	27
N029	润滑与密封	354	18	0.207	30
N016	深冷技术	43	63	0.070	61
N065	特种铸造及有色合金	876	5	0.667	2
N018	微细加工技术	112	57	0.287	18
N044	无损检测	368	17	0.308	14
N111	现代制造工程	315	21	0.128	46
M011	现代铸铁	130	56	0.142	43
N080	新技术新工艺	203	35	0.106	58
N052	压力容器	201	39	0.187	35
N068	压缩机技术	84	61	0.054	63
N035	液压与气动	258	27	0.154	39
C100	噪声与振动控制	143	51	0.209	29
N086	真空	133	55	0.203	31
N025	真空科学与技术学报	240	29	0.311	12
N030	振动与冲击	468	13	0.604	3
N046	制造技术与机床	315	21	0.112	54
N103	中国表面工程	230	30	0.531	5
N104	中国惯性技术学报	214	32	0.309	13
N059	中国机械工程	1971	1	0.390	8
N063	中国制造业信息化	248	28	0.127	48
N072	中国铸造装备与技术	95	59	0.078	59
N055	重型机械	135	54	0.121	50
N022	轴承	151	49	0.112	54
N075	铸造	967	4	0.438	7
N081	铸造技术	407	16	0.278	19
N034	装备环境工程	183	43	0.203	31
N088	组合机床与自动化加工技术	318	20	0.116	52
	平均值	**340**		**0.238**	

表 6-41　2005 年机械工程类期刊总被引频次和影响因子排序表（续）

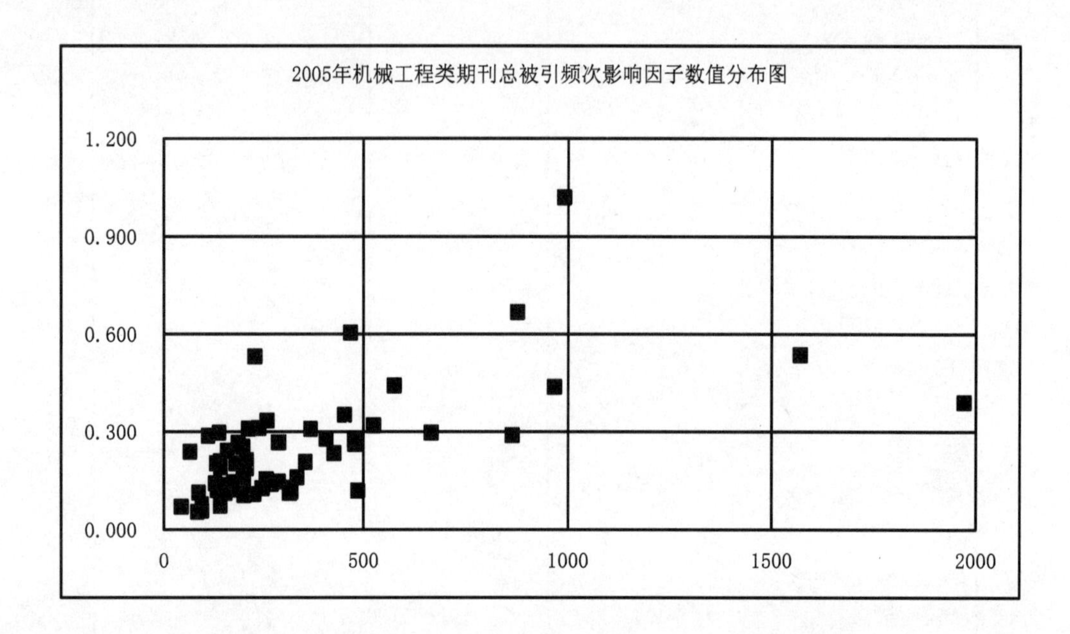

表 6-42 2005 年仪器仪表技术类期刊总被引频次和影响因子排序表

代码	期刊名称	总被引频次	学科内排名	影响因子	学科内排名
D062	分析仪器	130	10	0.230	7
N037	工业仪表与自动化装置	146	8	0.180	8
N033	光学精密工程	552	2	0.624	1
N031	光学仪器	144	9	0.245	5
N038	计量技术	156	7	0.072	11
N014	计量学报	238	4	0.260	3
N100	现代科学仪器	211	6	0.257	4
N115	现代仪器	106	11	0.241	6
N074	仪表技术与传感器	225	5	0.144	10
N066	仪器仪表学报	807	1	0.568	2
N013	自动化仪表	281	3	0.168	9
	平均值	**272**		**0.272**	

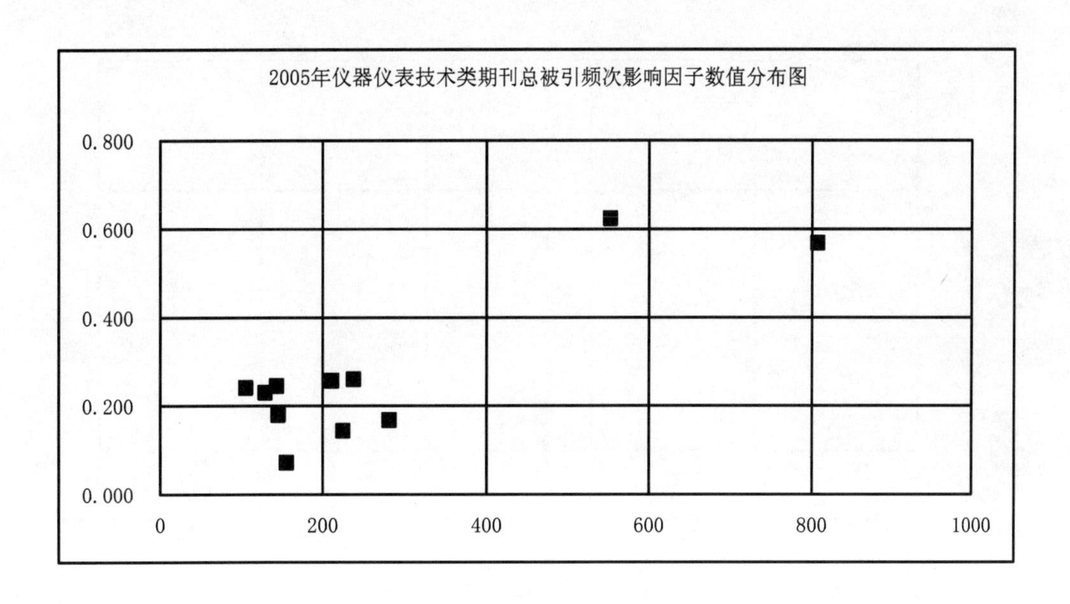

表 6-43 2005 年兵工技术类期刊总被引频次和影响因子排序表

代码	期刊名称	总被引频次	学科内排名	影响因子	学科内排名
N017	爆破	297	2	0.413	2
N012	爆破器材	87	7	0.126	8
N006	爆炸与冲击	406	1	0.556	1
N008	兵工学报	294	3	0.219	4
N004	弹道学报	101	6	0.131	7
N042	火工品	80	8	0.173	5
N005	火力与指挥控制	166	5	0.134	6
N007	火炸药学报	225	4	0.319	3
N907	鱼雷技术	43	9	0.117	9
	平均值	**189**		**0.243**	

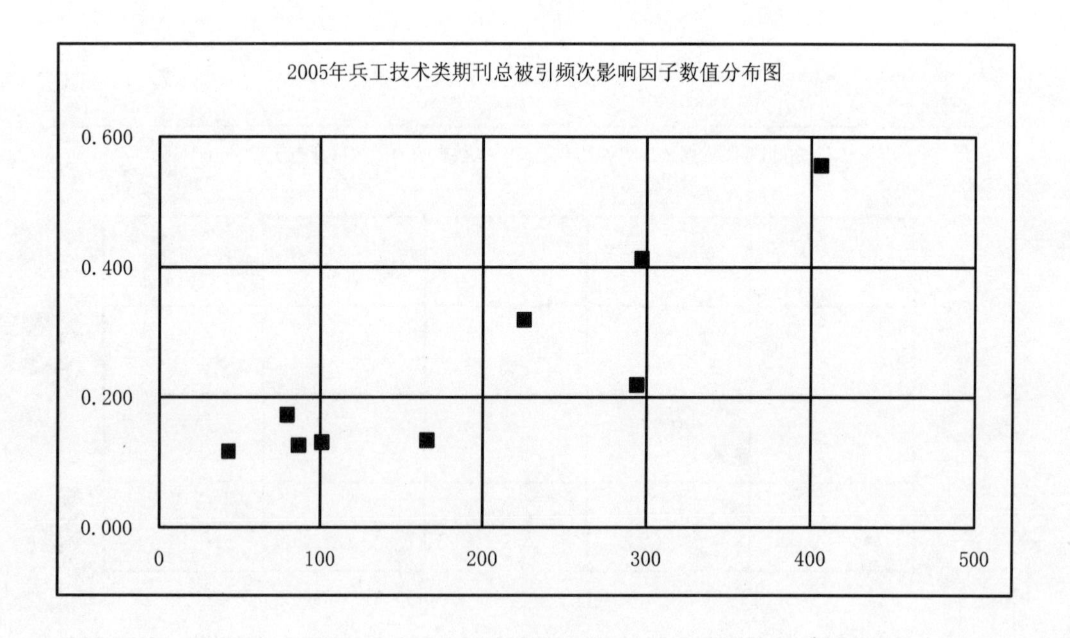

表 6-44 2005 年动力与电力工程类期刊总被引频次和影响因子排序表

代码	期刊名称	总被引频次	学科内排名	影响因子	学科内排名
N024	车用发动机	96	33	0.184	21
R051	大电机技术	119	28	0.133	32
R053	低压电器	115	29	0.152	28
R003	电池	587	7	0.724	5
R010	电工电能新技术	279	16	0.770	4
R043	电工技术学报	653	5	0.546	7
R088	电机与控制学报	175	21	0.303	16
R011	电力电子技术	424	10	0.300	17
R071	电力系统及其自动化学报	397	12	0.511	8
S019	电力系统自动化	3345	2	1.119	3
R090	电力自动化设备	496	8	0.354	11
R044	电气传动	201	20	0.153	27
R029	电气应用	147	24	0.093	35
R058	电气自动化	100	32	0.073	37
R039	电网技术	2734	3	1.826	2
R019	电源技术	457	9	0.326	14
P003	动力工程	336	13	0.314	15
R038	高电压技术	769	4	0.394	10
R037	高压电器	213	19	0.249	19
P008	工业锅炉	58	36	0.087	36
P009	工业加热	102	31	0.139	30
P005	工业炉	78	35	0.179	22
R046	华北电力大学学报	300	14	0.341	13
R099	机电一体化	126	26	0.119	34
P004	内燃机学报	421	11	0.644	6
P001	汽轮机技术	140	25	0.136	31
P011	燃烧科学与技术	241	18	0.342	12
P006	热能动力工程	267	17	0.237	20
P007	水电能源科学	283	15	0.460	9
R057	微电机	157	23	0.140	29
R085	微特电机	172	22	0.179	22
R089	现代电力	106	30	0.158	26
P010	小型内燃机与摩托车	80	34	0.124	33
R081	照明工程学报	45	37	0.165	24
R040	中国电机工程学报	5731	1	2.437	1

表 6-44　2005 年动力与电力工程类期刊总被引频次和影响因子排序表（续）

代码	期刊名称	总被引频次	学科内排名	影响因子	学科内排名
R511	中国电力	598	6	0.300	17
R045	中小型电机	122	27	0.159	25
	平均值	**559**		**0.402**	

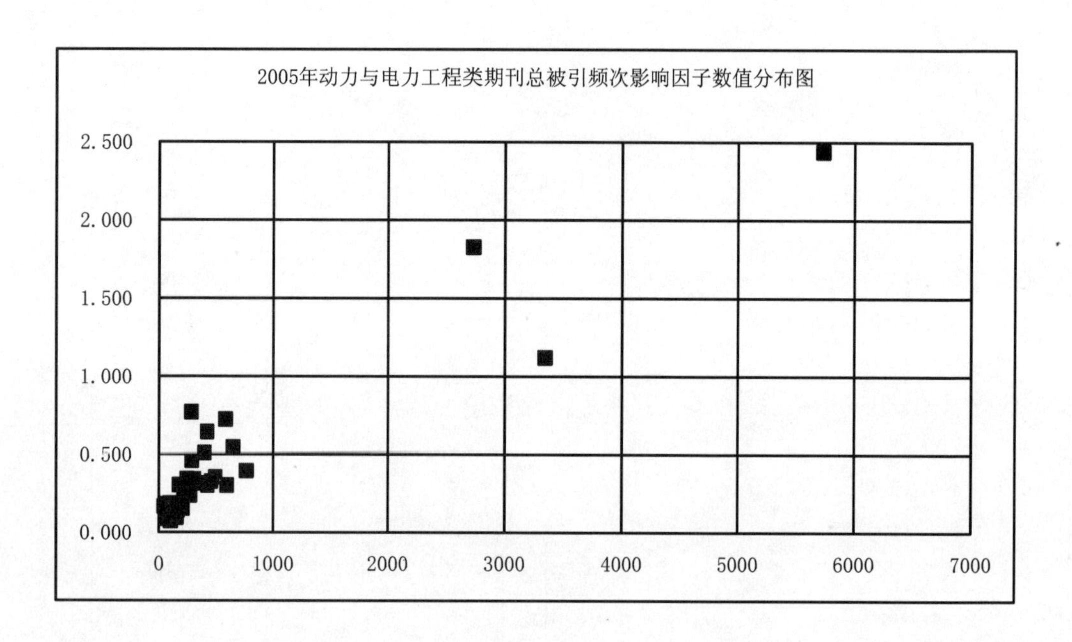

表 6-45　2005 年核科学技术类期刊总被引频次和影响因子排序表

代码	期刊名称	总被引频次	学科内排名	影响因子	学科内排名
Q006	辐射防护	198	3	0.330	1
Q005	辐射研究与辐射工艺学报	186	6	0.245	2
Q007	核电子学与探测技术	211	2	0.216	4
Q004	核动力工程	191	5	0.162	7
Q002	核化学与放射化学	90	8	0.196	5
Q001	核技术	373	1	0.186	6
Q009	核科学与工程	156	7	0.218	3
Q003	同位素	83	9	0.157	8
Q008	原子能科学技术	195	4	0.124	9
	平均值	**187**		**0.204**	

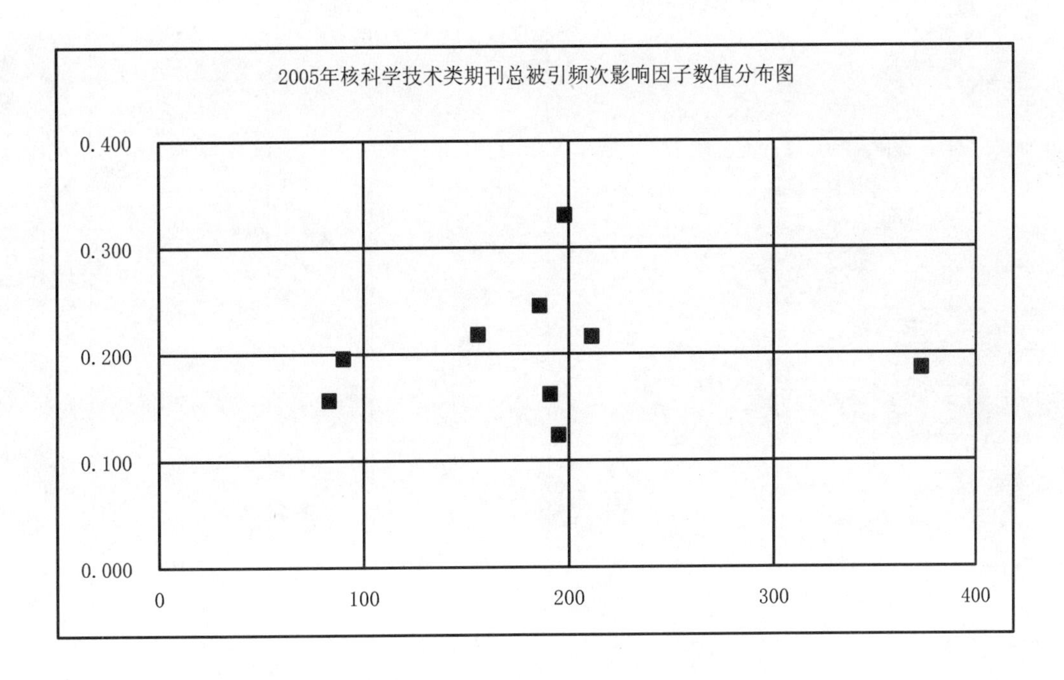

表 6-46　2005 年电子、通信与自动控制类期刊总被引频次和影响因子排序表（续）

代码	期刊名称	总被引频次	学科内排名	影响因子	学科内排名
R024	半导体光电	211	33	0.238	28
R063	半导体技术	232	30	0.219	31
R062	半导体学报	1066	4	0.667	4
R018	北京邮电大学学报	333	22	0.822	3
R007	电波科学学报	402	15	0.401	14
R740	电光与控制	94	46	0.149	43
R516	电路与系统学报	228	32	0.208	33
R712	电声技术	92	47	0.080	51
R537	电视技术	207	34	0.174	37
R055	电子测量技术	27	56	0.015	58
R021	电子测量与仪器学报	132	39	0.220	30
R067	电子技术应用	489	11	0.235	29
R036	电子科技大学学报	271	25	0.178	35
R001	电子显微学报	355	18	0.341	20
R006	电子学报	2282	1	0.548	8
R022	电子与信息学报	515	10	0.315	22
R020	电子元件与材料	436	13	0.463	11
R047	固体电子学研究与进展	90	48	0.155	39
R026	光电工程	386	16	0.346	18
R061	光电子·激光	1157	3	0.869	2
R082	光电子技术	71	50	0.139	45
R031	光通信技术	119	43	0.138	46
R017	光纤与电缆及其应用技术	44	55	0.073	52
R002	桂林电子工业学院学报	56	54	0.052	55
R535	红外技术	372	17	0.464	10
R084	红外与激光工程	487	12	0.563	6
S004	机器人	539	9	0.624	5
R025	激光技术	350	19	0.303	23
R514	激光与光电子学进展	129	41	0.176	36
R521	激光与红外	261	26	0.300	24
R028	激光杂志	319	23	0.154	41
R586	吉林大学学报信息科学版	129	41	0.323	21
S503	控制工程	338	21	0.560	7
R008	南京邮电学院学报	80	49	0.094	49
R005	数据采集与处理	251	29	0.266	25

表 6-46 2005 年电子、通信与自动控制类期刊总被引频次和影响因子排序表（续）

代码	期刊名称	总被引频次	学科内排名	影响因子	学科内排名
N043	探测与控制学报	97	45	0.155	39
R065	通信学报	718	7	0.395	15
R070	微波学报	144	37	0.203	34
S005	微处理机	61	52	0.094	49
R064	微电子学	131	40	0.134	47
R004	微电子学与计算机	232	30	0.151	42
R098	微纳电子技术	166	36	0.389	16
R718	无线通信技术	21	57	0.066	53
J018	武汉理工大学学报信息与管理工程版	139	38	0.066	53
R009	西安电子科技大学学报	547	8	0.440	12
R059	系统工程与电子技术	981	6	0.343	19
R087	现代雷达	421	14	0.369	17
R034	信号处理	319	23	0.262	26
R069	压电与声光	349	20	0.216	32
S031	遥测遥控	69	51	0.101	48
R080	移动通信	57	53	0.036	57
R033	应用激光	261	26	0.260	27
R032	真空电子技术	103	44	0.148	44
S023	制造业自动化	253	28	0.163	38
R066	中国激光 A	1642	2	0.958	1
R775	中兴通讯技术	18	58	0.047	56
R559	重庆邮电学院学报自然科学版	204	35	0.438	13
S026	自动化学报	1029	5	0.504	9
	平均值	354		0.290	

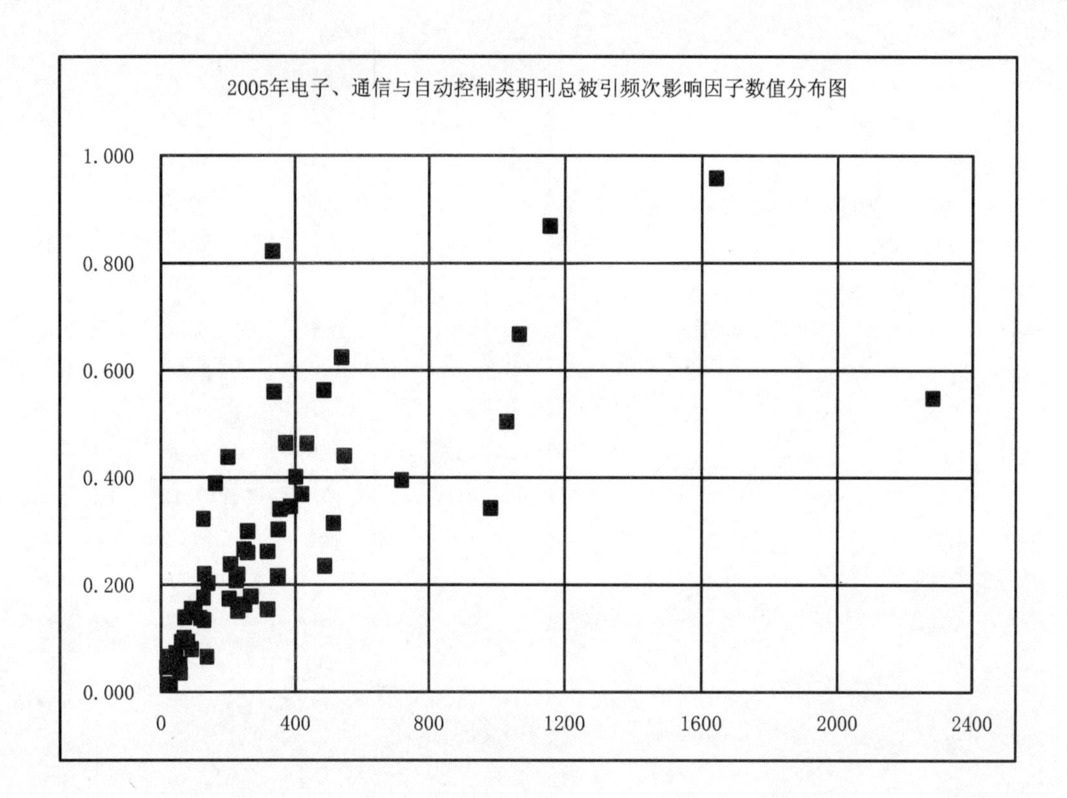
2005年电子、通信与自动控制类期刊总被引频次影响因子数值分布图
1.000
0.800
0.600
0.400
0.200
0.000
0
400
800
1200
1600
2000
2400

表 6-47　2005 年计算机科学技术类期刊总被引频次和影响因子排序表

代码	期刊名称	总被引频次	学科内排名	影响因子	学科内排名
S051	JOURNAL OF COMPUTER SCIENCE AND TECHNOLOGY	196	19	0.343	10
S049	计算机仿真	526	14	0.249	17
S035	计算机辅助工程	57	24	0.065	25
S013	计算机辅助设计与图形学学报	1276	7	0.735	5
S012	计算机工程	1854	3	0.239	18
S034	计算机工程与科学	279	18	0.185	20
S022	计算机工程与设计	520	15	0.308	13
S025	计算机工程与应用	2705	1	0.267	15
S030	计算机集成制造系统-CIMS	921	10	0.814	3
S006	计算机科学	771	13	0.263	16
S018	计算机学报	1720	4	0.963	2
S021	计算机研究与发展	1535	5	0.767	4
S029	计算机应用	1032	9	0.361	9
S016	计算机应用研究	1266	8	0.342	11
S014	计算机与应用化学	795	12	0.678	6
S015	模式识别与人工智能	325	16	0.337	12
S011	软件学报	2257	2	1.792	1
S032	数值计算与计算机应用	104	23	0.238	19
S017	微计算机应用	53	25	0.088	23
S033	微型电脑应用	196	19	0.120	22
S010	微型机与应用	132	22	0.074	24
E136	物探化探计算技术	165	21	0.177	21
S027	小型微型计算机系统	827	11	0.297	14
R083	中国图象图形学报	1336	6	0.558	8
S020	中文信息学报	325	16	0.588	7
	平均值	847		0.434	

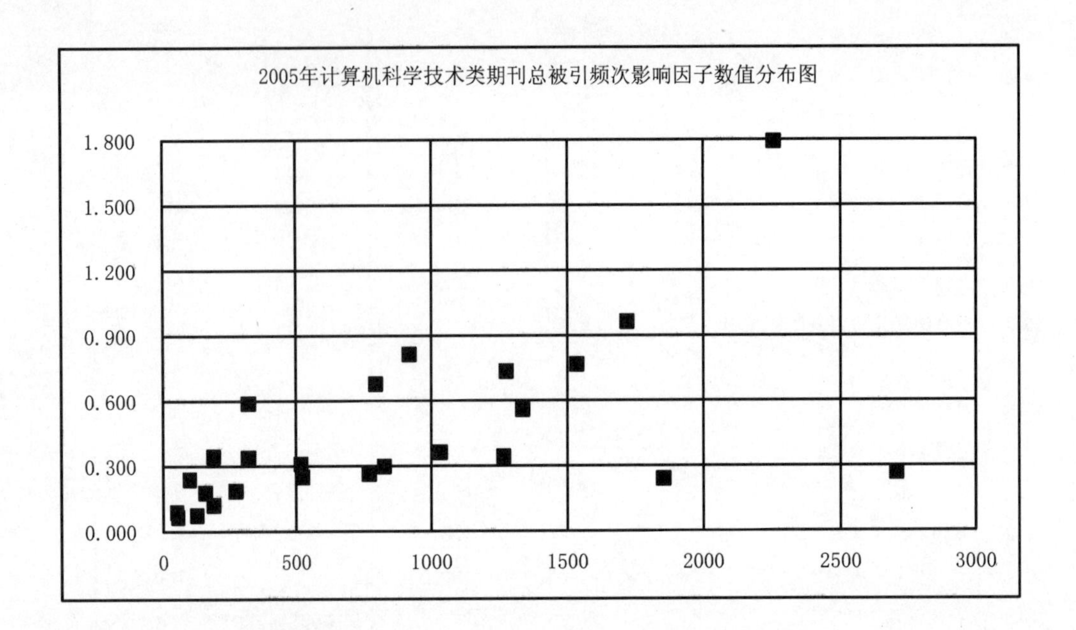
2005年计算机科学技术类期刊总被引频次影响因子数值分布图
1.800
1.500
1.200
0.900
0.600
0.300
0.000
0
500
1000
1500
2000
2500
3000

表 6-48　2005 年化学工程类期刊总被引频次和影响因子排序表（续）

代码	期刊名称	总被引频次	学科内排名	影响因子	学科内排名
I202	CHINA PARTICUOLOGY	37	66	0.389	22
T100	CHINESE JOURNAL OF CHEMICAL ENGINEERING	193	47	0.306	36
T020	北京化工大学学报	301	29	0.243	51
T098	表面技术	471	14	0.437	17
T051	玻璃与搪瓷	130	58	0.200	59
T500	弹性体	174	48	0.287	40
T508	电镀与精饰	293	30	0.307	35
T598	电镀与涂饰	343	25	0.440	15
T016	高校化学工程学报	580	9	0.633	4
T003	工程塑料应用	487	12	0.493	10
T563	工业催化	235	40	0.353	26
T004	硅酸盐通报	426	16	0.268	45
T005	硅酸盐学报	1467	1	0.725	2
T008	过程工程学报	381	21	0.495	9
T054	海湖盐与化工	141	56	0.246	50
T505	合成树脂及塑料	213	45	0.283	41
T067	合成纤维	149	53	0.296	37
T065	合成纤维工业	242	36	0.242	52
T018	合成橡胶工业	462	15	0.486	11
T055	化肥工业	114	62	0.078	65
T006	化工机械	139	57	0.222	56
T101	化工进展	826	6	0.458	13
T532	化工科技	123	60	0.189	60
T007	化工学报	1188	2	0.655	3
T066	化工自动化及仪表	216	44	0.223	55
T009	化学反应工程与工艺	221	41	0.401	21
T025	化学工程	340	26	0.270	44
T076	化学工业与工程	221	41	0.313	33
T102	精细化工	897	4	0.475	12
T542	精细石油化工	359	23	0.261	47
T512	聚氨酯工业	170	49	0.344	27
T010	离子交换与吸附	411	18	0.383	24
U037	林产工业	170	49	0.320	32
T017	林产化学与工业	394	20	0.613	5
T058	硫酸工业	61	64	0.080	64

表 6-48 2005 年化学工程类期刊总被引频次和影响因子排序表（续）

代码	期刊名称	总被引频次	学科内排名	影响因子	学科内排名
T060	煤化工	87	63	0.105	63
T077	膜科学与技术	482	13	0.385	23
T034	农药	795	8	0.500	8
H404	农药学学报	238	39	0.458	13
T061	燃料与化工	55	65	0.050	66
T105	热固性树脂	259	34	0.426	19
T013	人工晶体学报	329	27	0.292	38
T070	日用化学工业	416	17	0.289	39
T933	石化技术与应用	155	52	0.250	49
T106	塑料	311	28	0.427	18
T014	塑料工业	521	10	0.501	7
T536	塑料科技	247	35	0.310	34
T580	塑性工程学报	282	32	0.277	43
T527	炭素	196	46	0.330	30
T015	炭素技术	148	54	0.162	62
T999	特种橡胶制品	170	49	0.213	57
T074	天然气化工	291	31	0.335	29
T103	涂料工业	496	11	0.330	30
T072	无机盐工业	370	22	0.339	28
T547	武汉化工学院学报	142	55	0.232	53
T063	现代化工	838	5	0.521	6
T073	香料香精化妆品	118	61	0.231	54
T064	橡胶工业	356	24	0.180	61
T104	印染助剂	240	37	0.415	20
T949	应用化工	128	59	0.267	46
T916	有机硅材料	239	38	0.774	1
T569	粘接	265	33	0.283	41
T075	中国胶粘剂	411	18	0.363	25
T022	中国塑料	909	3	0.439	16
T068	中国陶瓷	217	43	0.202	58
T019	中国医药工业杂志	813	7	0.254	48
	平均值	350		0.342	

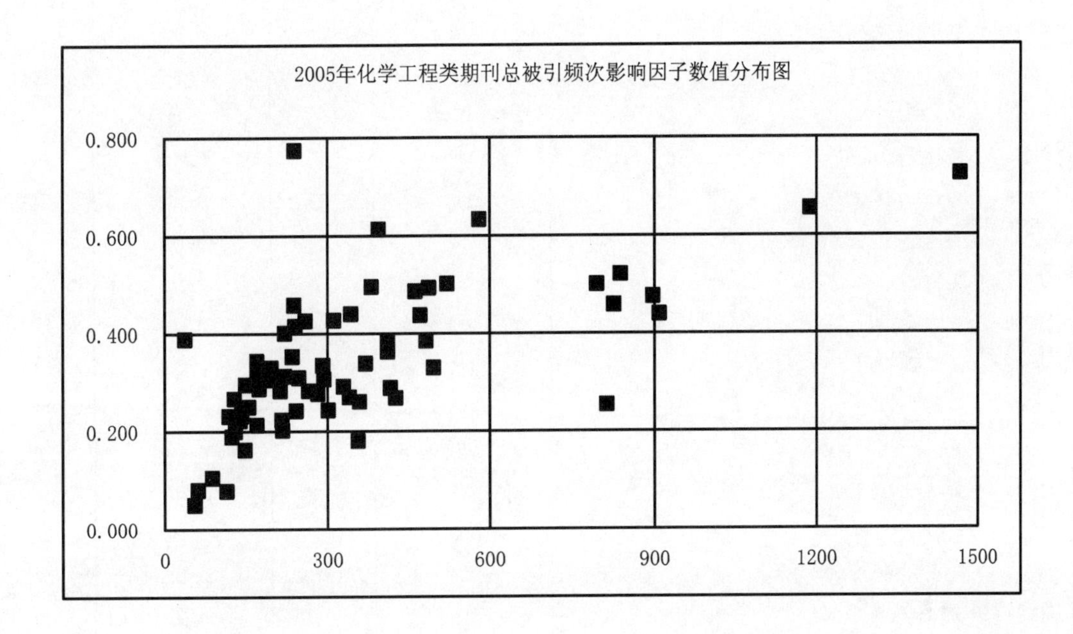
2005年化学工程类期刊总被引频次影响因子数值分布图
0.800
0.600
0.400
0.200
0.000
0
300
600
900
1200
1500

表 6-49　2005 年轻工、纺织类期刊总被引频次和影响因子排序表

代码	期刊名称	总被引频次	学科内排名	影响因子	学科内排名
U019	北京服装学院学报	58	26	0.095	26
U013	纺织高校基础科学学报	64	25	0.145	23
U015	纺织科学研究	57	27	0.286	10
U053	纺织学报	371	9	0.233	15
U002	粮食储藏	140	16	0.229	16
U055	粮食与饲料工业	399	8	0.162	21
U008	粮油加工与食品机械	132	18	0.151	22
U542	毛纺科技	133	17	0.142	24
U036	棉纺织技术	673	5	0.683	1
U602	皮革科学与工程	117	19	0.256	13
U005	食品工业科技	796	4	0.285	11
U006	食品科学	1968	1	0.440	3
U035	食品与发酵工业	943	2	0.341	6
U056	丝绸	163	15	0.112	25
V531	陶瓷学报	109	21	0.225	17
U031	天津科技大学学报	81	24	0.203	19
U054	印染	597	6	0.430	4
U003	郑州轻工业学院学报	103	22	0.062	27
U011	制冷学报	165	14	0.206	18
U001	中国粮油学报	448	7	0.291	9
U020	中国皮革	313	11	0.368	5
U052	中国乳品工业	346	10	0.314	7
U567	中国甜菜糖业	83	23	0.181	20
U647	中国烟草学报	182	13	0.245	14
U032	中国油脂	819	3	0.481	2
U012	中国造纸	291	12	0.284	12
U033	中国造纸学报	110	20	0.297	8
	平均值	358		0.265	

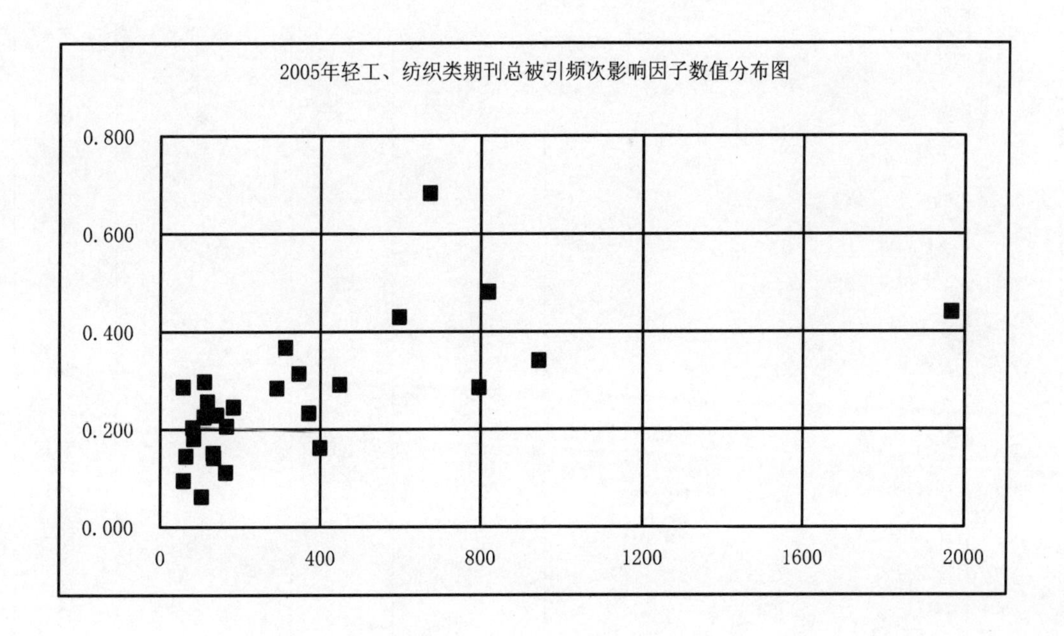
2005年轻工、纺织类期刊总被引频次影响因子数值分布图
0.800
0.600
0.400
0.200
0.000
0
400
800
1200
1600
2000

表 6-50　2005 年土木建筑工程类期刊总被引频次和影响因子排序表

代码	期刊名称	总被引频次	学科内排名	影响因子	学科内排名
V050	城市规划	747	7	0.539	5
V028	城市规划汇刊	369	12	0.498	7
V020	低温建筑技术	102	31	0.062	37
V031	地下空间	230	18	0.260	16
V052	粉煤灰综合利用	109	29	0.102	29
V021	给水排水	956	4	0.312	14
V030	工程勘察	296	15	0.261	15
V033	工程抗震与加固改造	193	21	0.322	13
V010	工业建筑	796	6	0.223	19
K032	河北建筑科技学院学报	90	33	0.175	22
V506	华中建筑	129	28	0.067	36
V035	华中科技大学学报城市科学版	103	30	0.170	24
V022	建筑机械	143	27	0.110	28
V046	建筑机械化	65	35	0.074	35
V045	建筑技术	231	17	0.116	27
V014	建筑结构	710	9	0.339	12
V044	建筑结构学报	855	5	0.750	2
V005	建筑科学	174	23	0.143	25
V013	建筑科学与工程学报	42	38	0.093	30
V047	建筑学报	269	16	0.172	23
V049	结构工程师	71	34	0.177	21
V024	煤气与热力	735	8	0.573	4
V032	暖通空调	575	10	0.396	11
V041	青岛建筑工程学院学报	182	22	0.526	6
V012	山东建筑工程学院学报	55	36	0.079	33
V011	沈阳建筑大学学报	312	14	0.711	3
V043	施工技术	172	24	0.081	32
V009	水泥	223	20	0.076	34
V008	水泥技术	52	37	0.053	38
V007	四川建筑科学研究	151	26	0.129	26
V029	土木工程学报	991	3	0.476	8
V018	西安建筑科技大学学报	172	24	0.195	20
V026	新建筑	94	32	0.091	31
V037	岩土工程学报	2189	1	0.918	1
V568	中国粉体技术	227	19	0.429	10

表 6-50　2005 年土木建筑工程类期刊总被引频次和影响因子排序表（续）

代码	期刊名称	总被引频次	学科内排名	影响因子	学科内排名
V036	中国给水排水	1369	2	0.475	9
V039	中国园林	395	11	0.259	17
V019	重庆建筑大学学报	317	13	0.224	18
	平均值	**392**		**0.280**	

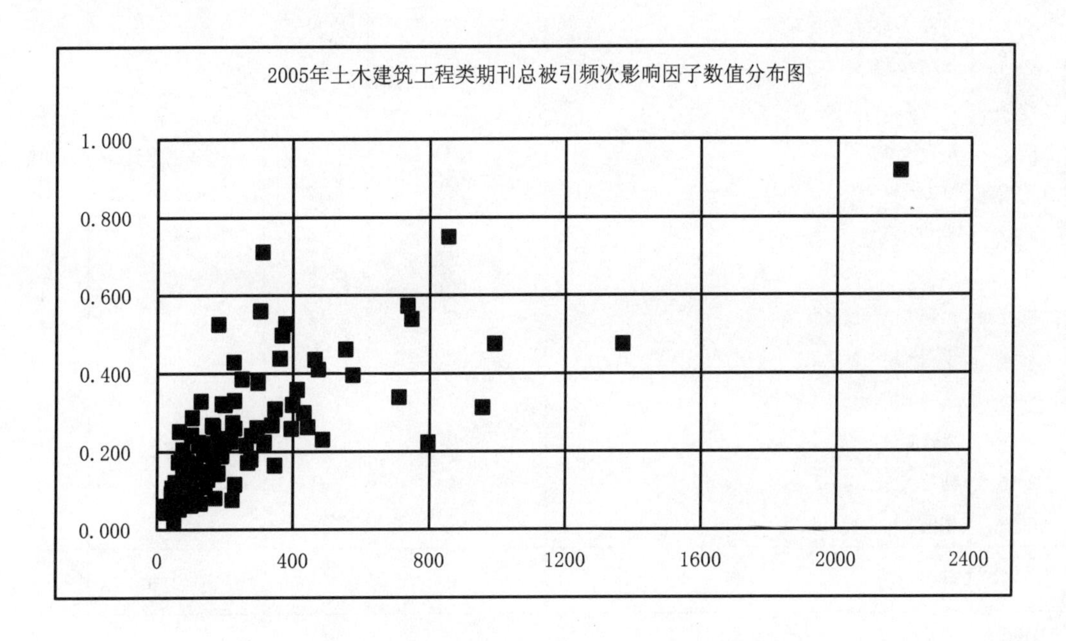

表 6-51　2005 年水利工程类期刊总被引频次和影响因子排序表

代码	期刊名称	总被引频次	学科内排名	影响因子	学科内排名
W015	JOURNAL OF HYDRODYNAMICS SERIES B	234	10	0.415	5
W010	长江科学院院报	242	9	0.244	12
W012	河海大学学报	623	3	0.391	6
W567	节水灌溉	227	11	0.351	7
Z553	净水技术	109	18	0.142	15
W002	泥沙研究	362	6	0.466	4
R086	三峡大学学报	93	19	0.094	19
V034	水电自动化与大坝监测	127	17	0.141	16
W004	水动力学研究与进展 A	553	4	0.614	2
W013	水科学进展	848	2	0.841	1
R050	水力发电	274	8	0.163	14
R049	水力发电学报	225	12	0.348	8
R587	水利经济	156	16	0.326	9
W011	水利水电技术	340	7	0.138	17
W502	水利水电科技进展	162	14	0.126	18
W006	水利水运工程学报	162	14	0.248	11
W003	水利学报	1696	1	0.600	3
R566	水资源保护	177	13	0.293	10
R015	四川水力发电	45	20	0.026	20
W005	中国农村水利水电	436	5	0.229	13
	平均值	**355**		**0.310**	

表 6-51　2005 年水利工程类期刊总被引频次和影响因子排序表（续）

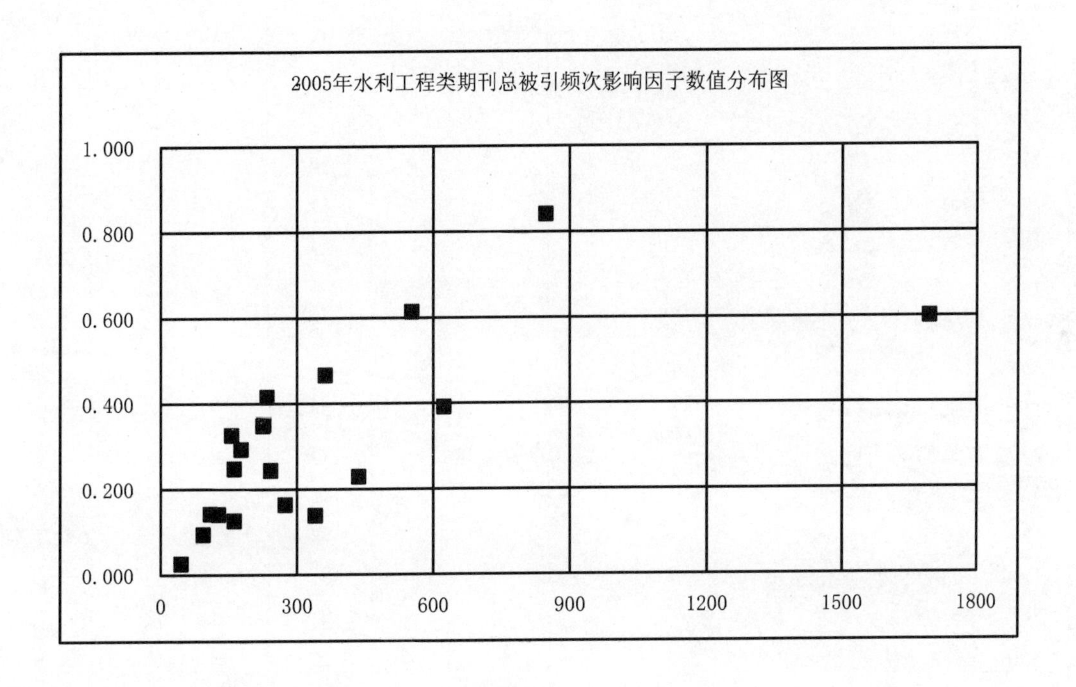

表 6-52 2005 年交通运输工程类期刊总被引频次和影响因子排序表

代码	期刊名称	总被引频次	学科内排名	影响因子	学科内排名
X002	长沙交通学院学报	87	29	0.121	24
X043	城市轨道交通研究	169	14	0.391	6
X010	船舶工程	98	26	0.108	25
X024	大连海事大学学报	123	17	0.146	19
X001	大连铁道学院学报	115	20	0.102	26
X034	都市快轨交通	101	24	0.444	4
X028	港工技术	34	34	0.065	33
X026	公路交通科技	464	4	0.242	15
X015	华东船舶工业学院学报	90	28	0.082	30
X003	华东交通大学学报	69	31	0.081	31
X011	机车电传动	115	20	0.201	18
X020	交通与计算机	101	24	0.085	29
X672	交通运输工程学报	408	6	1.000	2
X685	交通运输系统工程与信息	107	23	0.373	7
X016	兰州交通大学学报	197	11	0.254	13
X027	内燃机车	67	33	0.041	34
X018	汽车工程	423	5	0.357	8
X013	汽车技术	274	8	0.204	17
X021	桥梁建设	172	13	0.138	21
X038	上海海事大学学报	76	30	0.093	28
X042	石家庄铁道学院学报	98	26	0.096	27
X019	铁道车辆	151	15	0.072	32
X521	铁道工程学报	125	16	0.123	22
X007	铁道科学与工程学报	121	18	0.248	14
X005	铁道学报	491	2	0.431	5
X017	武汉理工大学学报交通科学与工程版	465	3	0.497	3
X673	现代隧道技术	118	19	0.261	12
X035	中国港湾建设	110	22	0.122	23
X031	中国公路学报	780	1	1.093	1
X039	中国航海	68	32	0.212	16
X004	中国铁道科学	374	7	0.313	9
X012	中国造船	187	12	0.297	10
X022	中南公路工程	263	9	0.286	11
X029	重庆交通学院学报	212	10	0.142	20
	平均值	202		0.257	

表 6-52　2005 年交通运输工程类期刊总被引频次和影响因子排序表（续）

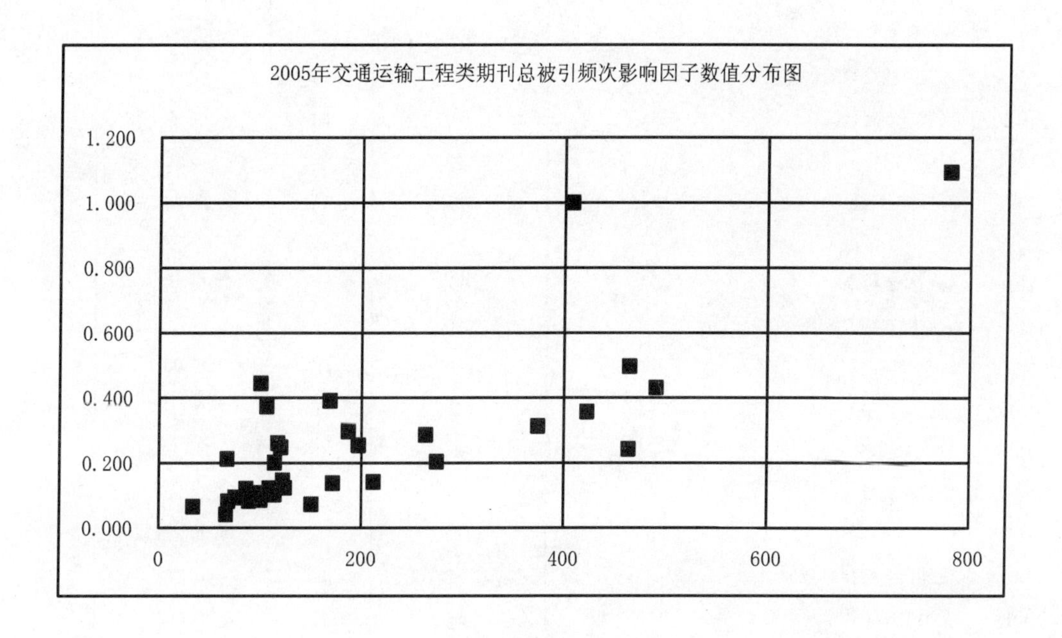

表 6-53　2005 年航空、航天科学技术类期刊总被引频次和影响因子排序表

代码	期刊名称	总被引频次	学科内排名	影响因子	学科内排名
Y001	北京航空航天大学学报	483	3	0.205	13
Y022	测控技术	367	7	0.184	16
Y006	飞行力学	133	14	0.208	12
Y030	飞行器测控学报	47	24	0.160	17
Y013	固体火箭技术	169	13	0.142	18
Y029	海军航空工程学院学报	128	16	0.226	11
Y017	航空动力学报	354	8	0.354	6
Y031	航空计算技术	96	17	0.117	21
Y012	航空精密制造技术	130	15	0.185	15
Y002	航空学报	666	1	0.400	4
Y014	航空制造技术	239	9	0.197	14
Y015	航天控制	95	18	0.101	23
S050	计算机测量与控制	561	2	0.419	2
Y016	空气动力学学报	192	11	0.255	9
Y018	流体力学实验与测量	64	21	0.133	20
Y011	南昌航空工业学院学报	69	19	0.108	22
Y026	南京航空航天大学学报	405	6	0.361	5
Y009	强度与环境	67	20	0.229	10
Y025	推进技术	408	5	0.409	3
Y008	宇航计测技术	63	22	0.094	24
Y024	宇航学报	438	4	0.481	1
Y010	振动测试与诊断	205	10	0.350	8
Y003	中国空间科学技术	174	12	0.353	7
Y028	中国民航学院学报	54	23	0.140	19
	平均值	**234**		**0.242**	

表 6-53　2005 年航空、航天科学技术类期刊总被引频次和影响因子排序表（续）

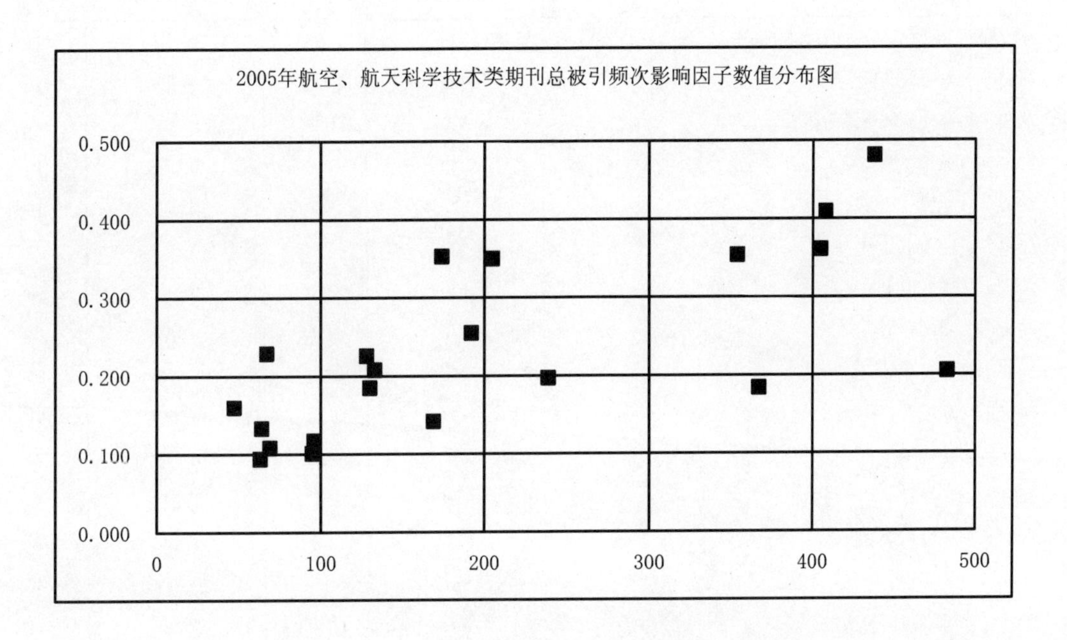

表 6-54　2005 年环境科学技术类期刊总被引频次和影响因子排序表

代码	期刊名称	总被引频次	学科内排名	影响因子	学科内排名
Z027	JOURNAL OF ENVIRONMENTAL SCIENCES	239	28	0.341	24
Z549	安全与环境学报	429	21	0.723	10
Z029	长江流域资源与环境	540	15	0.716	11
Z024	城市环境与城市生态	539	16	0.395	18
Z015	电镀与环保	332	26	0.479	15
Z013	工业水处理	786	9	0.348	23
Z032	工业用水与废水	179	30	0.171	29
Z010	海洋环境科学	472	18	0.474	16
Z009	化工环保	355	24	0.385	20
Z017	环境保护科学	233	29	0.160	31
Z005	环境工程	446	20	0.280	26
Z004	环境科学	2270	1	1.342	2
Z003	环境科学学报	1932	2	1.138	3
Z002	环境科学研究	887	7	0.776	7
Z025	环境科学与技术	459	19	0.354	21
Z019	环境污染与防治	571	13	0.389	19
Z021	环境污染治理技术与设备	1141	6	0.536	14
Z023	农村生态环境	521	17	0.772	8
Z008	农业环境科学学报	1273	5	0.726	9
Z011	上海环境科学	880	8	0.538	13
H784	生态环境	697	11	0.889	6
Z016	水处理技术	558	14	0.351	22
Z007	四川环境	243	27	0.209	28
T953	消防科学与技术	147	31	0.164	30
Z551	植物资源与环境学报	394	22	0.397	17
G129	中国安全科学学报	589	12	0.598	12
Z030	中国环境监测	340	25	0.274	27
Z001	中国环境科学	1714	3	0.978	4
Z546	中国人口资源与环境	373	23	0.302	25
Z022	资源科学	763	10	0.974	5
Z012	自然资源学报	1496	4	1.771	1
	平均值	703		0.579	

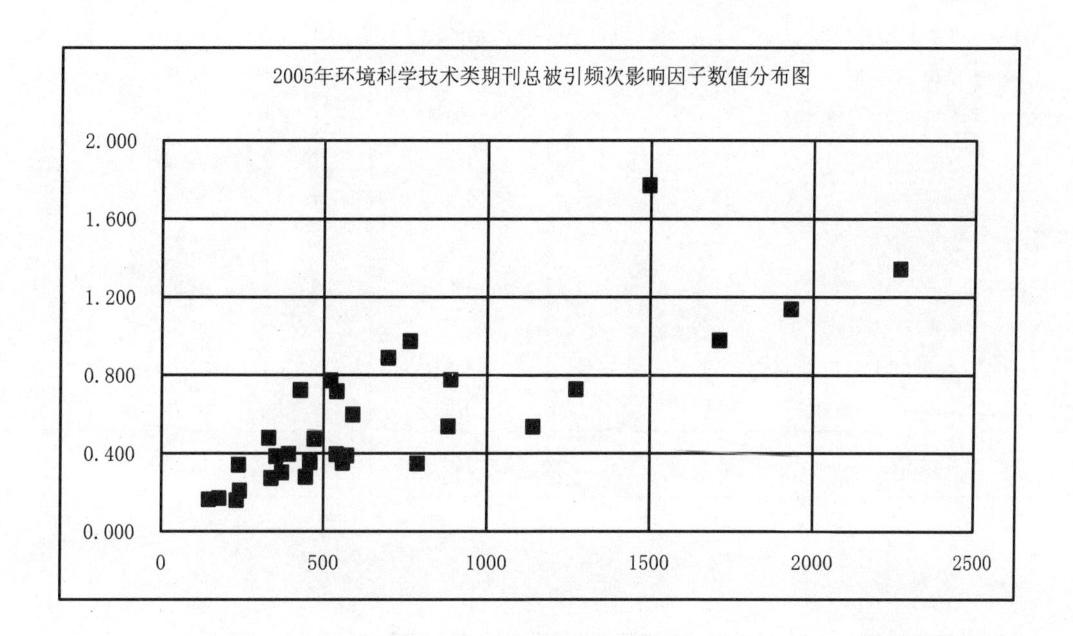
2005年环境科学技术类期刊总被引频次影响因子数值分布图
2.000
1.600
1.200
0.800
0.400
0.000
0
500
1000
1500
2000
2500

表 6-55　2005 年管理学类期刊总被引频次和影响因子排序表

代码	期刊名称	总被引频次	学科内排名	影响因子	学科内排名
A570	编辑学报	745	2	0.846	1
N110	工业工程与管理	167	9	0.213	9
W007	管理工程学报	232	6	0.275	5
W008	管理科学学报	402	4	0.716	4
W514	科学学研究	130	10	0.240	7
W531	科研管理	212	8	0.189	10
W020	情报学报	239	5	0.249	6
N106	人类工效学	83	11	0.096	11
W009	数理统计与管理	220	7	0.237	8
W021	中国管理科学	495	3	0.818	2
A583	中国科技期刊研究	812	1	0.746	3
	平均值	**340**		**0.420**	

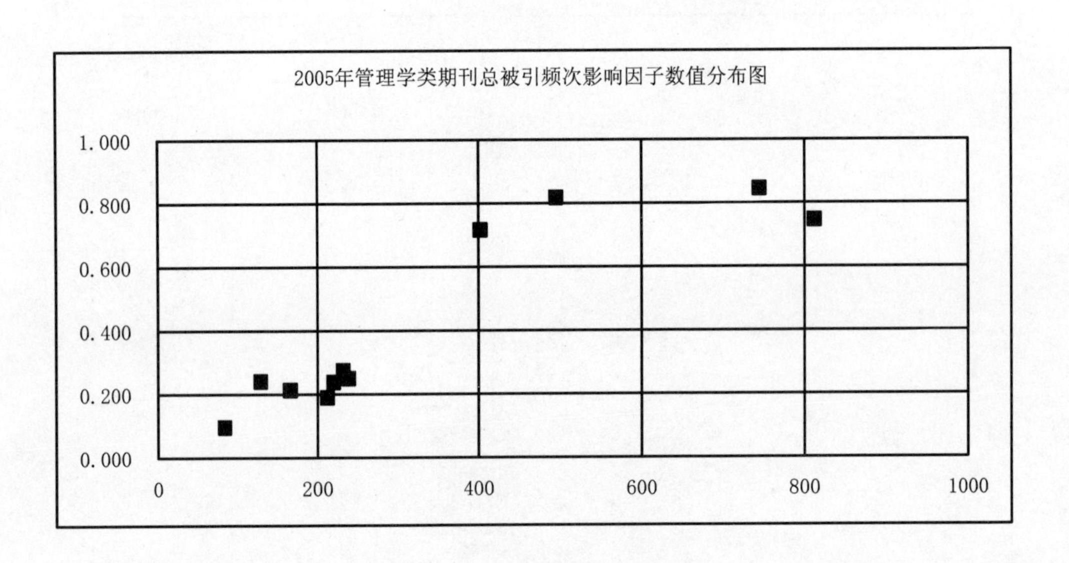

7　2005 年中国科技期刊总被引频次和影响因子总排序

表 7-1　2005 年中国科技期刊总被引频次总排序

表 7-1　2005 年中国科技期刊总被引频次总排序（续）

排名	代码	期刊名称	总被引频次	影响因子
1	A075	科学通报	5828	1.181
2	R040	中国电机工程学报	5731	2.437
3	Z018	应用生态学报	5270	1.680
4	Z014	生态学报	5233	1.688
5	C006	物理学报	5090	1.351
6	G146	中华护理杂志	4411	1.648
7	D020	高等学校化学学报	4063	0.787
8	G299	中国临床康复	3929	0.531
9	G176	中华医学杂志	3792	1.091
10	G007	中草药	3696	0.519
11	S019	电力系统自动化	3345	1.119
12	G305	中国实用护理杂志	3323	0.724
13	G164	中华外科杂志	3222	0.963
14	F029	JOURNAL OF INTEGRATIVE PLANT BIOLOGY	3134	0.746
15	D005	分析化学	3085	0.662
16	G194	中华医院感染学杂志	3045	1.368
17	G237	中国现代医学杂志	2994	0.656
18	G140	中华放射学杂志	2975	1.225
19	G138	中华儿科杂志	2909	1.347
20	H030	中国农业科学	2835	0.975
21	G147	中华结核和呼吸杂志	2829	1.228
22	R039	电网技术	2734	1.826
23	G272	中国实用外科杂志	2726	0.977
24	G142	中华妇产科杂志	2719	1.121
25	G182	中国中西医结合杂志	2709	0.740
26	S025	计算机工程与应用	2705	0.267
27	G143	中华骨科杂志	2704	1.072
28	G275	WORLD JOURNAL OF GASTROENTEROLOGY	2665	1.062
29	E305	地理学报	2628	2.136
30	G170	中华心血管病杂志	2622	1.272
31	H034	作物学报	2617	1.169
32	G132	中国中药杂志	2587	0.579
33	A108	中国科学D	2574	2.690
34	C005	岩石力学与工程学报	2521	0.693
35	C059	CHINESE PHYSICS LETTERS	2437	1.004

表 7-1 2005 年中国科技期刊总被引频次总排序（续）

排名	代码	期刊名称	总被引频次	影响因子
36	G156	中华内科杂志	2409	0.903
37	F009	植物生态学报	2383	1.523
38	G008	药学学报	2351	0.670
39	L031	石油勘探与开发	2297	1.367
40	R006	电子学报	2282	0.548
41	G117	中国心理卫生杂志	2276	0.711
42	Z004	环境科学	2270	1.342
43	S011	软件学报	2257	1.792
44	C050	光学学报	2233	1.099
45	V037	岩土工程学报	2189	0.918
46	H012	土壤学报	2183	1.825
47	F038	植物生理学通讯	2172	0.374
48	G154	中华泌尿外科杂志	2135	0.938
49	G022	第四军医大学学报	2132	0.488
50	D030	化学学报	2086	0.893
51	G190	世界华人消化杂志	2079	0.485
52	G431	中国误诊学杂志	2042	0.587
53	G591	中华医院管理杂志	2015	1.556
54	G231	中华肝脏病杂志	2014	1.573
55	E124	中国沙漠	1997	1.870
56	G197	中华神经科杂志	1991	1.075
57	H039	园艺学报	1987	0.814
58	E153	地球物理学报	1972	1.253
59	N059	中国机械工程	1971	0.390
60	U006	食品科学	1968	0.440
61	H287	水土保持学报	1955	1.169
62	G179	中华肿瘤杂志	1948	0.888
63	Z003	环境科学学报	1932	1.138
64	M028	中国有色金属学报	1927	0.859
65	G277	中国内镜杂志	1919	0.820
66	G009	中国药学杂志	1910	0.557
67	G121	中国药理学通报	1897	0.895
68	G228	中国实用妇科与产科杂志	1890	0.691
69	G152	中华流行病学杂志	1875	0.904
70	G173	中华眼科杂志	1869	1.031

表 7-1　2005 年中国科技期刊总被引频次总排序（续）

排名	代码	期刊名称	总被引频次	影响因子
71	S012	计算机工程	1854	0.239
72	E309	岩石学报	1831	2.556
73	G875	实用儿科临床杂志	1827	0.874
74	G654	护理研究	1754	0.458
75	E357	地学前缘	1741	1.347
76	C091	光谱学与光谱分析	1736	0.658
77	C037	光子学报	1732	1.062
78	G160	中华神经外科杂志	1723	1.221
79	S018	计算机学报	1720	0.963
80	Z001	中国环境科学	1714	0.978
81	L028	石油学报	1699	1.262
82	W003	水利学报	1696	0.600
83	G139	中华耳鼻咽喉科杂志	1674	0.979
84	G233	中国矫形外科杂志	1663	0.539
85	G102	中国公共卫生	1662	0.296
86	G503	护理学杂志	1660	0.478
86	G163	中华实验外科杂志	1660	0.611
88	F020	西北植物学报	1648	0.706
89	M012	金属学报	1646	0.652
90	G168	中华消化杂志	1645	0.798
91	F013	遗传学报	1642	1.050
91	R066	中国激光A	1642	0.958
93	H279	农业工程学报	1638	0.694
94	G116	中国危重病急救医学	1634	0.998
95	G096	中国病理生理杂志	1621	0.541
96	G127	中国医学影像技术	1620	0.620
97	E010	地质学报	1600	2.438
98	J001	清华大学学报	1589	0.328
99	E115	地球科学进展	1585	1.245
100	N051	机械工程学报	1570	0.536
101	G174	中华检验医学杂志	1566	1.054
102	D003	无机材料学报	1563	0.624
103	E009	地质论评	1548	1.479
104	G137	中华创伤杂志	1545	0.983
105	T001	高分子材料科学与工程	1536	0.492

表 7-1　2005 年中国科技期刊总被引频次总排序（续）

排名	代码	期刊名称	总被引频次	影响因子
106	S021	计算机研究与发展	1535	0.767
107	G011	癌症	1534	0.707
108	M052	稀有金属材料与工程	1518	1.083
109	H280	林业科学	1508	0.673
110	B025	系统工程理论与实践	1504	0.662
111	I201	CHINESE MEDICAL JOURNAL	1501	0.592
112	Z012	自然资源学报	1496	1.771
113	E001	气象学报	1493	1.216
114	G153	中华麻醉学杂志	1487	0.918
115	Z028	生态学杂志	1486	0.944
116	G021	第三军医大学学报	1477	0.381
117	T005	硅酸盐学报	1467	0.725
118	D013	催化学报	1466	0.990
119	G172	中华血液学杂志	1452	0.676
120	E005	高原气象	1448	1.861
121	E113	沉积学报	1447	0.927
122	L029	天然气工业	1426	0.664
123	G135	中华病理学杂志	1425	1.171
124	E008	海洋与湖沼	1424	1.404
125	D021	高分子学报	1423	0.772
126	G734	护士进修杂志	1419	0.344
127	F019	植物生理与分子生物学学报	1412	0.817
128	D016	应用化学	1408	0.575
129	G273	中国实用儿科杂志	1401	0.567
130	E024	地球化学	1399	1.807
131	E142	地球科学	1390	0.991
132	C106	CHINESE PHYSICS	1385	0.928
133	N039	功能材料	1384	0.590
134	D001	物理化学学报	1380	0.848
135	G157	中华皮肤科杂志	1370	0.719
136	V036	中国给水排水	1369	0.475
137	E109	大气科学	1354	0.874
138	S003	系统仿真学报	1352	0.442
139	G001	ACTA PHARMACOLOGICA SINICA	1350	0.733
140	R083	中国图象图形学报	1336	0.558

表 7-1　2005 年中国科技期刊总被引频次总排序（续）

排名	代码	期刊名称	总被引频次	影响因子
141	E135	冰川冻土	1314	1.906
142	G167	中华显微外科杂志	1297	0.787
143	G316	解放军护理杂志	1291	0.506
143	L006	石油与天然气地质	1291	1.326
145	G114	中国神经精神疾病杂志	1286	0.431
146	S013	计算机辅助设计与图形学学报	1276	0.735
147	Z008	农业环境科学学报	1273	0.726
148	S016	计算机应用研究	1266	0.342
149	G155	中华内分泌代谢杂志	1249	0.981
150	E130	地理科学	1241	1.024
151	E301	第四纪研究	1233	1.368
152	G776	中国全科医学	1219	0.420
153	G249	中国骨与关节损伤杂志	1210	0.522
154	G148	中华口腔医学杂志	1202	0.778
155	X006	上海交通大学学报	1194	0.316
156	G183	中药材	1192	0.372
157	G005	第二军医大学学报	1190	0.328
158	T007	化工学报	1188	0.655
159	G243	中国医院药学杂志	1176	0.321
160	E310	地理研究	1173	1.542
161	G098	中国地方病学杂志	1172	1.237
162	H234	草业科学	1171	0.722
163	G267	中国实用内科杂志	1167	0.312
164	G263	中国行为医学科学	1161	0.475
165	R061	光电子·激光	1157	0.869
166	D023	无机化学学报	1150	0.703
167	L015	石油化工	1143	0.634
168	A106	中国科学B	1142	0.500
169	Z021	环境污染治理技术与设备	1141	0.536
170	G600	中国针灸	1125	0.466
171	E139	地质科学	1124	2.008
171	E003	海洋学报	1124	0.800
171	H018	西北农林科技大学学报	1124	0.410
174	G318	中国药房	1123	0.784
175	G097	中国超声医学杂志	1121	0.462

表 7-1　2005 年中国科技期刊总被引频次总排序（续）

排名	代码	期刊名称	总被引频次	影响因子
176	G254	中华普通外科杂志	1119	0.713
177	A115	实验室研究与探索	1110	1.151
178	F010	水生生物学报	1108	0.747
178	H043	土壤	1108	1.488
178	C004	岩土力学	1108	0.584
181	H052	植物病理学报	1106	0.848
182	G271	临床放射学杂志	1104	0.527
183	D018	化学通报	1099	0.534
183	D012	色谱	1099	0.613
185	G586	实用妇产科杂志	1091	0.579
185	G118	中国修复重建外科杂志	1091	1.311
187	F017	动物学报	1084	0.867
188	G230	临床皮肤科杂志	1082	0.479
189	G087	药物分析杂志	1081	0.409
190	H057	土壤通报	1078	0.621
191	A113	实验技术与管理	1073	1.344
192	M005	材料保护	1069	0.400
193	R062	半导体学报	1066	0.667
194	D025	有机化学	1065	0.836
195	G171	中华胸心血管外科杂志	1063	0.745
196	H025	北京林业大学学报	1061	0.660
197	G317	临床泌尿外科杂志	1048	0.457
198	G023	第一军医大学学报	1047	0.511
199	H890	植物营养与肥料学报	1041	0.896
200	G133	中国肿瘤临床	1040	0.291
201	E127	地质通报	1036	1.202
202	S029	计算机应用	1032	0.361
203	S026	自动化学报	1029	0.504
204	G534	实用放射学杂志	1025	0.500
205	G048	解放军医学杂志	1023	0.474
206	G010	中医杂志	1020	0.175
207	G872	中国实用眼科杂志	1018	0.292
208	F016	生物化学与生物物理进展	1014	0.528
209	M022	中国稀土学报	1012	0.841
210	G161	中华肾脏病杂志	1003	1.077

表 7-1　2005 年中国科技期刊总被引频次总排序（续）

排名	代码	期刊名称	总被引频次	影响因子
211	J033	华中科技大学学报	997	0.246
212	Y019	复合材料学报	996	0.785
212	G222	临床麻醉学杂志	996	0.475
212	X030	西安交通大学学报	996	0.413
215	F015	昆虫学报	993	0.767
216	N084	摩擦学学报	991	1.020
216	H008	水产学报	991	0.652
216	V029	土木工程学报	991	0.476
216	G262	中华肝胆外科杂志	991	0.591
220	D024	环境化学	982	0.546
221	R059	系统工程与电子技术	981	0.343
221	G178	中华整形外科杂志	981	0.701
223	E020	干旱区地理	979	2.682
223	H020	中国水稻科学	979	1.161
225	G276	临床耳鼻咽喉科杂志	974	0.466
226	M103	材料导报	973	0.425
227	G177	中华预防医学杂志	968	0.891
227	G225	重庆医学	968	0.436
229	N075	铸造	967	0.438
230	G002	北京大学学报医学版	957	0.744
231	V021	给水排水	956	0.312
232	G136	中华传染病杂志	953	0.903
233	H021	南京农业大学学报	949	0.563
234	E126	石油实验地质	944	1.167
235	U035	食品与发酵工业	943	0.341
235	G241	中国急救医学	943	0.352
237	S001	控制与决策	941	0.532
238	G747	中国新药杂志	936	0.290
239	G285	中华消化内镜杂志	934	0.782
240	F100	应用与环境生物学报	927	0.647
241	F035	昆虫知识	925	0.700
242	G250	中国新药与临床杂志	924	0.540
243	S030	计算机集成制造系统-CIMS	921	0.814
244	F004	微生物学报	919	0.591
245	E106	矿床地质	917	1.734

表 7-1 2005 年中国科技期刊总被引频次总排序（续）

排名	代码	期刊名称	总被引频次	影响因子
246	G226	中国普通外科杂志	912	0.563
247	T022	中国塑料	909	0.439
248	F003	生物工程学报	902	0.626
249	G165	中华微生物学和免疫学杂志	901	0.476
250	D022	分析测试学报	898	0.672
251	T102	精细化工	897	0.475
251	F007	云南植物研究	897	0.590
253	H909	玉米科学	896	1.007
254	G192	中国脊柱脊髓杂志	895	0.702
254	G211	中华糖尿病杂志	895	1.209
256	C007	强激光与粒子束	892	0.559
257	D004	分析试验室	889	0.416
258	H527	草业学报	887	1.627
258	Z002	环境科学研究	887	0.776
260	J023	东北大学学报	882	0.492
261	G106	中国康复医学杂志	881	0.596
262	Z011	上海环境科学	880	0.538
263	N065	特种铸造及有色合金	876	0.667
264	G555	中华急诊医学杂志	874	0.715
265	F023	植物学通报	872	0.508
266	H045	干旱地区农业研究	870	0.595
267	E300	地球学报	868	0.808
268	N050	机械科学与技术	864	0.289
268	H027	中国农业大学学报	864	0.446
270	D002	燃料化学学报	863	0.982
271	G195	中华超声影像学杂志	861	0.763
272	G990	眼外伤职业眼病杂志	857	0.295
273	V044	建筑结构学报	855	0.750
274	H213	中国草地	853	0.690
275	G908	中国学校卫生	852	0.312
276	H032	华北农学报	851	0.452
277	W013	水科学进展	848	0.841
278	E122	应用气象学报	847	0.740
279	E118	地震工程与工程振动	839	0.476
280	T063	现代化工	838	0.521

表 7-1 2005 年中国科技期刊总被引频次总排序（续）

排名	代码	期刊名称	总被引频次	影响因子
281	E352	气象	837	0.481
282	F024	遗传	836	0.535
283	H281	林业科学研究	831	0.650
284	S027	小型微型计算机系统	827	0.297
285	T101	化工进展	826	0.458
286	F049	生物多样性	822	1.129
286	G221	中国临床心理学杂志	822	0.738
288	U032	中国油脂	819	0.481
289	G120	中国药科大学学报	815	0.503
290	F011	微生物学通报	814	0.431
291	T019	中国医药工业杂志	813	0.254
292	A583	中国科技期刊研究	812	0.746
293	A082	自然科学进展	808	0.570
294	N066	仪器仪表学报	807	0.568
295	L001	中国石油大学学报	802	0.342
296	G166	中华物理医学与康复杂志	801	0.674
297	C095	COMMUNICATIONS IN THEORETICAL PHYSICS	799	0.641
297	G150	中华老年医学杂志	799	0.524
299	H003	华中农业大学学报	797	0.350
300	V010	工业建筑	796	0.223
300	U005	食品工业科技	796	0.285
302	S014	计算机与应用化学	795	0.678
302	T034	农药	795	0.500
304	M001	理化检验化学分册	790	0.379
305	J032	同济大学学报	789	0.268
305	Z006	遥感学报	789	0.919
307	G014	吉林大学学报医学版	788	0.455
308	C002	工程力学	786	0.439
308	Z013	工业水处理	786	0.348
310	E143	地震学报	783	0.727
311	X031	中国公路学报	780	1.093
312	H035	浙江大学学报农业与生命科学版	776	0.329
313	G089	营养学报	773	0.632
314	S006	计算机科学	771	0.263
315	R038	高电压技术	769	0.394

表 7-1 2005 年中国科技期刊总被引频次总排序（续）

排名	代码	期刊名称	总被引频次	影响因子
316	G175	中华医学遗传学杂志	768	0.629
317	M008	材料科学与工程学报	767	0.584
317	G607	临床儿科杂志	767	0.439
319	G706	中国优生与遗传杂志	763	0.255
319	Z022	资源科学	763	0.974
321	E145	海洋科学	761	0.263
322	A036	中山大学学报	758	0.435
323	G112	中国人兽共患病杂志	754	0.345
324	H028	果树学报	753	0.723
324	J006	武汉理工大学学报	753	0.413
326	H266	经济林研究	751	1.163
326	G079	卫生研究	751	0.465
328	V050	城市规划	747	0.539
328	R060	控制理论与应用	747	0.291
328	G202	肾脏病与透析肾移植杂志	747	0.690
331	A570	编辑学报	745	0.846
332	G988	中国卫生检验杂志	741	0.350
333	J024	大连理工大学学报	740	0.386
334	G108	中国临床解剖学杂志	738	0.486
335	E111	湖泊科学	737	1.157
336	V024	煤气与热力	735	0.573
337	J021	重庆大学学报	734	0.268
338	H015	水土保持通报	730	0.395
339	L016	石油地球物理勘探	724	0.690
339	G159	中华精神科杂志	724	0.985
341	G848	中华手外科杂志	722	0.678
342	E308	地球物理学进展	720	0.904
343	R065	通信学报	718	0.395
343	G111	中国免疫学杂志	718	0.356
345	L518	天然气地球科学	713	1.537
346	A025	南京大学学报	711	0.495
347	V014	建筑结构	710	0.339
348	F002	中国生物化学与分子生物学报	709	0.614
349	J003	哈尔滨工业大学学报	706	0.317
350	C073	工程热物理学报	704	0.357

表 7-1　2005 年中国科技期刊总被引频次总排序（续）

排名	代码	期刊名称	总被引频次	影响因子
351	A080	高技术通讯	703	0.371
352	B006	数学学报	701	0.258
353	F043	动物学杂志	697	0.401
353	G026	广东医学	697	0.140
353	F001	生理学报	697	0.851
353	H784	生态环境	697	0.889
353	E137	自然灾害学报	697	0.610
358	G169	中华小儿外科杂志	695	0.374
359	F034	生物化学与生物物理学报	694	0.671
360	G017	北京中医药大学学报	692	0.397
360	C001	力学学报	692	0.560
360	H056	水土保持研究	692	0.346
360	G680	中国妇幼保健	692	0.187
364	G094	中风与神经疾病杂志	691	0.355
365	G367	实用诊断与治疗杂志	690	0.997
365	E107	武汉大学学报信息科学版	690	0.535
367	G235	高血压杂志	689	0.701
368	M009	材料研究学报	686	0.606
369	E157	岩石矿物学杂志	684	1.260
370	G149	中华劳动卫生职业病杂志	681	0.456
371	E027	现代地质	680	1.006
372	H023	畜牧兽医学报	677	0.719
373	G847	现代护理	674	0.273
373	L007	新疆石油地质	674	0.451
375	U036	棉纺织技术	673	0.683
375	F255	中国生物工程杂志	673	0.482
375	H225	中国兽医学报	673	0.377
375	G900	中华烧伤杂志	673	1.218
379	G324	实用医学杂志	672	0.121
379	G131	中国运动医学杂志	672	0.355
381	G578	心血管康复医学杂志	671	0.554
382	G234	中国动脉硬化杂志	670	0.662
383	N083	金属热处理	668	0.297
384	E105	干旱区研究	667	1.079
384	H060	湖南农业大学学报	667	0.539

表 7-1　2005 年中国科技期刊总被引频次总排序（续）

排名	代码	期刊名称	总被引频次	影响因子
386	Y002	航空学报	666	0.400
387	H004	西南农业大学学报	665	0.361
388	G315	解放军医院管理杂志	661	0.515
389	T611	天然产物研究与开发	659	0.400
390	E584	地理科学进展	658	1.228
390	G274	临床与实验病理学杂志	658	0.489
392	J004	华南理工大学学报	656	0.382
393	G204	临床检验杂志	655	0.414
394	R043	电工技术学报	653	0.546
394	K017	煤炭学报	653	0.370
396	G224	实用口腔医学杂志	651	0.404
396	G286	中华风湿病学杂志	651	0.689
398	G825	中国儿童保健杂志	649	0.453
399	H013	华南农业大学学报	647	0.375
399	D037	化学研究与应用	647	0.325
399	H286	农业生物技术学报	647	0.436
402	H046	PEDOSPHERE	646	2.835
402	H577	植物保护	646	0.422
402	H958	中国农学通报	646	0.274
405	F022	动物学研究	644	0.486
405	G309	临床神经病学杂志	644	0.605
405	G188	细胞与分子免疫学杂志	644	0.617
408	G311	中国皮肤性病学杂志	643	0.382
409	H244	河北农业大学学报	642	0.386
409	M102	新型炭材料	642	1.587
409	H290	中国水产科学	642	0.609
412	H268	福建农林大学学报	639	0.510
413	X036	长安大学学报自然科学版	638	0.801
413	G310	临床精神医学杂志	638	0.454
415	L512	大庆石油地质与开发	637	0.515
415	H293	杂交水稻	637	0.479
417	E151	地质与勘探	633	0.531
417	C054	声学学报	633	0.598
419	E022	古生物学报	632	0.282
420	H262	东北林业大学学报	629	0.264

表 7-1 2005 年中国科技期刊总被引频次总排序（续）

排名	代码	期刊名称	总被引频次	影响因子
420	H033	南京林业大学学报	629	0.498
422	M050	钢铁	626	0.279
422	G251	中华放射肿瘤学杂志	626	0.706
424	A024	武汉大学学报理学版	625	0.376
425	H014	植物保护学报	624	0.473
425	G247	中国老年学杂志	624	0.248
427	W012	河海大学学报	623	0.391
427	F008	武汉植物学研究	623	0.500
429	G843	中国中西医结合急救杂志	622	0.796
430	L005	石油物探	620	0.803
430	F039	植物分类学报	620	0.333
432	H278	农业机械学报	618	0.305
433	G006	生物医学工程学杂志	616	0.322
434	E155	海洋地质与第四纪地质	614	0.500
434	F033	兽类学报	614	0.555
436	G336	护理管理杂志	611	0.760
437	E150	地震地质	610	0.782
437	G987	南方护理学报	610	0.465
437	G373	中国微创外科杂志	610	0.668
440	H044	中国生物防治	609	0.734
441	E358	高校地质学报	608	1.267
441	A105	中国科学A	608	0.354
443	G663	中国骨质疏松杂志	607	0.411
443	G796	中国输血杂志	607	0.600
445	A063	厦门大学学报	606	0.278
445	H207	中国蔬菜	606	0.198
445	G119	中国循环杂志	606	0.480
448	H205	中国油料作物学报	604	0.495
449	H103	种子	600	0.250
450	M104	TRANSACTIONS OF NONFERROUS METALS SOCIETY OF CHINA	599	0.464
450	H011	河南农业大学学报	599	0.400
452	R511	中国电力	598	0.300
453	G069	上海医学	597	0.180
453	U054	印染	597	0.430
455	E101	山地学报	596	0.642

表 7-1　2005 年中国科技期刊总被引频次总排序（续）

排名	代码	期刊名称	总被引频次	影响因子
456	G107	中国抗生素杂志	592	0.440
457	H525	草地学报	591	0.928
457	G125	中国医学科学院学报	591	0.506
459	E599	经济地理	590	0.374
459	E313	青岛海洋大学学报	590	0.248
461	A005	北京大学学报自然科学版	589	0.444
461	D503	功能高分子学报	589	0.422
461	G261	临床心血管病杂志	589	0.289
461	G129	中国安全科学学报	589	0.598
465	R003	电池	587	0.724
465	E350	矿物学报	587	0.674
465	H748	麦类作物学报	587	0.697
465	G511	山东医药	587	0.109
469	G049	解剖学报	586	0.455
470	J028	东南大学学报	585	0.372
470	G667	中国综合临床	585	0.241
472	H059	安徽农业科学	584	0.144
473	G408	中华创伤骨科杂志	582	0.783
473	G145	中华核医学杂志	582	0.710
475	T016	高校化学工程学报	580	0.633
475	C070	化学物理学报	580	0.788
475	G642	中国肿瘤	580	0.275
478	G158	中华器官移植杂志	579	0.555
479	N021	焊接学报	576	0.442
480	V032	暖通空调	575	0.396
480	G039	中南大学学报医学版	575	0.262
482	C071	发光学报	574	0.882
483	G105	中国寄生虫学与寄生虫病杂志	573	0.478
483	A109	中国科学E	573	0.486
485	Z019	环境污染与防治	571	0.389
485	M029	稀有金属	571	0.472
487	G281	医学研究生学报	569	0.539
487	G985	中国艾滋病性病	569	0.680
489	G071	沈阳药科大学学报	568	0.408
490	E360	工程地质学报	567	1.134

表 7-1　2005 年中国科技期刊总被引频次总排序（续）

排名	代码	期刊名称	总被引频次	影响因子
490	C102	力学进展	567	0.845
492	G308	医学与哲学	563	0.350
493	Z031	环境与健康杂志	562	0.490
493	E116	吉林大学学报地球科学版	562	0.644
495	S050	计算机测量与控制	561	0.419
496	Y007	材料工程	558	0.324
496	H283	江西农业大学学报	558	0.374
496	Z016	水处理技术	558	0.351
499	H024	沈阳农业大学学报	557	0.264
500	G043	华西口腔医学杂志	556	0.286
501	H037	棉花学报	554	0.622
502	W004	水动力学研究与进展A	553	0.614
503	N033	光学精密工程	552	0.624
504	K022	金属矿山	551	0.398
505	G077	华中科技大学学报医学版	550	0.312
505	K015	中国矿业大学学报	550	0.500
507	G045	四川大学学报医学版	547	0.268
507	R009	西安电子科技大学学报	547	0.440
507	H053	中南林学院学报	547	0.588
510	S002	信息与控制	546	0.473
511	G056	免疫学杂志	544	0.683
511	G313	中国医师杂志	544	0.275
513	E152	测绘学报	543	0.649
514	L030	石油炼制与化工	541	0.324
515	Z029	长江流域资源与环境	540	0.716
516	Z024	城市环境与城市生态	539	0.395
516	S004	机器人	539	0.624
516	G400	中国康复理论与实践	539	0.443
519	G846	中国中西医结合肾病杂志	536	0.574
519	G191	中华眼底病杂志	536	0.675
521	H038	大豆科学	532	0.573
521	H224	西北林学院学报	532	0.374
521	G554	眼科新进展	532	0.495
524	G141	中华放射医学与防护杂志	531	0.293
524	G162	中华实验和临床病毒学杂志	531	0.543

表 7-1 2005 年中国科技期刊总被引频次总排序（续）

排名	代码	期刊名称	总被引频次	影响因子
526	H233	土壤肥料	530	0.202
527	S049	计算机仿真	526	0.249
527	F018	菌物学报	526	0.342
527	G282	中华男科学杂志	526	0.586
530	N015	光学技术	525	0.319
530	Y004	振动工程学报	525	0.517
532	D506	化学进展	524	0.777
533	H700	江苏农业科学	522	0.342
534	Z023	农村生态环境	521	0.772
534	T014	塑料工业	521	0.501
536	S022	计算机工程与设计	520	0.308
537	E110	热带气象学报	519	1.014
538	R022	电子与信息学报	515	0.315
539	A017	浙江大学学报工学版	514	0.436
540	G068	复旦学报医学科学版	513	0.293
541	G044	华西药学杂志	511	0.273
541	G910	中华中医药杂志	511	0.319
543	G046	江苏医药	508	0.260
544	G389	上海中医药杂志	505	0.142
545	E154	水文地质工程地质	504	0.356
545	G268	中国生化药物杂志	504	0.357
547	H326	中国兽医科技	503	0.179
548	D026	分析科学学报	501	0.344
548	G886	介入放射学杂志	501	0.591
550	C003	计算力学学报	500	0.366
550	L019	石油机械	500	0.247
552	G184	肿瘤	498	0.390
553	G638	检验医学	497	0.390
553	F050	植物研究	497	0.471
553	G902	中国基层医药	497	0.201
556	R090	电力自动化设备	496	0.354
556	T103	涂料工业	496	0.330
558	E654	中国地质	495	1.367
558	W021	中国管理科学	495	0.818
558	K001	中南大学学报	495	0.288

表 7-1　2005 年中国科技期刊总被引频次总排序（续）

排名	代码	期刊名称	总被引频次	影响因子
561	A032	西北大学学报	494	0.398
561	M041	稀土	494	0.269
561	B028	系统工程	494	0.504
561	G832	中国中医药信息杂志	494	0.124
565	E362	地质科技情报	492	0.402
566	M030	北京科技大学学报	491	0.454
566	E527	地理与地理信息科学	491	0.674
566	X005	铁道学报	491	0.431
566	G036	郑州大学学报医学版	491	0.183
570	R067	电子技术应用	489	0.235
570	G256	临床外科杂志	489	0.250
572	H061	西南农业学报	488	0.343
572	H555	中国生态农业学报	488	0.557
574	E133	地层学杂志	487	0.752
574	T003	工程塑料应用	487	0.493
574	R084	红外与激光工程	487	0.563
574	A002	浙江大学学报理学版	487	0.523
574	G103	中国骨伤	487	0.227
579	N069	机床与液压	486	0.119
579	A016	兰州大学学报	486	0.316
579	B020	应用数学和力学	486	0.214
582	G003	基础医学与临床	485	0.387
582	G675	中国血吸虫病防治杂志	485	0.349
584	A030	东北师大学报	484	0.761
585	Y001	北京航空航天大学学报	483	0.205
586	T077	膜科学与技术	482	0.385
587	G181	中山大学学报医学版	481	0.395
588	G859	中医药学刊	480	0.169
589	N102	继电器	479	0.262
590	N047	机械设计	478	0.274
591	G291	临床骨科杂志	477	0.489
592	A035	吉林大学学报理学版	476	0.701
593	T002	高分子通报	475	0.301
593	L025	石油钻探技术	475	0.520
593	H019	浙江林学院学报	475	0.682

表7-1　2005年中国科技期刊总被引频次总排序（续）

排名	代码	期刊名称	总被引频次	影响因子
596	H031	山东农业大学学报	474	0.170
597	A006	四川大学学报	473	0.229
597	G290	中国防痨杂志	473	0.414
599	Z010	海洋环境科学	472	0.474
600	T098	表面技术	471	0.437
601	N001	北京理工大学学报	470	0.276
601	E102	成都理工大学学报	470	0.369
601	F028	广西植物	470	0.328
604	M004	机械工程材料	469	0.314
604	G067	现代免疫学	469	0.276
604	G297	中国实用美容整形外科杂志	469	0.586
607	N030	振动与冲击	468	0.604
608	L009	太阳能学报	467	0.325
608	G104	中国海洋药物	467	0.398
610	D011	化学试剂	466	0.314
611	E144	大地测量与地球动力学	465	0.818
611	X017	武汉理工大学学报交通科学与工程版	465	0.497
613	X026	公路交通科技	464	0.242
614	G189	牙体牙髓牙周病学杂志	463	0.350
615	T018	合成橡胶工业	462	0.486
615	T021	华东理工大学学报	462	0.231
617	Z025	环境科学与技术	459	0.354
618	H243	吉林农业大学学报	458	0.294
619	E510	测绘通报	457	0.284
619	R019	电源技术	457	0.326
619	G428	中国美容医学	457	0.339
622	H047	甘肃农业大学学报	456	0.566
622	M019	钢铁研究学报	456	0.425
622	G343	上海精神医学	456	0.445
625	G314	中国计划免疫	455	0.587
626	E148	灾害学	454	0.907
627	N057	机械强度	453	0.352
627	H016	扬州大学学报农业与生命科学版	453	0.538
629	G058	南京医科大学学报	452	0.362
629	A033	四川师范大学学报	452	0.532

表 7-1 2005 年中国科技期刊总被引频次总排序（续）

排名	代码	期刊名称	总被引频次	影响因子
631	G066	上海第二医科大学学报	450	0.235
631	E123	台湾海峡	450	0.449
633	D031	CHINESE CHEMICAL LETTERS	449	0.192
634	G844	医药导报	448	0.205
634	U001	中国粮油学报	448	0.291
636	H042	核农学报	446	0.457
636	Z005	环境工程	446	0.280
638	G564	中药新药与临床药理	444	0.275
639	D015	分子催化	443	0.527
639	G879	肝胆外科杂志	443	0.287
639	G034	航天医学与医学工程	443	0.431
639	F203	生理科学进展	443	0.378
643	X032	西南交通大学学报	442	0.287
644	H051	福建林学院学报	438	0.522
644	A041	天津大学学报	438	0.217
644	Y024	宇航学报	438	0.481
644	G284	中国消毒学杂志	438	0.738
648	B018	系统工程学报	437	0.548
649	R020	电子元件与材料	436	0.463
649	G784	中国健康心理学杂志	436	0.245
649	W005	中国农村水利水电	436	0.229
649	G185	肿瘤防治研究	436	0.280
653	E601	古地理学报	435	1.670
654	W014	武汉大学学报工学版	434	0.283
655	A107	中国科学C	433	0.644
656	J035	江苏大学学报	431	0.692
657	M006	材料科学与工艺	430	0.308
658	Z549	安全与环境学报	429	0.723
659	H282	上海农业学报	428	0.270
659	M023	冶金分析	428	0.434
661	N071	热加工工艺	427	0.234
661	C090	物理	427	0.283
661	H288	西北农业学报	427	0.238
664	T004	硅酸盐通报	426	0.268
664	G123	中国医科大学学报	426	0.179

表 7-1 2005 年中国科技期刊总被引频次总排序（续）

排名	代码	期刊名称	总被引频次	影响因子
666	G050	解剖学杂志	425	0.190
666	G266	口腔医学研究	425	0.341
666	G122	中国药理学与毒理学杂志	425	0.339
669	R011	电力电子技术	424	0.300
669	E120	南京气象学院学报	424	0.377
669	G081	西安交通大学学报医学版	424	0.247
672	X018	汽车工程	423	0.357
672	G849	中国现代应用药学	423	0.187
674	G768	实用预防医学	422	0.158
675	C035	红外与毫米波学报	421	0.726
675	P004	内燃机学报	421	0.644
675	E361	气候与环境研究	421	0.807
675	R087	现代雷达	421	0.369
675	G339	中国寄生虫病防治杂志	421	0.297
675	G613	中国慢性病预防与控制	421	0.291
681	E146	大地构造与成矿学	420	1.065
681	K008	辽宁工程技术大学学报	420	0.268
681	G323	中国康复	420	0.706
684	G501	临床肝胆病杂志	419	0.256
684	E046	心理学报	419	0.493
686	G601	外科理论与实践	418	0.492
686	A064	西南师范大学学报	418	0.284
688	T070	日用化学工业	416	0.289
689	G203	中国心脏起搏与心电生理杂志	415	0.563
690	G028	广西医科大学学报	414	0.094
690	H216	浙江农业科学	414	0.566
692	K002	非金属矿	411	0.402
692	T010	离子交换与吸附	411	0.383
692	G963	现代预防医学	411	0.142
692	G259	诊断病理学杂志	411	0.395
692	T075	中国胶粘剂	411	0.363
697	F012	生物物理学报	410	0.358
698	X672	交通运输工程学报	408	1.000
698	Y025	推进技术	408	0.409
700	N081	铸造技术	407	0.278

表 7-1 2005 年中国科技期刊总被引频次总排序（续）

排名	代码	期刊名称	总被引频次	影响因子
701	N006	爆炸与冲击	406	0.556
701	Y020	宇航材料工艺	406	0.321
701	G551	中国中医药科技	406	0.183
704	Y026	南京航空航天大学学报	405	0.361
704	G911	中国医学伦理学	405	0.371
706	G321	现代口腔医学杂志	404	0.221
707	E138	物探与化探	403	0.425
707	G269	中国普外基础与临床杂志	403	0.367
709	R007	电波科学学报	402	0.401
709	W008	管理科学学报	402	0.716
711	G018	病毒学报	401	0.589
711	F014	动物分类学报	401	0.421
713	U055	粮食与饲料工业	399	0.162
713	Q919	实用临床医药杂志	399	0.254
713	G109	中国临床药理学杂志	399	0.295
716	E642	热带海洋学报	398	0.439
717	R071	电力系统及其自动化学报	397	0.511
717	J053	合肥工业大学学报	397	0.187
719	L008	石油钻采工艺	396	0.340
719	G543	中国耳鼻咽喉头颈外科	396	0.339
721	G287	临床口腔医学杂志	395	0.217
721	G538	中国癌症杂志	395	0.285
721	V039	中国园林	395	0.259
724	T017	林产化学与工业	394	0.613
724	G260	心脏杂志	394	0.355
724	Z551	植物资源与环境学报	394	0.397
724	G130	中国应用生理学杂志	394	0.311
728	G325	口腔医学	392	0.438
728	L013	中国海上油气	392	0.310
728	G793	中华胃肠外科杂志	392	0.641
731	H226	灌溉排水学报	390	0.402
731	A066	陕西师范大学学报	390	0.500
733	G608	放射学实践	389	0.255
733	L033	油田化学	389	0.264
735	A038	云南大学学报	388	0.332

表 7-1 2005 年中国科技期刊总被引频次总排序（续）

排名	代码	期刊名称	总被引频次	影响因子
736	R026	光电工程	386	0.346
736	D027	煤炭转化	386	0.679
736	U029	无锡轻工大学学报	386	0.320
736	H211	中国棉花	386	0.148
736	G945	中国职业医学	386	0.341
741	G901	中国当代儿科杂志	385	0.370
742	C104	力学与实践	384	0.244
743	G257	临床内科杂志	383	0.289
743	G062	山东大学学报医学版	383	0.255
743	E303	中国岩溶	383	0.520
746	T008	过程工程学报	381	0.495
746	E504	矿物岩石地球化学通报	381	0.662
748	H002	安徽农业大学学报	380	0.292
748	G306	医师进修杂志	380	0.118
750	G575	四川医学	376	0.082
750	G773	眼科研究	376	0.216
752	X004	中国铁道科学	374	0.313
753	A010	北京师范大学学报自然科学版	373	0.226
753	Q001	核技术	373	0.186
753	Z546	中国人口资源与环境	373	0.302
753	G842	中西医结合肝病杂志	373	0.366
757	R535	红外技术	372	0.464
758	U053	纺织学报	371	0.233
758	T011	南京工业大学学报	371	0.270
760	G264	肠外与肠内营养	370	0.652
760	T072	无机盐工业	370	0.339
760	G604	中国实验方剂学杂志	370	0.272
763	V028	城市规划汇刊	369	0.498
763	G803	肝脏	369	0.428
763	G489	中华医学美学美容杂志	369	0.538
766	N044	无损检测	368	0.308
766	M007	中国腐蚀与防护学报	368	0.370
768	Y022	测控技术	367	0.184
768	D019	结构化学	367	0.498
768	H208	中国烟草科学	367	0.395

表 7-1　2005 年中国科技期刊总被引频次总排序（续）

排名	代码	期刊名称	总被引频次	影响因子
771	L017	测井技术	366	0.234
771	A001	复旦学报	366	0.243
773	A028	湖南大学学报	365	0.312
774	G871	医疗设备信息	364	0.303
774	G878	中国药师	364	0.308
776	C032	量子电子学报	363	0.399
777	W002	泥沙研究	362	0.466
777	Y023	西北工业大学学报	362	0.252
777	G115	中国生物医学工程学报	362	0.269
777	G636	中国肿瘤临床与康复	362	0.137
781	E053	岩矿测试	361	0.480
781	G794	中国临床神经外科杂志	361	0,434
783	C058	高能物理与核物理	359	0.266
783	T542	精细石油化工	359	0.261
783	G076	天津医药	359	0.132
783	G091	浙江大学学报医学版	359	0.595
787	G248	中国药物依赖性杂志	358	0.510
788	T064	橡胶工业	356	0.180
788	E159	新疆地质	356	0.277
788	G974	中国临床医学	356	0.174
791	R001	电子显微学报	355	0.341
791	Z009	化工环保	355	0.385
791	H099	中国预防兽医学报	355	0.351
794	Y017	航空动力学报	354	0.354
794	J008	兰州理工大学学报	354	0.377
794	N029	润滑与密封	354	0.207
797	G957	腹部外科	353	0.317
797	G296	中华围产医学杂志	353	0.716
799	G099	中国地方病防治杂志	351	0.210
800	R025	激光技术	350	0.303
800	H584	植物检疫	350	0.195
800	H210	中国农业气象	350	0.535
800	G193	中国医学影像学杂志	350	0.328
804	F041	人类学学报	349	0.577
804	R069	压电与声光	349	0.216

表 7-1　2005 年中国科技期刊总被引频次总排序（续）

排名	代码	期刊名称	总被引频次	影响因子
804	M036	有色金属	349	0.253
807	G528	中国中西医结合消化杂志	347	0.426
808	G677	颈腰痛杂志	346	0.260
808	E354	矿物岩石	346	0.448
808	G095	中国病毒学	346	0.404
808	U052	中国乳品工业	346	0.314
812	T598	电镀与涂饰	343	0.440
812	H269	云南农业大学学报	343	0.291
812	G337	中国抗感染化疗杂志	343	0.694
815	H222	农业现代化研究	342	0.412
816	G976	中华神经外科疾病研究杂志	341	0.982
817	M035	JOURNAL OF RARE EARTHS	340	0.463
817	T025	化学工程	340	0.270
817	W011	水利水电技术	340	0.138
817	G328	新乡医学院学报	340	0.296
817	Z030	中国环境监测	340	0.274
822	A040	国防科技大学学报	339	0.219
822	J014	河南科技大学学报	339	0.588
822	C009	实验力学	339	0.444
825	S503	控制工程	338	0.560
826	K009	煤田地质与勘探	337	0.300
826	G884	职业与健康	337	0.048
828	P003	动力工程	336	0.314
828	G030	广州中医药大学学报	336	0.236
828	Q911	国际眼科杂志	336	0.489
828	E311	海洋通报	336	0.247
832	B001	应用数学学报	335	0.292
833	R018	北京邮电大学学报	333	0.822
833	G025	工业卫生与职业病	333	0.280
833	H228	广东农业科学	333	0.185
833	H203	湖北农业科学	333	0.243
833	N023	流体机械	333	0.160
838	N085	兵器材料科学与工程	332	0.311
838	Z015	电镀与环保	332	0.479
838	G093	针刺研究	332	0.336

表 7-1 2005 年中国科技期刊总被引频次总排序（续）

排名	代码	期刊名称	总被引频次	影响因子
841	G294	华西医学	331	0.130
841	G300	现代妇产科进展	331	0.425
843	G012	安徽医科大学学报	330	0.228
843	E304	古脊椎动物学报	330	0.467
845	L004	大庆石油学院学报	329	0.234
845	B017	模糊系统与数学	329	0.199
845	T013	人工晶体学报	329	0.292
848	A026	内蒙古大学学报	328	0.140
849	H261	辽宁农业科学	327	0.189
849	G074	苏州大学学报医学版	327	0.103
849	G082	新生儿科杂志	327	0.297
849	G544	中国临床药学杂志	327	0.338
853	M003	腐蚀科学与防护技术	326	0.260
853	G246	口腔颌面外科杂志	326	0.306
855	S015	模式识别与人工智能	325	0.337
855	G063	山东中医药大学学报	325	0.160
855	S020	中文信息学报	325	0.588
858	D602	合成化学	324	0.269
859	H199	江苏农业学报	323	0.437
859	G059	南京中医药大学学报	323	0.203
859	G240	中国中医骨伤科杂志	323	0.223
862	G524	中国中医急症	322	0.196
863	A645	科技导报	321	0.251
863	L012	石油学报石油加工	321	0.418
863	E351	中国地震	321	0.485
863	G232	中国胸心血管外科临床杂志	321	0.793
867	M039	粉末冶金技术	320	0.395
867	L014	炼油技术与工程	320	0.201
867	J051	四川大学学报工程科学版	320	0.273
870	C103	固体力学学报	319	0.252
870	R028	激光杂志	319	0.154
870	R034	信号处理	319	0.262
873	A007	中国科学技术大学学报	318	0.351
873	N088	组合机床与自动化加工技术	318	0.116
875	N026	材料热处理学报	317	0.295

表 7-1　2005 年中国科技期刊总被引频次总排序（续）

排名	代码	期刊名称	总被引频次	影响因子
875	H356	河南农业科学	317	0.160
875	G072	生殖与避孕	317	0.340
875	G265	医学影像学杂志	317	0.308
875	G244	中国工业医学杂志	317	0.217
875	V019	重庆建筑大学学报	317	0.224
881	H998	海洋水产研究	316	0.416
882	N111	现代制造工程	315	0.128
882	N046	制造技术与机床	315	0.112
884	H538	草原与草坪	314	0.822
884	A029	福州大学学报	314	0.204
886	E052	微体古生物学报	313	0.426
886	Z543	遥感技术与应用	313	0.436
886	G320	中国肺癌杂志	313	0.444
886	U020	中国皮革	313	0.368
890	E306	地震	312	0.471
890	G893	放射免疫学杂志	312	0.208
890	V011	沈阳建筑大学学报	312	0.711
893	T106	塑料	311	0.427
893	C008	应用力学学报	311	0.228
893	G252	中国微循环	311	0.349
896	E591	国土资源遥感	310	0.610
896	G288	脑与神经疾病杂志	310	0.286
896	G870	中国临床药理学与治疗学	310	0.273
899	C503	液晶与显示	309	1.080
900	M015	JOURNAL OF MATERIALS SCIENCE & TECHNOLOGY	307	0.182
900	G973	中国呼吸与危重监护杂志	307	0.831
902	G186	重庆医科大学学报	306	0.205
903	H242	中国畜牧杂志	302	0.118
904	T020	北京化工大学学报	301	0.243
904	G283	上海口腔医学	301	0.284
906	G690	肝胆胰外科杂志	300	0.274
906	R046	华北电力大学学报	300	0.341
908	B004	数学年刊A	299	0.315
908	H218	畜牧与兽医	299	0.218
908	G809	中国医刊	299	0.225

表 7-1 2005年中国科技期刊总被引频次总排序（续）

排名	代码	期刊名称	总被引频次	影响因子
908	A905	自然杂志	299	0.229
912	A062	广西师范大学学报	298	0.659
913	N017	爆破	297	0.413
913	G419	心血管病学进展	297	0.238
915	H040	淡水渔业	296	0.205
915	V030	工程勘察	296	0.261
917	G542	毒理学杂志	295	0.268
917	G765	小儿急救医学	295	0.282
917	G236	中国医学计算机成像杂志	295	0.406
920	N008	兵工学报	294	0.219
920	G877	药物流行病学杂志	294	0.584
922	T508	电镀与精饰	293	0.307
922	U004	郑州工程学院学报	293	0.277
922	G253	中国卫生统计	293	0.393
925	G326	胃肠病学和肝病学杂志	292	0.282
926	E600	测绘科学	291	0.672
926	M631	黄金	291	0.179
926	H292	上海水产大学学报	291	0.368
926	T074	天然气化工	291	0.335
926	U012	中国造纸	291	0.284
931	A004	华中师范大学学报	290	0.177
931	H201	浙江农业学报	290	0.307
931	G229	卒中与神经疾病	290	0.371
934	A045	暨南大学学报	289	0.214
935	N070	锻压技术	288	0.267
935	J020	昆明理工大学学报	288	0.171
935	G959	中国微侵袭神经外科杂志	288	0.433
938	N064	工具技术	287	0.147
938	G961	解放军预防医学杂志	287	0.190
938	F250	生物磁学	287	0.910
938	G403	药物不良反应杂志	287	0.729
938	H215	中国果树	287	0.079
943	H009	蚕业科学	286	0.423
944	M042	耐火材料	285	0.183
944	K030	中国矿业	285	0.249

表 7-1 2005 年中国科技期刊总被引频次总排序（续）

排名	代码	期刊名称	总被引频次	影响因子
944	G883	中国实验血液学杂志	285	0.368
944	H202	作物杂志	285	0.181
948	H006	东北农业大学学报	283	0.188
948	P007	水电能源科学	283	0.460
950	F044	氨基酸和生物资源	282	0.250
950	G016	北京医学	282	0.223
950	B015	数学的实践与认识	282	0.156
950	T580	塑性工程学报	282	0.277
954	T931	化学与粘合	281	0.258
954	G270	中国耳鼻咽喉颅底外科杂志	281	0.365
954	N013	自动化仪表	281	0.168
957	R010	电工电能新技术	279	0.770
957	S034	计算机工程与科学	279	0.185
957	B009	生物数学学报	279	0.290
957	G092	浙江中医学院学报	279	0.104
961	J042	吉林大学学报工学版	278	0.359
961	B523	数学教育学报	278	0.686
963	B014	计算数学	277	0.341
963	G052	军事医学科学院院刊	277	0.211
963	M045	矿冶工程	277	0.255
966	G894	口腔颌面修复学杂志	275	0.456
966	L018	钻井液与完井液	275	0.280
968	D036	电化学	274	0.324
968	J055	海军工程大学学报	274	0.385
968	X013	汽车技术	274	0.204
968	R050	水力发电	274	0.163
968	G113	中国烧伤创疡杂志	274	0.234
973	X014	北京交通大学学报	273	0.217
974	G187	军医进修学院学报	272	0.243
974	G070	神经解剖学杂志	272	0.262
974	G110	中国麻风皮肤病杂志	272	0.262
977	R036	电子科技大学学报	271	0.178
977	G800	胃肠病学	271	0.324
979	N028	机械设计与制造	270	0.140
979	G295	解放军药学学报	270	0.204

表 7-1 2005 年中国科技期刊总被引频次总排序（续）

排名	代码	期刊名称	总被引频次	影响因子
979	E359	气象科学	270	0.405
979	L002	西南石油学院学报	270	0.120
983	V047	建筑学报	269	0.172
983	G545	医学临床研究	269	0.112
983	G892	中华心律失常学杂志	269	0.514
986	E363	世界地震工程	268	0.272
987	A009	安徽师范大学学报	267	0.457
987	G033	哈尔滨医科大学学报	267	0.152
987	P006	热能动力工程	267	0.237
987	H276	新疆农业科学	267	0.304
991	M505	腐蚀与防护	266	0.150
991	G220	中国药物化学杂志	266	0.297
993	H001	茶叶科学	265	0.567
993	T569	粘接	265	0.283
995	G429	中国食品卫生杂志	264	0.391
996	V051	建筑材料学报	263	0.355
996	G303	中国男科学杂志	263	0.340
996	X022	中南公路工程	263	0.286
999	E131	海洋工程	261	0.400
999	R521	激光与红外	261	0.300
999	R033	应用激光	261	0.260
1002	N054	机械设计与研究	260	0.334
1002	N011	南京理工大学学报	260	0.170
1004	H275	贵州农业科学	259	0.136
1004	H271	内蒙古农业大学学报	259	0.128
1004	T105	热固性树脂	259	0.426
1004	F042	生命的化学	259	0.181
1004	R013	中国激光医学杂志	259	0.389
1009	B021	系统科学与数学	258	0.266
1009	N035	液压与气动	258	0.154
1011	G322	创伤外科杂志	257	0.293
1011	M033	桂林工学院学报	257	0.262
1011	H217	陕西农业科学	257	0.106
1011	J052	沈阳工业大学学报	257	0.168
1011	B522	运筹与管理	257	0.355

表 7-1　2005 年中国科技期刊总被引频次总排序（续）

排名	代码	期刊名称	总被引频次	影响因子
1016	G041	湖南中医学院学报	256	0.241
1016	C094	计算物理	256	0.303
1016	G293	临床血液学杂志	256	0.340
1016	G304	中国临床医学影像杂志	256	0.201
1016	G255	中国肿瘤生物治疗杂志	256	0.352
1021	H237	农业系统科学与综合研究	255	0.459
1022	H864	饲料研究	254	0.126
1022	G514	药物生物技术	254	0.317
1022	E051	铀矿地质	254	0.612
1025	C036	数学物理学报	253	0.230
1025	S023	制造业自动化	253	0.163
1027	X025	哈尔滨工程大学学报	252	0.223
1027	A083	科技通报	252	0.322
1027	K014	矿山机械	252	0.081
1027	G064	山西医科大学学报	252	0.133
1027	B007	数学进展	252	0.160
1032	G741	蚌埠医学院学报	251	0.134
1032	G882	环境与职业医学	251	0.296
1032	A056	上海大学学报	251	0.245
1032	R005	数据采集与处理	251	0.266
1036	G298	中国斜视与小儿眼科杂志	250	0.319
1037	E004	地球科学与环境学报	249	0.584
1037	G302	疾病控制杂志	249	0.222
1037	G134	中国组织化学与细胞化学杂志	249	0.325
1040	U014	东华大学学报	248	0.143
1040	G210	微循环学杂志	248	0.286
1040	N063	中国制造业信息化	248	0.127
1043	H227	吉林农业科学	247	0.166
1043	T536	塑料科技	247	0.310
1045	G013	安徽中医学院学报	244	0.128
1045	G024	福建医科大学学报	244	0.160
1047	L034	石油化工高等学校学报	243	0.375
1047	Z007	四川环境	243	0.209
1047	E307	西北地震学报	243	0.310
1047	M014	硬质合金	243	0.372

表 7-1 2005 年中国科技期刊总被引频次总排序（续）

排名	代码	期刊名称	总被引频次	影响因子
1051	W010	长江科学院院报	242	0.244
1051	T065	合成纤维工业	242	0.242
1053	P011	燃烧科学与技术	241	0.342
1054	G549	癌变·畸变·突变	240	0.296
1054	T104	印染助剂	240	0.415
1054	N025	真空科学与技术学报	240	0.311
1057	Z027	JOURNAL OF ENVIRONMENTAL SCIENCES	239	0.341
1057	Y014	航空制造技术	239	0.197
1057	K025	矿产与地质	239	0.247
1057	W020	情报学报	239	0.249
1057	T916	有机硅材料	239	0.774
1062	N014	计量学报	238	0.260
1062	H404	农药学学报	238	0.458
1062	G038	武汉大学学报医学版	238	0.222
1062	G440	药学实践杂志	238	0.134
1066	A201	世界科技研究与发展	237	0.243
1066	F027	四川动物	237	0.221
1066	G239	中国介入心脏病学杂志	237	0.588
1069	G826	现代肿瘤医学	236	0.330
1069	H273	中国南方果树	236	0.084
1071	T563	工业催化	235	0.353
1071	K005	煤炭科学技术	235	0.120
1071	G518	预防医学情报杂志	235	0.131
1071	G952	中国血液流变学杂志	235	0.149
1075	W015	JOURNAL OF HYDRODYNAMICS SERIES B	234	0.415
1076	Z017	环境保护科学	233	0.160
1076	F213	生物学杂志	233	0.171
1076	J011	太原理工大学学报	233	0.108
1076	L010	西安石油大学学报	233	0.241
1080	R063	半导体技术	232	0.219
1080	W007	管理工程学报	232	0.275
1080	R004	微电子学与计算机	232	0.151
1080	H026	竹子研究汇刊	232	0.238
1084	F030	工业微生物	231	0.333
1084	F045	激光生物学报	231	0.261

表 7-1 2005 年中国科技期刊总被引频次总排序（续）

排名	代码	期刊名称	总被引频次	影响因子
1084	V045	建筑技术	231	0.116
1084	G536	中国临床神经科学	231	0.242
1088	V031	地下空间	230	0.260
1088	M048	贵金属	230	0.433
1088	G525	华南预防医学	230	0.236
1088	N103	中国表面工程	230	0.531
1092	E312	海洋湖沼通报	229	0.203
1092	H267	莱阳农学院学报	229	0.184
1092	G633	中国血液净化	229	0.391
1095	R516	电路与系统学报	228	0.208
1095	N087	模具工业	228	0.109
1095	H223	热带作物学报	228	0.265
1098	D014	感光科学与光化学	227	0.470
1098	W567	节水灌溉	227	0.351
1098	L027	油气储运	227	0.098
1098	C057	原子与分子物理学报	227	0.289
1098	V568	中国粉体技术	227	0.429
1103	G124	中国医疗器械杂志	226	0.260
1103	G622	中国医学物理学杂志	226	0.219
1105	A078	福建师范大学学报	225	0.192
1105	N007	火炸药学报	225	0.319
1105	R049	水力发电学报	225	0.348
1105	N074	仪表技术与传感器	225	0.144
1109	U533	木材工业	224	0.403
1109	G605	医疗卫生装备	224	0.170
1109	G144	中华航空航天医学杂志	224	0.291
1112	V009	水泥	223	0.076
1112	F025	细胞生物学杂志	223	0.258
1114	H245	广西农业生物科学	222	0.250
1114	G876	中华老年心脑血管病杂志	222	0.322
1116	G027	广东药学院学报	221	0.126
1116	T009	化学反应工程与工艺	221	0.401
1116	T076	化学工业与工程	221	0.313
1119	A020	山东大学学报	220	0.231
1119	F215	生命科学	220	0.142

表 7-1 2005 年中国科技期刊总被引频次总排序（续）

排名	代码	期刊名称	总被引频次	影响因子
1119	W009	数理统计与管理	220	0.237
1122	M002	理化检验物理分册	219	0.209
1123	E548	世界地质	218	0.258
1123	G824	中国临床营养杂志	218	0.486
1125	A011	河南科学	217	0.155
1125	H567	中国农业科技导报	217	0.373
1125	T068	中国陶瓷	217	0.202
1128	T066	化工自动化及仪表	216	0.223
1128	F021	实验生物学报	216	0.350
1128	S024	遥感信息	216	0.520
1128	H277	浙江林业科技	216	0.181
1132	G073	首都医科大学学报	215	0.157
1133	G100	中国法医学杂志	214	0.211
1133	N104	中国惯性技术学报	214	0.309
1135	I072	CELL RESEARCH	213	0.764
1135	J030	北京工业大学学报	213	0.245
1135	R037	高压电器	213	0.249
1135	T505	合成树脂及塑料	213	0.283
1135	C053	物理学进展	213	0.786
1140	H005	大连水产学院学报	212	0.187
1140	B031	工程数学学报	212	0.136
1140	W531	科研管理	212	0.189
1140	G962	眼科	212	0.227
1140	X029	重庆交通学院学报	212	0.142
1145	R024	半导体光电	211	0.238
1145	Q007	核电子学与探测技术	211	0.216
1145	N100	现代科学仪器	211	0.257
1148	H204	中国沼气	210	0.221
1149	N067	电焊机	209	0.188
1149	N061	工程图学学报	209	0.212
1149	G626	天津中医药	209	0.212
1149	G238	听力学及言语疾病杂志	209	0.272
1153	G258	中国生物制品学杂志	208	0.237
1153	H350	中国土地科学	208	0.460
1155	R537	电视技术	207	0.174

表 7-1　2005 年中国科技期刊总被引频次总排序（续）

排名	代码	期刊名称	总被引频次	影响因子
1155	G700	实用老年医学	207	0.171
1157	G280	口腔正畸学	206	0.464
1157	A022	西北师范大学学报	206	0.229
1157	H241	中国草食动物	206	0.144
1160	C056	高压物理学报	205	0.400
1160	L035	辽宁石油化工大学学报	205	0.448
1160	Y010	振动测试与诊断	205	0.350
1160	G853	中国实验诊断学	205	0.133
1160	G521	中国疼痛医学杂志	205	0.266
1165	J017	河北工业大学学报	204	0.140
1165	A061	南京师大学报	204	0.174
1165	F224	生物技术通讯	204	0.237
1165	C052	应用声学	204	0.270
1165	R559	重庆邮电学院学报自然科学版	204	0.438
1170	G624	生殖医学杂志	203	0.215
1170	N080	新技术新工艺	203	0.106
1172	N027	电加工与模具	202	0.165
1172	N082	锻压装备与制造技术	202	0.154
1172	N076	焊接	202	0.161
1172	E125	西北地质	202	0.448
1172	G565	徐州医学院学报	202	0.086
1177	R048	磁性材料及器件	201	0.275
1177	R044	电气传动	201	0.153
1177	N052	压力容器	201	0.187
1180	N060	传感技术学报	200	0.254
1181	H263	北京农学院学报	199	0.265
1181	C060	波谱学杂志	199	0.450
1181	E006	海洋科学进展	199	0.227
1181	G335	中华航海医学与高气压医学杂志	199	0.267
1185	B023	CHINESE ANNALS OF MATHEMATICS SERIES B	198	0.208
1185	Q006	辐射防护	198	0.330
1185	A008	南开大学学报	198	0.171
1188	J013	哈尔滨理工大学学报	197	0.086
1188	G035	河北医科大学学报	197	0.138
1188	X016	兰州交通大学学报	197	0.254

表 7-1 2005 年中国科技期刊总被引频次总排序（续）

排名	代码	期刊名称	总被引频次	影响因子
1191	S051	JOURNAL OF COMPUTER SCIENCE AND TECHNOLOGY	196	0.343
1191	M051	金属功能材料	196	0.371
1191	T527	炭素	196	0.330
1191	S033	微型电脑应用	196	0.120
1191	G242	中国神经免疫学和神经病学杂志	196	0.333
1191	G446	中华神经医学杂志	196	0.429
1191	G412	肿瘤学杂志	196	0.195
1198	G019	成都中医药大学学报	195	0.157
1198	Q008	原子能科学技术	195	0.124
1200	G245	西北国防医学杂志	194	0.151
1200	A015	应用科学学报	194	0.183
1202	T100	CHINESE JOURNAL OF CHEMICAL ENGINEERING	193	0.306
1202	V040	玻璃钢/复合材料	193	0.281
1202	V033	工程抗震与加固改造	193	0.322
1205	B030	ACTA MATHEMATICA SINICA ENGLISH SERIES	192	0.271
1205	G004	北京生物医学工程	192	0.286
1205	G057	东南大学学报医学版	192	0.256
1205	Y027	航空材料学报	192	0.528
1205	Y016	空气动力学学报	192	0.255
1210	Q004	核动力工程	191	0.162
1211	A054	华东师范大学学报	190	0.180
1211	G507	解剖科学进展	190	0.259
1211	A014	山西大学学报	190	0.159
1211	H939	中国稻米	190	0.210
1215	A031	河北大学学报	189	0.187
1216	N048	金刚石与磨料磨具工程	188	0.266
1216	J059	空军工程大学学报	188	0.285
1216	H385	西部林业科学	188	0.570
1219	E026	地质力学学报	187	0.202
1219	N624	焊接技术	187	0.122
1219	X012	中国造船	187	0.297
1222	Q005	辐射研究与辐射工艺学报	186	0.245
1223	G031	贵阳医学院学报	185	0.085
1223	A021	华侨大学学报	185	0.268
1223	G923	山西医药杂志	185	0.045

表 7-1　2005 年中国科技期刊总被引频次总排序（续）

排名	代码	期刊名称	总被引频次	影响因子
1226	G361	临床神经电生理学杂志	184	0.212
1227	N034	装备环境工程	183	0.203
1228	V041	青岛建筑工程学院学报	182	0.526
1228	B012	数学杂志	182	0.114
1228	U647	中国烟草学报	182	0.245
1231	N002	华北工学院学报	180	0.168
1231	A537	科学技术与工程	180	0.200
1231	H070	山地农业生物学报	180	0.284
1234	Z032	工业用水与废水	179	0.171
1235	J002	西安理工大学学报	178	0.207
1235	A060	西南民族大学学报	178	0.237
1235	J012	郑州大学学报工学版	178	0.256
1235	H212	中国麻业	178	0.324
1239	N040	机械传动	177	0.145
1239	B005	数学研究与评论	177	0.133
1239	R566	水资源保护	177	0.293
1239	B027	系统工程理论方法应用	177	0.514
1243	C055	低温物理学报	176	0.717
1243	H049	昆虫天敌	176	0.419
1243	G702	温州医学院学报	176	0.126
1246	R088	电机与控制学报	175	0.303
1247	T500	弹性体	174	0.287
1247	E656	地球信息科学	174	0.420
1247	V005	建筑科学	174	0.143
1247	E563	热带地理	174	0.229
1247	Y003	中国空间科学技术	174	0.353
1252	E158	CHINA OCEAN ENGINEERING	173	0.480
1252	G855	临床消化病杂志	173	0.163
1252	M032	武汉科技大学学报	173	0.167
1252	G873	眼视光学杂志	173	0.210
1252	H272	湛江海洋大学学报	173	0.174
1257	H265	福建农业学报	172	0.328
1257	G047	江西医学院学报	172	0.094
1257	A013	南昌大学学报	172	0.175
1257	X021	桥梁建设	172	0.138

表 7-1　2005 年中国科技期刊总被引频次总排序（续）

排名	代码	期刊名称	总被引频次	影响因子
1257	V043	施工技术	172	0.081
1257	R085	微特电机	172	0.179
1257	V018	西安建筑科技大学学报	172	0.195
1264	B003	高校应用数学学报	171	0.129
1264	F046	生命科学研究	171	0.343
1266	T512	聚氨酯工业	170	0.344
1266	U037	林产工业	170	0.320
1266	G880	临床超声医学杂志	170	0.282
1266	T999	特种橡胶制品	170	0.213
1270	E547	沉积与特提斯地质	169	0.313
1270	X043	城市轨道交通研究	169	0.391
1270	Y013	固体火箭技术	169	0.142
1270	R016	绝缘材料	169	0.358
1270	V023	中国非金属矿工业导刊	169	0.364
1275	A052	华南师范大学学报	168	0.213
1275	N053	机械与电子	168	0.137
1275	G061	青岛大学医学院学报	168	0.147
1275	A044	曲阜师范大学学报	168	0.255
1279	E112	地震研究	167	0.252
1279	N110	工业工程与管理	167	0.213
1281	I139	CHEMICAL RESEARCH IN CHINESE UNIVERSITIES	166	0.268
1281	N005	火力与指挥控制	166	0.134
1281	A121	解放军理工大学学报	166	0.251
1281	J022	山东大学学报工学版	166	0.194
1281	U025	陕西科技大学学报	166	0.162
1281	G906	世界科学技术-中医药现代化	166	0.195
1281	R098	微纳电子技术	166	0.389
1281	J016	浙江工业大学学报	166	0.189
1289	C105	ACTA MECHANICA SINICA	165	0.353
1289	M502	功能材料与器件学报	165	0.256
1289	E136	物探化探计算技术	165	0.177
1289	U011	制冷学报	165	0.206
1289	F047	中国实验动物学报	165	0.411
1294	H908	新疆农业大学学报	164	0.225
1295	T553	化学与生物工程	163	0.174

表 7-1　2005 年中国科技期刊总被引频次总排序（续）

排名	代码	期刊名称	总被引频次	影响因子
1295	A658	青岛大学学报	163	0.211
1295	G278	神经科学通报	163	0.292
1295	U056	丝绸	163	0.112
1299	C096	ACTA MATHEMATICA SCIENTIA	162	0.315
1299	A084	黑龙江大学自然科学学报	162	0.194
1299	G580	立体定向和功能性神经外科杂志	162	0.259
1299	W502	水利水电科技进展	162	0.126
1299	W006	水利水运工程学报	162	0.248
1299	A512	重庆师范大学学报	162	0.257
1305	M010	材料开发与应用	161	0.220
1305	N105	工程爆破	161	0.241
1307	E140	空间科学学报	160	0.294
1307	A057	山东师范大学学报	160	0.201
1307	M026	冶金自动化	160	0.281
1310	K004	矿产综合利用	159	0.188
1311	C034	质谱学报	158	0.545
1311	A081	中国科学基金	158	0.295
1313	R057	微电机	157	0.140
1313	G978	消化外科	157	0.368
1315	Q009	核科学与工程	156	0.218
1315	N682	机械制造	156	0.112
1315	N038	计量技术	156	0.072
1315	R587	水利经济	156	0.326
1319	A076	河北师范大学学报	155	0.132
1319	T933	石化技术与应用	155	0.250
1319	F048	中国比较医学杂志	155	0.156
1322	G083	心肺血管病杂志	154	0.192
1322	L020	油气田地面工程	154	0.025
1324	A039	湖北大学学报	153	0.158
1324	J031	上海理工大学学报	153	0.160
1324	E128	探矿工程岩土钻掘工程	153	0.095
1327	A003	安徽大学学报	152	0.204
1327	N101	变压器	152	0.128
1327	E002	东华理工学院学报	152	0.259
1327	D035	分子科学学报	152	0.573

表 7-1　2005 年中国科技期刊总被引频次总排序（续）

排名	代码	期刊名称	总被引频次	影响因子
1327	A055	湖南师范大学自然科学学报	152	0.146
1327	D501	化学研究	152	0.351
1327	L032	石油矿场机械	152	0.114
1327	A018	湘潭大学自然科学学报	152	0.131
1335	G550	白血病·淋巴瘤	151	0.131
1335	A034	甘肃科学学报	151	0.219
1335	V007	四川建筑科学研究	151	0.129
1335	X019	铁道车辆	151	0.072
1335	N022	轴承	151	0.112
1340	B002	高等学校计算数学学报	150	0.289
1340	J044	贵州工业大学学报	150	0.111
1340	A058	河南师范大学学报	150	0.131
1340	A514	扬州大学学报	150	0.366
1344	T067	合成纤维	149	0.296
1344	K525	矿产保护与利用	149	0.247
1346	J058	河北科技大学学报	148	0.200
1346	G358	解剖学研究	148	0.282
1346	T015	炭素技术	148	0.162
1346	B011	应用数学	148	0.132
1350	R029	电气应用	147	0.093
1350	M105	粉末冶金工业	147	0.396
1350	H701	江西农业学报	147	0.292
1350	T953	消防科学与技术	147	0.164
1354	D017	CHINESE JOURNAL OF POLYMER SCIENCE	146	0.268
1354	N037	工业仪表与自动化装置	146	0.180
1354	C101	力学季刊	146	0.189
1357	M101	矿冶	145	0.241
1357	G946	上海中医药大学学报	145	0.225
1357	G387	实验动物与比较医学	145	0.140
1357	B008	应用概率统计	145	0.182
1361	E132	地质找矿论丛	144	0.270
1361	E149	东海海洋	144	0.182
1361	N031	光学仪器	144	0.245
1361	N107	模具技术	144	0.191
1361	R070	微波学报	144	0.203

表 7-1 2005 年中国科技期刊总被引频次总排序（续）

排名	代码	期刊名称	总被引频次	影响因子
1361	G653	现代检验医学杂志	144	0.112
1361	G180	中日友好医院学报	144	0.192
1368	N049	工程机械	143	0.073
1368	A042	广西大学学报	143	0.295
1368	V022	建筑机械	143	0.110
1368	A580	应用基础与工程科学学报	143	0.364
1368	C100	噪声与振动控制	143	0.209
1373	A012	海南大学学报	142	0.188
1373	T547	武汉化工学院学报	142	0.232
1373	J036	西安工业学院学报	142	0.138
1376	T054	海湖盐与化工	141	0.246
1376	A067	河南大学学报	141	0.179
1378	N019	低温工程	140	0.297
1378	A535	广西科学	140	0.186
1378	U021	哈尔滨商业大学学报	140	0.191
1378	U002	粮食储藏	140	0.229
1378	P001	汽轮机技术	140	0.136
1383	T006	化工机械	139	0.222
1383	G053	昆明医学院学报	139	0.100
1383	T012	青岛科技大学学报	139	0.130
1383	J018	武汉理工大学学报信息与管理工程版	139	0.066
1387	E119	地震地磁观测与研究	138	0.146
1387	H041	特产研究	138	0.167
1389	M100	ACTA METALLURGICA SINICA	137	0.142
1389	A101	江西科学	137	0.183
1389	G610	胰腺病学	137	0.589
1389	G841	中国现代普通外科进展	137	0.326
1393	L023	石油化工设备	136	0.161
1394	H289	河北林果研究	135	0.111
1394	G223	现代医学	135	0.119
1394	N055	重型机械	135	0.121
1397	G662	内科急危重症杂志	134	0.172
1397	G885	中国现代手术学杂志	134	0.199
1399	Y006	飞行力学	133	0.208
1399	U542	毛纺科技	133	0.142

表 7-1　2005 年中国科技期刊总被引频次总排序（续）

排名	代码	期刊名称	总被引频次	影响因子
1399	C109	应用光学	133	0.206
1399	N086	真空	133	0.203
1403	R021	电子测量与仪器学报	132	0.220
1403	U008	粮油加工与食品机械	132	0.151
1403	C033	声学技术	132	0.162
1403	S010	微型机与应用	132	0.074
1407	G410	标记免疫分析与临床	131	0.147
1407	N056	长春理工大学学报	131	0.135
1407	R064	微电子学	131	0.134
1407	G088	医用生物力学	131	0.308
1411	T051	玻璃与搪瓷	130	0.200
1411	D062	分析仪器	130	0.230
1411	Y012	航空精密制造技术	130	0.185
1411	L036	江苏工业学院学报	130	0.248
1411	W514	科学学研究	130	0.240
1411	M011	现代铸铁	130	0.142
1417	V506	华中建筑	129	0.067
1417	R514	激光与光电子学进展	129	0.176
1417	R586	吉林大学学报信息科学版	129	0.323
1417	A019	郑州大学学报	129	0.280
1417	H214	中国林副特产	129	0.041
1422	G029	广州医学院学报	128	0.070
1422	Y029	海军航空工程学院学报	128	0.226
1422	T949	应用化工	128	0.267
1425	I090	JOURNAL OF WUHAN UNIVERSITY OF TECHNOLOGY MATERIALS SCIENCE EDITION	127	0.279
1425	E007	极地研究	127	0.443
1425	V034	水电自动化与大坝监测	127	0.141
1425	U017	天津工业大学学报	127	0.107
1429	E543	测绘工程	126	0.216
1429	R099	机电一体化	126	0.119
1429	A110	宁夏大学学报	126	0.094
1429	A043	上海师范大学学报	126	0.130
1429	G396	中国循证医学杂志	126	0.336
1434	L024	焊管	125	0.167

表 7-1　2005 年中国科技期刊总被引频次总排序（续）

排名	代码	期刊名称	总被引频次	影响因子
1434	X521	铁道工程学报	125	0.123
1434	G442	中西医结合学报	125	0.521
1437	G126	CHINESE MEDICAL SCIENCES JOURNAL	124	0.205
1438	X024	大连海事大学学报	123	0.146
1438	T532	化工科技	123	0.189
1438	H270	西南林学院学报	123	0.065
1441	E108	海洋预报	122	0.165
1441	M043	轧钢	122	0.110
1441	R045	中小型电机	122	0.159
1444	G500	北京口腔医学	121	0.214
1444	G020	大连医科大学学报	121	0.147
1444	X007	铁道科学与工程学报	121	0.248
1447	R051	大电机技术	119	0.133
1447	R031	光通信技术	119	0.138
1447	E500	盐湖研究	119	0.216
1450	F005	昆虫分类学报	118	0.110
1450	X673	现代隧道技术	118	0.261
1450	T073	香料香精化妆品	118	0.231
1453	R711	测试技术学报	117	0.149
1453	U602	皮革科学与工程	117	0.256
1453	J025	燕山大学学报	117	0.114
1453	G845	中国小儿血液	117	0.164
1457	E012	CHINESE JOURNAL OF OCEANOLOGY AND LIMNOLOGY	115	0.170
1457	X001	大连铁道学院学报	115	0.102
1457	R053	低压电器	115	0.152
1457	E525	地质与资源	115	0.179
1457	X011	机车电传动	115	0.201
1457	A072	辽宁师范大学学报	115	0.122
1457	G977	药学服务与研究	115	0.237
1457	H221	中国农业资源与区划	115	0.228
1465	T055	化肥工业	114	0.078
1465	A112	江西师范大学学报	114	0.201
1465	K036	中国锰业	114	0.289
1468	N018	微细加工技术	112	0.287
1468	C108	原子核物理评论	112	0.313

表 7-1　2005 年中国科技期刊总被引频次总排序（续）

排名	代码	期刊名称	总被引频次	影响因子
1468	H209	中国糖料	112	0.219
1471	G585	临床心电学杂志	111	0.190
1471	A111	内蒙古师大学报	111	0.181
1471	F257	实验动物科学与管理	111	0.148
1474	X035	中国港湾建设	110	0.122
1474	U033	中国造纸学报	110	0.297
1476	V052	粉煤灰综合利用	109	0.102
1476	T057	合成材料老化与应用	109	0.300
1476	H240	家畜生态学报	109	0.094
1476	Z553	净水技术	109	0.142
1476	H022	上海交通大学学报农业科学版	109	0.018
1476	V531	陶瓷学报	109	0.225
1476	G312	西南国防医药	109	0.069
1483	A087	新疆大学学报	108	0.149
1484	X685	交通运输系统工程与信息	107	0.373
1484	G609	热带医学杂志	107	0.178
1486	J019	河北工业科技	106	0.167
1486	R089	现代电力	106	0.158
1486	N115	现代仪器	106	0.241
1489	S032	数值计算与计算机应用	104	0.238
1490	E103	华南地震	103	0.168
1490	V035	华中科技大学学报城市科学版	103	0.170
1490	R032	真空电子技术	103	0.148
1490	U003	郑州轻工业学院学报	103	0.062
1494	V020	低温建筑技术	102	0.062
1494	M027	钢铁研究	102	0.055
1494	P009	工业加热	102	0.139
1494	M544	钛工业进展	102	0.271
1498	N004	弹道学报	101	0.131
1498	X034	都市快轨交通	101	0.444
1498	X020	交通与计算机	101	0.085
1498	M018	勘察科学技术	101	0.067
1498	J054	天津理工大学学报	101	0.113
1503	R058	电气自动化	100	0.073
1503	J029	广东工业大学学报	100	0.121

表 7-1　2005 年中国科技期刊总被引频次总排序（续）

排名	代码	期刊名称	总被引频次	影响因子
1503	G032	贵阳中医学院学报	100	0.044
1503	A102	中国科学院研究生院学报	100	0.140
1507	A023	首都师范大学学报	99	0.211
1507	M020	有色金属冶炼部分	99	0.092
1509	X010	船舶工程	98	0.108
1509	X042	石家庄铁道学院学报	98	0.096
1509	L021	石油化工设备技术	98	0.055
1509	A051	浙江师范大学学报	98	0.170
1513	N043	探测与控制学报	97	0.155
1514	N024	车用发动机	96	0.184
1514	C031	低温与超导	96	0.259
1514	Y031	航空计算技术	96	0.117
1514	N041	起重运输机械	96	0.058
1514	E023	天文学报	96	0.230
1514	A053	云南师范大学学报	96	0.113
1520	C072	CHINESE JOURNAL OF ASTRONOMY AND ASTROPHYSICS	95	0.139
1520	Y015	航天控制	95	0.101
1520	K010	矿业研究与开发	95	0.131
1520	G090	云南中医学院学报	95	0.124
1520	N072	中国铸造装备与技术	95	0.078
1520	G740	中华卫生杀虫药械	95	0.310
1526	R740	电光与控制	94	0.149
1526	V026	新建筑	94	0.091
1528	R086	三峡大学学报	93	0.094
1529	R712	电声技术	92	0.080
1530	M013	钢铁钒钛	91	0.187
1530	K018	工矿自动化	91	0.161
1532	M031	安徽工业大学学报	90	0.134
1532	R047	固体电子学研究与进展	90	0.155
1532	K032	河北建筑科技学院学报	90	0.175
1532	Q002	核化学与放射化学	90	0.196
1532	X015	华东船舶工业学院学报	90	0.082
1537	C092	核聚变与等离子体物理	89	0.276
1538	V027	特种结构	88	0.069
1539	N012	爆破器材	87	0.126

表 7-1 2005 年中国科技期刊总被引频次总排序（续）

排名	代码	期刊名称	总被引频次	影响因子
1539	X002	长沙交通学院学报	87	0.121
1539	N032	风机技术	87	0.113
1539	T060	煤化工	87	0.105
1539	A504	天津师范大学学报	87	0.084
1544	G797	临床输血与检验	86	0.104
1545	A037	苏州大学学报	85	0.153
1545	A501	烟台大学学报自然科学与工程版	85	0.121
1547	L587	节能技术	84	0.124
1547	G346	血栓与止血学	84	0.215
1547	N068	压缩机技术	84	0.054
1550	N106	人类工效学	83	0.096
1550	Q003	同位素	83	0.157
1550	U030	西安工程科技学院学报	83	0.117
1550	U567	中国甜菜糖业	83	0.181
1554	G292	寄生虫与医学昆虫学报	82	0.225
1554	J045	西华大学学报自然科学版	82	0.102
1554	B013	运筹学学报	82	0.056
1557	K016	湖南科技大学学报	81	0.126
1557	G603	生物医学工程与临床	81	0.233
1557	U031	天津科技大学学报	81	0.203
1557	E114	天文学进展	81	0.246
1561	N042	火工品	80	0.173
1561	R008	南京邮电学院学报	80	0.094
1561	M021	上海金属	80	0.102
1561	P010	小型内燃机与摩托车	80	0.124
1565	E141	华北地震科学	79	0.154
1566	K027	安徽理工大学学报	78	0.255
1566	P005	工业炉	78	0.179
1568	E626	CT理论与应用研究	77	0.162
1568	B010	NORTHEASTERN MATHEMATICAL JOURNAL	77	0.058
1570	X038	上海海事大学学报	76	0.093
1570	K035	中国钨业	76	0.184
1572	I063	JOURNAL OF GEOGRAPHICAL SCIENCES	75	0.306
1572	E104	内陆地震	75	0.143
1574	A515	深圳大学学报理工版	74	0.170

表 7-1 2005 年中国科技期刊总被引频次总排序（续）

排名	代码	期刊名称	总被引频次	影响因子
1574	L026	中国海洋平台	74	0.119
1576	M047	冶金能源	72	0.102
1577	J057	工业工程	71	0.112
1577	R082	光电子技术	71	0.139
1577	V049	结构工程师	71	0.177
1577	H294	中国畜牧兽医	71	0.112
1577	G639	中华老年多器官疾病杂志	71	0.252
1582	G340	华南国防医学杂志	70	0.097
1582	G615	诊断学理论与实践	70	0.166
1584	A077	贵州大学学报	69	0.151
1584	X003	华东交通大学学报	69	0.081
1584	Y011	南昌航空工业学院学报	69	0.108
1584	S031	遥测遥控	69	0.101
1588	X039	中国航海	68	0.212
1588	G444	中国体外循环杂志	68	0.354
1590	X027	内燃机车	67	0.041
1590	Y009	强度与环境	67	0.229
1592	G833	中华老年口腔医学杂志	66	0.397
1593	N590	工程设计学报	65	0.238
1593	V046	建筑机械化	65	0.074
1595	U013	纺织高校基础科学学报	64	0.145
1595	Y018	流体力学实验与测量	64	0.133
1595	G441	中国口腔颌面外科杂志	64	0.393
1598	Y008	宇航计测技术	63	0.094
1598	U028	浙江理工大学学报	63	0.065
1600	T058	硫酸工业	61	0.080
1600	S005	微处理机	61	0.094
1600	G341	现代泌尿外科杂志	61	0.159
1603	G623	中国现代神经疾病杂志	60	0.128
1604	U019	北京服装学院学报	58	0.095
1604	P008	工业锅炉	58	0.087
1604	M049	南方冶金学院学报	58	0.149
1607	U015	纺织科学研究	57	0.286
1607	S035	计算机辅助工程	57	0.065
1607	R080	移动通信	57	0.036

表 7-1 2005 年中国科技期刊总被引频次总排序（续）

排名	代码	期刊名称	总被引频次	影响因子
1610	R002	桂林电子工业学院学报	56	0.052
1610	J056	军械工程学院学报	56	0.061
1612	M600	黄金科学技术	55	0.079
1612	T061	燃料与化工	55	0.050
1612	V012	山东建筑工程学院学报	55	0.079
1612	J027	沈阳工业学院学报	55	0.046
1616	Y028	中国民航学院学报	54	0.140
1617	S017	微计算机应用	53	0.088
1617	G447	中国临床保健杂志	53	0.077
1619	V008	水泥技术	52	0.053
1619	G627	循证医学	52	0.256
1621	E011	成都信息工程学院学报	49	0.052
1621	G301	河北中医药学报	49	0.078
1623	K013	有色金属矿山部分	48	0.075
1624	Y030	飞行器测控学报	47	0.160
1625	J040	陕西工学院学报	46	0.083
1626	C110	量子光学学报	45	0.192
1626	R015	四川水力发电	45	0.026
1626	K020	铀矿冶	45	0.110
1626	R081	照明工程学报	45	0.165
1630	R017	光纤与电缆及其应用技术	44	0.073
1631	B024	JOURNAL OF PARTIAL DIFFERENTIAL EQUATIONS	43	0.129
1631	G423	临床肾脏病杂志	43	0.097
1631	N016	深冷技术	43	0.070
1631	N907	鱼雷技术	43	0.117
1635	V013	建筑科学与工程学报	42	0.093
1636	J039	内蒙古工业大学学报	38	0.054
1636	N946	中国计量学院学报	38	0.080
1638	I202	CHINA PARTICUOLOGY	37	0.389
1638	U018	青岛大学学报工程技术版	37	0.091
1640	G333	医学分子生物学杂志	35	0.059
1641	X028	港工技术	34	0.065
1642	R731	信息记录材料	31	0.092
1643	B026	APPROX THEORY AND ITS APPLICATIONS	30	0.000
1643	G345	临床急诊杂志	30	0.038

表 7-1　2005 年中国科技期刊总被引频次总排序（续）

排名	代码	期刊名称	总被引频次	影响因子
1645	B016	南京大学学报数学半年刊	28	0.012
1646	R055	电子测量技术	27	0.015
1647	E549	地球与环境	26	0.121
1648	E355	中国科学院上海天文台年刊	24	0.111
1649	G332	生物医学工程研究	22	0.137
1650	R718	无线通信技术	21	0.066
1651	R775	中兴通讯技术	18	0.047
1652	B022	CHINESE QUARTERLY JOURNAL OF MATHEMATICS	17	0.063

表 7-2　2005 年中国科技期刊影响因子总排序

表 7-2 2005 年中国科技期刊影响因子总排序（续）

排名	代码	期刊名称	总被引频次	影响因子
1	H046	PEDOSPHERE	646	2.835
2	A108	中国科学 D	2574	2.690
3	E020	干旱区地理	979	2.682
4	E309	岩石学报	1831	2.556
5	E010	地质学报	1600	2.438
6	R040	中国电机工程学报	5731	2.437
7	E305	地理学报	2628	2.136
8	E139	地质科学	1124	2.008
9	E135	冰川冻土	1314	1.906
10	E124	中国沙漠	1997	1.870
11	E005	高原气象	1448	1.861
12	R039	电网技术	2734	1.826
13	H012	土壤学报	2183	1.825
14	E024	地球化学	1399	1.807
15	S011	软件学报	2257	1.792
16	Z012	自然资源学报	1496	1.771
17	E106	矿床地质	917	1.734
18	Z014	生态学报	5233	1.688
19	Z018	应用生态学报	5270	1.680
20	E601	古地理学报	435	1.670
21	G146	中华护理杂志	4411	1.648
22	H527	草业学报	887	1.627
23	M102	新型炭材料	642	1.587
24	G231	中华肝脏病杂志	2014	1.573
25	G591	中华医院管理杂志	2015	1.556
26	E310	地理研究	1173	1.542
27	L518	天然气地球科学	713	1.537
28	F009	植物生态学报	2383	1.523
29	H043	土壤	1108	1.488
30	E009	地质论评	1548	1.479
31	E008	海洋与湖沼	1424	1.404
32	E301	第四纪研究	1233	1.368
32	G194	中华医院感染学杂志	3045	1.368
34	L031	石油勘探与开发	2297	1.367
34	E654	中国地质	495	1.367

表 7-2 2005年中国科技期刊影响因子总排序（续）

排名	代码	期刊名称	总被引频次	影响因子
36	C006	物理学报	5090	1.351
37	E357	地学前缘	1741	1.347
37	G138	中华儿科杂志	2909	1.347
39	A113	实验技术与管理	1073	1.344
40	Z004	环境科学	2270	1.342
41	L006	石油与天然气地质	1291	1.326
42	G118	中国修复重建外科杂志	1091	1.311
43	G170	中华心血管病杂志	2622	1.272
44	E358	高校地质学报	608	1.267
45	L028	石油学报	1699	1.262
46	E157	岩石矿物学杂志	684	1.260
47	E153	地球物理学报	1972	1.253
48	E115	地球科学进展	1585	1.245
49	G098	中国地方病学杂志	1172	1.237
50	E584	地理科学进展	658	1.228
50	G147	中华结核和呼吸杂志	2829	1.228
52	G140	中华放射学杂志	2975	1.225
53	G160	中华神经外科杂志	1723	1.221
54	G900	中华烧伤杂志	673	1.218
55	E001	气象学报	1493	1.216
56	G211	中华糖尿病杂志	895	1.209
57	E127	地质通报	1036	1.202
58	A075	科学通报	5828	1.181
59	G135	中华病理学杂志	1425	1.171
60	H287	水土保持学报	1955	1.169
60	H034	作物学报	2617	1.169
62	E126	石油实验地质	944	1.167
63	H266	经济林研究	751	1.163
64	H020	中国水稻科学	979	1.161
65	E111	湖泊科学	737	1.157
66	A115	实验室研究与探索	1110	1.151
67	Z003	环境科学学报	1932	1.138
68	E360	工程地质学报	567	1.134
69	F049	生物多样性	822	1.129
70	G142	中华妇产科杂志	2719	1.121

表 7-2 2005 年中国科技期刊影响因子总排序（续）

排名	代码	期刊名称	总被引频次	影响因子
71	S019	电力系统自动化	3345	1.119
72	C050	光学学报	2233	1.099
73	X031	中国公路学报	780	1.093
74	G176	中华医学杂志	3792	1.091
75	M052	稀有金属材料与工程	1518	1.083
76	C503	液晶与显示	309	1.080
77	E105	干旱区研究	667	1.079
78	G161	中华肾脏病杂志	1003	1.077
79	G197	中华神经科杂志	1991	1.075
80	G143	中华骨科杂志	2704	1.072
81	E146	大地构造与成矿学	420	1.065
82	G275	WORLD JOURNAL OF GASTROENTEROLOGY	2665	1.062
82	C037	光子学报	1732	1.062
84	G174	中华检验医学杂志	1566	1.054
85	F013	遗传学报	1642	1.050
86	G173	中华眼科杂志	1869	1.031
87	E130	地理科学	1241	1.024
88	N084	摩擦学学报	991	1.020
89	E110	热带气象学报	519	1.014
90	H909	玉米科学	896	1.007
91	E027	现代地质	680	1.006
92	C059	CHINESE PHYSICS LETTERS	2437	1.004
93	X672	交通运输工程学报	408	1.000
94	G116	中国危重病急救医学	1634	0.998
95	G367	实用诊断与治疗杂志	690	0.997
96	E142	地球科学	1390	0.991
97	D013	催化学报	1466	0.990
98	G159	中华精神科杂志	724	0.985
99	G137	中华创伤杂志	1545	0.983
100	D002	燃料化学学报	863	0.982
100	G976	中华神经外科疾病研究杂志	341	0.982
102	G155	中华内分泌代谢杂志	1249	0.981
103	G139	中华耳鼻咽喉科杂志	1674	0.979
104	Z001	中国环境科学	1714	0.978
105	G272	中国实用外科杂志	2726	0.977

表 7-2 2005 年中国科技期刊影响因子总排序（续）

排名	代码	期刊名称	总被引频次	影响因子
106	H030	中国农业科学	2835	0.975
107	Z022	资源科学	763	0.974
108	S018	计算机学报	1720	0.963
108	G164	中华外科杂志	3222	0.963
110	R066	中国激光 A	1642	0.958
111	Z028	生态学杂志	1486	0.944
112	G154	中华泌尿外科杂志	2135	0.938
113	C106	CHINESE PHYSICS	1385	0.928
113	H525	草地学报	591	0.928
115	E113	沉积学报	1447	0.927
116	Z006	遥感学报	789	0.919
117	V037	岩土工程学报	2189	0.918
117	G153	中华麻醉学杂志	1487	0.918
119	F250	生物磁学	287	0.910
120	E148	灾害学	454	0.907
121	E308	地球物理学进展	720	0.904
121	G152	中华流行病学杂志	1875	0.904
123	G136	中华传染病杂志	953	0.903
123	G156	中华内科杂志	2409	0.903
125	H890	植物营养与肥料学报	1041	0.896
126	G121	中国药理学通报	1897	0.895
127	D030	化学学报	2086	0.893
128	G177	中华预防医学杂志	968	0.891
129	H784	生态环境	697	0.889
130	G179	中华肿瘤杂志	1948	0.888
131	C071	发光学报	574	0.882
132	E109	大气科学	1354	0.874
132	G875	实用儿科临床杂志	1827	0.874
134	R061	光电子·激光	1157	0.869
135	F017	动物学报	1084	0.867
136	M028	中国有色金属学报	1927	0.859
137	F001	生理学报	697	0.851
138	D001	物理化学学报	1380	0.848
138	H052	植物病理学报	1106	0.848
140	A570	编辑学报	745	0.846

表 7-2 2005 年中国科技期刊影响因子总排序（续）

排名	代码	期刊名称	总被引频次	影响因子
141	C102	力学进展	567	0.845
142	W013	水科学进展	848	0.841
142	M022	中国稀土学报	1012	0.841
144	D025	有机化学	1065	0.836
145	G973	中国呼吸与危重监护杂志	307	0.831
146	R018	北京邮电大学学报	333	0.822
146	H538	草原与草坪	314	0.822
148	G277	中国内镜杂志	1919	0.820
149	E144	大地测量与地球动力学	465	0.818
149	W021	中国管理科学	495	0.818
151	F019	植物生理与分子生物学学报	1412	0.817
152	S030	计算机集成制造系统-CIMS	921	0.814
152	H039	园艺学报	1987	0.814
154	E300	地球学报	868	0.808
155	E361	气候与环境研究	421	0.807
156	L005	石油物探	620	0.803
157	X036	长安大学学报自然科学版	638	0.801
158	E003	海洋学报	1124	0.800
159	G168	中华消化杂志	1645	0.798
160	G843	中国中西医结合急救杂志	622	0.796
161	G232	中国胸心血管外科临床杂志	321	0.793
162	C070	化学物理学报	580	0.788
163	D020	高等学校化学学报	4063	0.787
163	G167	中华显微外科杂志	1297	0.787
165	C053	物理学进展	213	0.786
166	Y019	复合材料学报	996	0.785
167	G318	中国药房	1123	0.784
168	G408	中华创伤骨科杂志	582	0.783
169	E150	地震地质	610	0.782
169	G285	中华消化内镜杂志	934	0.782
171	G148	中华口腔医学杂志	1202	0.778
172	D506	化学进展	524	0.777
173	Z002	环境科学研究	887	0.776
174	T916	有机硅材料	239	0.774
175	D021	高分子学报	1423	0.772

表 7-2　2005 年中国科技期刊影响因子总排序（续）

排名	代码	期刊名称	总被引频次	影响因子
175	Z023	农村生态环境	521	0.772
177	R010	电工电能新技术	279	0.770
178	S021	计算机研究与发展	1535	0.767
178	F015	昆虫学报	993	0.767
180	I072	CELL RESEARCH	213	0.764
181	G195	中华超声影像学杂志	861	0.763
182	A030	东北师大学报	484	0.761
183	G336	护理管理杂志	611	0.760
184	E133	地层学杂志	487	0.752
185	V044	建筑结构学报	855	0.750
186	F010	水生生物学报	1108	0.747
187	F029	JOURNAL OF INTEGRATIVE PLANT BIOLOGY	3134	0.746
187	A583	中国科技期刊研究	812	0.746
189	G171	中华胸心血管外科杂志	1063	0.745
190	G002	北京大学学报医学版	957	0.744
191	E122	应用气象学报	847	0.740
191	G182	中国中西医结合杂志	2709	0.740
193	G221	中国临床心理学杂志	822	0.738
193	G284	中国消毒学杂志	438	0.738
195	S013	计算机辅助设计与图形学学报	1276	0.735
196	H044	中国生物防治	609	0.734
197	G001	ACTA PHARMACOLOGICA SINICA	1350	0.733
198	G403	药物不良反应杂志	287	0.729
199	E143	地震学报	783	0.727
200	C035	红外与毫米波学报	421	0.726
200	Z008	农业环境科学学报	1273	0.726
202	T005	硅酸盐学报	1467	0.725
203	R003	电池	587	0.724
203	G305	中国实用护理杂志	3323	0.724
205	Z549	安全与环境学报	429	0.723
205	H028	果树学报	753	0.723
207	H234	草业科学	1171	0.722
208	H023	畜牧兽医学报	677	0.719
208	G157	中华皮肤科杂志	1370	0.719
210	C055	低温物理学报	176	0.717

表 7-2　2005 年中国科技期刊影响因子总排序（续）

排名	代码	期刊名称	总被引频次	影响因子
211	Z029	长江流域资源与环境	540	0.716
211	W008	管理科学学报	402	0.716
211	G296	中华围产医学杂志	353	0.716
214	G555	中华急诊医学杂志	874	0.715
215	G254	中华普通外科杂志	1119	0.713
216	V011	沈阳建筑大学学报	312	0.711
216	G117	中国心理卫生杂志	2276	0.711
218	G145	中华核医学杂志	582	0.710
219	G011	癌症	1534	0.707
220	F020	西北植物学报	1648	0.706
220	G323	中国康复	420	0.706
220	G251	中华放射肿瘤学杂志	626	0.706
223	D023	无机化学学报	1150	0.703
224	G192	中国脊柱脊髓杂志	895	0.702
225	G235	高血压杂志	689	0.701
225	A035	吉林大学学报理学版	476	0.701
225	G178	中华整形外科杂志	981	0.701
228	F035	昆虫知识	925	0.700
229	H748	麦类作物学报	587	0.697
230	H279	农业工程学报	1638	0.694
230	G337	中国抗感染化疗杂志	343	0.694
232	C005	岩石力学与工程学报	2521	0.693
233	J035	江苏大学学报	431	0.692
234	G228	中国实用妇科与产科杂志	1890	0.691
235	G202	肾脏病与透析肾移植杂志	747	0.690
235	L016	石油地球物理勘探	724	0.690
235	H213	中国草地	853	0.690
238	G286	中华风湿病学杂志	651	0.689
239	B523	数学教育学报	278	0.686
240	U036	棉纺织技术	673	0.683
240	G056	免疫学杂志	544	0.683
242	H019	浙江林学院学报	475	0.682
243	G985	中国艾滋病性病	569	0.680
244	D027	煤炭转化	386	0.679
245	S014	计算机与应用化学	795	0.678

表 7-2　2005 年中国科技期刊影响因子总排序（续）

排名	代码	期刊名称	总被引频次	影响因子
245	G848	中华手外科杂志	722	0.678
247	G172	中华血液学杂志	1452	0.676
248	G191	中华眼底病杂志	536	0.675
249	E527	地理与地理信息科学	491	0.674
249	E350	矿物学报	587	0.674
249	G166	中华物理医学与康复杂志	801	0.674
252	H280	林业科学	1508	0.673
253	E600	测绘科学	291	0.672
253	D022	分析测试学报	898	0.672
255	F034	生物化学与生物物理学报	694	0.671
256	G008	药学学报	2351	0.670
257	G373	中国微创外科杂志	610	0.668
258	R062	半导体学报	1066	0.667
258	N065	特种铸造及有色合金	876	0.667
260	L029	天然气工业	1426	0.664
261	D005	分析化学	3085	0.662
261	E504	矿物岩石地球化学通报	381	0.662
261	B025	系统工程理论与实践	1504	0.662
261	G234	中国动脉硬化杂志	670	0.662
265	H025	北京林业大学学报	1061	0.660
266	A062	广西师范大学学报	298	0.659
267	C091	光谱学与光谱分析	1736	0.658
268	G237	中国现代医学杂志	2994	0.656
269	T007	化工学报	1188	0.655
270	G264	肠外与肠内营养	370	0.652
270	M012	金属学报	1646	0.652
270	H008	水产学报	991	0.652
273	H281	林业科学研究	831	0.650
274	E152	测绘学报	543	0.649
275	F100	应用与环境生物学报	927	0.647
276	E116	吉林大学学报地球科学版	562	0.644
276	P004	内燃机学报	421	0.644
276	A107	中国科学 C	433	0.644
279	E101	山地学报	596	0.642
280	C095	COMMUNICATIONS IN THEORETICAL PHYSICS	799	0.641

表 7-2　2005 年中国科技期刊影响因子总排序（续）

排名	代码	期刊名称	总被引频次	影响因子
280	G793	中华胃肠外科杂志	392	0.641
282	L015	石油化工	1143	0.634
283	T016	高校化学工程学报	580	0.633
284	G089	营养学报	773	0.632
285	G175	中华医学遗传学杂志	768	0.629
286	F003	生物工程学报	902	0.626
287	N033	光学精密工程	552	0.624
287	S004	机器人	539	0.624
287	D003	无机材料学报	1563	0.624
290	H037	棉花学报	554	0.622
291	H057	土壤通报	1078	0.621
292	G127	中国医学影像技术	1620	0.620
293	G188	细胞与分子免疫学杂志	644	0.617
294	W004	水动力学研究与进展 A	553	0.614
294	F002	中国生物化学与分子生物学报	709	0.614
296	T017	林产化学与工业	394	0.613
296	D012	色谱	1099	0.613
298	E051	铀矿地质	254	0.612
299	G163	中华实验外科杂志	1660	0.611
300	E591	国土资源遥感	310	0.610
300	E137	自然灾害学报	697	0.610
302	H290	中国水产科学	642	0.609
303	M009	材料研究学报	686	0.606
304	G309	临床神经病学杂志	644	0.605
305	N030	振动与冲击	468	0.604
306	W003	水利学报	1696	0.600
306	G796	中国输血杂志	607	0.600
308	C054	声学学报	633	0.598
308	G129	中国安全科学学报	589	0.598
310	G106	中国康复医学杂志	881	0.596
311	H045	干旱地区农业研究	870	0.595
311	G091	浙江大学学报医学版	359	0.595
313	I201	CHINESE MEDICAL JOURNAL	1501	0.592
314	G886	介入放射学杂志	501	0.591
314	F004	微生物学报	919	0.591

表 7-2　2005 年中国科技期刊影响因子总排序（续）

排名	代码	期刊名称	总被引频次	影响因子
314	G262	中华肝胆外科杂志	991	0.591
317	N039	功能材料	1384	0.590
317	F007	云南植物研究	897	0.590
319	G018	病毒学报	401	0.589
319	G610	胰腺病学	137	0.589
321	J014	河南科技大学学报	339	0.588
321	G239	中国介入心脏病学杂志	237	0.588
321	H053	中南林学院学报	547	0.588
321	S020	中文信息学报	325	0.588
325	G314	中国计划免疫	455	0.587
325	G431	中国误诊学杂志	2042	0.587
327	G297	中国实用美容整形外科杂志	469	0.586
327	G282	中华男科学杂志	526	0.586
329	M008	材料科学与工程学报	767	0.584
329	E004	地球科学与环境学报	249	0.584
329	C004	岩土力学	1108	0.584
329	G877	药物流行病学杂志	294	0.584
333	G586	实用妇产科杂志	1091	0.579
333	G132	中国中药杂志	2587	0.579
335	F041	人类学学报	349	0.577
336	D016	应用化学	1408	0.575
337	G846	中国中西医结合肾病杂志	536	0.574
338	H038	大豆科学	532	0.573
338	D035	分子科学学报	152	0.573
338	V024	煤气与热力	735	0.573
341	H385	西部林业科学	188	0.570
341	A082	自然科学进展	808	0.570
343	N066	仪器仪表学报	807	0.568
344	H001	茶叶科学	265	0.567
344	G273	中国实用儿科杂志	1401	0.567
346	H047	甘肃农业大学学报	456	0.566
346	H216	浙江农业科学	414	0.566
348	R084	红外与激光工程	487	0.563
348	H021	南京农业大学学报	949	0.563
348	G226	中国普通外科杂志	912	0.563

表 7-2 2005 年中国科技期刊影响因子总排序（续）

排名	代码	期刊名称	总被引频次	影响因子
348	G203	中国心脏起搏与心电生理杂志	415	0.563
352	S503	控制工程	338	0.560
352	C001	力学学报	692	0.560
354	C007	强激光与粒子束	892	0.559
355	R083	中国图象图形学报	1336	0.558
356	H555	中国生态农业学报	488	0.557
356	G009	中国药学杂志	1910	0.557
358	N006	爆炸与冲击	406	0.556
359	F033	兽类学报	614	0.555
359	G158	中华器官移植杂志	579	0.555
361	G578	心血管康复医学杂志	671	0.554
362	R006	电子学报	2282	0.548
362	B018	系统工程学报	437	0.548
364	R043	电工技术学报	653	0.546
364	D024	环境化学	982	0.546
366	C034	质谱学报	158	0.545
367	G162	中华实验和临床病毒学杂志	531	0.543
368	G096	中国病理生理杂志	1621	0.541
369	G250	中国新药与临床杂志	924	0.540
370	V050	城市规划	747	0.539
370	H060	湖南农业大学学报	667	0.539
370	G281	医学研究生学报	569	0.539
370	G233	中国矫形外科杂志	1663	0.539
374	Z011	上海环境科学	880	0.538
374	H016	扬州大学学报农业与生命科学版	453	0.538
374	G489	中华医学美学美容杂志	369	0.538
377	Z021	环境污染治理技术与设备	1141	0.536
377	N051	机械工程学报	1570	0.536
379	E107	武汉大学学报信息科学版	690	0.535
379	F024	遗传	836	0.535
379	H210	中国农业气象	350	0.535
382	D018	化学通报	1099	0.534
383	S001	控制与决策	941	0.532
383	A033	四川师范大学学报	452	0.532
385	E151	地质与勘探	633	0.531

表 7-2 2005 年中国科技期刊影响因子总排序（续）

排名	代码	期刊名称	总被引频次	影响因子
385	N103	中国表面工程	230	0.531
385	G299	中国临床康复	3929	0.531
388	Y027	航空材料学报	192	0.528
388	F016	生物化学与生物物理进展	1014	0.528
390	D015	分子催化	443	0.527
390	G271	临床放射学杂志	1104	0.527
392	V041	青岛建筑工程学院学报	182	0.526
393	G150	中华老年医学杂志	799	0.524
394	A002	浙江大学学报理学版	487	0.523
395	H051	福建林学院学报	438	0.522
395	G249	中国骨与关节损伤杂志	1210	0.522
397	T063	现代化工	838	0.521
397	G442	中西医结合学报	125	0.521
399	L025	石油钻探技术	475	0.520
399	S024	遥感信息	216	0.520
399	E303	中国岩溶	383	0.520
402	G007	中草药	3696	0.519
403	Y004	振动工程学报	525	0.517
404	L512	大庆石油地质与开发	637	0.515
404	G315	解放军医院管理杂志	661	0.515
406	B027	系统工程理论方法应用	177	0.514
406	G892	中华心律失常学杂志	269	0.514
408	G023	第一军医大学学报	1047	0.511
408	R071	电力系统及其自动化学报	397	0.511
410	H268	福建农林大学学报	639	0.510
410	G248	中国药物依赖性杂志	358	0.510
412	F023	植物学通报	872	0.508
413	G316	解放军护理杂志	1291	0.506
413	G125	中国医学科学院学报	591	0.506
415	B028	系统工程	494	0.504
415	S026	自动化学报	1029	0.504
417	G120	中国药科大学学报	815	0.503
418	T014	塑料工业	521	0.501
419	E155	海洋地质与第四纪地质	614	0.500
419	T034	农药	795	0.500

表 7-2　2005 年中国科技期刊影响因子总排序（续）

排名	代码	期刊名称	总被引频次	影响因子
419	A066	陕西师范大学学报	390	0.500
419	G534	实用放射学杂志	1025	0.500
419	F008	武汉植物学研究	623	0.500
419	A106	中国科学 B	1142	0.500
419	K015	中国矿业大学学报	550	0.500
426	V028	城市规划汇刊	369	0.498
426	D019	结构化学	367	0.498
426	H033	南京林业大学学报	629	0.498
429	X017	武汉理工大学学报交通科学与工程版	465	0.497
430	T008	过程工程学报	381	0.495
430	A025	南京大学学报	711	0.495
430	G554	眼科新进展	532	0.495
430	H205	中国油料作物学报	604	0.495
434	T003	工程塑料应用	487	0.493
434	E046	心理学报	419	0.493
436	J023	东北大学学报	882	0.492
436	T001	高分子材料科学与工程	1536	0.492
436	G601	外科理论与实践	418	0.492
439	Z031	环境与健康杂志	562	0.490
440	Q911	国际眼科杂志	336	0.489
440	G291	临床骨科杂志	477	0.489
440	G274	临床与实验病理学杂志	658	0.489
443	G022	第四军医大学学报	2132	0.488
444	F022	动物学研究	644	0.486
444	T018	合成橡胶工业	462	0.486
444	A109	中国科学 E	573	0.486
444	G108	中国临床解剖学杂志	738	0.486
444	G824	中国临床营养杂志	218	0.486
449	G190	世界华人消化杂志	2079	0.485
449	E351	中国地震	321	0.485
451	F255	中国生物工程杂志	673	0.482
452	E352	气象	837	0.481
452	Y024	宇航学报	438	0.481
452	U032	中国油脂	819	0.481
455	E158	CHINA OCEAN ENGINEERING	173	0.480

表 7-2 2005 年中国科技期刊影响因子总排序（续）

排名	代码	期刊名称	总被引频次	影响因子
455	E053	岩矿测试	361	0.480
455	G119	中国循环杂志	606	0.480
458	Z015	电镀与环保	332	0.479
458	G230	临床皮肤科杂志	1082	0.479
458	H293	杂交水稻	637	0.479
461	G503	护理学杂志	1660	0.478
461	G105	中国寄生虫学与寄生虫病杂志	573	0.478
463	E118	地震工程与工程振动	839	0.476
463	V029	土木工程学报	991	0.476
463	G165	中华微生物学和免疫学杂志	901	0.476
466	T102	精细化工	897	0.475
466	G222	临床麻醉学杂志	996	0.475
466	V036	中国给水排水	1369	0.475
466	G263	中国行为医学科学	1161	0.475
470	Z010	海洋环境科学	472	0.474
470	G048	解放军医学杂志	1023	0.474
472	S002	信息与控制	546	0.473
472	H014	植物保护学报	624	0.473
474	M029	稀有金属	571	0.472
475	E306	地震	312	0.471
475	F050	植物研究	497	0.471
477	D014	感光科学与光化学	227	0.470
478	E304	古脊椎动物学报	330	0.467
479	G276	临床耳鼻咽喉科杂志	974	0.466
479	W002	泥沙研究	362	0.466
479	G600	中国针灸	1125	0.466
482	G987	南方护理学报	610	0.465
482	G079	卫生研究	751	0.465
484	M104	TRANSACTIONS OF NONFERROUS METALS SOCIETY OF CHINA	599	0.464
484	R535	红外技术	372	0.464
484	G280	口腔正畸学	206	0.464
487	M035	JOURNAL OF RARE EARTHS	340	0.463
487	R020	电子元件与材料	436	0.463
489	G097	中国超声医学杂志	1121	0.462
490	P007	水电能源科学	283	0.460

表 7-2　2005 年中国科技期刊影响因子总排序（续）

排名	代码	期刊名称	总被引频次	影响因子
490	H350	中国土地科学	208	0.460
492	H237	农业系统科学与综合研究	255	0.459
493	G654	护理研究	1754	0.458
493	T101	化工进展	826	0.458
493	H404	农药学学报	238	0.458
496	A009	安徽师范大学学报	267	0.457
496	H042	核农学报	446	0.457
496	G317	临床泌尿外科杂志	1048	0.457
499	G894	口腔颌面修复学杂志	275	0.456
499	G149	中华劳动卫生职业病杂志	681	0.456
501	G014	吉林大学学报医学版	788	0.455
501	G049	解剖学报	586	0.455
503	M030	北京科技大学学报	491	0.454
503	G310	临床精神医学杂志	638	0.454
505	G825	中国儿童保健杂志	649	0.453
506	H032	华北农学报	851	0.452
507	L007	新疆石油地质	674	0.451
508	C060	波谱学杂志	199	0.450
509	E123	台湾海峡	450	0.449
510	E354	矿物岩石	346	0.448
510	L035	辽宁石油化工大学学报	205	0.448
510	E125	西北地质	202	0.448
513	H027	中国农业大学学报	864	0.446
514	G343	上海精神医学	456	0.445
515	A005	北京大学学报自然科学版	589	0.444
515	X034	都市快轨交通	101	0.444
515	C009	实验力学	339	0.444
515	G320	中国肺癌杂志	313	0.444
519	E007	极地研究	127	0.443
519	G400	中国康复理论与实践	539	0.443
521	N021	焊接学报	576	0.442
521	S003	系统仿真学报	1352	0.442
523	T598	电镀与涂饰	343	0.440
523	U006	食品科学	1968	0.440
523	R009	西安电子科技大学学报	547	0.440

表 7-2　2005 年中国科技期刊影响因子总排序（续）

排名	代码	期刊名称	总被引频次	影响因子
523	G107	中国抗生素杂志	592	0.440
527	C002	工程力学	786	0.439
527	G607	临床儿科杂志	767	0.439
527	E642	热带海洋学报	398	0.439
527	T022	中国塑料	909	0.439
531	G325	口腔医学	392	0.438
531	R559	重庆邮电学院学报自然科学版	204	0.438
531	N075	铸造	967	0.438
534	T098	表面技术	471	0.437
534	H199	江苏农业学报	323	0.437
536	H286	农业生物技术学报	647	0.436
536	Z543	遥感技术与应用	313	0.436
536	A017	浙江大学学报工学版	514	0.436
536	G225	重庆医学	968	0.436
540	A036	中山大学学报	758	0.435
541	M023	冶金分析	428	0.434
541	G794	中国临床神经外科杂志	361	0.434
543	M048	贵金属	230	0.433
543	G959	中国微侵袭神经外科杂志	288	0.433
545	G034	航天医学与医学工程	443	0.431
545	X005	铁道学报	491	0.431
545	F011	微生物学通报	814	0.431
545	G114	中国神经精神疾病杂志	1286	0.431
549	U054	印染	597	0.430
550	V568	中国粉体技术	227	0.429
550	G446	中华神经医学杂志	196	0.429
552	G803	肝脏	369	0.428
553	T106	塑料	311	0.427
554	T105	热固性树脂	259	0.426
554	E052	微体古生物学报	313	0.426
554	G528	中国中西医结合消化杂志	347	0.426
557	M103	材料导报	973	0.425
557	M019	钢铁研究学报	456	0.425
557	E138	物探与化探	403	0.425
557	G300	现代妇产科进展	331	0.425

表 7-2　2005 年中国科技期刊影响因子总排序（续）

排名	代码	期刊名称	总被引频次	影响因子
561	H009	蚕业科学	286	0.423
562	D503	功能高分子学报	589	0.422
562	H577	植物保护	646	0.422
564	F014	动物分类学报	401	0.421
565	E656	地球信息科学	174	0.420
565	G776	中国全科医学	1219	0.420
567	S050	计算机测量与控制	561	0.419
567	H049	昆虫天敌	176	0.419
569	L012	石油学报石油加工	321	0.418
570	D004	分析试验室	889	0.416
570	H998	海洋水产研究	316	0.416
572	W015	JOURNAL OF HYDRODYNAMICS SERIES B	234	0.415
572	T104	印染助剂	240	0.415
574	G204	临床检验杂志	655	0.414
574	G290	中国防痨杂志	473	0.414
576	N017	爆破	297	0.413
576	J006	武汉理工大学学报	753	0.413
576	X030	西安交通大学学报	996	0.413
579	H222	农业现代化研究	342	0.412
580	G663	中国骨质疏松杂志	607	0.411
580	F047	中国实验动物学报	165	0.411
582	H018	西北农林科技大学学报	1124	0.410
583	Y025	推进技术	408	0.409
583	G087	药物分析杂志	1081	0.409
585	G071	沈阳药科大学学报	568	0.408
586	G236	中国医学计算机成像杂志	295	0.406
587	E359	气象科学	270	0.405
588	G224	实用口腔医学杂志	651	0.404
588	G095	中国病毒学	346	0.404
590	U533	木材工业	224	0.403
591	E362	地质科技情报	492	0.402
591	K002	非金属矿	411	0.402
591	H226	灌溉排水学报	390	0.402
594	R007	电波科学学报	402	0.401
594	F043	动物学杂志	697	0.401

表 7-2 2005 年中国科技期刊影响因子总排序（续）

排名	代码	期刊名称	总被引频次	影响因子
594	T009	化学反应工程与工艺	221	0.401
597	M005	材料保护	1069	0.400
597	C056	高压物理学报	205	0.400
597	E131	海洋工程	261	0.400
597	Y002	航空学报	666	0.400
597	H011	河南农业大学学报	599	0.400
597	T611	天然产物研究与开发	659	0.400
603	C032	量子电子学报	363	0.399
604	K022	金属矿山	551	0.398
604	A032	西北大学学报	494	0.398
604	G104	中国海洋药物	467	0.398
607	G017	北京中医药大学学报	692	0.397
607	Z551	植物资源与环境学报	394	0.397
607	G833	中华老年口腔医学杂志	66	0.397
610	M105	粉末冶金工业	147	0.396
610	V032	暖通空调	575	0.396
612	Z024	城市环境与城市生态	539	0.395
612	M039	粉末冶金技术	320	0.395
612	H015	水土保持通报	730	0.395
612	R065	通信学报	718	0.395
612	G259	诊断病理学杂志	411	0.395
612	H208	中国烟草科学	367	0.395
612	G181	中山大学学报医学版	481	0.395
619	R038	高电压技术	769	0.394
620	G441	中国口腔颌面外科杂志	64	0.393
620	G253	中国卫生统计	293	0.393
622	X043	城市轨道交通研究	169	0.391
622	W012	河海大学学报	623	0.391
622	G429	中国食品卫生杂志	264	0.391
622	G633	中国血液净化	229	0.391
626	G638	检验医学	497	0.390
626	N059	中国机械工程	1971	0.390
626	G184	肿瘤	498	0.390
629	I202	CHINA PARTICUOLOGY	37	0.389
629	Z019	环境污染与防治	571	0.389

表 7-2　2005 年中国科技期刊影响因子总排序（续）

排名	代码	期刊名称	总被引频次	影响因子
629	R098	微纳电子技术	166	0.389
629	R013	中国激光医学杂志	259	0.389
633	G003	基础医学与临床	485	0.387
634	J024	大连理工大学学报	740	0.386
634	H244	河北农业大学学报	642	0.386
636	J055	海军工程大学学报	274	0.385
636	Z009	化工环保	355	0.385
636	T077	膜科学与技术	482	0.385
639	T010	离子交换与吸附	411	0.383
640	J004	华南理工大学学报	656	0.382
640	G311	中国皮肤性病学杂志	643	0.382
642	G021	第三军医大学学报	1477	0.381
643	M001	理化检验化学分册	790	0.379
644	F203	生理科学进展	443	0.378
645	J008	兰州理工大学学报	354	0.377
645	E120	南京气象学院学报	424	0.377
645	H225	中国兽医学报	673	0.377
648	A024	武汉大学学报理学版	625	0.376
649	H013	华南农业大学学报	647	0.375
649	L034	石油化工高等学校学报	243	0.375
651	H283	江西农业大学学报	558	0.374
651	E599	经济地理	590	0.374
651	H224	西北林学院学报	532	0.374
651	F038	植物生理学通讯	2172	0.374
651	G169	中华小儿外科杂志	695	0.374
656	X685	交通运输系统工程与信息	107	0.373
656	H567	中国农业科技导报	217	0.373
658	J028	东南大学学报	585	0.372
658	M014	硬质合金	243	0.372
658	G183	中药材	1192	0.372
661	A080	高技术通讯	703	0.371
661	M051	金属功能材料	196	0.371
661	G911	中国医学伦理学	405	0.371
661	G229	卒中与神经疾病	290	0.371
665	K017	煤炭学报	653	0.370

表7-2 2005年中国科技期刊影响因子总排序（续）

排名	代码	期刊名称	总被引频次	影响因子
665	G901	中国当代儿科杂志	385	0.370
665	M007	中国腐蚀与防护学报	368	0.370
668	E102	成都理工大学学报	470	0.369
668	R087	现代雷达	421	0.369
670	H292	上海水产大学学报	291	0.368
670	G978	消化外科	157	0.368
670	U020	中国皮革	313	0.368
670	G883	中国实验血液学杂志	285	0.368
674	G269	中国普外基础与临床杂志	403	0.367
675	C003	计算力学学报	500	0.366
675	A514	扬州大学学报	150	0.366
675	G842	中西医结合肝病杂志	373	0.366
678	G270	中国耳鼻咽喉颅底外科杂志	281	0.365
679	A580	应用基础与工程科学学报	143	0.364
679	V023	中国非金属矿工业导刊	169	0.364
681	T075	中国胶粘剂	411	0.363
682	G058	南京医科大学学报	452	0.362
683	S029	计算机应用	1032	0.361
683	Y026	南京航空航天大学学报	405	0.361
683	H004	西南农业大学学报	665	0.361
686	J042	吉林大学学报工学版	278	0.359
687	R016	绝缘材料	169	0.358
687	F012	生物物理学报	410	0.358
689	C073	工程热物理学报	704	0.357
689	X018	汽车工程	423	0.357
689	G268	中国生化药物杂志	504	0.357
692	E154	水文地质工程地质	504	0.356
692	G111	中国免疫学杂志	718	0.356
694	V051	建筑材料学报	263	0.355
694	G260	心脏杂志	394	0.355
694	B522	运筹与管理	257	0.355
694	G094	中风与神经疾病杂志	691	0.355
694	G131	中国运动医学杂志	672	0.355
699	R090	电力自动化设备	496	0.354
699	Y017	航空动力学报	354	0.354

表 7-2 2005 年中国科技期刊影响因子总排序（续）

排名	代码	期刊名称	总被引频次	影响因子
699	Z025	环境科学与技术	459	0.354
699	A105	中国科学 A	608	0.354
699	G444	中国体外循环杂志	68	0.354
704	C105	ACTA MECHANICA SINICA	165	0.353
704	T563	工业催化	235	0.353
704	Y003	中国空间科学技术	174	0.353
707	N057	机械强度	453	0.352
707	G241	中国急救医学	943	0.352
707	G255	中国肿瘤生物治疗杂志	256	0.352
710	D501	化学研究	152	0.351
710	W567	节水灌溉	227	0.351
710	Z016	水处理技术	558	0.351
710	A007	中国科学技术大学学报	318	0.351
710	H099	中国预防兽医学报	355	0.351
715	H003	华中农业大学学报	797	0.350
715	F021	实验生物学报	216	0.350
715	G189	牙体牙髓牙周病学杂志	463	0.350
715	G308	医学与哲学	563	0.350
715	Y010	振动测试与诊断	205	0.350
715	G988	中国卫生检验杂志	741	0.350
721	G252	中国微循环	311	0.349
721	G675	中国血吸虫病防治杂志	485	0.349
723	Z013	工业水处理	786	0.348
723	R049	水力发电学报	225	0.348
725	R026	光电工程	386	0.346
725	H056	水土保持研究	692	0.346
727	G112	中国人兽共患病杂志	754	0.345
728	D026	分析科学学报	501	0.344
728	G734	护士进修杂志	1419	0.344
728	T512	聚氨酯工业	170	0.344
731	S051	JOURNAL OF COMPUTER SCIENCE AND TECHNOLOGY	196	0.343
731	F046	生命科学研究	171	0.343
731	H061	西南农业学报	488	0.343
731	R059	系统工程与电子技术	981	0.343
735	S016	计算机应用研究	1266	0.342

表7-2 2005年中国科技期刊影响因子总排序（续）

排名	代码	期刊名称	总被引频次	影响因子
735	H700	江苏农业科学	522	0.342
735	F018	菌物学报	526	0.342
735	P011	燃烧科学与技术	241	0.342
735	L001	中国石油大学学报	802	0.342
740	Z027	JOURNAL OF ENVIRONMENTAL SCIENCES	239	0.341
740	R001	电子显微学报	355	0.341
740	R046	华北电力大学学报	300	0.341
740	B014	计算数学	277	0.341
740	G266	口腔医学研究	425	0.341
740	U035	食品与发酵工业	943	0.341
740	G945	中国职业医学	386	0.341
747	G293	临床血液学杂志	256	0.340
747	G072	生殖与避孕	317	0.340
747	L008	石油钻采工艺	396	0.340
747	G303	中国男科学杂志	263	0.340
751	V014	建筑结构	710	0.339
751	T072	无机盐工业	370	0.339
751	G543	中国耳鼻咽喉头颈外科	396	0.339
751	G428	中国美容医学	457	0.339
751	G122	中国药理学与毒理学杂志	425	0.339
756	G544	中国临床药学杂志	327	0.338
757	S015	模式识别与人工智能	325	0.337
758	G093	针刺研究	332	0.336
758	G396	中国循证医学杂志	126	0.336
760	T074	天然气化工	291	0.335
761	N054	机械设计与研究	260	0.334
762	F030	工业微生物	231	0.333
762	F039	植物分类学报	620	0.333
762	G242	中国神经免疫学和神经病学杂志	196	0.333
765	A038	云南大学学报	388	0.332
766	Q006	辐射防护	198	0.330
766	T527	炭素	196	0.330
766	T103	涂料工业	496	0.330
766	G826	现代肿瘤医学	236	0.330
770	H035	浙江大学学报农业与生命科学版	776	0.329

表 7-2　2005 年中国科技期刊影响因子总排序（续）

排名	代码	期刊名称	总被引频次	影响因子
771	G005	第二军医大学学报	1190	0.328
771	H265	福建农业学报	172	0.328
771	F028	广西植物	470	0.328
771	J001	清华大学学报	1589	0.328
771	G193	中国医学影像学杂志	350	0.328
776	R019	电源技术	457	0.326
776	R587	水利经济	156	0.326
776	G841	中国现代普通外科进展	137	0.326
779	D037	化学研究与应用	647	0.325
779	L009	太阳能学报	467	0.325
779	G134	中国组织化学与细胞化学杂志	249	0.325
782	Y007	材料工程	558	0.324
782	D036	电化学	274	0.324
782	L030	石油炼制与化工	541	0.324
782	G800	胃肠病学	271	0.324
782	H212	中国麻业	178	0.324
787	R586	吉林大学学报信息科学版	129	0.323
788	V033	工程抗震与加固改造	193	0.322
788	A083	科技通报	252	0.322
788	G006	生物医学工程学杂志	616	0.322
788	G876	中华老年心脑血管病杂志	222	0.322
792	Y020	宇航材料工艺	406	0.321
792	G243	中国医院药学杂志	1176	0.321
794	U037	林产工业	170	0.320
794	U029	无锡轻工大学学报	386	0.320
796	N015	光学技术	525	0.319
796	N007	火炸药学报	225	0.319
796	G298	中国斜视与小儿眼科杂志	250	0.319
796	G910	中华中医药杂志	511	0.319
800	G957	腹部外科	353	0.317
800	J003	哈尔滨工业大学学报	706	0.317
800	G514	药物生物技术	254	0.317
803	A016	兰州大学学报	486	0.316
803	X006	上海交通大学学报	1194	0.316
805	C096	ACTA MATHEMATICA SCIENTIA	162	0.315

表 7-2　2005 年中国科技期刊影响因子总排序（续）

排名	代码	期刊名称	总被引频次	影响因子
805	R022	电子与信息学报	515	0.315
805	B004	数学年刊 A	299	0.315
808	P003	动力工程	336	0.314
808	D011	化学试剂	466	0.314
808	M004	机械工程材料	469	0.314
808	U052	中国乳品工业	346	0.314
812	E547	沉积与特提斯地质	169	0.313
812	T076	化学工业与工程	221	0.313
812	C108	原子核物理评论	112	0.313
812	X004	中国铁道科学	374	0.313
816	V021	给水排水	956	0.312
816	A028	湖南大学学报	365	0.312
816	G077	华中科技大学学报医学版	550	0.312
816	G267	中国实用内科杂志	1167	0.312
816	G908	中国学校卫生	852	0.312
821	N085	兵器材料科学与工程	332	0.311
821	N025	真空科学与技术学报	240	0.311
821	G130	中国应用生理学杂志	394	0.311
824	T536	塑料科技	247	0.310
824	E307	西北地震学报	243	0.310
824	L013	中国海上油气	392	0.310
824	G740	中华卫生杀虫药械	95	0.310
828	N104	中国惯性技术学报	214	0.309
829	M006	材料科学与工艺	430	0.308
829	S022	计算机工程与设计	520	0.308
829	N044	无损检测	368	0.308
829	G265	医学影像学杂志	317	0.308
829	G088	医用生物力学	131	0.308
829	G878	中国药师	364	0.308
835	T508	电镀与精饰	293	0.307
835	H201	浙江农业学报	290	0.307
837	T100	CHINESE JOURNAL OF CHEMICAL ENGINEERING	193	0.306
837	I063	JOURNAL OF GEOGRAPHICAL SCIENCES	75	0.306
837	G246	口腔颌面外科杂志	326	0.306
840	H278	农业机械学报	618	0.305

表 7-2　2005 年中国科技期刊影响因子总排序（续）

排名	代码	期刊名称	总被引频次	影响因子
841	H276	新疆农业科学	267	0.304
842	R088	电机与控制学报	175	0.303
842	R025	激光技术	350	0.303
842	C094	计算物理	256	0.303
842	G871	医疗设备信息	364	0.303
846	Z546	中国人口资源与环境	373	0.302
847	T002	高分子通报	475	0.301
848	R011	电力电子技术	424	0.300
848	T057	合成材料老化与应用	109	0.300
848	R521	激光与红外	261	0.300
848	K009	煤田地质与勘探	337	0.300
848	R511	中国电力	598	0.300
853	N019	低温工程	140	0.297
853	N083	金属热处理	668	0.297
853	S027	小型微型计算机系统	827	0.297
853	G082	新生儿科杂志	327	0.297
853	G339	中国寄生虫病防治杂志	421	0.297
853	G220	中国药物化学杂志	266	0.297
853	X012	中国造船	187	0.297
853	U033	中国造纸学报	110	0.297
861	G549	癌变·畸变·突变	240	0.296
861	T067	合成纤维	149	0.296
861	G882	环境与职业医学	251	0.296
861	G328	新乡医学院学报	340	0.296
861	G102	中国公共卫生	1662	0.296
866	N026	材料热处理学报	317	0.295
866	A042	广西大学学报	143	0.295
866	G990	眼外伤职业眼病杂志	857	0.295
866	A081	中国科学基金	158	0.295
866	G109	中国临床药理学杂志	399	0.295
871	H243	吉林农业大学学报	458	0.294
871	E140	空间科学学报	160	0.294
873	G322	创伤外科杂志	257	0.293
873	G068	复旦学报医学科学版	513	0.293
873	R566	水资源保护	177	0.293

表 7-2　2005 年中国科技期刊影响因子总排序（续）

排名	代码	期刊名称	总被引频次	影响因子
873	G141	中华放射医学与防护杂志	531	0.293
877	H002	安徽农业大学学报	380	0.292
877	H701	江西农业学报	147	0.292
877	T013	人工晶体学报	329	0.292
877	G278	神经科学通报	163	0.292
877	B001	应用数学学报	335	0.292
877	G872	中国实用眼科杂志	1018	0.292
883	R060	控制理论与应用	747	0.291
883	H269	云南农业大学学报	343	0.291
883	U001	中国粮油学报	448	0.291
883	G613	中国慢性病预防与控制	421	0.291
883	G133	中国肿瘤临床	1040	0.291
883	G144	中华航空航天医学杂志	224	0.291
889	B009	生物数学学报	279	0.290
889	G747	中国新药杂志	936	0.290
891	B002	高等学校计算数学学报	150	0.289
891	N050	机械科学与技术	864	0.289
891	G257	临床内科杂志	383	0.289
891	G261	临床心血管病杂志	589	0.289
891	T070	日用化学工业	416	0.289
891	C057	原子与分子物理学报	227	0.289
891	K036	中国锰业	114	0.289
898	K001	中南大学学报	495	0.288
899	T500	弹性体	174	0.287
899	G879	肝胆外科杂志	443	0.287
899	N018	微细加工技术	112	0.287
899	X032	西南交通大学学报	442	0.287
903	G004	北京生物医学工程	192	0.286
903	U015	纺织科学研究	57	0.286
903	G043	华西口腔医学杂志	556	0.286
903	G288	脑与神经疾病杂志	310	0.286
903	G210	微循环学杂志	248	0.286
903	X022	中南公路工程	263	0.286
909	J059	空军工程大学学报	188	0.285
909	U005	食品工业科技	796	0.285

表 7-2　2005 年中国科技期刊影响因子总排序（续）

排名	代码	期刊名称	总被引频次	影响因子
909	G538	中国癌症杂志	395	0.285
912	E510	测绘通报	457	0.284
912	H070	山地农业生物学报	180	0.284
912	G283	上海口腔医学	301	0.284
912	A064	西南师范大学学报	418	0.284
912	U012	中国造纸	291	0.284
917	T505	合成树脂及塑料	213	0.283
917	W014	武汉大学学报工学版	434	0.283
917	C090	物理	427	0.283
917	T569	粘接	265	0.283
921	E022	古生物学报	632	0.282
921	G358	解剖学研究	148	0.282
921	G880	临床超声医学杂志	170	0.282
921	G326	胃肠病学和肝病学杂志	292	0.282
921	G765	小儿急救医学	295	0.282
926	V040	玻璃钢/复合材料	193	0.281
926	M026	冶金自动化	160	0.281
928	G025	工业卫生与职业病	333	0.280
928	Z005	环境工程	446	0.280
928	A019	郑州大学学报	129	0.280
928	G185	肿瘤防治研究	436	0.280
928	L018	钻井液与完井液	275	0.280
933	I090	JOURNAL OF WUHAN UNIVERSITY OF TECHNOLOGY MATERIALS SCIENCE EDITION	127	0.279
933	M050	钢铁	626	0.279
935	A063	厦门大学学报	606	0.278
935	N081	铸造技术	407	0.278
937	T580	塑性工程学报	282	0.277
937	E159	新疆地质	356	0.277
937	U004	郑州工程学院学报	293	0.277
940	N001	北京理工大学学报	470	0.276
940	C092	核聚变与等离子体物理	89	0.276
940	G067	现代免疫学	469	0.276
943	R048	磁性材料及器件	201	0.275
943	W007	管理工程学报	232	0.275

表 7-2　2005 年中国科技期刊影响因子总排序（续）

排名	代码	期刊名称	总被引频次	影响因子
943	G313	中国医师杂志	544	0.275
943	G642	中国肿瘤	580	0.275
943	G564	中药新药与临床药理	444	0.275
948	G690	肝胆胰外科杂志	300	0.274
948	N047	机械设计	478	0.274
948	Z030	中国环境监测	340	0.274
948	H958	中国农学通报	646	0.274
952	G044	华西药学杂志	511	0.273
952	J051	四川大学学报工程科学版	320	0.273
952	G847	现代护理	674	0.273
952	G870	中国临床药理学与治疗学	310	0.273
956	E363	世界地震工程	268	0.272
956	G238	听力学及言语疾病杂志	209	0.272
956	G604	中国实验方剂学杂志	370	0.272
959	B030	ACTA MATHEMATICA SINICA ENGLISH SERIES	192	0.271
959	M544	钛工业进展	102	0.271
961	E132	地质找矿论丛	144	0.270
961	T025	化学工程	340	0.270
961	T011	南京工业大学学报	371	0.270
961	H282	上海农业学报	428	0.270
961	C052	应用声学	204	0.270
966	D602	合成化学	324	0.269
966	M041	稀土	494	0.269
966	G115	中国生物医学工程学报	362	0.269
969	I139	CHEMICAL RESEARCH IN CHINESE UNIVERSITIES	166	0.268
969	D017	CHINESE JOURNAL OF POLYMER SCIENCE	146	0.268
969	G542	毒理学杂志	295	0.268
969	T004	硅酸盐通报	426	0.268
969	A021	华侨大学学报	185	0.268
969	K008	辽宁工程技术大学学报	420	0.268
969	G045	四川大学学报医学版	547	0.268
969	J032	同济大学学报	789	0.268
969	J021	重庆大学学报	734	0.268
978	N070	锻压技术	288	0.267
978	S025	计算机工程与应用	2705	0.267

表 7-2　2005 年中国科技期刊影响因子总排序（续）

排名	代码	期刊名称	总被引频次	影响因子
978	T949	应用化工	128	0.267
978	G335	中华航海医学与高气压医学杂志	199	0.267
982	C058	高能物理与核物理	359	0.266
982	N048	金刚石与磨料磨具工程	188	0.266
982	R005	数据采集与处理	251	0.266
982	B021	系统科学与数学	258	0.266
982	G521	中国疼痛医学杂志	205	0.266
987	H263	北京农学院学报	199	0.265
987	H223	热带作物学报	228	0.265
989	H262	东北林业大学学报	629	0.264
989	H024	沈阳农业大学学报	557	0.264
989	L033	油田化学	389	0.264
992	E145	海洋科学	761	0.263
992	S006	计算机科学	771	0.263
994	M033	桂林工学院学报	257	0.262
994	N102	继电器	479	0.262
994	G070	神经解剖学杂志	272	0.262
994	R034	信号处理	319	0.262
994	G110	中国麻风皮肤病杂志	272	0.262
994	G039	中南大学学报医学版	575	0.262
1000	V030	工程勘察	296	0.261
1000	F045	激光生物学报	231	0.261
1000	T542	精细石油化工	359	0.261
1000	X673	现代隧道技术	118	0.261
1004	V031	地下空间	230	0.260
1004	M003	腐蚀科学与防护技术	326	0.260
1004	N014	计量学报	238	0.260
1004	G046	江苏医药	508	0.260
1004	G677	颈腰痛杂志	346	0.260
1004	R033	应用激光	261	0.260
1004	G124	中国医疗器械杂志	226	0.260
1011	C031	低温与超导	96	0.259
1011	E002	东华理工学院学报	152	0.259
1011	G507	解剖科学进展	190	0.259
1011	G580	立体定向和功能性神经外科杂志	162	0.259

表 7-2 2005 年中国科技期刊影响因子总排序（续）

排名	代码	期刊名称	总被引频次	影响因子
1011	V039	中国园林	395	0.259
1016	T931	化学与粘合	281	0.258
1016	E548	世界地质	218	0.258
1016	B006	数学学报	701	0.258
1016	F025	细胞生物学杂志	223	0.258
1020	N100	现代科学仪器	211	0.257
1020	A512	重庆师范大学学报	162	0.257
1022	G057	东南大学学报医学版	192	0.256
1022	M502	功能材料与器件学报	165	0.256
1022	G501	临床肝胆病杂志	419	0.256
1022	U602	皮革科学与工程	117	0.256
1022	G627	循证医学	52	0.256
1022	J012	郑州大学学报工学版	178	0.256
1028	K027	安徽理工大学学报	78	0.255
1028	G608	放射学实践	389	0.255
1028	Y016	空气动力学学报	192	0.255
1028	M045	矿冶工程	277	0.255
1028	A044	曲阜师范大学学报	168	0.255
1028	G062	山东大学学报医学版	383	0.255
1028	G706	中国优生与遗传杂志	763	0.255
1035	N060	传感技术学报	200	0.254
1035	X016	兰州交通大学学报	197	0.254
1035	Q919	实用临床医药杂志	399	0.254
1035	T019	中国医药工业杂志	813	0.254
1039	M036	有色金属	349	0.253
1040	E112	地震研究	167	0.252
1040	C103	固体力学学报	319	0.252
1040	Y023	西北工业大学学报	362	0.252
1040	G639	中华老年多器官疾病杂志	71	0.252
1044	A121	解放军理工大学学报	166	0.251
1044	A645	科技导报	321	0.251
1046	F044	氨基酸和生物资源	282	0.250
1046	H245	广西农业生物科学	222	0.250
1046	G256	临床外科杂志	489	0.250
1046	T933	石化技术与应用	155	0.250

表 7-2 2005 年中国科技期刊影响因子总排序（续）

排名	代码	期刊名称	总被引频次	影响因子
1046	H103	种子	600	0.250
1051	R037	高压电器	213	0.249
1051	S049	计算机仿真	526	0.249
1051	W020	情报学报	239	0.249
1051	K030	中国矿业	285	0.249
1055	L036	江苏工业学院学报	130	0.248
1055	E313	青岛海洋大学学报	590	0.248
1055	W006	水利水运工程学报	162	0.248
1055	X007	铁道科学与工程学报	121	0.248
1055	G247	中国老年学杂志	624	0.248
1060	E311	海洋通报	336	0.247
1060	K525	矿产保护与利用	149	0.247
1060	K025	矿产与地质	239	0.247
1060	L019	石油机械	500	0.247
1060	G081	西安交通大学学报医学版	424	0.247
1065	T054	海湖盐与化工	141	0.246
1065	J033	华中科技大学学报	997	0.246
1065	E114	天文学进展	81	0.246
1068	J030	北京工业大学学报	213	0.245
1068	Q005	辐射研究与辐射工艺学报	186	0.245
1068	N031	光学仪器	144	0.245
1068	A056	上海大学学报	251	0.245
1068	G784	中国健康心理学杂志	436	0.245
1068	U647	中国烟草学报	182	0.245
1074	W010	长江科学院院报	242	0.244
1074	C104	力学与实践	384	0.244
1076	T020	北京化工大学学报	301	0.243
1076	A001	复旦学报	366	0.243
1076	H203	湖北农业科学	333	0.243
1076	G187	军医进修学院学报	272	0.243
1076	A201	世界科技研究与发展	237	0.243
1081	X026	公路交通科技	464	0.242
1081	T065	合成纤维工业	242	0.242
1081	G536	中国临床神经科学	231	0.242
1084	N105	工程爆破	161	0.241

表 7-2　2005 年中国科技期刊影响因子总排序（续）

排名	代码	期刊名称	总被引频次	影响因子
1084	G041	湖南中医学院学报	256	0.241
1084	M101	矿冶	145	0.241
1084	L010	西安石油大学学报	233	0.241
1084	N115	现代仪器	106	0.241
1084	G667	中国综合临床	585	0.241
1090	W514	科学学研究	130	0.240
1091	S012	计算机工程	1854	0.239
1092	R024	半导体光电	211	0.238
1092	N590	工程设计学报	65	0.238
1092	S032	数值计算与计算机应用	104	0.238
1092	H288	西北农业学报	427	0.238
1092	G419	心血管病学进展	297	0.238
1092	H026	竹子研究汇刊	232	0.238
1098	P006	热能动力工程	267	0.237
1098	F224	生物技术通讯	204	0.237
1098	W009	数理统计与管理	220	0.237
1098	A060	西南民族大学学报	178	0.237
1098	G977	药学服务与研究	115	0.237
1098	G258	中国生物制品学杂志	208	0.237
1104	G030	广州中医药大学学报	336	0.236
1104	G525	华南预防医学	230	0.236
1106	R067	电子技术应用	489	0.235
1106	G066	上海第二医科大学学报	450	0.235
1108	L017	测井技术	366	0.234
1108	L004	大庆石油学院学报	329	0.234
1108	N071	热加工工艺	427	0.234
1108	G113	中国烧伤创疡杂志	274	0.234
1112	U053	纺织学报	371	0.233
1112	G603	生物医学工程与临床	81	0.233
1114	T547	武汉化工学院学报	142	0.232
1115	T021	华东理工大学学报	462	0.231
1115	A020	山东大学学报	220	0.231
1115	T073	香料香精化妆品	118	0.231
1118	D062	分析仪器	130	0.230
1118	C036	数学物理学报	253	0.230

表 7-2　2005 年中国科技期刊影响因子总排序（续）

排名	代码	期刊名称	总被引频次	影响因子
1118	E023	天文学报	96	0.230
1121	U002	粮食储藏	140	0.229
1121	Y009	强度与环境	67	0.229
1121	E563	热带地理	174	0.229
1121	A006	四川大学学报	473	0.229
1121	A022	西北师范大学学报	206	0.229
1121	W005	中国农村水利水电	436	0.229
1121	A905	自然杂志	299	0.229
1128	G012	安徽医科大学学报	330	0.228
1128	C008	应用力学学报	311	0.228
1128	H221	中国农业资源与区划	115	0.228
1131	E006	海洋科学进展	199	0.227
1131	G962	眼科	212	0.227
1131	G103	中国骨伤	487	0.227
1134	A010	北京师范大学学报自然科学版	373	0.226
1134	Y029	海军航空工程学院学报	128	0.226
1136	G292	寄生虫与医学昆虫学报	82	0.225
1136	G946	上海中医药大学学报	145	0.225
1136	V531	陶瓷学报	109	0.225
1136	H908	新疆农业大学学报	164	0.225
1136	G809	中国医刊	299	0.225
1141	V019	重庆建筑大学学报	317	0.224
1142	G016	北京医学	282	0.223
1142	V010	工业建筑	796	0.223
1142	X025	哈尔滨工程大学学报	252	0.223
1142	T066	化工自动化及仪表	216	0.223
1142	G240	中国中医骨伤科杂志	323	0.223
1147	T006	化工机械	139	0.222
1147	G302	疾病控制杂志	249	0.222
1147	G038	武汉大学学报医学版	238	0.222
1150	F027	四川动物	237	0.221
1150	G321	现代口腔医学杂志	404	0.221
1150	H204	中国沼气	210	0.221
1153	M010	材料开发与应用	161	0.220
1153	R021	电子测量与仪器学报	132	0.220

表 7-2　2005 年中国科技期刊影响因子总排序（续）

排名	代码	期刊名称	总被引频次	影响因子
1155	R063	半导体技术	232	0.219
1155	N008	兵工学报	294	0.219
1155	A034	甘肃科学学报	151	0.219
1155	A040	国防科技大学学报	339	0.219
1155	H209	中国糖料	112	0.219
1155	G622	中国医学物理学杂志	226	0.219
1161	Q009	核科学与工程	156	0.218
1161	H218	畜牧与兽医	299	0.218
1163	X014	北京交通大学学报	273	0.217
1163	G287	临床口腔医学杂志	395	0.217
1163	A041	天津大学学报	438	0.217
1163	G244	中国工业医学杂志	317	0.217
1167	E543	测绘工程	126	0.216
1167	Q007	核电子学与探测技术	211	0.216
1167	R069	压电与声光	349	0.216
1167	E500	盐湖研究	119	0.216
1167	G773	眼科研究	376	0.216
1172	G624	生殖医学杂志	203	0.215
1172	G346	血栓与止血学	84	0.215
1174	G500	北京口腔医学	121	0.214
1174	A045	暨南大学学报	289	0.214
1174	B020	应用数学和力学	486	0.214
1177	N110	工业工程与管理	167	0.213
1177	A052	华南师范大学学报	168	0.213
1177	T999	特种橡胶制品	170	0.213
1180	N061	工程图学学报	209	0.212
1180	G361	临床神经电生理学杂志	184	0.212
1180	G626	天津中医药	209	0.212
1180	X039	中国航海	68	0.212
1184	G052	军事医学科学院院刊	277	0.211
1184	A658	青岛大学学报	163	0.211
1184	A023	首都师范大学学报	99	0.211
1184	G100	中国法医学杂志	214	0.211
1188	G873	眼视光学杂志	173	0.210
1188	H939	中国稻米	190	0.210

表 7-2 2005 年中国科技期刊影响因子总排序（续）

排名	代码	期刊名称	总被引频次	影响因子
1188	G099	中国地方病防治杂志	351	0.210
1191	M002	理化检验物理分册	219	0.209
1191	Z007	四川环境	243	0.209
1191	C100	噪声与振动控制	143	0.209
1194	B023	CHINESE ANNALS OF MATHEMATICS SERIES B	198	0.208
1194	R516	电路与系统学报	228	0.208
1194	G893	放射免疫学杂志	312	0.208
1194	Y006	飞行力学	133	0.208
1198	N029	润滑与密封	354	0.207
1198	J002	西安理工大学学报	178	0.207
1200	C109	应用光学	133	0.206
1200	U011	制冷学报	165	0.206
1202	G126	CHINESE MEDICAL SCIENCES JOURNAL	124	0.205
1202	Y001	北京航空航天大学学报	483	0.205
1202	H040	淡水渔业	296	0.205
1202	G844	医药导报	448	0.205
1202	G186	重庆医科大学学报	306	0.205
1207	A003	安徽大学学报	152	0.204
1207	A029	福州大学学报	314	0.204
1207	G295	解放军药学学报	270	0.204
1207	X013	汽车技术	274	0.204
1211	E312	海洋湖沼通报	229	0.203
1211	G059	南京中医药大学学报	323	0.203
1211	U031	天津科技大学学报	81	0.203
1211	R070	微波学报	144	0.203
1211	N086	真空	133	0.203
1211	N034	装备环境工程	183	0.203
1217	E026	地质力学学报	187	0.202
1217	H233	土壤肥料	530	0.202
1217	T068	中国陶瓷	217	0.202
1220	X011	机车电传动	115	0.201
1220	A112	江西师范大学学报	114	0.201
1220	L014	炼油技术与工程	320	0.201
1220	A057	山东师范大学学报	160	0.201
1220	G902	中国基层医药	497	0.201

表 7-2 2005 年中国科技期刊影响因子总排序（续）

排名	代码	期刊名称	总被引频次	影响因子
1220	G304	中国临床医学影像杂志	256	0.201
1226	T051	玻璃与搪瓷	130	0.200
1226	J058	河北科技大学学报	148	0.200
1226	A537	科学技术与工程	180	0.200
1229	B017	模糊系统与数学	329	0.199
1229	G885	中国现代手术学杂志	134	0.199
1231	H207	中国蔬菜	606	0.198
1232	Y014	航空制造技术	239	0.197
1233	Q002	核化学与放射化学	90	0.196
1233	G524	中国中医急症	322	0.196
1235	G906	世界科学技术-中医药现代化	166	0.195
1235	V018	西安建筑科技大学学报	172	0.195
1235	H584	植物检疫	350	0.195
1235	G412	肿瘤学杂志	196	0.195
1239	A084	黑龙江大学自然科学学报	162	0.194
1239	J022	山东大学学报工学版	166	0.194
1241	D031	CHINESE CHEMICAL LETTERS	449	0.192
1241	A078	福建师范大学学报	225	0.192
1241	C110	量子光学学报	45	0.192
1241	G083	心肺血管病杂志	154	0.192
1241	G180	中日友好医院学报	144	0.192
1246	U021	哈尔滨商业大学学报	140	0.191
1246	N107	模具技术	144	0.191
1248	G961	解放军预防医学杂志	287	0.190
1248	G050	解剖学杂志	425	0.190
1248	G585	临床心电学杂志	111	0.190
1251	T532	化工科技	123	0.189
1251	W531	科研管理	212	0.189
1251	C101	力学季刊	146	0.189
1251	H261	辽宁农业科学	327	0.189
1251	J016	浙江工业大学学报	166	0.189
1256	N067	电焊机	209	0.188
1256	H006	东北农业大学学报	283	0.188
1256	A012	海南大学学报	142	0.188
1256	K004	矿产综合利用	159	0.188

表 7-2 2005 年中国科技期刊影响因子总排序（续）

排名	代码	期刊名称	总被引频次	影响因子
1260	H005	大连水产学院学报	212	0.187
1260	M013	钢铁钒钛	91	0.187
1260	J053	合肥工业大学学报	397	0.187
1260	A031	河北大学学报	189	0.187
1260	N052	压力容器	201	0.187
1260	G680	中国妇幼保健	692	0.187
1260	G849	中国现代应用药学	423	0.187
1267	A535	广西科学	140	0.186
1267	Q001	核技术	373	0.186
1269	H228	广东农业科学	333	0.185
1269	Y012	航空精密制造技术	130	0.185
1269	S034	计算机工程与科学	279	0.185
1272	Y022	测控技术	367	0.184
1272	N024	车用发动机	96	0.184
1272	H267	莱阳农学院学报	229	0.184
1272	K035	中国钨业	76	0.184
1276	A101	江西科学	137	0.183
1276	M042	耐火材料	285	0.183
1276	A015	应用科学学报	194	0.183
1276	G036	郑州大学学报医学版	491	0.183
1276	G551	中国中医药科技	406	0.183
1281	M015	JOURNAL OF MATERIALS SCIENCE & TECHNOLOGY	307	0.182
1281	E149	东海海洋	144	0.182
1281	B008	应用概率统计	145	0.182
1284	A111	内蒙古师大学报	111	0.181
1284	F042	生命的化学	259	0.181
1284	H277	浙江林业科技	216	0.181
1284	U567	中国甜菜糖业	83	0.181
1284	H202	作物杂志	285	0.181
1289	N037	工业仪表与自动化装置	146	0.180
1289	A054	华东师范大学学报	190	0.180
1289	G069	上海医学	597	0.180
1289	T064	橡胶工业	356	0.180
1293	E525	地质与资源	115	0.179
1293	P005	工业炉	78	0.179

表 7-2 2005 年中国科技期刊影响因子总排序（续）

排名	代码	期刊名称	总被引频次	影响因子
1293	A067	河南大学学报	141	0.179
1293	M631	黄金	291	0.179
1293	R085	微特电机	172	0.179
1293	H326	中国兽医科技	503	0.179
1293	G123	中国医科大学学报	426	0.179
1300	R036	电子科技大学学报	271	0.178
1300	G609	热带医学杂志	107	0.178
1302	A004	华中师范大学学报	290	0.177
1302	V049	结构工程师	71	0.177
1302	E136	物探化探计算技术	165	0.177
1305	R514	激光与光电子学进展	129	0.176
1306	K032	河北建筑科技学院学报	90	0.175
1306	A013	南昌大学学报	172	0.175
1306	G010	中医杂志	1020	0.175
1309	R537	电视技术	207	0.174
1309	T553	化学与生物工程	163	0.174
1309	A061	南京师大学报	204	0.174
1309	H272	湛江海洋大学学报	173	0.174
1309	G974	中国临床医学	356	0.174
1314	N042	火工品	80	0.173
1315	V047	建筑学报	269	0.172
1315	G662	内科急危重症杂志	134	0.172
1317	Z032	工业用水与废水	179	0.171
1317	J020	昆明理工大学学报	288	0.171
1317	A008	南开大学学报	198	0.171
1317	F213	生物学杂志	233	0.171
1317	G700	实用老年医学	207	0.171
1322	E012	CHINESE JOURNAL OF OCEANOLOGY AND LIMNOLOGY	115	0.170
1322	V035	华中科技大学学报城市科学版	103	0.170
1322	N011	南京理工大学学报	260	0.170
1322	H031	山东农业大学学报	474	0.170
1322	A515	深圳大学学报理工版	74	0.170
1322	G605	医疗卫生装备	224	0.170
1322	A051	浙江师范大学学报	98	0.170
1329	G859	中医药学刊	480	0.169

表 7-2 2005 年中国科技期刊影响因子总排序（续）

排名	代码	期刊名称	总被引频次	影响因子
1330	N002	华北工学院学报	180	0.168
1330	E103	华南地震	103	0.168
1330	J052	沈阳工业大学学报	257	0.168
1330	N013	自动化仪表	281	0.168
1334	L024	焊管	125	0.167
1334	J019	河北工业科技	106	0.167
1334	H041	特产研究	138	0.167
1334	M032	武汉科技大学学报	173	0.167
1338	H227	吉林农业科学	247	0.166
1338	G615	诊断学理论与实践	70	0.166
1340	N027	电加工与模具	202	0.165
1340	E108	海洋预报	122	0.165
1340	R081	照明工程学报	45	0.165
1343	T953	消防科学与技术	147	0.164
1343	G845	中国小儿血液	117	0.164
1345	G855	临床消化病杂志	173	0.163
1345	R050	水力发电	274	0.163
1345	S023	制造业自动化	253	0.163
1348	E626	CT 理论与应用研究	77	0.162
1348	Q004	核动力工程	191	0.162
1348	U055	粮食与饲料工业	399	0.162
1348	U025	陕西科技大学学报	166	0.162
1348	C033	声学技术	132	0.162
1348	T015	炭素技术	148	0.162
1354	K018	工矿自动化	91	0.161
1354	N076	焊接	202	0.161
1354	L023	石油化工设备	136	0.161
1357	Y030	飞行器测控学报	47	0.160
1357	G024	福建医科大学学报	244	0.160
1357	H356	河南农业科学	317	0.160
1357	Z017	环境保护科学	233	0.160
1357	N023	流体机械	333	0.160
1357	G063	山东中医药大学学报	325	0.160
1357	J031	上海理工大学学报	153	0.160
1357	B007	数学进展	252	0.160

表 7-2 2005 年中国科技期刊影响因子总排序（续）

排名	代码	期刊名称	总被引频次	影响因子
1365	A014	山西大学学报	190	0.159
1365	G341	现代泌尿外科杂志	61	0.159
1365	R045	中小型电机	122	0.159
1368	A039	湖北大学学报	153	0.158
1368	G768	实用预防医学	422	0.158
1368	R089	现代电力	106	0.158
1371	G019	成都中医药大学学报	195	0.157
1371	G073	首都医科大学学报	215	0.157
1371	Q003	同位素	83	0.157
1374	B015	数学的实践与认识	282	0.156
1374	F048	中国比较医学杂志	155	0.156
1376	R047	固体电子学研究与进展	90	0.155
1376	A011	河南科学	217	0.155
1376	N043	探测与控制学报	97	0.155
1379	N082	锻压装备与制造技术	202	0.154
1379	E141	华北地震科学	79	0.154
1379	R028	激光杂志	319	0.154
1379	N035	液压与气动	258	0.154
1383	R044	电气传动	201	0.153
1383	A037	苏州大学学报	85	0.153
1385	R053	低压电器	115	0.152
1385	G033	哈尔滨医科大学学报	267	0.152
1387	A077	贵州大学学报	69	0.151
1387	U008	粮油加工与食品机械	132	0.151
1387	R004	微电子学与计算机	232	0.151
1387	G245	西北国防医学杂志	194	0.151
1391	M505	腐蚀与防护	266	0.150
1392	R711	测试技术学报	117	0.149
1392	R740	电光与控制	94	0.149
1392	M049	南方冶金学院学报	58	0.149
1392	A087	新疆大学学报	108	0.149
1392	G952	中国血液流变学杂志	235	0.149
1397	F257	实验动物科学与管理	111	0.148
1397	R032	真空电子技术	103	0.148
1397	H211	中国棉花	386	0.148

表 7-2 2005 年中国科技期刊影响因子总排序（续）

排名	代码	期刊名称	总被引频次	影响因子
1400	G410	标记免疫分析与临床	131	0.147
1400	G020	大连医科大学学报	121	0.147
1400	N064	工具技术	287	0.147
1400	G061	青岛大学医学院学报	168	0.147
1404	X024	大连海事大学学报	123	0.146
1404	E119	地震地磁观测与研究	138	0.146
1404	A055	湖南师范大学自然科学学报	152	0.146
1407	U013	纺织高校基础科学学报	64	0.145
1407	N040	机械传动	177	0.145
1409	H059	安徽农业科学	584	0.144
1409	N074	仪表技术与传感器	225	0.144
1409	H241	中国草食动物	206	0.144
1412	U014	东华大学学报	248	0.143
1412	V005	建筑科学	174	0.143
1412	E104	内陆地震	75	0.143
1415	M100	ACTA METALLURGICA SINICA	137	0.142
1415	Y013	固体火箭技术	169	0.142
1415	Z553	净水技术	109	0.142
1415	U542	毛纺科技	133	0.142
1415	G389	上海中医药杂志	505	0.142
1415	F215	生命科学	220	0.142
1415	G963	现代预防医学	411	0.142
1415	M011	现代铸铁	130	0.142
1415	X029	重庆交通学院学报	212	0.142
1424	V034	水电自动化与大坝监测	127	0.141
1425	G026	广东医学	697	0.140
1425	J017	河北工业大学学报	204	0.140
1425	N028	机械设计与制造	270	0.140
1425	A026	内蒙古大学学报	328	0.140
1425	G387	实验动物与比较医学	145	0.140
1425	R057	微电机	157	0.140
1425	A102	中国科学院研究生院学报	100	0.140
1425	Y028	中国民航学院学报	54	0.140
1433	C072	CHINESE JOURNAL OF ASTRONOMY AND ASTROPHYSICS	95	0.139
1433	P009	工业加热	102	0.139

表7-2 2005年中国科技期刊影响因子总排序（续）

排名	代码	期刊名称	总被引频次	影响因子
1433	R082	光电子技术	71	0.139
1436	R031	光通信技术	119	0.138
1436	G035	河北医科大学学报	197	0.138
1436	X021	桥梁建设	172	0.138
1436	W011	水利水电技术	340	0.138
1436	J036	西安工业学院学报	142	0.138
1441	N053	机械与电子	168	0.137
1441	G332	生物医学工程研究	22	0.137
1441	G636	中国肿瘤临床与康复	362	0.137
1444	B031	工程数学学报	212	0.136
1444	H275	贵州农业科学	259	0.136
1444	P001	汽轮机技术	140	0.136
1447	N056	长春理工大学学报	131	0.135
1448	M031	安徽工业大学学报	90	0.134
1448	G741	蚌埠医学院学报	251	0.134
1448	N005	火力与指挥控制	166	0.134
1448	R064	微电子学	131	0.134
1448	G440	药学实践杂志	238	0.134
1453	R051	大电机技术	119	0.133
1453	Y018	流体力学实验与测量	64	0.133
1453	G064	山西医科大学学报	252	0.133
1453	B005	数学研究与评论	177	0.133
1453	G853	中国实验诊断学	205	0.133
1458	A076	河北师范大学学报	155	0.132
1458	G076	天津医药	359	0.132
1458	B011	应用数学	148	0.132
1461	G550	白血病・淋巴瘤	151	0.131
1461	N004	弹道学报	101	0.131
1461	A058	河南师范大学学报	150	0.131
1461	K010	矿业研究与开发	95	0.131
1461	A018	湘潭大学自然科学学报	152	0.131
1461	G518	预防医学情报杂志	235	0.131
1467	G294	华西医学	331	0.130
1467	T012	青岛科技大学学报	139	0.130
1467	A043	上海师范大学学报	126	0.130

表 7-2 2005 年中国科技期刊影响因子总排序（续）

排名	代码	期刊名称	总被引频次	影响因子
1470	B024	JOURNAL OF PARTIAL DIFFERENTIAL EQUATIONS	43	0.129
1470	B003	高校应用数学学报	171	0.129
1470	V007	四川建筑科学研究	151	0.129
1473	G013	安徽中医学院学报	244	0.128
1473	N101	变压器	152	0.128
1473	H271	内蒙古农业大学学报	259	0.128
1473	N111	现代制造工程	315	0.128
1473	G623	中国现代神经疾病杂志	60	0.128
1478	N063	中国制造业信息化	248	0.127
1479	N012	爆破器材	87	0.126
1479	G027	广东药学院学报	221	0.126
1479	K016	湖南科技大学学报	81	0.126
1479	W502	水利水电科技进展	162	0.126
1479	H864	饲料研究	254	0.126
1479	G702	温州医学院学报	176	0.126
1485	L587	节能技术	84	0.124
1485	P010	小型内燃机与摩托车	80	0.124
1485	Q008	原子能科学技术	195	0.124
1485	G090	云南中医学院学报	95	0.124
1485	G832	中国中医药信息杂志	494	0.124
1490	X521	铁道工程学报	125	0.123
1491	N624	焊接技术	187	0.122
1491	A072	辽宁师范大学学报	115	0.122
1491	X035	中国港湾建设	110	0.122
1494	X002	长沙交通学院学报	87	0.121
1494	E549	地球与环境	26	0.121
1494	J029	广东工业大学学报	100	0.121
1494	G324	实用医学杂志	672	0.121
1494	A501	烟台大学学报自然科学与工程版	85	0.121
1494	N055	重型机械	135	0.121
1500	K005	煤炭科学技术	235	0.120
1500	S033	微型电脑应用	196	0.120
1500	L002	西南石油学院学报	270	0.120
1503	N069	机床与液压	486	0.119
1503	R099	机电一体化	126	0.119

表 7-2　2005 年中国科技期刊影响因子总排序（续）

排名	代码	期刊名称	总被引频次	影响因子
1503	G223	现代医学	135	0.119
1503	L026	中国海洋平台	74	0.119
1507	G306	医师进修杂志	380	0.118
1507	H242	中国畜牧杂志	302	0.118
1509	Y031	航空计算技术	96	0.117
1509	U030	西安工程科技学院学报	83	0.117
1509	N907	鱼雷技术	43	0.117
1512	V045	建筑技术	231	0.116
1512	N088	组合机床与自动化加工技术	318	0.116
1514	L032	石油矿场机械	152	0.114
1514	B012	数学杂志	182	0.114
1514	J025	燕山大学学报	117	0.114
1517	N032	风机技术	87	0.113
1517	J054	天津理工大学学报	101	0.113
1517	A053	云南师范大学学报	96	0.113
1520	J057	工业工程	71	0.112
1520	N682	机械制造	156	0.112
1520	U056	丝绸	163	0.112
1520	G653	现代检验医学杂志	144	0.112
1520	G545	医学临床研究	269	0.112
1520	N046	制造技术与机床	315	0.112
1520	H294	中国畜牧兽医	71	0.112
1520	N022	轴承	151	0.112
1528	J044	贵州工业大学学报	150	0.111
1528	H289	河北林果研究	135	0.111
1528	E355	中国科学院上海天文台年刊	24	0.111
1531	V022	建筑机械	143	0.110
1531	F005	昆虫分类学报	118	0.110
1531	K020	铀矿冶	45	0.110
1531	M043	轧钢	122	0.110
1535	N087	模具工业	228	0.109
1535	G511	山东医药	587	0.109
1537	X010	船舶工程	98	0.108
1537	Y011	南昌航空工业学院学报	69	0.108
1537	J011	太原理工大学学报	233	0.108

表 7-2 2005 年中国科技期刊影响因子总排序（续）

排名	代码	期刊名称	总被引频次	影响因子
1540	U017	天津工业大学学报	127	0.107
1541	H217	陕西农业科学	257	0.106
1541	N080	新技术新工艺	203	0.106
1543	T060	煤化工	87	0.105
1544	G797	临床输血与检验	86	0.104
1544	G092	浙江中医学院学报	279	0.104
1546	G074	苏州大学学报医学版	327	0.103
1547	X001	大连铁道学院学报	115	0.102
1547	V052	粉煤灰综合利用	109	0.102
1547	M021	上海金属	80	0.102
1547	J045	西华大学学报自然科学版	82	0.102
1547	M047	冶金能源	72	0.102
1552	Y015	航天控制	95	0.101
1552	S031	遥测遥控	69	0.101
1554	G053	昆明医学院学报	139	0.100
1555	L027	油气储运	227	0.098
1556	G340	华南国防医学杂志	70	0.097
1556	G423	临床肾脏病杂志	43	0.097
1558	N106	人类工效学	83	0.096
1558	X042	石家庄铁道学院学报	98	0.096
1560	U019	北京服装学院学报	58	0.095
1560	E128	探矿工程岩土钻掘工程	153	0.095
1562	G028	广西医科大学学报	414	0.094
1562	H240	家畜生态学报	109	0.094
1562	G047	江西医学院学报	172	0.094
1562	R008	南京邮电学院学报	80	0.094
1562	A110	宁夏大学学报	126	0.094
1562	R086	三峡大学学报	93	0.094
1562	S005	微处理机	61	0.094
1562	Y008	宇航计测技术	63	0.094
1570	R029	电气应用	147	0.093
1570	V013	建筑科学与工程学报	42	0.093
1570	X038	上海海事大学学报	76	0.093
1573	R731	信息记录材料	31	0.092
1573	M020	有色金属冶炼部分	99	0.092

表 7-2　2005 年中国科技期刊影响因子总排序（续）

排名	代码	期刊名称	总被引频次	影响因子
1575	U018	青岛大学学报工程技术版	37	0.091
1575	V026	新建筑	94	0.091
1577	S017	微计算机应用	53	0.088
1578	P008	工业锅炉	58	0.087
1579	J013	哈尔滨理工大学学报	197	0.086
1579	G565	徐州医学院学报	202	0.086
1581	G031	贵阳医学院学报	185	0.085
1581	X020	交通与计算机	101	0.085
1583	A504	天津师范大学学报	87	0.084
1583	H273	中国南方果树	236	0.084
1585	J040	陕西工学院学报	46	0.083
1586	X015	华东船舶工业学院学报	90	0.082
1586	G575	四川医学	376	0.082
1588	X003	华东交通大学学报	69	0.081
1588	K014	矿山机械	252	0.081
1588	V043	施工技术	172	0.081
1591	R712	电声技术	92	0.080
1591	T058	硫酸工业	61	0.080
1591	N946	中国计量学院学报	38	0.080
1594	M600	黄金科学技术	55	0.079
1594	V012	山东建筑工程学院学报	55	0.079
1594	H215	中国果树	287	0.079
1597	G301	河北中医药学报	49	0.078
1597	T055	化肥工业	114	0.078
1597	N072	中国铸造装备与技术	95	0.078
1600	G447	中国临床保健杂志	53	0.077
1601	V009	水泥	223	0.076
1602	K013	有色金属矿山部分	48	0.075
1603	V046	建筑机械化	65	0.074
1603	S010	微型机与应用	132	0.074
1605	R058	电气自动化	100	0.073
1605	N049	工程机械	143	0.073
1605	R017	光纤与电缆及其应用技术	44	0.073
1608	N038	计量技术	156	0.072
1608	X019	铁道车辆	151	0.072

表 7-2　2005 年中国科技期刊影响因子总排序（续）

排名	代码	期刊名称	总被引频次	影响因子
1610	G029	广州医学院学报	128	0.070
1610	N016	深冷技术	43	0.070
1612	V027	特种结构	88	0.069
1612	G312	西南国防医药	109	0.069
1614	V506	华中建筑	129	0.067
1614	M018	勘察科学技术	101	0.067
1616	R718	无线通信技术	21	0.066
1616	J018	武汉理工大学学报信息与管理工程版	139	0.066
1618	X028	港工技术	34	0.065
1618	S035	计算机辅助工程	57	0.065
1618	H270	西南林学院学报	123	0.065
1618	U028	浙江理工大学学报	63	0.065
1622	B022	CHINESE QUARTERLY JOURNAL OF MATHEMATICS	17	0.063
1623	V020	低温建筑技术	102	0.062
1623	U003	郑州轻工业学院学报	103	0.062
1625	J056	军械工程学院学报	56	0.061
1626	G333	医学分子生物学杂志	35	0.059
1627	B010	NORTHEASTERN MATHEMATICAL JOURNAL	77	0.058
1627	N041	起重运输机械	96	0.058
1629	B013	运筹学学报	82	0.056
1630	M027	钢铁研究	102	0.055
1630	L021	石油化工设备技术	98	0.055
1632	J039	内蒙古工业大学学报	38	0.054
1632	N068	压缩机技术	84	0.054
1634	V008	水泥技术	52	0.053
1635	E011	成都信息工程学院学报	49	0.052
1635	R002	桂林电子工业学院学报	56	0.052
1637	T061	燃料与化工	55	0.050
1638	G884	职业与健康	337	0.048
1639	R775	中兴通讯技术	18	0.047
1640	J027	沈阳工业学院学报	55	0.046
1641	G923	山西医药杂志	185	0.045
1642	G032	贵阳中医学院学报	100	0.044
1643	X027	内燃机车	67	0.041
1643	H214	中国林副特产	129	0.041

表 7-2 2005 年中国科技期刊影响因子总排序（续）

排名	代码	期刊名称	总被引频次	影响因子
1645	G345	临床急诊杂志	30	0.038
1646	R080	移动通信	57	0.036
1647	R015	四川水力发电	45	0.026
1648	L020	油气田地面工程	154	0.025
1649	H022	上海交通大学学报农业科学版	109	0.018
1650	R055	电子测量技术	27	0.015
1651	B016	南京大学学报数学半年刊	28	0.012
1652	B026	APPROX THEORY AND ITS APPLICATIONS	30	0.000

8　2005 年 1652 种
中国科技论文统计源期刊目录
（中国科技核心期刊）

表 8　2005 年 1652 种
中国科技论文统计源期刊目录

表8　2005年1652种中国科技论文统计源期刊目录（续）

代码	期刊名称	学科	主编
C096	ACTA MATHEMATICA SCIENTIA	数学类	吴文俊
B030	ACTA MATHEMATICA SINICA ENGLISH SERIES	数学类	李炳仁
C105	ACTA MECHANICA SINICA	力学类	杨卫
M100	ACTA METALLURGICA SINICA	冶金工程技术类	柯俊
G001	ACTA PHARMACOLOGICA SINICA	药学类	陈凯先
B026	APPROX THEORY AND ITS APPLICATIONS	数学类	程民德
I072	CELL RESEARCH	生物学类	姚鑫
I139	CHEMICAL RESEARCH IN CHINESE UNIVERSITIES	化学类	唐敖庆
E158	CHINA OCEAN ENGINEERING	海洋科学类	柯俊
I202	CHINA PARTICUOLOGY	化学工程类	郭慕孙
B023	CHINESE ANNALS OF MATHEMATICS SERIES B	数学类	李大潜
D031	CHINESE CHEMICAL LETTERS	化学类	梁晓天
C072	CHINESE JOURNAL OF ASTRONOMY AND ASTROPHYSICS	天文类	方成
T100	CHINESE JOURNAL OF CHEMICAL ENGINEERING	化学工程类	廖叶华
E012	CHINESE JOURNAL OF OCEANOLOGY AND LIMNOLOGY	海洋科学类	曾呈奎
D017	CHINESE JOURNAL OF POLYMER SCIENCE	化学类	冯新德
I201	CHINESE MEDICAL JOURNAL	基础医学、医学综合类	钱贻简
G126	CHINESE MEDICAL SCIENCES JOURNAL	基础医学、医学综合类	刘德培
C106	CHINESE PHYSICS	物理学类	王乃彦
C059	CHINESE PHYSICS LETTERS	物理学类	甘子钊
B022	CHINESE QUARTERLY JOURNAL OF MATHEMATICS	数学类	胡和生
C095	COMMUNICATIONS IN THEORETICAL PHYSICS	物理学类	何祚庥
E626	CT理论与应用研究	理工大学学报、工业综合类	郭履灿
S051	JOURNAL OF COMPUTER SCIENCE AND TECHNOLOGY	计算机科学技术类	李国杰
Z027	JOURNAL OF ENVIRONMENTAL SCIENCES	环境科学技术类	刘东生
I063	JOURNAL OF GEOGRAPHICAL SCIENCES	地理科学类	郑度
W015	JOURNAL OF HYDRODYNAMICS SERIES B	水利工程类	周连第
F029	JOURNAL OF INTEGRATIVE PLANT BIOLOGY	生物学类	韩兴国 马红
M015	JOURNAL OF MATERIALS SCIENCE & TECHNOLOGY	材料科学类	胡壮麟
B024	JOURNAL OF PARTIAL DIFFERENTIAL EQUATIONS	数学类	姜礼尚
M035	JOURNAL OF RARE EARTHS	材料科学类	徐光宪
I090	JOURNAL OF WUHAN UNIVERSITY OF TECHNOLOGY MATERIALS SCIENCE EDITION	材料科学类	张清杰
B010	NORTHEASTERN MATHEMATICAL JOURNAL	数学类	江泽坚
H046	PEDOSPHERE	农学类	曹志洪

表 8 2005 年 1652 种中国科技论文统计源期刊目录（续）

代码	期刊名称	学科	主编
M104	TRANSACTIONS OF NONFERROUS METALS SOCIETY OF CHINA	冶金工程技术类	何继善
G275	WORLD JOURNAL OF GASTROENTEROLOGY	内科学类	马连生 潘伯荣
G549	癌变·畸变·突变	肿瘤学类	李怀义
G011	癌症	肿瘤学类	曾益新
A003	安徽大学学报	综合类	胡舒合
M031	安徽工业大学学报	理工大学学报、工业综合类	陈大宏
K027	安徽理工大学学报	理工大学学报、工业综合类	张明旭
H002	安徽农业大学学报	农业大学学报类	李增智
H059	安徽农业科学	农学类	朱永和
A009	安徽师范大学学报	综合类	刘登义 叶松庆
G012	安徽医科大学学报	医学大学学报类	张学军
G013	安徽中医学院学报	中医学与中药学类	马宗华
Z549	安全与环境学报	环境科学技术类	冯长根
F044	氨基酸和生物资源	生物学类	何光存
G550	白血病·淋巴瘤	肿瘤学类	王毓銮
R024	半导体光电	电子、通信与自动控制类	杨清宗
R063	半导体技术	电子、通信与自动控制类	赵小宁
R062	半导体学报	电子、通信与自动控制类	王守武
G741	蚌埠医学院学报	医学大学学报类	祝延
N017	爆破	兵工技术类	梁开水
N012	爆破器材	兵工技术类	吕春绪
N006	爆炸与冲击	兵工技术类	谈庆明
G002	北京大学学报医学版	医学大学学报类	韩启德
A005	北京大学学报自然科学版	综合类	陈进元
U019	北京服装学院学报	轻工、纺织类	武荣瑞
J030	北京工业大学学报	理工大学学报、工业综合类	隋允康
Y001	北京航空航天大学学报	航空、航天科学技术类	高镇同
T020	北京化工大学学报	化学工程类	邓建元
X014	北京交通大学学报	理工大学学报、工业综合类	宁滨
M030	北京科技大学学报	理工大学学报、工业综合类	徐金梧
G500	北京口腔医学	口腔医学类	王邦康
N001	北京理工大学学报	理工大学学报、工业综合类	梅凤翔
H025	北京林业大学学报	林学类	贺庆棠
H263	北京农学院学报	农业大学学报类	王有年
G004	北京生物医学工程	基础医学、医学综合类	孙衍庆

表8 2005年1652种中国科技论文统计源期刊目录（续）

代码	期刊名称	学科	主编
A010	北京师范大学学报自然科学版	综合类	陈浩元
G016	北京医学	基础医学、医学综合类	何瑞祥
R018	北京邮电大学学报	电子、通信与自动控制类	杨义先
G017	北京中医药大学学报	中医学与中药学类	王永炎
A570	编辑学报	管理学类	陈浩元
N101	变压器	机械工程类	祁颖矢
G410	标记免疫分析与临床	临床医学类	范振符
T098	表面技术	化学工程类	喻奇
E135	冰川冻土	地质科学类	程国栋
N008	兵工学报	兵工技术类	朱荣桂
N085	兵器材料科学与工程	材料科学类	赵宝荣
G018	病毒学报	生物学类	侯云德
C060	波谱学杂志	物理学类	刘买利
V040	玻璃钢/复合材料	材料科学类	薛忠民
T051	玻璃与搪瓷	化学工程类	潘玉昆
M005	材料保护	材料科学类	张建设
M103	材料导报	材料科学类	彭丹
Y007	材料工程	材料科学类	曹春晓
M010	材料开发与应用	材料科学类	史群星
M008	材料科学与工程学报	材料科学类	赵新兵
M006	材料科学与工艺	材料科学类	冯吉才
N026	材料热处理学报	材料科学类	周敬恩
M009	材料研究学报	材料科学类	叶恒强
H009	蚕业科学	农学类	郭锡杰
H525	草地学报	畜牧、兽医科学类	洪绂曾
H234	草业科学	畜牧、兽医科学类	任继周
H527	草业学报	畜牧、兽医科学类	南志标
H538	草原与草坪	畜牧、兽医科学类	胡自治
E543	测绘工程	测绘学类	顾建高
E600	测绘科学	测绘学类	林宗坚
E510	测绘通报	测绘学类	白泊
E152	测绘学报	测绘学类	陈俊勇
L017	测井技术	能源科学技术类	范士洪
Y022	测控技术	航空、航天科学技术类	金钢
R711	测试技术学报	理工大学学报、工业综合类	温廷敦

表8 2005年1652种中国科技论文统计源期刊目录（续）

代码	期刊名称	学科	主编
H001	茶叶科学	农学类	陈宗懋
X036	长安大学学报自然科学版	理工大学学报、工业综合类	马健
N056	长春理工大学学报	理工大学学报、工业综合类	于光伟
W010	长江科学院院报	水利工程类	林绍忠
Z029	长江流域资源与环境	环境科学技术类	许厚泽
X002	长沙交通学院学报	交通运输工程类	张建仁
G264	肠外与肠内营养	外科学类	黎介寿
N024	车用发动机	动力与电力工程类	任继文
E113	沉积学报	地质科学类	孙枢
E547	沉积与特提斯地质	地质科学类	王剑
E102	成都理工大学学报	理工大学学报、工业综合类	刘家铎
E011	成都信息工程学院学报	大气科学类	张庆德
G019	成都中医药大学学报	中医学与中药学类	陈钢
V050	城市规划	土木建筑工程类	吴良镛
V028	城市规划汇刊	土木建筑工程类	董鉴泓
X043	城市轨道交通研究	交通运输工程类	孙章
Z024	城市环境与城市生态	环境科学技术类	张燕华
N060	传感技术学报	机械工程类	韦钰
X010	船舶工程	交通运输工程类	冯永祥
G322	创伤外科杂志	外科学类	蒋耀光
R048	磁性材料及器件	材料科学类	陈国华
D013	催化学报	化学类	林励吾
E144	大地测量与地球动力学	测绘学类	姚运生
E146	大地构造与成矿学	地球科学类	夏 斌
R051	大电机技术	动力与电力工程类	陶星明
H038	大豆科学	农学类	刘忠堂
X024	大连海事大学学报	交通运输工程类	袁林新
J024	大连理工大学学报	理工大学学报、工业综合类	程耿东
H005	大连水产学院学报	水产学类	刘焕亮
X001	大连铁道学院学报	交通运输工程类	杨德新
G020	大连医科大学学报	医学大学学报类	赵杰
E109	大气科学	大气科学类	黄荣辉
L512	大庆石油地质与开发	能源科学技术类	吴玉生
L004	大庆石油学院学报	能源科学技术类	阎铁
N004	弹道学报	兵工技术类	李鸿志

表 8　2005 年 1652 种中国科技论文统计源期刊目录（续）

代码	期刊名称	学科	主编
T500	弹性体	化学工程类	蔡小平
H040	淡水渔业	水产学类	魏开金
N019	低温工程	机械工程类	丁启勋
V020	低温建筑技术	土木建筑工程类	徐仁生
C055	低温物理学报	物理学类	赵忠贤
C031	低温与超导	物理学类	严陆光
R053	低压电器	动力与电力工程类	张玉青
E133	地层学杂志	地质科学类	周志炎
E130	地理科学	地理科学类	朱颜明
E584	地理科学进展	地理科学类	李秀彬
E305	地理学报	地理科学类	刘昌明
E310	地理研究	地理科学类	刘纪远
E527	地理与地理信息科学	地理科学类	孙立汉
E024	地球化学	地球科学类	涂光炽
E142	地球科学	地球科学类	王亨君
E115	地球科学进展	地球科学类	周秀骥
E004	地球科学与环境学报	地球科学类	刘建明
E153	地球物理学报	地球科学类	刘光鼎
E308	地球物理学进展	地球科学类	刘光鼎
E656	地球信息科学	地球科学类	陈述彭
E300	地球学报	地球科学类	沈其韩
E549	地球与环境	地球科学类	欧阳自远
V031	地下空间	土木建筑工程类	张永兴
E357	地学前缘	地球科学类	翟裕生
E306	地震	地球科学类	张国民
E119	地震地磁观测与研究	地球科学类	王椿镛
E150	地震地质	地球科学类	马瑾
E118	地震工程与工程振动	地球科学类	谢礼立
E143	地震学报	地球科学类	陈运泰
E112	地震研究	地球科学类	晏凤桐
E362	地质科技情报	地质科学类	姚书振
E139	地质科学	地质科学类	刘嘉麒
E026	地质力学学报	地质科学类	陈庆宣
E009	地质论评	地质科学类	任纪舜
E127	地质通报	地质科学类	肖序常

表8 2005年1652种中国科技论文统计源期刊目录（续）

代码	期刊名称	学科	主编
E010	地质学报	地质科学类	陈毓川
E151	地质与勘探	地质科学类	王京彬
E525	地质与资源	地质科学类	马德有
E132	地质找矿论丛	地质科学类	余和勇
G005	第二军医大学学报	医学大学学报类	吴孟超
G021	第三军医大学学报	医学大学学报类	程天民
E301	第四纪研究	地球科学类	刘东生
G022	第四军医大学学报	医学大学学报类	苏博
G023	第一军医大学学报	医学大学学报类	李康
R007	电波科学学报	电子、通信与自动控制类	沙踪
R003	电池	动力与电力工程类	文力
Z015	电镀与环保	环境科学技术类	姚锡禄
T508	电镀与精饰	化学工程类	梁启民
T598	电镀与涂饰	化学工程类	谢素玲
R010	电工电能新技术	动力与电力工程类	林良真
R043	电工技术学报	动力与电力工程类	潘奇
R740	电光与控制	电子、通信与自动控制类	刘红漫
N067	电焊机	机械工程类	周孟龙
D036	电化学	化学类	田昭武
R088	电机与控制学报	动力与电力工程类	汤蕴缪
N027	电加工与模具	机械工程类	叶军
R011	电力电子技术	动力与电力工程类	吕庆敏
R071	电力系统及其自动化学报	动力与电力工程类	张美珍
S019	电力系统自动化	动力与电力工程类	薛禹胜
R090	电力自动化设备	动力与电力工程类	杨奇逊
R516	电路与系统学报	电子、通信与自动控制类	陈衍仪
R044	电气传动	动力与电力工程类	赵相宾
R029	电气应用	动力与电力工程类	潘奇
R058	电气自动化	动力与电力工程类	李序葆
R712	电声技术	电子、通信与自动控制类	张炳胤
R537	电视技术	电子、通信与自动控制类	蔡国良
R039	电网技术	动力与电力工程类	周孝信
R019	电源技术	动力与电力工程类	汪继强
R055	电子测量技术	电子、通信与自动控制类	傅金豹
R021	电子测量与仪器学报	电子、通信与自动控制类	周立基

表8　2005年1652种中国科技论文统计源期刊目录（续）

代码	期刊名称	学科	主编
R067	电子技术应用	电子、通信与自动控制类	唐百鸣
R036	电子科技大学学报	电子、通信与自动控制类	林为干
R001	电子显微学报	电子、通信与自动控制类	姚骏恩
R006	电子学报	电子、通信与自动控制类	王守觉
R022	电子与信息学报	电子、通信与自动控制类	朱敏慧
R020	电子元件与材料	电子、通信与自动控制类	钟彩霞
J023	东北大学学报	理工大学学报、工业综合类	左良
H262	东北林业大学学报	林学类	李坚
H006	东北农业大学学报	农业大学学报类	李庆章
A030	东北师大学报	综合类	薛康
E149	东海海洋	海洋科学类	王康墡
U014	东华大学学报	理工大学学报、工业综合类	孙福良
E002	东华理工学院学报	理工大学学报、工业综合类	王勇
J028	东南大学学报	理工大学学报、工业综合类	毛善锋
G057	东南大学学报医学版	医学大学学报类	朱正娥
P003	动力工程	动力与电力工程类	程钧培
F014	动物分类学报	生物学类	冯祚建
F017	动物学报	生物学类	王祖望
F022	动物学研究	生物学类	季维智
F043	动物学杂志	生物学类	马勇
X034	都市快轨交通	交通运输工程类	施仲衡
G542	毒理学杂志	基础医学、医学综合类	高星
N070	锻压技术	机械工程类	陆辛
N082	锻压装备与制造技术	机械工程类	徐刚
C071	发光学报	物理学类	范希武
U013	纺织高校基础科学学报	轻工、纺织类	谢涵坤
U015	纺织科学研究	轻工、纺织类	吴慧丽
U053	纺织学报	轻工、纺织类	丁力
G893	放射免疫学杂志	军事医学与特种医学类	萧祥熊
G608	放射学实践	军事医学与特种医学类	郭俊渊
Y006	飞行力学	航空、航天科学技术类	张东卫
Y030	飞行器测控学报	航空、航天科学技术类	廖凡
K002	非金属矿	矿山工程技术类	刘昌寅
D022	分析测试学报	化学类	程志青
D005	分析化学	化学类	汪尔康

表 8　2005 年 1652 种中国科技论文统计源期刊目录（续）

代码	期刊名称	学科	主编
D026	分析科学学报	化学类	程介克
D004	分析试验室	化学类	屠海令
D062	分析仪器	仪器仪表技术类	朱良漪
D015	分子催化	化学类	李树本
D035	分子科学学报	化学类	孙家钟
V052	粉煤灰综合利用	土木建筑工程类	王长荣
M105	粉末冶金工业	冶金工程技术类	杨树森
M039	粉末冶金技术	冶金工程技术类	韩凤麟
N032	风机技术	机械工程类	徐常武
H051	福建林学院学报	林学类	洪伟
H268	福建农林大学学报	农业大学学报类	郑金贵
H265	福建农业学报	农学类	王景辉
A078	福建师范大学学报	综合类	朱鹤健
G024	福建医科大学学报	医学大学学报类	林建银
A029	福州大学学报	综合类	魏可镁
Q006	辐射防护	核科学技术类	李德平
Q005	辐射研究与辐射工艺学报	核科学技术类	林念芸
M003	腐蚀科学与防护技术	材料科学类	姚治铭
M505	腐蚀与防护	材料科学类	杨武
A001	复旦学报	综合类	杨福家
G068	复旦学报医学科学版	医学大学学报类	曹世龙
Y019	复合材料学报	材料科学类	金日光
G957	腹部外科	外科学类	裘法祖
H045	干旱地区农业研究	农学类	贾志宽
E020	干旱区地理	地理科学类	黄文房
E105	干旱区研究	地球科学类	夏训诚
A034	甘肃科学学报	综合类	李枝葱
H047	甘肃农业大学学报	农业大学学报类	汪玺
G879	肝胆外科杂志	外科学类	刘永雄
G690	肝胆胰外科杂志	外科学类	施维锦
G803	肝脏	内科学类	姚光弼
D014	感光科学与光化学	化学类	吴世康
M050	钢铁	冶金工程技术类	翁宇庆
M013	钢铁钒钛	冶金工程技术类	古隆建
M027	钢铁研究	冶金工程技术类	于仲洁

表8 2005年1652种中国科技论文统计源期刊目录（续）

代码	期刊名称	学科	主编
M019	钢铁研究学报	冶金工程技术类	杨树森
X028	港工技术	交通运输工程类	毕梦雄
D020	高等学校化学学报	化学类	唐敖庆
B002	高等学校计算数学学报	数学类	苏煜城
R038	高电压技术	动力与电力工程类	徐勇
T001	高分子材料科学与工程	材料科学类	徐僖
T002	高分子通报	化学类	黄志镗
D021	高分子学报	化学类	冯新德
A080	高技术通讯	综合类	冯纪春
C058	高能物理与核物理	物理学类	马基茂
E358	高校地质学报	地质科学类	王德滋
T016	高校化学工程学报	化学工程类	岑沛霖
B003	高校应用数学学报	数学类	赵申琪
G235	高血压杂志	基础医学、医学综合类	刘力生
R037	高压电器	动力与电力工程类	王韵
C056	高压物理学报	物理学类	经福谦
E005	高原气象	大气科学类	钱正安
V021	给水排水	土木建筑工程类	关兴旺
N105	工程爆破	机械工程类	崔鸣英
E360	工程地质学报	地质科学类	王思敬
N049	工程机械	机械工程类	许文元
V030	工程勘察	土木建筑工程类	方鸿琪
V033	工程抗震与加固改造	土木建筑工程类	王亚勇
C002	工程力学	力学类	崔京浩
C073	工程热物理学报	物理学类	蔡睿贤
N590	工程设计学报	机械工程类	冯培恩
B031	工程数学学报	数学类	李大潜
T003	工程塑料应用	化学工程类	孙安垣
N061	工程图学学报	机械工程类	童秉枢
N064	工具技术	机械工程类	辛节之
K018	工矿自动化	矿山工程技术类	胡穗延
T563	工业催化	化学工程类	房根祥
J057	工业工程	理工大学学报、工业综合类	孙友松
N110	工业工程与管理	管理学类	翁史烈
P008	工业锅炉	动力与电力工程类	张科

表8　2005年1652种中国科技论文统计源期刊目录（续）

代码	期刊名称	学科	主编
P009	工业加热	动力与电力工程类	吴培珍
V010	工业建筑	土木建筑工程类	白云
P005	工业炉	动力与电力工程类	戴兰生
Z013	工业水处理	环境科学技术类	刘燕飞
F030	工业微生物	生物学类	严成钊
G025	工业卫生与职业病	预防医学与卫生学类	李德鸿
N037	工业仪表与自动化装置	仪器仪表技术类	钟三英
Z032	工业用水与废水	环境科学技术类	韩玲
X026	公路交通科技	交通运输工程类	曾沛霖
N039	功能材料	材料科学类	赵光明
M502	功能材料与器件学报	材料科学类	邹世昌
D503	功能高分子学报	化学类	周达飞
E601	古地理学报	地理科学类	冯增昭
E304	古脊椎动物学报	地球科学类	张弥曼
E022	古生物学报	地球科学类	李星学
R047	固体电子学研究与进展	电子、通信与自动控制类	林金庭
Y013	固体火箭技术	航空、航天科学技术类	赵克熙
C103	固体力学学报	力学类	余寿文
W007	管理工程学报	管理学类	许庆瑞
W008	管理科学学报	管理学类	成思危
H226	灌溉排水学报	农学类	庞鸿宾
R026	光电工程	电子、通信与自动控制类	马佳光
R061	光电子·激光	电子、通信与自动控制类	巴恩旭
R082	光电子技术	电子、通信与自动控制类	陈向真
C091	光谱学与光谱分析	物理学类	黄本立
R031	光通信技术	电子、通信与自动控制类	邹自立
R017	光纤与电缆及其应用技术	电子、通信与自动控制类	鲍赛红
N015	光学技术	机械工程类	揭德尔
N033	光学精密工程	仪器仪表技术类	曹健林
C050	光学学报	物理学类	徐至展
N031	光学仪器	仪器仪表技术类	庄松林
C037	光子学报	物理学类	侯洵
J029	广东工业大学学报	理工大学学报、工业综合类	张湘伟
H228	广东农业科学	农业大学学报类	陆顺满
G027	广东药学院学报	药学类	梁仁

表8　2005年1652种中国科技论文统计源期刊目录（续）

代码	期刊名称	学科	主编
G026	广东医学	基础医学、医学综合类	苏焕群
A042	广西大学学报	综合类	戴牧民
A535	广西科学	综合类	罗海鹏
H245	广西农业生物科学	农学类	林炎坤
A062	广西师范大学学报	综合类	梁宏
G028	广西医科大学学报	医学大学学报类	唐步坚
F028	广西植物	生物学类	李锋
G029	广州医学院学报	医学大学学报类	钟南山
G030	广州中医药大学学报	中医学与中药学类	彭胜权
T004	硅酸盐通报	化学工程类	郭景坤
T005	硅酸盐学报	化学工程类	黄勇
M048	贵金属	材料科学类	赵怀志
G031	贵阳医学院学报	医学大学学报类	任锡麟
G032	贵阳中医学院学报	中医学与中药学类	邱德文
A077	贵州大学学报	综合类	李坚石
J044	贵州工业大学学报	理工大学学报、工业综合类	朱立军
H275	贵州农业科学	农学类	刘远坤
R002	桂林电子工业学院学报	电子、通信与自动控制类	郑继禹
M033	桂林工学院学报	理工大学学报、工业综合类	阮百尧
A040	国防科技大学学报	理工大学学报、工业综合类	陈启智
Q911	国际眼科杂志	眼科学、耳鼻咽喉科学类	胡秀文
E591	国土资源遥感	测绘学类	张炳熹
H028	果树学报	农学类	王宇霖
T008	过程工程学报	化学工程类	刘会洲
X025	哈尔滨工程大学学报	理工大学学报、工业综合类	杨士莪
J003	哈尔滨工业大学学报	理工大学学报、工业综合类	潘启树
J013	哈尔滨理工大学学报	理工大学学报、工业综合类	张礼勇
U021	哈尔滨商业大学学报	理工大学学报、工业综合类	季宇彬
G033	哈尔滨医科大学学报	医学大学学报类	杨宝峰
T054	海湖盐与化工	化学工程类	夏万顺
J055	海军工程大学学报	理工大学学报、工业综合类	李泽良
Y029	海军航空工程学院学报	航空、航天科学技术类	钟阳春
A012	海南大学学报	综合类	许文深
E155	海洋地质与第四纪地质	地质科学类	张光威
E131	海洋工程	海洋科学类	窦国仁

表8　2005年1652种中国科技论文统计源期刊目录（续）

代码	期刊名称	学科	主编
E312	海洋湖沼通报	海洋科学类	王彬华
Z010	海洋环境科学	环境科学技术类	丁德文
E145	海洋科学	海洋科学类	周百成
E006	海洋科学进展	海洋科学类	袁业立
H998	海洋水产研究	水产学类	唐启升
E311	海洋通报	海洋科学类	王宏
E003	海洋学报	海洋科学类	巢纪平
E008	海洋与湖沼	海洋科学类	秦蕴珊
E108	海洋预报	海洋科学类	余宙文
L024	焊管	能源科学技术类	丁晓军
N076	焊接	机械工程类	王守业
N624	焊接技术	机械工程类	胡胜
N021	焊接学报	机械工程类	成炳煌
Y027	航空材料学报	材料科学类	颜鸣皋
Y017	航空动力学报	航空、航天科学技术类	曹传钧
Y031	航空计算技术	航空、航天科学技术类	鱼卫华
Y012	航空精密制造技术	航空、航天科学技术类	吴晓峰
Y002	航空学报	航空、航天科学技术类	诸德超
Y014	航空制造技术	航空、航天科学技术类	刘柱
Y015	航天控制	航空、航天科学技术类	王永平
G034	航天医学与医学工程	医学大学学报类	魏金河
T057	合成材料老化与应用	材料科学类	杨育农
D602	合成化学	化学类	彭宇行
T505	合成树脂及塑料	化学工程类	洪定一
T067	合成纤维	化学工程类	倪福夏
T065	合成纤维工业	化学工程类	彭治汉
T018	合成橡胶工业	化学工程类	张养泉
J053	合肥工业大学学报	理工大学学报、工业综合类	瞿尔仁
A031	河北大学学报	综合类	孙汉文
J017	河北工业大学学报	理工大学学报、工业综合类	夏巨敏
J019	河北工业科技	理工大学学报、工业综合类	杨鹏起
K032	河北建筑科技学院学报	土木建筑工程类	李万庆
J058	河北科技大学学报	理工大学学报、工业综合类	陆长福
H289	河北林果研究	农学类	王慧军
H244	河北农业大学学报	农业大学学报类	王慧军

表8　2005年1652种中国科技论文统计源期刊目录（续）

代码	期刊名称	学科	主编
A076	河北师范大学学报	综合类	李有成
G035	河北医科大学学报	医学大学学报类	温进坤
G301	河北中医药学报	基础医学、医学综合类	王文智
W012	河海大学学报	水利工程类	郭志平
A067	河南大学学报	综合类	李小建
J014	河南科技大学学报	理工大学学报、工业综合类	刘平
A011	河南科学	综合类	姜俊
H011	河南农业大学学报	农业大学学报类	王艳玲
H356	河南农业科学	农学类	张新友
A058	河南师范大学学报	综合类	李红星
Q007	核电子学与探测技术	核科学技术类	朱志虹
Q004	核动力工程	核科学技术类	杨岐
Q002	核化学与放射化学	核科学技术类	林漳基
Q001	核技术	核科学技术类	程晓伍
C092	核聚变与等离子体物理	物理学类	李正武
Q009	核科学与工程	核科学技术类	阮可强
H042	核农学报	农学类	温贤芳
A084	黑龙江大学自然科学学报	综合类	陈念陔
R535	红外技术	电子、通信与自动控制类	苏君红
C035	红外与毫米波学报	物理学类	褚君浩
R084	红外与激光工程	电子、通信与自动控制类	孙再龙
A039	湖北大学学报	综合类	吴传喜
H203	湖北农业科学	农学类	王贵春
E111	湖泊科学	海洋科学类	施雅风
A028	湖南大学学报	综合类	黄红武
K016	湖南科技大学学报	矿山工程技术类	许中坚
H060	湖南农业大学学报	农业大学学报类	熊楚才
A055	湖南师范大学自然科学学报	综合类	谭容培
G041	湖南中医学院学报	中医学与中药学类	陈大舜
G336	护理管理杂志	护理医学类	张秀英
G503	护理学杂志	护理医学类	辛建英
G654	护理研究	护理医学类	王益锵
G734	护士进修杂志	护理医学类	过慧谨
E141	华北地震科学	地球科学类	罗兰格
R046	华北电力大学学报	动力与电力工程类	阎维平

表8　2005年1652种中国科技论文统计源期刊目录（续）

代码	期刊名称	学科	主编
N002	华北工学院学报	理工大学学报、工业综合类	潘德恒
H032	华北农学报	农学类	李广敏
X015	华东船舶工业学院学报	交通运输工程类	解洪成
X003	华东交通大学学报	交通运输工程类	周尚超
T021	华东理工大学学报	理工大学学报、工业综合类	王行愚
A054	华东师范大学学报	综合类	王建磐
E103	华南地震	地球科学类	王正尚
G340	华南国防医学杂志	基础医学、医学综合类	江建荣
J004	华南理工大学学报	理工大学学报、工业综合类	杨晓西
H013	华南农业大学学报	农业大学学报类	庞雄飞
A052	华南师范大学学报	综合类	翁佩萱
G525	华南预防医学	预防医学与卫生学类	邓峰
A021	华侨大学学报	综合类	吴承业
G043	华西口腔医学杂志	口腔医学类	周学东
G044	华西药学杂志	药学类	张志荣
G294	华西医学	基础医学、医学综合类	石应康
V506	华中建筑	土木建筑工程类	高介华
J033	华中科技大学学报	理工大学学报、工业综合类	樊明武
V035	华中科技大学学报城市科学版	土木建筑工程类	丁烈云
G077	华中科技大学学报医学版	医学大学学报类	田玉科
H003	华中农业大学学报	农业大学学报类	邓秀新
A004	华中师范大学学报	综合类	邱紫华
T055	化肥工业	化学工程类	徐静安
Z009	化工环保	环境科学技术类	杨再鹏
T006	化工机械	化学工程类	朱越
T101	化工进展	化学工程类	李建斌
T532	化工科技	化学工程类	鲁建春
T007	化工学报	化学工程类	赵颖力
T066	化工自动化及仪表	化学工程类	高长春
T009	化学反应工程与工艺	化学工程类	洪定一
T025	化学工程	化学工程类	王抚华
T076	化学工业与工程	化学工程类	赵学明
D506	化学进展	化学类	王夔
D011	化学试剂	化学类	李建华
D018	化学通报	化学类	朱道本

表8　2005年1652种中国科技论文统计源期刊目录（续）

代码	期刊名称	学科	主编
C070	化学物理学报	物理学类	楼南泉
D030	化学学报	化学类	沈延昌
D501	化学研究	化学类	倪嘉缵
D037	化学研究与应用	化学类	赵华明
T553	化学与生物工程	化学类	刘安强
T931	化学与粘合	化学类	白雪峰
Z017	环境保护科学	环境科学技术类	王振宇
Z005	环境工程	环境科学技术类	翁仲颖
D024	环境化学	化学类	汪桂斌
Z004	环境科学	环境科学技术类	欧阳自远
Z003	环境科学学报	环境科学技术类	汤鸿宵
Z002	环境科学研究	环境科学技术类	刘鸿亮
Z025	环境科学与技术	环境科学技术类	纪洪盛
Z019	环境污染与防治	环境科学技术类	李全胜
Z021	环境污染治理技术与设备	环境科学技术类	冯宗炜
Z031	环境与健康杂志	预防医学与卫生学类	董善亨
G882	环境与职业医学	预防医学与卫生学类	张胜年
M631	黄金	冶金工程技术类	李忠山
M600	黄金科学技术	冶金工程技术类	时民
N042	火工品	兵工技术类	侯毓悌
N005	火力与指挥控制	兵工技术类	王校会
N007	火炸药学报	兵工技术类	胡焕性
X011	机车电传动	交通运输工程类	丁荣军
N069	机床与液压	机械工程类	朱华兴
R099	机电一体化	动力与电力工程类	何剑秋
S004	机器人	电子、通信与自动控制类	赵经纶
N040	机械传动	机械工程类	王长路
M004	机械工程材料	材料科学类	杨武
N051	机械工程学报	机械工程类	石治平
N050	机械科学与技术	机械工程类	周宗锡
N057	机械强度	机械工程类	傅梦蘧
N047	机械设计	机械工程类	钱伟民
N054	机械设计与研究	机械工程类	邹慧君
N028	机械设计与制造	机械工程类	甄星耀
N053	机械与电子	机械工程类	张效曾

表8　2005年1652种中国科技论文统计源期刊目录（续）

代码	期刊名称	学科	主编
N682	机械制造	机械工程类	施明
G003	基础医学与临床	基础医学、医学综合类	陈孟勤
R025	激光技术	电子、通信与自动控制类	曹三松
F045	激光生物学报	生物学类	胡能书
R514	激光与光电子学进展	电子、通信与自动控制类	范滇元
R521	激光与红外	电子、通信与自动控制类	袁继俊
R028	激光杂志	电子、通信与自动控制类	程正学
E116	吉林大学学报地球科学版	地球科学类	林学钰
J042	吉林大学学报工学版	理工大学学报、工业综合类	任露泉
A035	吉林大学学报理学版	综合类	裘式纶
R586	吉林大学学报信息科学版	电子、通信与自动控制类	刘大有
G014	吉林大学学报医学版	医学大学学报类	李玉林
H243	吉林农业大学学报	农业大学学报类	肖振铎
H227	吉林农业科学	农学类	张世忠
E007	极地研究	地理科学类	刘东生
G302	疾病控制杂志	预防医学与卫生学类	李宗寅
N038	计量技术	仪器仪表技术类	赵大宁
N014	计量学报	仪器仪表技术类	赵晓娜
S050	计算机测量与控制	航空、航天科学技术类	高津京
S049	计算机仿真	计算机科学技术类	吴连伟
S035	计算机辅助工程	计算机科学技术类	程景云
S013	计算机辅助设计与图形学学报	计算机科学技术类	吴恩华
S012	计算机工程	计算机科学技术类	林建民
S034	计算机工程与科学	计算机科学技术类	陈怀义
S022	计算机工程与设计	计算机科学技术类	刘恩德
S025	计算机工程与应用	计算机科学技术类	谭继红
S030	计算机集成制造系统-CIMS	计算机科学技术类	杨海成
S006	计算机科学	计算机科学技术类	朱宗元
S018	计算机学报	计算机科学技术类	高文
S021	计算机研究与发展	计算机科学技术类	樊建平
S029	计算机应用	计算机科学技术类	张海盛
S016	计算机应用研究	计算机科学技术类	张执谦
S014	计算机与应用化学	计算机科学技术类	温浩
C003	计算力学学报	力学类	钟万勰
B014	计算数学	数学类	石钟慈

表8　2005年1652种中国科技论文统计源期刊目录（续）

代码	期刊名称	学科	主编
C094	计算物理	物理学类	沈隆钧
N102	继电器	机械工程类	钟锡龄
G292	寄生虫与医学昆虫学报	基础医学、医学综合类	吴厚永
A045	暨南大学学报	综合类	陈光潮
H240	家畜生态学报	畜牧、兽医科学类	李震钟
G638	检验医学	临床医学类	冯仁丰
V051	建筑材料学报	材料科学类	王培铭
V022	建筑机械	土木建筑工程类	黄轶逸
V046	建筑机械化	土木建筑工程类	刘伟
V045	建筑技术	土木建筑工程类	徐家和
V014	建筑结构	土木建筑工程类	张幼启
V044	建筑结构学报	土木建筑工程类	腾智明
V005	建筑科学	土木建筑工程类	徐培福
V013	建筑科学与工程学报	土木建筑工程类	周绪红
V047	建筑学报	土木建筑工程类	周畅
J035	江苏大学学报	综合类	杨继昌
L036	江苏工业学院学报	能源科学技术类	林西平
H700	江苏农业科学	农学类	常有宏
H199	江苏农业学报	农学类	严少华
G046	江苏医药	基础医学、医学综合类	唐维新
A101	江西科学	综合类	廖延雄
H283	江西农业大学学报	农业大学学报类	石庆华
H701	江西农业学报	农学类	罗奇祥
A112	江西师范大学学报	综合类	颜长青
G047	江西医学院学报	医学大学学报类	傅克刚
X020	交通与计算机	交通运输工程类	徐凯声
X672	交通运输工程学报	交通运输工程类	陈荫三
X685	交通运输系统工程与信息	交通运输工程类	张国伍
L587	节能技术	能源科学技术类	尚德敏
W567	节水灌溉	水利工程类	燕在华
V049	结构工程师	土木建筑工程类	吕西林
D019	结构化学	化学类	张乾二
G316	解放军护理杂志	护理医学类	李树贞
A121	解放军理工大学学报	理工大学学报、工业综合类	徐金龙
G295	解放军药学学报	药学类	杜占明

表8 2005年1652种中国科技论文统计源期刊目录（续）

代码	期刊名称	学科	主编
G048	解放军医学杂志	基础医学、医学综合类	李恩江
G315	解放军医院管理杂志	基础医学、医学综合类	黄伟灿
G961	解放军预防医学杂志	预防医学与卫生学类	晁福寰
G507	解剖科学进展	基础医学、医学综合类	方秀斌
G049	解剖学报	基础医学、医学综合类	章静波
G358	解剖学研究	基础医学、医学综合类	姚志彬
G050	解剖学杂志	基础医学、医学综合类	黄瀛
G886	介入放射学杂志	军事医学与特种医学类	陈星荣
N048	金刚石与磨料磨具工程	机械工程类	王琴
M051	金属功能材料	材料科学类	王新林
K022	金属矿山	矿山工程技术类	黄礼富
N083	金属热处理	机械工程类	曹敏达
M012	金属学报	冶金工程技术类	柯俊
E599	经济地理	地理科学类	陆大道
H266	经济林研究	林学类	胡芳名
T102	精细化工	化学工程类	邵玉昌
T542	精细石油化工	化学工程类	王立新
G677	颈腰痛杂志	外科学类	李嘉寿
Z553	净水技术	水利工程类	岳舜琳
T512	聚氨酯工业	化学工程类	陈峰
R016	绝缘材料	材料科学类	郁维铭
G052	军事医学科学院院刊	基础医学、医学综合类	吴祖泽
J056	军械工程学院学报	理工大学学报、工业综合类	张卓
G187	军医进修学院学报	医学大学学报类	周定标
F018	菌物学报	生物学类	庄剑云
M018	勘察科学技术	矿山工程技术类	杨书涛
A645	科技导报	综合类	冯长根
A083	科技通报	综合类	温树伟
A537	科学技术与工程	综合类	马阳
A075	科学通报	综合类	周光召 朱作言
W514	科学学研究	管理学类	陈益升
W531	科研管理	管理学类	穆荣平
E140	空间科学学报	地球科学类	肖佐
J059	空军工程大学学报	理工大学学报、工业综合类	杨晓铁
Y016	空气动力学学报	航空、航天科学技术类	庄逢甘

表 8　2005 年 1652 种中国科技论文统计源期刊目录（续）

代码	期刊名称	学科	主编
S503	控制工程	电子、通信与自动控制类	柴天佑
R060	控制理论与应用	信息科学与系统科学类	陈翰馥
S001	控制与决策	信息科学与系统科学类	张嗣瀛
G246	口腔颌面外科杂志	口腔医学类	王佐林
G894	口腔颌面修复学杂志	口腔医学类	王邦康
G325	口腔医学	口腔医学类	王林
G266	口腔医学研究	口腔医学类	樊明文
G280	口腔正畸学	口腔医学类	傅民魁
K525	矿产保护与利用	矿山工程技术类	张克仁
K025	矿产与地质	矿山工程技术类	贾国相
K004	矿产综合利用	矿山工程技术类	刘亚川
E106	矿床地质	地质科学类	宋叔和
K014	矿山机械	矿山工程技术类	刘兴才
E350	矿物学报	矿山工程技术类	涂光炽
E354	矿物岩石	地质科学类	蓝江华
E504	矿物岩石地球化学通报	地球科学类	欧阳自远
M101	矿冶	冶金工程技术类	崔鸣英
M045	矿冶工程	冶金工程技术类	曾维勇
K010	矿业研究与开发	矿山工程技术类	周爱民
F005	昆虫分类学报	生物学类	袁锋
H049	昆虫天敌	农学类	庞雄飞
F015	昆虫学报	生物学类	黄大卫
F035	昆虫知识	生物学类	王琛柱
J020	昆明理工大学学报	理工大学学报、工业综合类	何天淳
G053	昆明医学院学报	医学大学学报类	冯忠堂
H267	莱阳农学院学报	农业大学学报类	王金宝
A016	兰州大学学报	综合类	苏力
X016	兰州交通大学学报	交通运输工程类	任恩恩
J008	兰州理工大学学报	理工大学学报、工业综合类	孙品一
T010	离子交换与吸附	化学工程类	何炳林
M001	理化检验化学分册	冶金工程技术类	吴诚
M002	理化检验物理分册	冶金工程技术类	唐汝钧
C101	力学季刊	力学类	范立础
C102	力学进展	力学类	谈镐生
C001	力学学报	力学类	杨卫

表8　2005年1652种中国科技论文统计源期刊目录（续）

代码	期刊名称	学科	主编
C104	力学与实践	力学类	王振东
G580	立体定向和功能性神经外科杂志	神经病学、精神病学类	汪业汉
L014	炼油技术与工程	能源科学技术类	张立新
U002	粮食储藏	轻工、纺织类	梁永生
U055	粮食与饲料工业	轻工、纺织类	徐晋安
U008	粮油加工与食品机械	轻工、纺织类	牟广英
C032	量子电子学报	物理学类	龚和本
C110	量子光学学报	物理学类	彭坤樨
K008	辽宁工程技术大学学报	理工大学学报、工业综合类	毛君
H261	辽宁农业科学	农学类	李正德
A072	辽宁师范大学学报	综合类	韩增林
L035	辽宁石油化工大学学报	能源科学技术类	王金保
U037	林产工业	化学工程类	许方荣
T017	林产化学与工业	化学工程类	沈兆邦
H280	林业科学	林学类	沈国舫
H281	林业科学研究	林学类	盛炜彤
G880	临床超声医学杂志	军事医学与特种医学类	杨浩
G607	临床儿科杂志	妇产科学、儿科学类	吴圣楣
G276	临床耳鼻咽喉科杂志	眼科学、耳鼻咽喉科学类	黄选兆
G271	临床放射学杂志	军事医学与特种医学类	冯敢生
G501	临床肝胆病杂志	临床医学类	宋国培
G291	临床骨科杂志	临床医学类	戴克戎
G345	临床急诊杂志	临床医学类	彭南生
G204	临床检验杂志	临床医学类	武建国
G310	临床精神医学杂志	神经病学、精神病学类	翟书涛
G287	临床口腔医学杂志	口腔医学类	李辉菶
G222	临床麻醉学杂志	临床医学类	张国楼
G317	临床泌尿外科杂志	临床医学类	熊旭林
G257	临床内科杂志	内科学类	宋善俊
G230	临床皮肤科杂志	临床医学类	赵辨
G309	临床神经病学杂志	神经病学、精神病学类	张贞浏
G361	临床神经电生理学杂志	神经病学、精神病学类	吴逊
G423	临床肾脏病杂志	临床医学类	孙世澜
G797	临床输血与检验	临床医学类	权循珍
G256	临床外科杂志	外科学类	夏穗生

表8　2005年1652种中国科技论文统计源期刊目录（续）

代码	期刊名称	学科	主编
G855	临床消化病杂志	内科学类	易粹琼
G585	临床心电学杂志	临床医学类	郭继鸿
G261	临床心血管病杂志	内科学类	毛焕元
G293	临床血液学杂志	内科学类	沈迪
G274	临床与实验病理学杂志	基础医学、医学综合类	龚西瑜
N023	流体机械	机械工程类	宋东岚
Y018	流体力学实验与测量	航空、航天科学技术类	乐嘉陵
T058	硫酸工业	化学工程类	王海帆
H748	麦类作物学报	农学类	张改生
U542	毛纺科技	轻工、纺织类	王竹林
T060	煤化工	化学工程类	梁正
V024	煤气与热力	土木建筑工程类	姜东琪
K005	煤炭科学技术	矿山工程技术类	王金华
K017	煤炭学报	矿山工程技术类	胡省三
D027	煤炭转化	化学类	谢克昌
K009	煤田地质与勘探	矿山工程技术类	张笑薇
U036	棉纺织技术	轻工、纺织类	闫磊
H037	棉花学报	农学类	喻树迅
G056	免疫学杂志	基础医学、医学综合类	朱锡华
B017	模糊系统与数学	数学类	刘应明
N087	模具工业	机械工程类	翁史振
N107	模具技术	机械工程类	阮雪榆
S015	模式识别与人工智能	计算机科学技术类	戴汝为
T077	膜科学与技术	化学工程类	刘宪秋
N084	摩擦学学报	机械工程类	薛群基
U533	木材工业	林学类	姜征
G662	内科急危重症杂志	内科学类	陆再英
E104	内陆地震	地球科学类	王海涛
A026	内蒙古大学学报	综合类	罗辽复
J039	内蒙古工业大学学报	理工大学学报、工业综合类	孟昭昕
H271	内蒙古农业大学学报	农业大学学报类	李畅游
A111	内蒙古师大学报	综合类	董祥林
X027	内燃机车	交通运输工程类	迟兴国
P004	内燃机学报	动力与电力工程类	苏万华
M042	耐火材料	材料科学类	柴俊兰

表8 2005年1652种中国科技论文统计源期刊目录（续）

代码	期刊名称	学科	主编
A013	南昌大学学报	综合类	徐冬荣
Y011	南昌航空工业学院学报	航空、航天科学技术类	刘高航
G987	南方护理学报	护理医学类	李亚洁
M049	南方冶金学院学报	冶金工程技术类	熊正明
A025	南京大学学报	综合类	龚昌德
B016	南京大学学报数学半年刊	数学类	周伯埙
T011	南京工业大学学报	理工大学学报、工业综合类	欧阳平凯
Y026	南京航空航天大学学报	航空、航天科学技术类	梁德旺
N011	南京理工大学学报	理工大学学报、工业综合类	宣益民
H033	南京林业大学学报	林学类	余世袁
H021	南京农业大学学报	农业大学学报类	郑小波
E120	南京气象学院学报	大气科学类	杜秉玉
A061	南京师大学报	综合类	陈凌孚
G058	南京医科大学学报	医学大学学报类	陈琪
R008	南京邮电学院学报	电子、通信与自动控制类	张顺颐
G059	南京中医药大学学报	中医学与中药学类	范欣生
A008	南开大学学报	综合类	程津培
G288	脑与神经疾病杂志	神经病学、精神病学类	毛俊雄
W002	泥沙研究	水利工程类	杜国翰
A110	宁夏大学学报	综合类	李星
Z023	农村生态环境	环境科学技术类	祝光耀
T034	农药	化学工程类	刘长令
H404	农药学学报	化学工程类	王道全
H279	农业工程学报	农学类	杨邦杰
Z008	农业环境科学学报	环境科学技术类	石元春
H278	农业机械学报	农学类	诸慎友
H286	农业生物技术学报	农学类	李季伦
H237	农业系统科学与综合研究	农学类	宋凤斌
H222	农业现代化研究	农学类	王克林
V032	暖通空调	土木建筑工程类	王曙明
U602	皮革科学与工程	轻工、纺织类	廖隆理
N041	起重运输机械	机械工程类	黄微微
E361	气候与环境研究	大气科学类	曾庆存
E352	气象	大气科学类	彭治班
E359	气象科学	大气科学类	余志豪

表 8　2005 年 1652 种中国科技论文统计源期刊目录（续）

代码	期刊名称	学科	主编
E001	气象学报	大气科学类	周秀骥
X018	汽车工程	交通运输工程类	冯超
X013	汽车技术	交通运输工程类	朱兴泽
P001	汽轮机技术	动力与电力工程类	杨其国
Y009	强度与环境	航空、航天科学技术类	周锦扬
C007	强激光与粒子束	物理学类	杜祥琬
X021	桥梁建设	交通运输工程类	陈开利
A658	青岛大学学报	综合类	李天恒
U018	青岛大学学报工程技术版	理工大学学报、工业综合类	李天恒
G061	青岛大学医学院学报	医学大学学报类	谢俊霞
E313	青岛海洋大学学报	海洋科学类	文圣常
V041	青岛建筑工程学院学报	土木建筑工程类	仪垂杰
T012	青岛科技大学学报	理工大学学报、工业综合类	马连湘
J001	清华大学学报	理工大学学报、工业综合类	杜文涛
W020	情报学报	管理学类	张伟良
A044	曲阜师范大学学报	综合类	李正银
D002	燃料化学学报	化学类	彭少逸
T061	燃料与化工	化学工程类	戴成武
P011	燃烧科学与技术	动力与电力工程类	史绍熙
E563	热带地理	地理科学类	许自策
E642	热带海洋学报	海洋科学类	施平
E110	热带气象学报	大气科学类	薛纪善
G609	热带医学杂志	预防医学与卫生学类	余新炳
H223	热带作物学报	农学类	余让水
T105	热固性树脂	化学工程类	王永红
N071	热加工工艺	机械工程类	张社会
P006	热能动力工程	动力与电力工程类	邹积国
T013	人工晶体学报	化学工程类	佟学礼
N106	人类工效学	管理学类	金会庆
F041	人类学学报	生物学类	吴新智
T070	日用化学工业	化学工程类	张高勇
S011	软件学报	计算机科学技术类	李明树
N029	润滑与密封	机械工程类	贺石中
R086	三峡大学学报	水利工程类	王康平
D012	色谱	化学类	卢佩章

表8 2005年1652种中国科技论文统计源期刊目录（续）

代码	期刊名称	学科	主编
H070	山地农业生物学报	农学类	金道超
E101	山地学报	地理科学类	钟祥浩
A020	山东大学学报	综合类	郭大钧
J022	山东大学学报工学版	理工大学学报、工业综合类	刘建亚
G062	山东大学学报医学版	医学大学学报类	邹增大
V012	山东建筑工程学院学报	土木建筑工程类	方肇洪
H031	山东农业大学学报	农业大学学报类	温孚江
A057	山东师范大学学报	综合类	宋文玉
G511	山东医药	基础医学、医学综合类	龚瑶琴
G063	山东中医药大学学报	中医学与中药学类	丛林
A014	山西大学学报	综合类	陈兆斌
G064	山西医科大学学报	医学大学学报类	郭政
G923	山西医药杂志	药学类	董海原
J040	陕西工学院学报	理工大学学报、工业综合类	王建武
U025	陕西科技大学学报	理工大学学报、工业综合类	沈一丁
H217	陕西农业科学	农学类	白志礼
A066	陕西师范大学学报	综合类	黄春长
A056	上海大学学报	综合类	周邦新
G066	上海第二医科大学学报	医学大学学报类	沈晓明
X038	上海海事大学学报	交通运输工程类	黄有方
Z011	上海环境科学	环境科学技术类	曹芦林
X006	上海交通大学学报	理工大学学报、工业综合类	郑杭
H022	上海交通大学学报农业科学版	农业大学学报类	沈为平
M021	上海金属	冶金工程技术类	许珞萍
G343	上海精神医学	神经病学、精神病学类	王祖承
G283	上海口腔医学	口腔医学类	张志愿
J031	上海理工大学学报	理工大学学报、工业综合类	吴文权
H282	上海农业学报	农学类	徐新春
A043	上海师范大学学报	综合类	项家祥
H292	上海水产大学学报	水产学类	周应祺
G069	上海医学	基础医学、医学综合类	汤钊猷
G946	上海中医药大学学报	中医学与中药学类	严世芸
G389	上海中医药杂志	中医学与中药学类	朱邦贤
N016	深冷技术	机械工程类	顾福民
A515	深圳大学学报理工版	理工大学学报、工业综合类	谢维信

表8　2005年1652种中国科技论文统计源期刊目录（续）

代码	期刊名称	学科	主编
G070	神经解剖学杂志	神经病学、精神病学类	李继硕
G278	神经科学通报	神经病学、精神病学类	陈宜张 路长林
J052	沈阳工业大学学报	理工大学学报、工业综合类	李革
J027	沈阳工业学院学报	理工大学学报、工业综合类	潘成胜
V011	沈阳建筑大学学报	土木建筑工程类	谭静文
H024	沈阳农业大学学报	农业大学学报类	张玉龙
G071	沈阳药科大学学报	药学类	吴春福
G202	肾脏病与透析肾移植杂志	外科学类	黎磊石
F203	生理科学进展	基础医学、医学综合类	范少光
F001	生理学报	基础医学、医学综合类	姚泰
F042	生命的化学	生物学类	祁国荣
F215	生命科学	生物学类	林其谁
F046	生命科学研究	生物学类	梁宋平
H784	生态环境	环境科学技术类	李定强
Z014	生态学报	生物学类	冯宗炜
Z028	生态学杂志	生物学类	孙铁珩
F250	生物磁学	生物学类	畅德俊
F049	生物多样性	生物学类	汪小全
F003	生物工程学报	生物学类	焦瑞身
F016	生物化学与生物物理进展	生物学类	王大成
F034	生物化学与生物物理学报	生物学类	张友尚
F224	生物技术通讯	生物学类	黄培堂
B009	生物数学学报	数学类	陈兰荪
F012	生物物理学报	生物学类	杨福愉
F213	生物学杂志	生物学类	罗家騄
G006	生物医学工程学杂志	基础医学、医学综合类	陈槐卿
G332	生物医学工程研究	基础医学、医学综合类	王勤 康永军
G603	生物医学工程与临床	基础医学、医学综合类	宋继昌
G624	生殖医学杂志	妇产科学、儿科学类	葛秦生
G072	生殖与避孕	妇产科学、儿科学类	高尔生
C033	声学技术	物理学类	张淑英
C054	声学学报	物理学类	马大猷
V043	施工技术	土木建筑工程类	方月映
T933	石化技术与应用	化学工程类	王景政
X042	石家庄铁道学院学报	交通运输工程类	邹振祝

表 8　2005 年 1652 种中国科技论文统计源期刊目录（续）

代码	期刊名称	学科	主编
L016	石油地球物理勘探	能源科学技术类	熊翥
L015	石油化工	能源科学技术类	乔金樑
L034	石油化工高等学校学报	能源科学技术类	仲崇民
L023	石油化工设备	能源科学技术类	孙晓明
L021	石油化工设备技术	能源科学技术类	尹朝曦
L019	石油机械	能源科学技术类	贺会群
L031	石油勘探与开发	能源科学技术类	戴金星
L032	石油矿场机械	能源科学技术类	曹丽平
L030	石油炼制与化工	能源科学技术类	李再婷
E126	石油实验地质	地质科学类	叶德燎
L005	石油物探	能源科学技术类	管路平
L028	石油学报	能源科学技术类	杨苗
L012	石油学报石油加工	能源科学技术类	汪燮卿
L006	石油与天然气地质	能源科学技术类	王庭斌
L008	石油钻采工艺	能源科学技术类	姚红星
L025	石油钻探技术	能源科学技术类	曾义金
F257	实验动物科学与管理	生物学类	张树庸
G387	实验动物与比较医学	生物学类	刘瑞三
A113	实验技术与管理	综合类	李德华
C009	实验力学	力学类	方如华
F021	实验生物学报	生物学类	徐永华
A115	实验室研究与探索	综合类	夏有为
G875	实用儿科临床杂志	妇产科学、儿科学类	郭学鹏
G534	实用放射学杂志	军事医学与特种医学类	鱼博浪 宦怡
G586	实用妇产科杂志	妇产科学、儿科学类	王世阆
G224	实用口腔医学杂志	口腔医学类	徐君伍
G700	实用老年医学	保健医学类	刘昕曜
Q919	实用临床医药杂志	临床医学类	卜平
G324	实用医学杂志	临床医学类	黄安东
G768	实用预防医学	预防医学与卫生学类	李庆俊
G367	实用诊断与治疗杂志	基础医学、医学综合类	李俊秀
U005	食品工业科技	轻工、纺织类	张铁鹰
U006	食品科学	轻工、纺织类	张立方
U035	食品与发酵工业	轻工、纺织类	朱庆裴
E363	世界地震工程	地球科学类	冯启民

表 8　2005 年 1652 种中国科技论文统计源期刊目录（续）

代码	期刊名称	学科	主编
E548	世界地质	地质科学类	孙革
G190	世界华人消化杂志	内科学类	马连生
A201	世界科技研究与发展	综合类	方曙
G906	世界科学技术-中医药现代化	中医学与中药学类	陈凯先
A023	首都师范大学学报	综合类	梅向明
G073	首都医科大学学报	医学大学学报类	王晓民
F033	兽类学报	生物学类	王德华
R005	数据采集与处理	电子、通信与自动控制类	何振亚
W009	数理统计与管理	管理学类	王柱
B015	数学的实践与认识	数学类	林群
B523	数学教育学报	数学类	王梓坤
B007	数学进展	数学类	丁伟岳
B004	数学年刊 A	数学类	李大潜
C036	数学物理学报	数学类	丁夏畦
B006	数学学报	数学类	李炳仁
B005	数学研究与评论	数学类	徐利治
B012	数学杂志	数学类	齐民友
S032	数值计算与计算机应用	计算机科学技术类	石钟慈
H008	水产学报	水产学类	黄硕琳
Z016	水处理技术	环境科学技术类	高从堦 鲁学仁
P007	水电能源科学	动力与电力工程类	邴凤山
V034	水电自动化与大坝监测	水利工程类	薛禹胜
W004	水动力学研究与进展 A	水利工程类	周连第
W013	水科学进展	水利工程类	刘国纬
R050	水力发电	水利工程类	马连城
R049	水力发电学报	水利工程类	谷兆祺
R587	水利经济	水利工程类	郑垂勇
W011	水利水电技术	水利工程类	马德伟
W502	水利水电科技进展	水利工程类	芮孝芳
W006	水利水运工程学报	水利工程类	张瑞凯
W003	水利学报	水利工程类	陈炳新
V009	水泥	土木建筑工程类	乔龄山
V008	水泥技术	土木建筑工程类	朱祖培
F010	水生生物学报	生物学类	桂建芳
H015	水土保持通报	农学类	李锐

表8　2005年1652种中国科技论文统计源期刊目录（续）

代码	期刊名称	学科	主编
H287	水土保持学报	农学类	邵明安
H056	水土保持研究	农学类	刘国彬
E154	水文地质工程地质	地质科学类	陈梦熊
R566	水资源保护	水利工程类	汪德燿
U056	丝绸	轻工、纺织类	宣友木
A006	四川大学学报	综合类	刘应明
J051	四川大学学报工程科学版	理工大学学报、工业综合类	谢和平
G045	四川大学学报医学版	医学大学学报类	张肇达
F027	四川动物	生物学类	岳碧松
Z007	四川环境	环境科学技术类	刘中正
V007	四川建筑科学研究	土木建筑工程类	王永维
A033	四川师范大学学报	综合类	周一阳
R015	四川水力发电	水利工程类	郑文正
G575	四川医学	基础医学、医学综合类	卓凯星
H864	饲料研究	农学类	顾鹏
A037	苏州大学学报	综合类	钱培德
G074	苏州大学学报医学版	医学大学学报类	阮长耿
T106	塑料	化学工程类	杨明锦
T014	塑料工业	化学工程类	傅旭
T536	塑料科技	化学工程类	于文杰
T580	塑性工程学报	化学工程类	海锦涛
E123	台湾海峡	海洋科学类	张金标
L009	太阳能学报	能源科学技术类	石定寰
J011	太原理工大学学报	理工大学学报、工业综合类	谢克昌
M544	钛工业进展	材料科学类	周廉
T527	炭素	化学工程类	张启彪
T015	炭素技术	化学工程类	解治友
N043	探测与控制学报	电子、通信与自动控制类	张龙山
E128	探矿工程岩土钻掘工程	矿山工程技术类	李艺
V531	陶瓷学报	轻工、纺织类	秦锡麟
H041	特产研究	农学类	沈育杰
V027	特种结构	冶金工程技术类	舒亚俐
T999	特种橡胶制品	化学工程类	伍兆敏
N065	特种铸造及有色合金	机械工程类	袁振国
A041	天津大学学报	理工大学学报、工业综合类	单平

表 8　2005 年 1652 种中国科技论文统计源期刊目录（续）

代码	期刊名称	学科	主编
U017	天津工业大学学报	理工大学学报、工业综合类	赵家祥
U031	天津科技大学学报	轻工、纺织类	王学魁
J054	天津理工大学学报	理工大学学报、工业综合类	曹作良
A504	天津师范大学学报	综合类	王桂林
G076	天津医药	基础医学、医学综合类	郝希山 张愈
G626	天津中医药	中医学与中药学类	张伯礼
T611	天然产物研究与开发	生物学类	李伯刚
L518	天然气地球科学	地球科学类	戴金星
L029	天然气工业	能源科学技术类	冉隆辉
T074	天然气化工	化学工程类	古共伟
E023	天文学报	天文类	陆本魁
E114	天文学进展	天文类	束成钢
X019	铁道车辆	交通运输工程类	侯卫星
X521	铁道工程学报	交通运输工程类	何宁
X007	铁道科学与工程学报	交通运输工程类	胡湘陵
X005	铁道学报	交通运输工程类	宋凤书
G238	听力学及言语疾病杂志	眼科学、耳鼻咽喉科学类	陶泽璋
R065	通信学报	电子、通信与自动控制类	杨义先
J032	同济大学学报	理工大学学报、工业综合类	李杰
Q003	同位素	核科学技术类	贺佑丰
T103	涂料工业	化学工程类	竺玉书
V029	土木工程学报	土木建筑工程类	王俊
H043	土壤	农学类	赵其国
H233	土壤肥料	农学类	黄鸿翔
H057	土壤通报	农学类	须湘成
H012	土壤学报	农学类	季国亮
Y025	推进技术	航空、航天科学技术类	戴耀松
G601	外科理论与实践	外科学类	林言箴
R070	微波学报	电子、通信与自动控制类	杨乃恒
S005	微处理机	电子、通信与自动控制类	谭延军
R057	微电机	动力与电力工程类	牒正文
R064	微电子学	电子、通信与自动控制类	成福康
R004	微电子学与计算机	电子、通信与自动控制类	温灵生
S017	微计算机应用	计算机科学技术类	洪樱
R098	微纳电子技术	电子、通信与自动控制类	马健云

表8　2005年1652种中国科技论文统计源期刊目录（续）

代码	期刊名称	学科	主编
F004	微生物学报	生物学类	李季伦
F011	微生物学通报	生物学类	何忠效
R085	微特电机	动力与电力工程类	施进浩
E052	微体古生物学报	地球科学类	穆西南
N018	微细加工技术	机械工程类	孙洪涛
S033	微型电脑应用	计算机科学技术类	吴启迪
S010	微型机与应用	计算机科学技术类	阎兵
G210	微循环学杂志	基础医学、医学综合类	李艳
G079	卫生研究	预防医学与卫生学类	段国兴
G800	胃肠病学	内科学类	萧树东
G326	胃肠病学和肝病学杂志	内科学类	段芳龄
G702	温州医学院学报	医学大学学报类	高志杰
D003	无机材料学报	材料科学类	郭景坤
D023	无机化学学报	化学类	游效曾
T072	无机盐工业	化学工程类	宁延生
N044	无损检测	机械工程类	王务同
U029	无锡轻工大学学报	理工大学学报、工业综合类	林咸敏 陶文沂
R718	无线通信技术	电子、通信与自动控制类	魏忠和
W014	武汉大学学报工学版	理工大学学报、工业综合类	刘经南
A024	武汉大学学报理学版	综合类	侯杰昌
E107	武汉大学学报信息科学版	理工大学学报、工业综合类	刘经南
G038	武汉大学学报医学版	医学大学学报类	刘经南
T547	武汉化工学院学报	化学工程类	朱成城
M032	武汉科技大学学报	理工大学学报、工业综合类	刘光临
J006	武汉理工大学学报	理工大学学报、工业综合类	周祖德
X017	武汉理工大学学报交通科学与工程版	交通运输工程类	李腊元
J018	武汉理工大学学报信息与管理工程版	电子、通信与自动控制类	万君康
F008	武汉植物学研究	生物学类	郑重
C090	物理	物理学类	阎守胜
D001	物理化学学报	化学类	唐有祺
C006	物理学报	物理学类	王乃彦
C053	物理学进展	物理学类	冯端
E136	物探化探计算技术	计算机科学技术类	贺振华
E138	物探与化探	地球科学类	熊盛青
R009	西安电子科技大学学报	电子、通信与自动控制类	梁昌洪

表 8 2005 年 1652 种中国科技论文统计源期刊目录（续）

代码	期刊名称	学科	主编
U030	西安工程科技学院学报	理工大学学报、工业综合类	姚穆
J036	西安工业学院学报	理工大学学报、工业综合类	严文
V018	西安建筑科技大学学报	土木建筑工程类	赵鸿铁
X030	西安交通大学学报	理工大学学报、工业综合类	陶文铨
G081	西安交通大学学报医学版	医学大学学报类	闫剑群
J002	西安理工大学学报	理工大学学报、工业综合类	刘宏昭
L010	西安石油大学学报	能源科学技术类	张宁生
A032	西北大学学报	综合类	赵重远
E307	西北地震学报	地球科学类	王兰民
E125	西北地质	地质科学类	夏林圻
Y023	西北工业大学学报	理工大学学报、工业综合类	胡沛泉
G245	西北国防医学杂志	基础医学、医学综合类	王秦玲
H224	西北林学院学报	林学类	范升才
H018	西北农林科技大学学报	农业大学学报类	赵忠
H288	西北农业学报	农学类	宋继学
A022	西北师范大学学报	综合类	赵更吉
F020	西北植物学报	生物学类	胡正海
H385	西部林业科学	林学类	郎南军
J045	西华大学学报自然科学版	理工大学学报、工业综合类	罗中先
G312	西南国防医药	基础医学、医学综合类	王国建
X032	西南交通大学学报	理工大学学报、工业综合类	路湛沁
H270	西南林学院学报	林学类	刘惠民
A060	西南民族大学学报	综合类	伍骏
H004	西南农业大学学报	农业大学学报类	向仲怀
H061	西南农业学报	农学类	李跃建
A064	西南师范大学学报	综合类	李明
L002	西南石油学院学报	能源科学技术类	李允
M041	稀土	材料科学类	丁善宝
M029	稀有金属	材料科学类	屠海令
M052	稀有金属材料与工程	材料科学类	殷为宏
S003	系统仿真学报	信息科学与系统科学类	王雅云
B028	系统工程	信息科学与系统科学类	刘豹
B027	系统工程理论方法应用	信息科学与系统科学类	王浣尘
B025	系统工程理论与实践	信息科学与系统科学类	陈光亚
B018	系统工程学报	信息科学与系统科学类	刘豹

表8　2005年1652种中国科技论文统计源期刊目录（续）

代码	期刊名称	学科	主编
R059	系统工程与电子技术	电子、通信与自动控制类	高淑霞
B021	系统科学与数学	信息科学与系统科学类	陈翰馥
F025	细胞生物学杂志	生物学类	郭礼和
G188	细胞与分子免疫学杂志	基础医学、医学综合类	金伯泉
A063	厦门大学学报	综合类	张鸿斌
E027	现代地质	地质科学类	邓军
R089	现代电力	动力与电力工程类	宋永华
G300	现代妇产科进展	妇产科学、儿科学类	江森
G847	现代护理	护理医学类	胡凤岚
T063	现代化工	化学工程类	张立萍
G653	现代检验医学杂志	临床医学类	刘勤社
N100	现代科学仪器	仪器仪表技术类	胡柏顺
G321	现代口腔医学杂志	口腔医学类	俞光岩
R087	现代雷达	电子、通信与自动控制类	陈玲
G341	现代泌尿外科杂志	临床医学类	南勋义
G067	现代免疫学	基础医学、医学综合类	周光炎
X673	现代隧道技术	交通运输工程类	王建宇
G223	现代医学	基础医学、医学综合类	孙载阳
N115	现代仪器	仪器仪表技术类	王效杰
G963	现代预防医学	预防医学与卫生学类	马骁
N111	现代制造工程	机械工程类	徐大湧
G826	现代肿瘤医学	肿瘤学类	李树业
M011	现代铸铁	机械工程类	应忠堂
T073	香料香精化妆品	化学工程类	金其璋
A018	湘潭大学自然科学学报	综合类	黄云清
T064	橡胶工业	化学工程类	陈志宏
T953	消防科学与技术	环境科学技术类	田亮
G978	消化外科	外科学类	黄志强
G765	小儿急救医学	妇产科学、儿科学类	赵群
P010	小型内燃机与摩托车	动力与电力工程类	何海生
S027	小型微型计算机系统	计算机科学技术类	林浒
G083	心肺血管病杂志	内科学类	陈宝田
E046	心理学报	神经病学、精神病学类	陈永明
G419	心血管病学进展	内科学类	燕纯伯
G578	心血管康复医学杂志	保健医学类	刘江生

表8 2005年1652种中国科技论文统计源期刊目录（续）

代码	期刊名称	学科	主编
G260	心脏杂志	内科学类	臧益民
N080	新技术新工艺	机械工程类	黄进平
V026	新建筑	土木建筑工程类	袁培煌
A087	新疆大学学报	综合类	郭晓峰
E159	新疆地质	地质科学类	李向东
H908	新疆农业大学学报	农业大学学报类	雒秋江
H276	新疆农业科学	农学类	王学先
L007	新疆石油地质	能源科学技术类	夏明生
G082	新生儿科杂志	妇产科学、儿科学类	姜毅
G328	新乡医学院学报	医学大学学报类	乔汉臣
M102	新型炭材料	材料科学类	刘朗
R034	信号处理	电子、通信与自动控制类	袁保宗
R731	信息记录材料	材料科学类	温荣谦
S002	信息与控制	信息科学与系统科学类	王天然
G565	徐州医学院学报	医学大学学报类	吴永平
H023	畜牧兽医学报	畜牧、兽医科学类	陈幼春
H218	畜牧与兽医	畜牧、兽医科学类	谢庄
G346	血栓与止血学	临床医学类	刘泽霖
G627	循证医学	临床医学类	吴一龙
R069	压电与声光	电子、通信与自动控制类	母开明
N052	压力容器	机械工程类	岳洋
N068	压缩机技术	机械工程类	景赫灵
G189	牙体牙髓牙周病学杂志	口腔医学类	史俊南
A501	烟台大学学报自然科学与工程版	综合类	张瑞丰
E053	岩矿测试	地质科学类	尹明
E157	岩石矿物学杂志	地质科学类	沈其韩
C005	岩石力学与工程学报	力学类	冯夏庭
E309	岩石学报	地质科学类	从柏林
V037	岩土工程学报	土木建筑工程类	沈珠江
C004	岩土力学	力学类	白世伟
E500	盐湖研究	海洋科学类	高世扬
G962	眼科	眼科学、耳鼻咽喉科学类	徐亮
G554	眼科新进展	眼科学、耳鼻咽喉科学类	余戎
G773	眼科研究	眼科学、耳鼻咽喉科学类	李凤鸣
G873	眼视光学杂志	眼科学、耳鼻咽喉科学类	瞿佳

表8 2005年1652种中国科技论文统计源期刊目录（续）

代码	期刊名称	学科	主编
G990	眼外伤职业眼病杂志	眼科学、耳鼻咽喉科学类	张效房
J025	燕山大学学报	理工大学学报、工业综合类	刘宏民
A514	扬州大学学报	综合类	郭荣
H016	扬州大学学报农业与生命科学版	农业大学学报类	顾铭洪
S031	遥测遥控	电子、通信与自动控制类	罗续成
Z543	遥感技术与应用	测绘学类	姜景山
S024	遥感信息	测绘学类	陈述彭
Z006	遥感学报	测绘学类	徐冠华
G403	药物不良反应杂志	药学类	程经华
G087	药物分析杂志	药学类	涂国士
G877	药物流行病学杂志	药学类	曾繁典
G514	药物生物技术	药学类	吴梧桐
G977	药学服务与研究	药学类	胡晋红
G440	药学实践杂志	药学类	姜远英
G008	药学学报	药学类	王晓良
M023	冶金分析	冶金工程技术类	王海舟
M047	冶金能源	冶金工程技术类	徐立伟
M026	冶金自动化	冶金工程技术类	初秀兰
C503	液晶与显示	物理学类	黄锡珉
N035	液压与气动	机械工程类	宋京其
G871	医疗设备信息	基础医学、医学综合类	姜远海
G605	医疗卫生装备	基础医学、医学综合类	王政
G306	医师进修杂志	基础医学、医学综合类	林三仁
G333	医学分子生物学杂志	基础医学、医学综合类	邓耀祖
G545	医学临床研究	临床医学类	丁达
G281	医学研究生学报	基础医学、医学综合类	易学明
G265	医学影像学杂志	军事医学与特种医学类	武乐斌
G308	医学与哲学	基础医学、医学综合类	杜治政
G844	医药导报	药学类	曾繁典
G088	医用生物力学	基础医学、医学综合类	戴克戎
N074	仪表技术与传感器	仪器仪表技术类	汪庆安
N066	仪器仪表学报	仪器仪表技术类	张钟华
G610	胰腺病学	内科学类	许国铭
R080	移动通信	电子、通信与自动控制类	李进良
F024	遗传	生物学类	薛勇彪

表8　2005年1652种中国科技论文统计源期刊目录（续）

代码	期刊名称	学科	主编
F013	遗传学报	生物学类	薛勇彪
U054	印染	轻工、纺织类	沈京安
T104	印染助剂	化学工程类	许关荣
B008	应用概率统计	数学类	陈希孺
C109	应用光学	物理学类	王小鹏
T949	应用化工	化学工程类	朱明道
D016	应用化学	化学类	黄葆同
A580	应用基础与工程科学学报	综合类	杨卫
R033	应用激光	电子、通信与自动控制类	王之江
A015	应用科学学报	综合类	黄宏嘉
C008	应用力学学报	力学类	陈绍汀
E122	应用气象学报	大气科学类	周秀骥
Z018	应用生态学报	生物学类	沈善敏
C052	应用声学	物理学类	应崇福
B011	应用数学	数学类	陈庆益
B020	应用数学和力学	数学类	钱伟长
B001	应用数学学报	数学类	丁夏畦
F100	应用与环境生物学报	生物学类	吴宁
G089	营养学报	预防医学与卫生学类	顾景范
M014	硬质合金	冶金工程技术类	杨伯华
L027	油气储运	能源科学技术类	杨祖佩
L020	油气田地面工程	能源科学技术类	张良杰
L033	油田化学	能源科学技术类	徐僖
E051	铀矿地质	地质科学类	张金带
K020	铀矿冶	矿山工程技术类	张飞凤
T916	有机硅材料	化学工程类	张殿松
D025	有机化学	化学类	陈庆云
M036	有色金属	冶金工程技术类	金开生
K013	有色金属矿山部分	矿山工程技术类	刘士奎
M020	有色金属冶炼部分	冶金工程技术类	张振健
N907	鱼雷技术	兵工技术类	杨芸
Y020	宇航材料工艺	材料科学类	顾兆栴 刘春立
Y008	宇航计测技术	航空、航天科学技术类	孙海燕
Y024	宇航学报	航空、航天科学技术类	庄逢甘
H909	玉米科学	农学类	赵化春

表8 2005年1652种中国科技论文统计源期刊目录（续）

代码	期刊名称	学科	主编
G518	预防医学情报杂志	预防医学与卫生学类	王在银
H039	园艺学报	农学类	李树德
C108	原子核物理评论	物理学类	靳根明
Q008	原子能科学技术	核科学技术类	赵志祥
C057	原子与分子物理学报	物理学类	苟清泉
A038	云南大学学报	综合类	张克勤
H269	云南农业大学学报	农业大学学报类	陈海如
A053	云南师范大学学报	综合类	曾华
F007	云南植物研究	生物学类	吴征镒
G090	云南中医学院学报	中医学与中药学类	马逢升
B013	运筹学学报	数学类	越民义
B522	运筹与管理	数学类	俞嘉第
H293	杂交水稻	农学类	袁隆平
E148	灾害学	地球科学类	原廷宏
C100	噪声与振动控制	机械工程类	严济宽
M043	轧钢	冶金工程技术类	赵林春
T569	粘接	化学工程类	章锋
H272	湛江海洋大学学报	水产学类	刘楚吾
R081	照明工程学报	动力与电力工程类	张绍钢
A017	浙江大学学报工学版	理工大学学报、工业综合类	岑可法
A002	浙江大学学报理学版	综合类	郑小明
H035	浙江大学学报农业与生命科学版	农业大学学报类	程家安
G091	浙江大学学报医学版	医学大学学报类	来茂德
J016	浙江工业大学学报	理工大学学报、工业综合类	马淳安
U028	浙江理工大学学报	理工大学学报、工业综合类	刘冠峰
H019	浙江林学院学报	林学类	张齐生
H277	浙江林业科技	林学类	陈国富
H216	浙江农业科学	农学类	汪良才
H201	浙江农业学报	农学类	陈剑平
A051	浙江师范大学学报	综合类	吴锋民
G092	浙江中医学院学报	中医学与中药学类	肖鲁伟
G093	针刺研究	中医学与中药学类	陆卓珊
N086	真空	机械工程类	李玉英
R032	真空电子技术	电子、通信与自动控制类	廖复疆
N025	真空科学与技术学报	机械工程类	吴锦雷

表8 2005年1652种中国科技论文统计源期刊目录（续）

代码	期刊名称	学科	主编
G259	诊断病理学杂志	基础医学、医学综合类	李维华
G615	诊断学理论与实践	基础医学、医学综合类	王鸿利
Y010	振动测试与诊断	航空、航天科学技术类	赵淳生
Y004	振动工程学报	力学类	闻邦椿
N030	振动与冲击	机械工程类	恽伟居
A019	郑州大学学报	综合类	辛世俊
J012	郑州大学学报工学版	理工大学学报、工业综合类	辛世俊
G036	郑州大学学报医学版	医学大学学报类	辛世俊
U004	郑州工程学院学报	理工大学学报、工业综合类	吴成福
U003	郑州轻工业学院学报	轻工、纺织类	张福平
G884	职业与健康	预防医学与卫生学类	张军
H577	植物保护	农学类	周大荣
H014	植物保护学报	农学类	黄可训
H052	植物病理学报	农学类	曾士迈
F039	植物分类学报	生物学类	杨亲二
H584	植物检疫	农学类	张立
F038	植物生理学通讯	生物学类	张景六
F019	植物生理与分子生物学学报	生物学类	许大全
F009	植物生态学报	生物学类	马克平
F023	植物学通报	生物学类	童哲
F050	植物研究	生物学类	祖元刚
H890	植物营养与肥料学报	农学类	金继运
Z551	植物资源与环境学报	环境科学技术类	夏冰
U011	制冷学报	轻工、纺织类	吴元炜
N046	制造技术与机床	机械工程类	王晓林
S023	制造业自动化	电子、通信与自动控制类	徐颖
C034	质谱学报	物理学类	赵墨田
G007	中草药	中医学与中药学类	聂荣海
G094	中风与神经疾病杂志	神经病学、精神病学类	史玉泉
G538	中国癌症杂志	肿瘤学类	沈镇宙
G985	中国艾滋病性病	预防医学与卫生学类	刘霞
G129	中国安全科学学报	环境科学技术类	徐德蜀
F048	中国比较医学杂志	生物学类	方喜业
N103	中国表面工程	机械工程类	刘世参
G095	中国病毒学	生物学类	陈新文

表8　2005年1652种中国科技论文统计源期刊目录（续）

代码	期刊名称	学科	主编
G096	中国病理生理杂志	基础医学、医学综合类	李楚杰
H213	中国草地	畜牧、兽医科学类	王宗礼
H241	中国草食动物	畜牧、兽医科学类	姚军
G097	中国超声医学杂志	军事医学与特种医学类	郭万学
G901	中国当代儿科杂志	妇产科学、儿科学类	杨于嘉
H939	中国稻米	农学类	李西明
G099	中国地方病防治杂志	预防医学与卫生学类	齐小秋
G098	中国地方病学杂志	预防医学与卫生学类	于维汉
E351	中国地震	地球科学类	丁国瑜
E654	中国地质	地质科学类	李廷栋
R040	中国电机工程学报	动力与电力工程类	郑健超
R511	中国电力	动力与电力工程类	阎红勋
G234	中国动脉硬化杂志	内科学类	杨永宗
G825	中国儿童保健杂志	妇产科学、儿科学类	姚凯南
G270	中国耳鼻咽喉颅底外科杂志	眼科学、耳鼻咽喉科学类	田勇泉 肖健云
G543	中国耳鼻咽喉头颈外科	眼科学、耳鼻咽喉科学类	王琪
G100	中国法医学杂志	军事医学与特种医学类	刘耀
G290	中国防痨杂志	预防医学与卫生学类	张立兴
V023	中国非金属矿工业导刊	矿山工程技术类	田震远
G320	中国肺癌杂志	肿瘤学类	孙燕
V568	中国粉体技术	土木建筑工程类	胡荣泽
M007	中国腐蚀与防护学报	材料科学类	柯伟
G680	中国妇幼保健	妇产科学、儿科学类	孙铎
X035	中国港湾建设	交通运输工程类	王海滨
V036	中国给水排水	土木建筑工程类	丁堂堂
G244	中国工业医学杂志	预防医学与卫生学类	张寿林
G102	中国公共卫生	预防医学与卫生学类	戴志澄
X031	中国公路学报	交通运输工程类	王秉纲
G103	中国骨伤	中医学与中药学类	尚天裕
G249	中国骨与关节损伤杂志	外科学类	杨立民
G663	中国骨质疏松杂志	临床医学类	张立平
W021	中国管理科学	管理学类	蔡晨
N104	中国惯性技术学报	机械工程类	刘玉峰
H215	中国果树	农学类	米文广
L013	中国海上油气	能源科学技术类	张钧

表 8　2005 年 1652 种中国科技论文统计源期刊目录（续）

代码	期刊名称	学科	主编
L026	中国海洋平台	能源科学技术类	陈祖宇
G104	中国海洋药物	药学类	关美君
X039	中国航海	交通运输工程类	黄蕴和
G973	中国呼吸与危重监护杂志	临床医学类	殷大奎
Z030	中国环境监测	环境科学技术类	丁中元
Z001	中国环境科学	环境科学技术类	王文兴
N059	中国机械工程	机械工程类	蔡玉麟
G902	中国基层医药	药学类	刘家全
R066	中国激光 A	电子、通信与自动控制类	周炳琨
R013	中国激光医学杂志	军事医学与特种医学类	顾瑛
G241	中国急救医学	基础医学、医学综合类	聂枝玉
G192	中国脊柱脊髓杂志	外科学类	张光铂
G314	中国计划免疫	基础医学、医学综合类	訾维廉
N946	中国计量学院学报	理工大学学报、工业综合类	庄松林
G339	中国寄生虫病防治杂志	预防医学与卫生学类	齐小秋
G105	中国寄生虫学与寄生虫病杂志	基础医学、医学综合类	冯正
G784	中国健康心理学杂志	基础医学、医学综合类	崔以泰　张树峰
T075	中国胶粘剂	化学工程类	张在新
G233	中国矫形外科杂志	外科学类	宁志杰
G239	中国介入心脏病学杂志	临床医学类	霍勇
G323	中国康复	保健医学类	南登昆
G400	中国康复理论与实践	保健医学类	吴弦光
G106	中国康复医学杂志	保健医学类	卓大宏
G337	中国抗感染化疗杂志	临床医学类	汪复
G107	中国抗生素杂志	药学类	黄乐毅
A583	中国科技期刊研究	管理学类	许菊　言静霞
A105	中国科学 A	数学类	周光召　杨乐
A106	中国科学 B	化学类	周光召　徐光宪
A107	中国科学 C	生物学类	周光召　梁栋材
A108	中国科学 D	地质科学类	周光召　孙枢
A109	中国科学 E	综合类	周光召　严陆光
A081	中国科学基金	综合类	朱作言
A007	中国科学技术大学学报	综合类	王水
E355	中国科学院上海天文台年刊	天文类	黄诚
A102	中国科学院研究生院学报	综合类	陈希孺

表8 2005年1652种中国科技论文统计源期刊目录（续）

代码	期刊名称	学科	主编
Y003	中国空间科学技术	航空、航天科学技术类	侯深渊
G441	中国口腔颌面外科杂志	口腔医学类	邱蔚六
K030	中国矿业	矿山工程技术类	王燕国
K015	中国矿业大学学报	矿山工程技术类	陈其泰
G247	中国老年学杂志	保健医学类	陈可冀
U001	中国粮油学报	轻工、纺织类	胡承淼
H214	中国林副特产	林学类	邹积丰
G447	中国临床保健杂志	保健医学类	胡世莲
G108	中国临床解剖学杂志	临床医学类	徐达传
G299	中国临床康复	保健医学类	刘昆
G536	中国临床神经科学	神经病学、精神病学类	蒋雨平
G794	中国临床神经外科杂志	神经病学、精神病学类	马廉亭
G221	中国临床心理学杂志	神经病学、精神病学类	龚耀先
G870	中国临床药理学与治疗学	药学类	孙瑞元
G109	中国临床药理学杂志	药学类	李家泰
G544	中国临床药学杂志	临床医学类	王永铭
G974	中国临床医学	临床医学类	杨秉辉
G304	中国临床医学影像杂志	临床医学类	郭启勇
G824	中国临床营养杂志	临床医学类	蒋朱明
G110	中国麻风皮肤病杂志	临床医学类	肖梓仁
H212	中国麻业	农学类	熊和平
G613	中国慢性病预防与控制	预防医学与卫生学类	张愈
G428	中国美容医学	外科学类	朱宏亮
K036	中国锰业	矿山工程技术类	周柳霞
H211	中国棉花	农学类	喻树迅
G111	中国免疫学杂志	基础医学、医学综合类	杨贵贞
Y028	中国民航学院学报	航空、航天科学技术类	吴桐水
G277	中国内镜杂志	军事医学与特种医学类	张阳德
G303	中国男科学杂志	基础医学、医学综合类	江鱼
H273	中国南方果树	农学类	王应旭
W005	中国农村水利水电	水利工程类	茆智
H958	中国农学通报	农学类	石元春
H027	中国农业大学学报	农业大学学报类	段若兰
H567	中国农业科技导报	农学类	石元春
H030	中国农业科学	农学类	翟虎渠

表 8　2005 年 1652 种中国科技论文统计源期刊目录（续）

代码	期刊名称	学科	主编
H210	中国农业气象	农学类	张厚瑄
H221	中国农业资源与区划	农学类	唐华俊
G311	中国皮肤性病学杂志	临床医学类	李伯埙
U020	中国皮革	轻工、纺织类	杨承杰
G226	中国普通外科杂志	外科学类	吕新生
G269	中国普外基础与临床杂志	外科学类	严律南
G776	中国全科医学	临床医学类	梁万年
Z546	中国人口资源与环境	环境科学技术类	王伟中
G112	中国人兽共患病杂志	基础医学、医学综合类	于恩庶
U052	中国乳品工业	轻工、纺织类	刘鹏
E124	中国沙漠	地球科学类	朱震达
G113	中国烧伤创疡杂志	外科学类	徐荣祥
G114	中国神经精神疾病杂志	神经病学、精神病学类	杨德森
G242	中国神经免疫学和神经病学杂志	神经病学、精神病学类	许贤豪
G268	中国生化药物杂志	药学类	孙欣
H555	中国生态农业学报	农学类	刘昌明
H044	中国生物防治	农学类	杨怀文
F255	中国生物工程杂志	生物学类	张树庸
F002	中国生物化学与分子生物学报	生物学类	张迺蘅
G115	中国生物医学工程学报	基础医学、医学综合类	刘德培
G258	中国生物制品学杂志	基础医学、医学综合类	章以浩
L001	中国石油大学学报	能源科学技术类	陈淑娴
F047	中国实验动物学报	生物学类	卢耀增
G604	中国实验方剂学杂志	中医学与中药学类	姜廷良
G883	中国实验血液学杂志	基础医学、医学综合类	唐佩弦
G853	中国实验诊断学	临床医学类	孙荣武
G273	中国实用儿科杂志	妇产科学、儿科学类	门振兴
G228	中国实用妇科与产科杂志	妇产科学、儿科学类	王德智
G305	中国实用护理杂志	护理医学类	王国强
G297	中国实用美容整形外科杂志	外科学类	高景恒
G267	中国实用内科杂志	内科学类	刘国良
G272	中国实用外科杂志	外科学类	何三光
G872	中国实用眼科杂志	眼科学、耳鼻咽喉科学类	夏德昭
G429	中国食品卫生杂志	预防医学与卫生学类	李小芳
H326	中国兽医科技	畜牧、兽医科学类	才学鹏

表8　2005年1652种中国科技论文统计源期刊目录（续）

代码	期刊名称	学科	主编
H225	中国兽医学报	畜牧、兽医科学类	李毓义
G796	中国输血杂志	临床医学类	王憬惺
H207	中国蔬菜	农学类	祝旅
H290	中国水产科学	水产学类	曾一本
H020	中国水稻科学	农学类	程式华
T022	中国塑料	化学工程类	杨惠娣
H209	中国糖料	农学类	陈连江
T068	中国陶瓷	化学工程类	吕建平
G521	中国疼痛医学杂志	基础医学、医学综合类	韩济生
G444	中国体外循环杂志	内科学类	江朝光
U567	中国甜菜糖业	轻工、纺织类	秦文信
X004	中国铁道科学	交通运输工程类	阳建鸣
R083	中国图象图形学报	计算机科学技术类	李小文
H350	中国土地科学	农学类	程烨
G116	中国危重病急救医学	基础医学、医学综合类	王今达
G373	中国微创外科杂志	外科学类	侯宽永
G959	中国微侵袭神经外科杂志	神经病学、精神病学类	王伟民
G252	中国微循环	临床医学类	李小芳
G988	中国卫生检验杂志	基础医学、医学综合类	蔡宏道
G253	中国卫生统计	预防医学与卫生学类	陈育德
K035	中国钨业	矿山工程技术类	孔昭庆
G431	中国误诊学杂志	临床医学类	张经建
M022	中国稀土学报	材料科学类	徐光宪
G841	中国现代普通外科进展	外科学类	寿楠海
G623	中国现代神经疾病杂志	神经病学、精神病学类	只达石
G885	中国现代手术学杂志	外科学类	李永国
G237	中国现代医学杂志	基础医学、医学综合类	张阳德
G849	中国现代应用药学	药学类	刘书春
G284	中国消毒学杂志	预防医学与卫生学类	沈德林
G845	中国小儿血液	妇产科学、儿科学类	胡亚美 王如文袁伯伦
G298	中国斜视与小儿眼科杂志	眼科学、耳鼻咽喉科学类	郭静秋
G117	中国心理卫生杂志	神经病学、精神病学类	彭瑞聪
G203	中国心脏起搏与心电生理杂志	内科学类	蒋文平
G250	中国新药与临床杂志	药学类	俞耀松
G747	中国新药杂志	药学类	桑国卫

表8 2005年1652种中国科技论文统计源期刊目录（续）

代码	期刊名称	学科	主编
G263	中国行为医学科学	神经病学、精神病学类	杨菊贤
G232	中国胸心血管外科临床杂志	外科学类	田子朴
G118	中国修复重建外科杂志	外科学类	杨志明
H294	中国畜牧兽医	畜牧、兽医科学类	李琍
H242	中国畜牧杂志	畜牧、兽医科学类	李德发
G908	中国学校卫生	预防医学与卫生学类	张国栋
G675	中国血吸虫病防治杂志	临床医学类	齐小秋
G633	中国血液净化	内科学类	于仲元
G952	中国血液流变学杂志	基础医学、医学综合类	王天佑
G119	中国循环杂志	临床医学类	胡盛寿
G396	中国循证医学杂志	临床医学类	李幼平
H208	中国烟草科学	农学类	王元英
U647	中国烟草学报	轻工、纺织类	袁行思
E303	中国岩溶	地质科学类	刘再华
G318	中国药房	药学类	马劲
G120	中国药科大学学报	药学类	彭司勋
G121	中国药理学通报	药学类	徐叔云
G122	中国药理学与毒理学杂志	药学类	张永祥
G878	中国药师	药学类	朱世斌
G220	中国药物化学杂志	药学类	张礼
G248	中国药物依赖性杂志	药学类	郑继旺
G009	中国药学杂志	药学类	周海钧
G809	中国医刊	基础医学、医学综合类	刘益清
G123	中国医科大学学报	医学大学学报类	何维为
G124	中国医疗器械杂志	基础医学、医学综合类	胡宗泰
G313	中国医师杂志	基础医学、医学综合类	张宪安
G236	中国医学计算机成像杂志	军事医学与特种医学类	陈星荣
G125	中国医学科学院学报	医学大学学报类	刘德培
G911	中国医学伦理学	基础医学、医学综合类	王明旭
G622	中国医学物理学杂志	基础医学、医学综合类	邓亲恺
G127	中国医学影像技术	军事医学与特种医学类	蒋学祥
G193	中国医学影像学杂志	军事医学与特种医学类	蔡幼铨
T019	中国医药工业杂志	化学工程类	王其灼
G243	中国医院药学杂志	药学类	何维
G130	中国应用生理学杂志	基础医学、医学综合类	范明

表8 2005年1652种中国科技论文统计源期刊目录（续）

代码	期刊名称	学科	主编
G706	中国优生与遗传杂志	妇产科学、儿科学类	李崇高
H205	中国油料作物学报	农学类	王汉中
U032	中国油脂	轻工、纺织类	周伯川
M028	中国有色金属学报	冶金工程技术类	黄伯云
H099	中国预防兽医学报	畜牧、兽医科学类	孔宪刚
V039	中国园林	土木建筑工程类	陈有民
G131	中国运动医学杂志	保健医学类	杨天乐
X012	中国造船	交通运输工程类	吴有生
U012	中国造纸	轻工、纺织类	邝仕均
U033	中国造纸学报	轻工、纺织类	朱尹策
H204	中国沼气	农学类	王锡吾
G600	中国针灸	中医学与中药学类	王居易
G945	中国职业医学	预防医学与卫生学类	黄汉林
N063	中国制造业信息化	机械工程类	杨海成
G843	中国中西医结合急救杂志	中医学与中药学类	王今达
G846	中国中西医结合肾病杂志	中医学与中药学类	叶任高
G528	中国中西医结合消化杂志	中医学与中药学类	危北海
G182	中国中西医结合杂志	中医学与中药学类	陈可冀
G132	中国中药杂志	中医学与中药学类	肖培根
G240	中国中医骨伤科杂志	中医学与中药学类	李同生
G524	中国中医急症	中医学与中药学类	王永炎
G551	中国中医药科技	中医学与中药学类	陈可冀
G832	中国中医药信息杂志	中医学与中药学类	叶祖光
G642	中国肿瘤	肿瘤学类	赵平
G133	中国肿瘤临床	肿瘤学类	郝希山
G636	中国肿瘤临床与康复	肿瘤学类	谭颖波 李保荣
G255	中国肿瘤生物治疗杂志	肿瘤学类	张友会
N072	中国铸造装备与技术	机械工程类	熊顺佳
G667	中国综合临床	临床医学类	陈国生
G134	中国组织化学与细胞化学杂志	基础医学、医学综合类	熊希凯
G135	中华病理学杂志	基础医学、医学综合类	郑杰
G195	中华超声影像学杂志	军事医学与特种医学类	张运
G136	中华传染病杂志	预防医学与卫生学类	翁心华
G408	中华创伤骨科杂志	临床医学类	裴国献
G137	中华创伤杂志	外科学类	王正国

表 8　2005 年 1652 种中国科技论文统计源期刊目录（续）

代码	期刊名称	学科	主编
G138	中华儿科杂志	妇产科学、儿科学类	杨锡强
G139	中华耳鼻咽喉科杂志	眼科学、耳鼻咽喉科学类	杨伟炎
G140	中华放射学杂志	军事医学与特种医学类	戴建平
G141	中华放射医学与防护杂志	军事医学与特种医学类	魏履新
G251	中华放射肿瘤学杂志	肿瘤学类	徐国镇
G286	中华风湿病学杂志	临床医学类	董怡
G142	中华妇产科杂志	妇产科学、儿科学类	郎景和
G262	中华肝胆外科杂志	外科学类	刘永雄
G231	中华肝脏病杂志	内科学类	张定凤
G143	中华骨科杂志	外科学类	邱贵兴
G335	中华航海医学与高气压医学杂志	军事医学与特种医学类	褚新奇
G144	中华航空航天医学杂志	军事医学与特种医学类	王辉
G145	中华核医学杂志	军事医学与特种医学类	屈婉莹
G146	中华护理杂志	护理医学类	刘苏君
G555	中华急诊医学杂志	临床医学类	江观玉
G174	中华检验医学杂志	临床医学类	丛玉隆
G147	中华结核和呼吸杂志	预防医学与卫生学类	钟南山
G159	中华精神科杂志	神经病学、精神病学类	张明园
G148	中华口腔医学杂志	口腔医学类	傅民魁
G149	中华劳动卫生职业病杂志	预防医学与卫生学类	王生
G639	中华老年多器官疾病杂志	保健医学类	王士雯
G833	中华老年口腔医学杂志	口腔医学类	刘洪臣
G876	中华老年心脑血管病杂志	保健医学类	林运昌
G150	中华老年医学杂志	保健医学类	王新德
G152	中华流行病学杂志	预防医学与卫生学类	魏承毓
G153	中华麻醉学杂志	基础医学、医学综合类	罗爱伦
G154	中华泌尿外科杂志	外科学类	那彦群
G155	中华内分泌代谢杂志	内科学类	史轶蘩
G156	中华内科杂志	内科学类	王海燕
G282	中华男科学杂志	基础医学、医学综合类	黄宇峰
G157	中华皮肤科杂志	临床医学类	陈洪铎
G254	中华普通外科杂志	外科学类	杜如昱
G158	中华器官移植杂志	外科学类	陈实
G900	中华烧伤杂志	外科学类	汪仕良
G197	中华神经科杂志	神经病学、精神病学类	吕传真

表8 2005年1652种中国科技论文统计源期刊目录（续）

代码	期刊名称	学科	主编
G976	中华神经外科疾病研究杂志	神经病学、精神病学类	贺晓生
G160	中华神经外科杂志	神经病学、精神病学类	王忠诚
G446	中华神经医学杂志	神经病学、精神病学类	徐如祥
G161	中华肾脏病杂志	内科学类	谌贻璞
G162	中华实验和临床病毒学杂志	预防医学与卫生学类	洪涛
G163	中华实验外科杂志	外科学类	杨镇
G848	中华手外科杂志	外科学类	顾玉东
G211	中华糖尿病杂志	内科学类	钱荣立
G164	中华外科杂志	外科学类	黄洁夫
G165	中华微生物学和免疫学杂志	基础医学、医学综合类	赵铠
G296	中华围产医学杂志	妇产科学、儿科学类	赵瑞琳
G740	中华卫生杀虫药械	预防医学与卫生学类	姜志宽
G793	中华胃肠外科杂志	外科学类	王吉甫
G166	中华物理医学与康复杂志	保健医学类	郭正成
G167	中华显微外科杂志	外科学类	庞水发
G285	中华消化内镜杂志	内科学类	张齐联
G168	中华消化杂志	内科学类	许国铭
G169	中华小儿外科杂志	妇产科学、儿科学类	袁继炎
G892	中华心律失常学杂志	内科学类	陈新
G170	中华心血管病杂志	内科学类	高润霖
G171	中华胸心血管外科杂志	外科学类	朱晓东
G172	中华血液学杂志	基础医学、医学综合类	陆道培
G191	中华眼底病杂志	眼科学、耳鼻咽喉科学类	严密
G173	中华眼科杂志	眼科学、耳鼻咽喉科学类	赵家良
G489	中华医学美学美容杂志	外科学类	张其亮
G175	中华医学遗传学杂志	基础医学、医学综合类	张思仲
G176	中华医学杂志	基础医学、医学综合类	巴德年
G194	中华医院感染学杂志	临床医学类	朱士俊
G591	中华医院管理杂志	基础医学、医学综合类	金大鹏
G177	中华预防医学杂志	预防医学与卫生学类	陈育德
G178	中华整形外科杂志	外科学类	戚可名
G910	中华中医药杂志	中医学与中药学类	路志正
G179	中华肿瘤杂志	肿瘤学类	赵平
K001	中南大学学报	理工大学学报、工业综合类	黄伯云
G039	中南大学学报医学版	医学大学学报类	李桂源

表 8　2005 年 1652 种中国科技论文统计源期刊目录（续）

代码	期刊名称	学科	主编
X022	中南公路工程	交通运输工程类	曾克俭
H053	中南林学院学报	林学类	吴晓芙
G180	中日友好医院学报	基础医学、医学综合类	谌贻璞
A036	中山大学学报	综合类	张楚民
G181	中山大学学报医学版	医学大学学报类	陈汝筑
S020	中文信息学报	计算机科学技术类	黄昌宁
G842	中西医结合肝病杂志	中医学与中药学类	王伯祥
G442	中西医结合学报	中医学与中药学类	赵伟康
R045	中小型电机	动力与电力工程类	黄坚
R775	中兴通讯技术	电子、通信与自动控制类	丁明峰
G183	中药材	中医学与中药学类	元四辉
G564	中药新药与临床药理	药学类	王宁生
G859	中医药学刊	中医学与中药学类	康廷国
G010	中医杂志	中医学与中药学类	胡熙明
G184	肿瘤	肿瘤学类	高玉堂
G185	肿瘤防治研究	肿瘤学类	张明和
G412	肿瘤学杂志	肿瘤学类	余传定
H103	种子	农学类	张太平
J021	重庆大学学报	理工大学学报、工业综合类	孙才新
V019	重庆建筑大学学报	土木建筑工程类	黄宗明
X029	重庆交通学院学报	交通运输工程类	王昌贤
A512	重庆师范大学学报	综合类	杨新民
G186	重庆医科大学学报	医学大学学报类	陈运贞
G225	重庆医学	基础医学、医学综合类	陈雅棠
R559	重庆邮电学院学报自然科学版	电子、通信与自动控制类	隆克平
N055	重型机械	机械工程类	刘金华
N022	轴承	机械工程类	周有华
H026	竹子研究汇刊	林学类	王树东
N075	铸造	机械工程类	葛晨光
N081	铸造技术	机械工程类	黄卫东
N034	装备环境工程	机械工程类	倪泽明
Z022	资源科学	环境科学技术类	成升魁
S026	自动化学报	电子、通信与自动控制类	谭铁牛
N013	自动化仪表	仪器仪表技术类	张叔平
A082	自然科学进展	综合类	师昌绪

表8　2005年1652种中国科技论文统计源期刊目录（续）

代码	期刊名称	学科	主编
A905	自然杂志	综合类	董远达
E137	自然灾害学报	地球科学类	谢礼立
Z012	自然资源学报	环境科学技术类	李文华
G229	卒中与神经疾病	神经病学、精神病学类	曾庆杏
N088	组合机床与自动化加工技术	机械工程类	宋鸿升
L018	钻井液与完井液	能源科学技术类	潘卫国
H034	作物学报	农学类	辛志勇
H202	作物杂志	农学类	杜振华

9　期刊名称变更表

表 9　期刊名称变更表

表 9　期刊名称变更表（续）

代码	期刊名称	曾用刊名
G001	ACTA PHARMACOLOGICA SINICA	中国药理学报
C072	CHIN J ASTRON AND ASTROPHYS	天体物理学报
C106	CHINESE PHYSICS	ACTA PHYSICA SINICA
F029	JOURNAL OF INTEGRATIVE PLANT BIOLOGY	植物学报
M031	安徽工业大学学报	华东冶金学院学报
K027	安徽理工大学学报	淮南矿业学院学报
K027	安徽理工大学学报	淮南工业学院学报
H002	安徽农业大学学报	安徽农学院学报
G012	安徽医科大学学报	安徽医学院学报
Z549	安全与环境学报	兵工安全技术
F044	氨基酸和生物资源	氨基酸杂志
G550	白血病淋巴瘤	白血病
G002	北京大学学报医学版	北京医学院学报
G002	北京大学学报医学版	北京医科大学学报
Y001	北京航空航天大学学报	北京航空学院学报
T020	北京化工大学学报	北京化工学院学报
X014	北京交通大学学报	北方交通大学学报
M030	北京科技大学学报	北京钢铁学院学报
N001	北京理工大学学报	北京工业学院学报
H025	北京林业大学学报	北京林学院学报
R018	北京邮电大学学报	北京邮电学院学报
G017	北京中医药大学学报	北京中医学院学报
M008	材料科学与工程学报	材料科学与工程
N026	材料热处理学报	金属热处理学报
E543	测绘工程	冶金测绘
E600	测绘科学	测绘科技动态
E152	测绘学报	测量制图学报
L017	测井技术	地球物理测井
V013	长安大学学报建筑与环境科学版	西北建工学院学报
V013	长安大学学报建筑与环境科学版	西北建筑工程学院学报
X036	长安大学学报自然科学版	西安公路学院学报
X036	长安大学学报自然科学版	西安公路交通大学学报
J042	长春工业大学学报	吉林工学院学报
N056	长春理工大学学报	长春光学精密机械学院学报
E547	沉积与特提斯地质	岩相古地理

表 9　期刊名称变更表（续）

代码	期刊名称	曾用刊名
E102	成都理工大学学报	成都地质学院学报
E102	成都理工大学学报	成都理工学院学报
E011	成都信息工程学院学报	成都气象学院学报
G019	成都中医药大学学报	成都中医学院学报
V028	城市规划学刊	城市规划汇刊
E144	大地测量与地球动力学	地壳形变与地震
X024	大连海事大学学报	大连海运学院学报
J024	大连理工大学学报	大连工学院学报
G020	大连医科大学学报	大连医学院学报
E130	地理科学	地理译丛
E584	地理科学进展	地理译报
E527	地理与地理信息科学	地理学与国土研究
E142	地球科学	地球科学-武汉地质学院学报
E142	地球科学	地球科学-中国地质大学学报
E142	地球科学	武汉地质学院学报
E142	地球科学	中国地质大学学报
E115	地球科学进展	地球科学和信息
E115	地球科学进展	中国科学院地学情报网网刊
E004	地球科学与环境学报	西安地质学院学报
E004	地球科学与环境学报	西安工程学院学报
E004	地球科学与环境学报	长安大学学报地球科学版
E300	地球学报	地科院院报
E300	地球学报	中国地质科学院院报
V031	地下空间与工程学报	地下空间
E118	地震工程与工程振动	地震工程与工程震动
E127	地质通报	中国区域地质
E525	地质与资源	贵金属地质
R740	电光与控制	机载火控
R045	电机与控制应用	中小型电机
N027	电加工与模具	电加工
R029	电气应用	电工技术杂志
R036	电子科技大学学报	成都电子科技大学学报
R022	电子与信息学报	电子科学学刊
J023	东北大学学报	东北工学院学报
H262	东北林业大学学报	东北林学院学报

表 9　期刊名称变更表（续）

代码	期刊名称	曾用刊名
H006	东北农业大学学报	东北农学院学报
U014	东华大学学报	华东纺织工学院学报
U014	东华大学学报	中国纺织大学学报
E002	东华理工学院学报	华东地质学院学报
E002	东华理工学院学报	抚州地质学院学报
G057	东南大学学报医学版	南京铁道医学院学报
G542	毒理学杂志	卫生毒理学杂志
N082	锻压装备与制造技术	锻压机械
H268	福建农林大学学报	福建农学院学报
H268	福建农林大学学报	福建农业大学学报
A078	福建师范大学学报	福建师范学院学报
G024	福建医科大学学报	福建医学院学报
G068	复旦学报医学科学版	上海医科大学学报
G068	复旦学报医学科学版	上海第一医学院学报
D020	高等学校化学学报	高等学校自然科学学报化学化工版
V033	工程抗震与加固改造	工程抗震
N590	工程设计学报	工程设计
K018	工矿自动化	煤矿自动化
Z032	工业用水与废水	化工给排水设计
E304	古脊椎动物学报	古脊椎动物与古人类
W008	管理科学学报	决策与决策支持系统
H226	灌溉排水学报	灌溉排水
J029	广东工业大学学报	广东工学院学报
G027	广东药学院学报	广东医药学院学报
H245	广西农业生物科学	广西农学院学报
H245	广西农业生物科学	广西农业大学学报
G028	广西医科大学学报	广西医学院学报
G030	广州中医药大学学报	广州中医学院学报
T005	硅酸盐学报	硅酸盐
H070	贵州大学学报农业与生命科学版	贵州农学院学报
J044	贵州工业大学学报	贵州工学院学报
M033	桂林工学院学报	桂林冶金地质学院学报
M033	桂林工学院学报	桂林地质学院学报
H028	果树学报	果树科学
T008	过程工程学报	化工冶金

表 9　期刊名称变更表（续）

代码	期刊名称	曾用刊名
X025	哈尔滨工程大学学报	哈尔滨船舶工程学院学报
J013	哈尔滨理工大学学报	哈尔滨电工学院学报
J013	哈尔滨理工大学学报	哈尔滨科技大学学报
U021	哈尔滨商业大学学报	黑龙江商学院学报
T054	海湖盐与化工	海盐与化工
J055	海军工程大学学报	海军工程学院学报
E006	海洋科学进展	黄渤海海洋
E149	海洋学研究	东海海洋
Y014	航空制造技术	航空工艺技术
T067	合成纤维	合成纤维通讯
J017	河北工业大学学报	河北工学院学报
J019	河北工业科技	河北机电学院学报
K032	河北建筑科技学院学报	河北煤炭建筑工程学院学报
J058	河北科技大学学报	河北轻化工学院学报
H244	河北农业大学学报	河北农学院学报
G035	河北医科大学学报	河北医学院学报
W012	河海大学学报	华东水利学院学报
J014	河南科技大学学报	洛阳工学院学报
H011	河南农业大学学报	河南农学院学报
K016	湖南科技大学学报	湘潭矿业学院学报
H060	湖南农业大学学报	湖南农学院学报
G987	护理学报	南方护理学报
G654	护理研究	山西护理杂志
R046	华北电力大学学报	华北电力学院学报
N002	华北工学院学报	太原机械学院学报
X015	华东船舶工业学院学报	镇江船舶学院学报
T021	华东理工大学学报	华东化工学院学报
J004	华南理工大学学报	华南工学院学报
J004	华南理工大学学报	华南理工学院学报
H013	华南农业大学学报	华南农学院学报
G525	华南预防医学	广东卫生防疫
G045	华西医科大学学报	四川医学院学报
J033	华中科技大学学报	华中工学院学报
J033	华中科技大学学报	华中理工大学学报
V035	华中科技大学学报城市科学版	武汉城市建设学院学报

表9　期刊名称变更表（续）

代码	期刊名称	曾用刊名
G077	华中科技大学学报医学版	同济医科大学学报
H003	华中农业大学学报	华中农学院学报
A004	华中师范大学学报	华中师范学院学报
T553	化学与生物工程	湖北化工
Z019	环境污染与防治	环境污染与控制
Z021	环境污染治理技术与设备	环境科学丛刊
Z021	环境污染治理技术与设备	环境科学进展
G882	环境与职业医学	劳动医学
N007	火炸药学报	兵工学报火化工分册
N069	机床与液压	机床与轮廓压
N040	机械传动	齿轮
N050	机械科学与技术	机械科学与研究
N054	机械设计与研究	机械设计与分析
E116	吉林大学学报地球科学版	长春地质学院学报
E116	吉林大学学报地球科学版	长春科技大学学报
J042	吉林大学学报工学版	吉林工业大学自然科学学报
J042	吉林大学学报工学版	吉林工业大学学报
A035	吉林大学学报理学版	吉林大学自然科学学报
R586	吉林大学学报信息科学版	长春邮电学院学报
G014	吉林大学学报医学版	白求恩医科大学学报
E007	极地研究	南极研究
S050	计算机测量与控制	计算机自动测量与控制
S016	计算机应用研究	电子计算机
C003	计算力学学报	计算结构力学及其应用
C003	计算力学学报	计算结构力学学报
G638	检验医学	上海医学检验杂志
V013	建筑科学与工程学报	长安大学学报建筑与环境科学版
J035	江苏大学学报	江苏工学院学报
J035	江苏大学学报	江苏理工大学学报
L036	江苏工业学院学报	江苏石油化工学院学报
A121	解放军理工大学学报	空军气象学院学报
N048	金刚石与磨料磨具工程	磨料磨具与磨削
R016	绝缘材料	绝缘材料通讯
F018	菌物系统	真菌学报
F018	菌物学报	菌物系统

表9 期刊名称变更表（续）

代码	期刊名称	曾用刊名
A537	科学技术与工程	中国学术期刊文摘
S503	控制工程	基础自动化
G266	口腔医学研究	口腔医学纵横
M101	矿冶	北京矿冶研究总院学报
J020	昆明理工大学学报	昆明工学院学报
X016	兰州交通大学学报	兰州铁道学院学报
J008	兰州理工大学学报	甘肃工业大学学报
C101	力学季刊	上海力学
G580	立体定向和功能性神经外科杂志	功能性和立体定向神经外科杂志
L014	炼油技术与工程	炼油设计
U008	粮油加工与食品机械	农机与食品机械
K008	辽宁工程技术大学学报	阜新矿业学院学报
L035	辽宁石油化工大学学报	抚顺石油学院学报
G361	临床神经电生理学杂志	临床脑电学杂志
Y018	流体力学实验与测量	流体实验与测量
T077	膜科学与技术	膜分离科学与技术
H271	内蒙古农业大学学报	内蒙古农学院学报
H271	内蒙古农业大学学报	内蒙古农牧学院学报
A013	南昌大学学报	江西大学学报
A013	南昌大学学报	江西工业大学学报
G023	南方医科大学学报	第一军医大学学报
T011	南京工业大学学报	南京化工学院学报
T011	南京工业大学学报	南京化工大学学报
Y026	南京航空航天大学学报	南京航空学院学报
N011	南京理工大学学报	华东工学院学报
H033	南京林业大学学报	南京林学院学报
H021	南京农业大学学报	南京农学院学报
A061	南京师大学报	南京师范学院学报
G058	南京医科大学学报	南京医学院学报
G059	南京中医药大学学报	南京中医学院学报
H279	农业工程学报	中国农业工程学报
Z008	农业环境科学学报	农业环境保护
G061	青岛大学医学院学报	青岛医学院学报
E313	青岛海洋大学学报	山东海洋学院学报
T012	青岛科技大学学报	青岛化工学院学报

表9 期刊名称变更表（续）

代码	期刊名称	曾用刊名
A044	曲阜师范大学学报	曲阜师范学院学报
R086	三峡大学学报	武汉水利电力大学(宜昌)学报
R086	三峡大学学报	葛洲坝水电工程学院学报
H070	山地农业生物学报	贵州大学学报农业与生命科学版
H070	山地农业生物学报	贵州农学院学报
E101	山地学报	山地研究
J022	山东大学学报工学版	山东工业大学学报
G062	山东大学学报医学版	山东医学院学报
G062	山东大学学报医学版	山东医科大学学报
G062	山东大学学报医学版	山东医科大学学报
H031	山东农业大学学报	山东农学院学报
G063	山东中医药大学学报	山东中医学院学报
G064	山西医科大学学报	山西医学院学报
G923	山西医药杂志	山西医学
G923	山西医药杂志	山西医学杂志
U025	陕西科技大学学报	西北轻工业学院学报
U025	陕西科技大学学报	西北轻工学院学报
A056	上海大学学报	上海工业大学学报
A056	上海大学学报	上海科技大学学报
G066	上海第二医科大学学报	上海第二医学院学报
X038	上海海事大学学报	上海海运学院学报
H022	上海交通大学学报农业科学版	上海农学院学报
G066	上海交通大学学报医学版	上海第二医科大学学报
J031	上海理工大学学报	华东工业大学学报
J031	上海理工大学学报	上海机械学院学报
A043	上海师范大学学报	上海师范学院学报
G278	神经科学通报	中国神经科学杂志
V011	沈阳建筑大学学报	沈阳建筑工程学院学报(自然科学版)
H024	沈阳农业大学学报	沈阳农学院学报
G071	沈阳药科大学学报	沈阳药学院学报
H784	生态环境	土壤与环境
G624	生殖医学杂志	生殖医学
L016	石油地球物理勘探	石油地球物理
F257	实验动物科学	实验动物科学与管理
Y018	实验流体力学	流体力学实验与测量

表9 期刊名称变更表（续）

代码	期刊名称	曾用刊名
Q919	实用临床医药杂志	江苏临床医学杂志
E548	世界地质	地学研究
G190	世界华人消化杂志	新消化病学杂志
G190	世界华人消化杂志	中国新消化病学杂志
A023	首都师范大学学报	北京师范学院学报
G073	首都医科大学学报	首都医学院学报
G073	首都医科大学学报	北京第二医学院学报
V034	水电自动化与大坝监测	大坝观测与土工测试
W006	水利水运工程学报	水利水运科学研究
H287	水土保持学报	土壤侵蚀与水土保持学报
H056	水土保持研究	中科院西北水土保持所集刊
J051	四川大学学报工程科学版	成都科技大学学报
J051	四川大学学报工程科学版	四川联合大学学报
G045	四川大学学报医学版	华西医科大学学报
G045	四川大学学报医学版	华西医科大学学报
G074	苏州大学学报医学版	苏州医学院学报
J011	太原理工大学学报	山西矿业学院学报
J011	太原理工大学学报	太原工学院学报
J011	太原理工大学学报	太原工业大学学报
J011	太原理工大学学报	太原矿业学院学报
N043	探测与控制学报	现代引信
E128	探矿工程岩土钻掘工程	探矿工程
U017	天津工业大学学报	天津纺织工学院学报
U031	天津科技大学学报	天津轻工业学院学报
J054	天津理工大学学报	天津理工学院学报
G626	天津中医药	天津中医
X007	铁道科学与工程学报	长沙铁道学院学报
G601	外科理论与实践	外科
R098	微纳电子技术	半导体情报
U029	无锡轻工大学学报	无锡轻工学院学报
W014	武汉大学学报工学版	武汉水利电力大学学报
E107	武汉大学学报信息科学版	武汉测绘科技大学学报
G038	武汉大学学报医学版	湖北医学院学报
G038	武汉大学学报医学版	湖北医科大学学报
M032	武汉科技大学学报	武汉钢铁学院学报

表9 期刊名称变更表（续）

代码	期刊名称	曾用刊名
M032	武汉科技大学学报	武汉冶金科技大学学报
J006	武汉理工大学学报	武汉工业大学学报
X017	武汉理工大学学报交通科学与工程版	武汉水运工程学院学报
X017	武汉理工大学学报交通科学与工程版	武汉水运学院学报
X017	武汉理工大学学报交通科学与工程版	武汉交通科技大学学报
J018	武汉理工大学学报信息与管理工程版	武汉汽车工业大学学报
J018	武汉理工大学学报信息与管理工程版	武汉工学院学报
J018	武汉理工大学学报信息与管理工程版	武汉理工大学学报信息管理版
R009	西安电子科技大学学报	西北电讯工程学院学报
U030	西安工程科技学院学报	西北纺织工学院学报
V018	西安建筑科技大学学报	西安冶金建筑学院学报
G081	西安交通大学学报医学版	西安医科大学学报
G081	西安交通大学学报医学版	西安医学院学报
E125	西北地质	西北地质科学
G245	西北国防医学杂志	兰后卫生
H018	西北农林科技大学学报	西北农业大学学报
H018	西北农林科技大学学报	西北农学院学报
A022	西北师范大学学报	西北师范学院学报
F020	西北植物学报	西北植物研究
J045	西华大学学报自然科学版	四川工业学院学报
A060	西南民族大学学报	西南民族学院学报
H004	西南农业大学学报	西南农学院学报
A064	西南师范大学学报	西南师范学院学报
B027	系统管理学报	系统工程理论方法应用
G188	细胞与分子免疫学杂志	单克隆抗体通讯
E027	现代地质	现代地质-中国地质大学研究
E027	现代地质	中国地质大学研究生院学报
R089	现代电力	北京动力经济学院学报
R089	现代电力	北京水利电力经济管理学院学报
G653	现代检验医学杂志	陕西医学检验
G067	现代免疫学	上海免疫学杂志
F250	现代生物医学进展	生物磁学
G027	现代食品与药品杂志	广东药学
X673	现代隧道技术	隧道译丛
G223	现代医学	铁道医学

表 9　期刊名称变更表（续）

代码	期刊名称	曾用刊名
N111	现代制造工程	机械工艺师
G826	现代肿瘤医学	陕西肿瘤医学
P010	小型内燃机与摩托车	小型内燃机
G578	心血管康复医学杂志	中国心血管康复医学
G260	心脏杂志	心功能杂志
H908	新疆农业大学学报	八一农学院学报
J025	燕山大学学报	东北重型机械学院学报
H016	扬州大学学报农业与生命科学版	江苏农学院学报
H016	扬州大学学报农业与生命科学版	江苏农业研究
S031	遥测遥控	遥测技术
Z006	遥感学报	环境与遥感
G333	医学分子生物学杂志	国外医学：分子生物学分册
G545	医学临床研究	湖南医学
G281	医学研究生学报	金陵医院学报
D016	应用化工	陕西化工
T916	有机硅材料	有机硅材料及应用
B013	运筹学学报	运筹学杂志
H272	湛江海洋大学学报	湛江水产学院学报
R081	照明电器光源灯具	照明
A017	浙江大学学报工学版	浙江大学学报自然科学版
A002	浙江大学学报理学版	杭州大学学报自然科学版
H035	浙江大学学报农业与生命科学版	浙江农学院学报
H035	浙江大学学报农业与生命科学版	浙江农业大学学报
G091	浙江大学学报医学版	浙江医科大学学报
J016	浙江工业大学学报	浙江工学院学报
U028	浙江理工大学学报	浙江丝绸工学院学报
U028	浙江理工大学学报	浙江工程学院学报
Y010	振动测试与诊断	振动、测试与诊断
J012	郑州大学学报工学版	郑州工学院学报
J012	郑州大学学报工学版	郑州工业大学学报
G036	郑州大学学报医学版	河南医学院学报
G036	郑州大学学报医学版	河南医科大学学报
U004	郑州工程学院学报	郑州粮食学院学报
F019	植物生理与分子生物学学报	植物生理学报
F009	植物生态学报	植物生态学与地植物学丛刊

表 9　期刊名称变更表（续）

代码	期刊名称	曾用刊名
F009	植物生态学报	植物生态学与地植物学学报
F050	植物研究	木本植物研究
N046	制造技术与机床	机床
S023	制造业自动化	机械工业自动化
G985	中国艾滋病性病	中国性病艾滋病防治
F048	中国比较医学杂志	中国实验动物学杂志
G095	中国病毒学	病毒学杂志
G096	中国病理生理杂志	病理生理学报
G339	中国病原生物学杂志	中国寄生虫病防治杂志
H213	中国草地学报	中国草地
H241	中国草食动物	中国养羊
H241	中国草食动物	草与畜杂志
R511	中国电力	电力技术
G543	中国耳鼻咽喉头颈外科	耳鼻咽喉头颈外科
V023	中国非金属矿工业导刊	建材地质
G320	中国肺癌杂志	肺癌杂志
X035	中国港湾建设	港口工程
G102	中国公共卫生	中国公共卫生学报
G102	中国公共卫生	中国公共卫生杂志
G249	中国骨与关节损伤杂志	骨与关节损伤杂志
L013	中国海上油气	中国海上油气工程
L013	中国海上油气	中国海上油气地质
G314	中国计划免疫	中国疫苗和免疫
G784	中国健康心理学杂志	健康心理学杂志
E355	中国科学院上海天文台年刊	上海天文台年刊
K015	中国矿业大学学报	中国矿业学院学报
G247	中国老年学杂志	老年学杂志
G447	中国临床保健杂志	临床中老年保健
G299	中国临床康复	中国组织工程研究与临床康复
G299	中国临床康复	现代康复
H212	中国麻业	中国麻作
G428	中国美容医学	中国美容医学杂志
G297	中国美容整形外科杂志	中国实用美容整形外科杂志
G303	中国男科学杂志	男性学杂志
H273	中国南方果树	中国柑桔

表9 期刊名称变更表（续）

代码	期刊名称	曾用刊名
W005	中国农村水利水电	农田水利与小水电
H027	中国农业大学学报	北京农业大学学报
H027	中国农业大学学报	北京农业工程大学学报
H221	中国农业资源与区划	农业区划
G269	中国普外基础与临床杂志	普外基础与临床
G112	中国人兽共患病学报	中国人兽共患病杂志
H044	中国生物防治	生物防治通报
F255	中国生物工程杂志	生物工程进展
F002	中国生物化学与分子生物学报	生物化学杂志
L001	中国石油大学学报	华东石油学院学报
L001	中国石油大学学报	石油大学学报自然科学版
G273	中国实用儿科杂志	实用儿科杂志
G305	中国实用护理杂志	实用护理杂志
G297	中国实用美容整形外科杂志	实用美容整形外科杂志
G267	中国实用内科杂志	实用内科杂志
G272	中国实用外科杂志	实用外科杂志
H326	中国兽医科技	兽医科技杂志
H326	中国兽医科学	中国兽医科技
H225	中国兽医学报	兽医大学学报
H209	中国糖料	中国甜菜
G211	中国糖尿病杂志	中华糖尿病杂志
G793	中国胃肠外科杂志	胃肠外科杂志
G623	中国现代神经疾病杂志	现代神经疾病杂志
G765	中国小儿急救医学	小儿急救医学
G845	中国小儿血液与肿瘤杂志	中国小儿血液
G203	中国心脏起搏与心电生理杂志	起搏与心脏
G203	中国心脏起搏与心电生理杂志	心脏起搏与心电生理杂志
G082	中国新生儿科杂志	新生儿科杂志
G250	中国新药与临床杂志	新药与临床
G396	中国循证医学杂志	中国循证医学
H208	中国烟草科学	中国烟草
G122	中国药理学与毒理学杂志	中西药理学与毒理学杂志
G009	中国药学杂志	药学通报
G306	中国医师进修杂志	医师进修杂志
H205	中国油料作物学报	中国油料

表9 期刊名称变更表（续）

代码	期刊名称	曾用刊名
N063	中国制造业信息化	机械设计与制造工程
N063	中国制造业信息化	机械科学技术
N063	中国制造业信息化	江苏机械
G528	中国中西医结合消化杂志	中国中西医结合脾胃杂志
G182	中国中西医结合杂志	中西医结合杂志
G132	中国中药杂志	中药通报
G132	中国中药杂志	中草药通报
G240	中国中医骨伤科杂志	中国中医骨伤科
N072	中国铸造装备与技术	中国铸机
G286	中华风湿病学杂志	风湿病学杂志
G335	中华航海医学与高气压医学杂志	中华航海医学杂志
G144	中华航空航天医学杂志	中华航空医学杂志
G555	中华急诊医学杂志	急诊医学
G174	中华检验医学杂志	中华医学检验杂志
G282	中华男科学	男科学报
G282	中华男科学杂志	中华男科学
G900	中华烧伤杂志	中华整形烧伤外科杂志
G197	中华神经科杂志	中华神经精神科杂志
G162	中华实验和临床病毒学杂志	中华临床与病毒学杂志
G165	中华微生物学和免疫学杂志	中华微生物学杂志
G793	中华胃肠外科杂志	中国胃肠外科杂志
G166	中华物理医学与康复杂志	中华物理医学杂志
G285	中华消化内镜杂志	内镜
G489	中华医学美学美容杂志	中华医学美容杂志
G910	中华中医药杂志	中国医药学报
K001	中南大学学报	中南工业大学学报
K001	中南大学学报	中南矿冶学院学报
G039	中南大学学报医学版	湖南医科大学学报
K001	中南工业大学学报	中国矿冶学院学报
G181	中山大学学报医学科学版	中山医学院学报
G181	中山大学学报医学科学版	中山医科大学学报
V019	重庆建筑大学学报	重庆建筑工程学院学报
N034	装备环境工程	金属成形工艺
Z022	资源科学	自然资源
A082	自然科学进展	自然科学进展-国家重点实验室通讯

图书在版编目(CIP)数据

中国科技期刊引证报告/潘云涛，马峥著. -北京：科学技术文献出版社，2006.10

ISBN 7-5023-4734-8

Ⅰ. 中… Ⅱ. ①潘… ②马 Ⅲ. 科技期刊-期刊-目录-中国 Ⅳ. Z288：N55

中国版本图书馆 CIP 数据核字(2004)第 118778 号

出版者 科学技术文献出版社
地址 北京市海淀区西郊板井农林科学院农科大厦 A 座 8 层/100089
图书编务部电话 (010)51501739
图书发行部电话 (010)51501720，(010)68514035(传真)
邮购部电话 (010)51501729
网址 http://www.stdph.com
E-mail：stdph@istic.ac.cn
策划编辑 周国臻
责任编辑 周国臻
责任出版 王杰馨
发行者 科学技术文献出版社发行 全国各地新华书店经销
印刷者 北京高迪印刷有限公司
版(印)次 2006 年 10 月第 3 版第 1 次印刷
开本 787×1092 16 开
字数 520 千
印张 23.75
印数 1～3600 册
定价 150.00 元

邮 购 信 息

中国技术前瞻报告 2003——信息、生物和新材料	60 元
中国技术前瞻报告 2004——能源、资源和先进制造	60 元
中国技术前瞻报告 2005—2006——农业、人口健康和公共安全	60 元
OECD 科学技术与工业概览 2002	60 元
OECD 科学技术与工业展望 2004	60 元
OECD 信息技术概览	60 元
OECD 科学技术与工业记分牌	36 元
(OECD)公共研究的治理	40 元
面向 21 世纪的科学——美国科技政策译丛	25 元
政府研发的经济影响评估	13 元
2003 年度 中国科技论文统计与分析	120 元
2004 年度 中国科技论文统计与分析	150 元
国际生物医学核心期刊要览	588 元
SSCI 和 A&HCI 收录期刊投稿信息指南	598 元
综合电子政务主题词标(范畴表)	86 元
综合电子政务主题词标(字顺表)	178 元
20 世纪发明发现	218 元
发现求索	38 元
外国政府促进企业自主创新 产学研相结合的政策研究	25 元
国外支持农业科技创新的典型做法与经验借鉴	27 元
中国区域创新体系建设	98 元
(OECD)创新集群——国家创新体系的推动力	48 元
美国国家创新体系中的研究与开发实验室	30 元
国外禽流感防控综合报告	23 元
国际安全生产发展报告	35 元